"十二五"普通高等教育本科国家级规划教材

安徽省高等学校"十一五"省级规划教材

大学数学系列规划教材

# 高等数学

> > 理工类

第14l版 下

主　编　杜先能　王良龙
副主编　蒋　威　祝东进　侯为波
　　　　鲍炎红　王　颖　张家昕
　　　　洪海燕　张　海　孙　露
参编人员　葛茂荣　何江宏　徐建华
　　　　雍锡琪　胡舒合　王　娟
　　　　郭竹梅　潘　花　王洋军
　　　　武　洁　李　丽

北京师范大学出版集团
BEIJING NORMAL UNIVERSITY PUBLISHING GROUP
安徽大学出版社

图书在版编目(CIP)数据

高等数学.理工类.下/杜先能,王良龙主编.—4版.—合肥:安徽大学出版社,2020.11(2025.8重印)
大学数学系列规划教材
ISBN 978-7-5664-2132-6

Ⅰ.①高… Ⅱ.①杜…②王… Ⅲ.①高等数学－高等学校－教材 Ⅳ.①O13

中国版本图书馆 CIP 数据核字(2020)第 215693 号

**高等数学下**
(理工类)(第 4 版)

杜先能 王良龙 主编

| | |
|---|---|
| 出版发行: | 北京师范大学出版集团 |
| | 安 徽 大 学 出 版 社 |
| | (安徽省合肥市肥西路 3 号 邮编 230039) |
| | www.bnupg.com |
| | www.ahupress.com.cn |
| 印　　刷: | 安徽利民印务有限公司 |
| 经　　销: | 全国新华书店 |
| 开　　本: | 710 mm×1010 mm　1/16 |
| 印　　张: | 19.75 |
| 字　　数: | 395 千字 |
| 版　　次: | 2020 年 11 月第 4 版 |
| 印　　次: | 2025 年 8 月第 6 次印刷 |
| 定　　价: | 52.00 元 |

ISBN 978-7-5664-2132-6

策划编辑:刘中飞　张明举　　装帧设计:李伯骥　孟献辉
责任编辑:张明举　　　　　　美术编辑:李　军
责任校对:宋　夏　　　　　　责任印制:赵明炎

**版权所有　侵权必究**

反盗版、侵权举报电话:0551－65106311
外埠邮购电话:0551－65107716
本书如有印装质量问题,请与印制与运营中心联系调换。
印制与运营中心电话:0551－65106311

# 第 4 版前言

根据《教育部关于印发第一批"十二五"普通高等教育本科国家级规划教材书目的通知》(教高函〔2012〕21号)精神,《高等数学(理工类)》(第3版)(上、下册)需适时修订出版.本教材凝聚着多年来编写者、使用者的智慧和心血,也是教育部"科学思维、科学方法在高等学校教学创新中的应用与实践"数学类课题《大学数学教学理念与教学思想创新》《科学思维、科学方法在高等数学课程中的应用与实践》项目的成果.

本书第1版于2003年出版,2008年出版第2版,2011年出版第3版,如今再次修订,历经十多年,得到了广大使用者的厚爱,同时他们也对教材提出了许多宝贵的修订意见.在使用教材的过程中也发现不少需要改进和提高的地方,例如有些重要内容需要拓展,例题的难度需要调整,部分章节习题需要加强,个别例题与习题重复,个别练习题答案有误,等等.

本着推陈出新、锤炼精品的修订思路,本次修订还着重体现以学生能力发展为中心的现代教育理念,发挥课程思政积极作用,从教材的先进性、科学性与实用性等方面精雕细琢,帮助学生提高科学素养,提升运用数学思想、数学方法综合解决实际应用问题的能力.具体修订的内容主要包括:

1. 实现了与高中数学的有机衔接.一是本书通过灵活的方式,增补了如参数坐标、极坐标、反三角函数、复数表示以及二次曲面等现行高中数学中弱化的知识点;二是对高中生已经熟知的如导数公式、导数应用等内容进行简洁处理,以极限为出发点进入微积分,充分利用大学新生极高的学习热情和强烈的求知欲望巧妙地过渡到抽象环节.

2. 抓住本质,突出重点. 本教材强调微积分的基本思想和基本方法,立足于微积分的基本理论和基本技能,把主要篇幅集中在最基本、最主要的内容上,真正使读者学深学透. 从应用实例出发引入抽象的数学概念,充分体现问题驱动型的数学教育理念.

3. 突出数学建模思想,培养学生应用数学能力. 在本教材章节结尾和练习部分嵌入了利用微积分解决实际问题的案例和习题,突出数学建模思想,帮助学生提高学习兴趣,激发学习潜能. 事实上,本书也可作为学生尽早尽快了解数学建模思想的入门参考书.

4. 内容删减有度,适当提升挑战性. 本次修订时,将全微分方程的内容调整到曲线积分和曲面积分章节,增加了运用的综合性;调整了难度较大的例题和习题,对经典理论进行适度拓展,例如在习题中增加广义 Rolle 定理和微分中值定理的应用;增加了常数变易法思想,可满足学习者在后续课程中运用数学方法解决比较复杂问题的实际需要. 考虑到自学需求,对部分较难的习题给出了解答提示.

5. 定位准确,满足专业需求. 本教材根据不同专业对数学的不同需求,在编写时充分考虑理论与应用、经典与现代、知识与能力等内容的定位,使其符合学生的需要与实际,并针对学生已有的基础和将来专业面临的方向突出应用,同时留给学生适度的自学和研究空间.

尽管本教材经过了修订,但限于编者的水平,谬误之处在所难免,敬请广大使用者继续给予批评与指正.

编 者

2020 年 5 月

# 目 录

## 第 9 章 空间解析几何 …… 1

§9.1 空间直角坐标系 …… 1
§9.2 向量代数 …… 6
§9.3 空间的平面与直线 …… 20
§9.4 几种常见的二次曲面 …… 33
第 9 章习题 …… 46

## 第 10 章 多元函数微分学 …… 48

§10.1 多元函数的基本概念 …… 48
§10.2 偏导数与全微分 …… 59
§10.3 多元复合函数微分法 …… 71
§10.4 隐函数求导法则 …… 78
§10.5 偏导数在几何上的应用 …… 86
§10.6 多元函数的泰勒公式 …… 93
§10.7 多元函数的极值 …… 97
第 10 章习题 …… 111

## 第 11 章 重积分 …… 113

§11.1 二重积分的概念与性质 …… 113
§11.2 二重积分的计算 …… 118
§11.3 三重积分 …… 134

§11.4　重积分的应用 ……………………………………………… 145

第11章习题 ……………………………………………………… 155

## 第12章　曲线积分与曲面积分 ……………………………… 156

§12.1　第一类曲线积分 …………………………………………… 156

§12.2　第二类曲线积分 …………………………………………… 165

§12.3　Green 公式 ………………………………………………… 177

§12.4　第一类曲面积分 …………………………………………… 193

§12.5　第二类曲面积分 …………………………………………… 200

§12.6　Gauss 公式 ………………………………………………… 213

§12.7　Stokes 公式 ………………………………………………… 219

§12.8　场论初步 …………………………………………………… 225

第12章习题 ……………………………………………………… 243

## 第13章　无穷级数 …………………………………………… 246

§13.1　数项级数的概念与性质 …………………………………… 246

§13.2　数项级数的收敛判别法 …………………………………… 253

§13.3　幂级数 ……………………………………………………… 267

§13.4　Fourier 级数 ………………………………………………… 284

第13章习题 ……………………………………………………… 300

**附录　二阶和三阶行列式简介** …………………………………… 302

# 第 9 章

# 空间解析几何

空间解析几何是用代数方法研究空间图形的一门学科. 它可以为多元函数提供直观的几何解释；它的思想方法和几何直观性可为许多抽象的数学物理问题提供模型和背景；此外在工程技术上也有广泛的应用. 通过建立空间坐标系，用代数方程来描述空间的几何图形，进而利用其代数方程的性质来刻画几何图形的性质.

本章首先建立空间直角坐标系，然后引入向量的概念，介绍向量代数的基础知识，最后以向量为基本工具讨论空间的平面和直线以及几种常见的二次曲面.

## §9.1 空间直角坐标系

### 9.1.1 空间直角坐标系

在平面解析几何中，我们通过建立平面坐标系，使得平面上的点与一对有序数组对应，平面上的曲线与一个代数方程对应，从而利用代数方法研究平面几何问题. 为了研究空间图形的几何性质，我们引进空间直角坐标系.

过空间一点 $O$，作三条相互垂直的数轴 $Ox, Oy$ 和 $Oz$，它们均以

$O$ 为原点,并且取相同的单位长度,这样的三条坐标轴就组成了一个空间直角坐标系.点 $O$ 称为**坐标原点**,$Ox$,$Oy$ 和 $Oz$ 称为**坐标轴**,又分别称为 $x$ 轴、$y$ 轴和 $z$ 轴.通常规定三个坐标轴符合**右手法则**,即以右手握住 $z$ 轴,让右手的四指以 $x$ 轴的正向转向 $y$ 轴的正向,大拇指的指向就是 $z$ 轴的正方向.此时的空间直角坐标系称为**右手直角坐标系**(见图 9.1.1).每两条坐标轴所确定的平面称为**坐标平面**,分别称为 $xy$ 平面、$yz$ 平面和 $zx$ 平面($xy$ 平面也可记为 $xoy$,$xOy$,$Oxy$ 等).

### 9.1.2 空间点的坐标

设 $P$ 为空间中的一点,过 $P$ 分别作垂直于 $x$ 轴,$y$ 轴和 $z$ 轴的平面,它们与坐标轴分别相交于 $A$,$B$,$C$ 三点,且这三点在 $x$ 轴,$y$ 轴和 $z$ 轴上的坐标依次为 $\bar{x}$,$\bar{y}$ 和 $\bar{z}$,则点 $P$ 唯一地确定了一组有序数组 $(\bar{x},\bar{y},\bar{z})$;反之,设给定一组有序数组 $(\bar{x},\bar{y},\bar{z})$,在 $x$ 轴,$y$ 轴和 $z$ 轴上确定三个点 $A$,$B$ 和 $C$,使得它们在各坐标轴上坐标分别为 $\bar{x}$,$\bar{y}$ 和 $\bar{z}$,过 $A$,$B$ 和 $C$ 分别作垂直于 $x$ 轴,$y$ 轴和 $z$ 轴的平面,这三个平面确定了唯一的交点 $P$.于是我们建立了空间中的点与一组有序数组 $(\bar{x},\bar{y},\bar{z})$ 之间的一一对应关系(见图 9.1.2).$(\bar{x},\bar{y},\bar{z})$ 称为点 $P$ 的**坐标**,记为 $P(\bar{x},\bar{y},\bar{z})$,$\bar{x}$,$\bar{y}$ 和 $\bar{z}$ 分别称为点 $P$ 的 $x$ 坐标、$y$ 坐标和 $z$ 坐标.

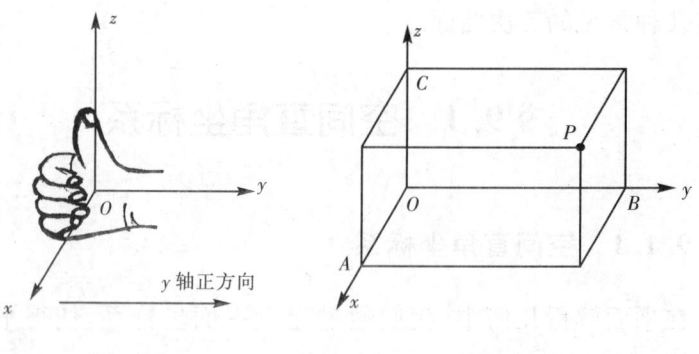

图 9.1.1　　　　　　图 9.1.2

显然,原点 $O$ 的坐标为 $(0,0,0)$,坐标轴上的点至少有两个坐标为 $0$,坐标平面上的点至少有一个为 $0$.例如,$P$ 在 $x$ 轴上,则 $\bar{y}=\bar{z}=0$,$P$ 在 $xy$ 坐标平面上,则 $\bar{z}=0$.

最后,三个坐标平面将空间分成八个部分,每一部分称为一个**卦限**,各卦限内点的坐标的正负号规定为

Ⅰ$(+,+,+)$,Ⅱ$(-,+,+)$,
Ⅲ$(-,-,+)$,Ⅳ$(+,-,+)$,
Ⅴ$(+,+,-)$,Ⅵ$(-,+,-)$,
Ⅶ$(-,-,-)$,Ⅷ$(+,-,-)$.

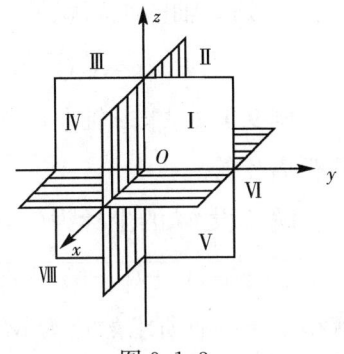

图 9.1.3

### 9.1.3 空间两点之间的距离

设 $P_1(x_1,y_1,z_1)$ 和 $P_2(x_2,y_2,z_2)$ 为空间两点. 分别过 $P_1$ 和 $P_2$ 作 $xy$ 坐标平面的垂线,垂足分别为 $M_1$ 和 $M_2$,过 $P_1$ 作 $P_2M_2$ 的垂线,垂足为 $P_3$. 易知 $P_3$ 的坐标为 $(x_2,y_2,z_1)$,并且

$$|P_1P_3|=|M_1M_2|=\sqrt{(x_2-x_1)^2+(y_2-y_1)^2},\ |P_2P_3|=|z_2-z_1|.$$

由勾股定理得, $P_1,P_2$ 两点的距离为

$$d=|P_1P_2|=\sqrt{(x_2-x_1)^2+(y_2-y_1)^2+(z_2-z_1)^2}. \tag{9.1.1}$$

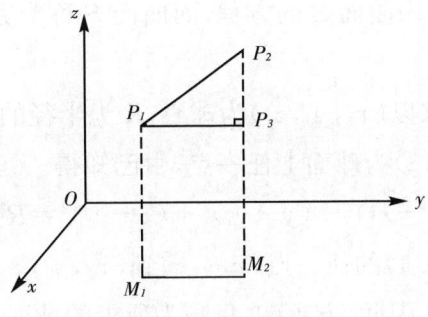

图 9.1.4

特别地,点 $P(x,y,z)$ 到原点 $(0,0,0)$ 的距离为

$$|OP|=\sqrt{x^2+y^2+z^2}. \tag{9.1.2}$$

**例 9.1.1** 求点 $P(2,1,5)$ 到 $z$ 轴的距离.

**解** 过点 $P$ 作 $z$ 轴的垂线,垂足为 $M$,则 $M$ 的坐标为 $M(0,0,5)$,

并且 $P$ 到 $z$ 轴的距离就是 $|PM|$.
$$|PM|=\sqrt{(2-0)^2+(1-0)^2+(5-5)^2}=\sqrt{5}.$$

**例 9.1.2** 求 $x$ 轴上一点 $M$,使得 $M$ 到 $A(-4,5,2)$ 和 $B(3,1,-7)$ 的距离相等.

**解** 设 $M$ 的坐标为 $(x,0,0)$,依题意有 $|MA|=|MB|$,即
$$\sqrt{(x+4)^2+(0-5)^2+(0-2)^2}=\sqrt{(x-3)^2+(0-1)^2+(0+7)^2},$$
解得 $x=1$,故所求的点为 $M(1,0,0)$.

### 9.1.4 空间曲面与曲线方程

空间的曲面可以看作是满足某一条件的点的轨迹. 例如,圆柱面是到一直线的距离为定长的点的轨迹.

设曲面 $S$ 上的点的坐标为 $(x,y,z)$,用方程
$$F(x,y,z)=0 \tag{9.1.3}$$
表示曲面 $S$ 上点的坐标所满足的条件. 如果方程(9.1.3)和曲面之间有下列关系:

( ⅰ )曲面 $S$ 上所有点的坐标都满足方程(9.1.3);

( ⅱ )坐标满足方程(9.1.3)的所有点都在曲面 $S$ 上,

则称方程(9.1.3)为曲面 $S$ 的方程,而曲面 $S$ 称为方程(9.1.3)对应的曲面.

**例 9.1.3** 求以 $(x_0,y_0,z_0)$ 为球心,$R$ 为半径的球面方程.

**解** 设 $(x,y,z)$ 为球面上任一点,由已知得
$$(x-x_0)^2+(y-y_0)^2+(z-z_0)^2=R^2. \tag{9.1.4}$$
反之,满足式(9.1.4)的任一点 $(x,y,z)$ 到 $(x_0,y_0,z_0)$ 的距离为 $R$,从而这点在球面上. 因此,方程(9.1.4)为所求的球面方程.

由例 9.1.3 可知,球心为坐标原点 $O$,半径为 $R$ 的球面方程为
$$x^2+y^2+z^2=R^2.$$

**例 9.1.4** 求以 $Oz$ 为对称轴,且到对称轴的距离为 $R$ 的圆柱面方程,其中 $R$ 称为圆柱面的半径.

**解** 设 $(x,y,z)$ 为柱面上的点,取参数 $u,v$,其中 $z=v,u$ 为过 $z$

轴及点 $(x,y,z)$ 的平面与 $xOz$ 面所围成的角，于是得到

$$\begin{cases} x = R\cos u, \\ y = R\sin u, & 0 \leqslant u < 2\pi, \\ z = v, & -\infty < v < +\infty. \end{cases} \quad (9.1.5)$$

消去 $u,v$，得到圆柱面的一般方程为

$$x^2 + y^2 = R^2. \quad (9.1.6)$$

从例 9.1.4 可知，曲面的方程还可以用参数表示，式(9.1.5)也称为圆柱面的参数方程.

一般地，如果曲面 $S$ 上点的坐标可以表示成两个参数 $(u,v)$ 的函数，则称方程组

$$\begin{cases} x = f_1(u,v), \\ y = f_2(u,v), & a \leqslant u \leqslant b, \\ z = f_3(u,v), & c \leqslant v \leqslant d. \end{cases} \quad (9.1.7)$$

为曲面 $S$ 的参数方程.

空间的曲线可以看作两个曲面的交线. 设这两个曲面的方程为 $F(x,y,z)=0$ 和 $G(x,y,z)=0$，若它们的交线 $L$ 和方程组

$$\begin{cases} F(x,y,z) = 0 \\ G(x,y,z) = 0 \end{cases} \quad (9.1.8)$$

有如下关系：

（ⅰ）曲线 $L$ 上所有点的坐标都满足方程组(9.1.8)；

（ⅱ）坐标满足方程组(9.1.8)的所有点都在曲线 $L$ 上，

则称方程组(9.1.8)为曲线 $L$ 的一般方程，而曲线 $L$ 称为方程组(9.1.8)对应的曲线.

**例 9.1.5** 方程组 $\begin{cases} x^2+y^2+z^2=R^2, \\ x+y+z=0 \end{cases}$ 表示空间中的一个圆；

方程组 $\begin{cases} x^2+y^2=R^2, \\ x+y+z=0 \end{cases}$ 表示空间中的一个椭圆.

## 习题 9.1

1. 指出下列各点位于第几卦限？
   (1) $(1,-1,2)$；  (2) $(2,3,-4)$；
   (3) $(2,-3,-4)$；  (4) $(-2,-3,1)$.

2. 指出下列各点在哪条坐标轴上或哪个坐标平面上?
(1)$(-3,0,0)$；            (2)$(0,-8,0)$；
(3)$(0,-5,3)$；            (4)$(-4,0,2)$.

3. 求点 $P(x,y,z)$ 分别关于(1)各坐标平面；(2)各坐标轴；(3)坐标原点的对称点的坐标.

4. 求点 $P(-3,4,-5)$ 与原点及各坐标轴间的距离.

5. 求在 $yOz$ 平面上，与三个已知点 $A(3,1,2),B(4,-2,-2)$ 及 $C(0,5,1)$ 等距离的点.

6. 在 $y$ 轴上，求与点 $A(4,2,-1)$ 和 $B(3,-5,1)$ 等距离的点.

7. 求与 $z$ 轴和点 $(1,3,-1)$ 等距离的点的轨迹方程.

8. 已知动点在 $xOz$ 平面内，且它与原点的距离等于它与点 $(5,-3,1)$ 的距离，求动点的轨迹方程.

9. 已知球面过原点，球心坐标为 $(3,-2,1)$，求该球面方程.

10. 求经过 $(0,0,0),(0,4,0),(0,2,-2),(2,2,0)$ 四个点的球面方程.

# §9.2 向量代数

本节主要介绍向量的基本概念及其代数运算，利用向量法可解决一些初等几何问题，在研究平面和直线时，方程的向量表示使用起来更加方便；此外向量也是研究物理学等其他一些学科的重要工具.

## 9.2.1 向量的概念

在自然科学研究中，有一些量只需用一个实数就可以明确表示，我们称之为数量，如距离、时间、温度等；而另外一些量不但有大小而且还有方向，如位移、速度、加速度、力等，我们称之为向量(或矢量)，用符号 $\boldsymbol{a},\boldsymbol{b},\boldsymbol{x},\cdots$ 或 $\boldsymbol{\alpha},\boldsymbol{\beta},\boldsymbol{\gamma},\cdots$ 来表示.

一个向量 $\boldsymbol{a}$ 还可以用一个有向线段 $AB$ 来表示，其中 $\overrightarrow{AB}$ 的长度表示向量的模(或长度)，记作 $|\overrightarrow{AB}|$ 或 $|\boldsymbol{a}|$；从始点 $A$ 到终点 $B$ 的指向表示向量的方向.

**定义 9.2.1** 如果两个向量 $\boldsymbol{a}$ 和 $\boldsymbol{b}$ 的模相等，方向相同，则称这两个**向量相等**，记为 $\boldsymbol{a}=\boldsymbol{b}$.

由定义可知,一个向量在空间平移后得到的向量与原来的向量相等.

**定义 9.2.2**　与向量 $a$ 的模相等,但方向相反的向量称为 $a$ 的**负向量**(或反向量),记为 $-a$.

**定义 9.2.3**　模为零的向量称为**零向量**,记作 $\mathbf{0}$ 或 $\vec{0}$.

零向量的始点和终点重合,它的方向可看作是任意的.

**定义 9.2.4**　模等于 1 的向量称为**单位向量**.

当 $a \neq 0$ 时,与向量 $a$ 方向相同的单位向量记为 $e_a$.

### 9.2.2　向量的线性运算

**定义 9.2.5**　对于向量 $a, b$,做有向线段使得 $\overrightarrow{AB}=a, \overrightarrow{BC}=b$,则 $\overrightarrow{AC}=c$ 称为**向量** $a$ **与** $b$ **的和**,记为 $c=a+b$,或 $\overrightarrow{AB}+\overrightarrow{BC}=\overrightarrow{AC}$.

上述向量加法定义称为**三角形法则**(见图 9.2.1 所示).

由加法法则易知,若 $a=\overrightarrow{OA}, b=\overrightarrow{OB}$,以 $OA, OB$ 为边作一平行四边形(见图 9.2.2),则 $\overrightarrow{OC}=a+b$,此方法又称为向量加法的**平行四边形法则**.

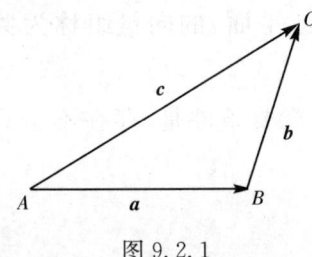

图 9.2.1

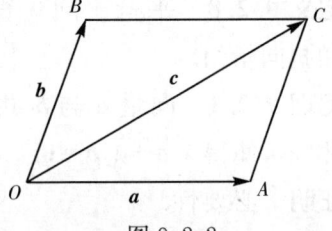

图 9.2.2

由定义容易验证,向量加法满足下列运算律:

(ⅰ)交换律　$a+b=b+a$;

(ⅱ)结合律　$(a+b)+c=a+(b+c)=a+b+c$;

(ⅲ)$a+\mathbf{0}=\mathbf{0}+a=a$;

(ⅳ)$a+(-a)=\mathbf{0}$.

根据**向量的减法**是加法的逆运算,我们给出向量减法的定义.

**定义 9.2.6**　$a-b=a+(-b)$.

$a-b$ 的几何意义如图 9.2.3 所示.

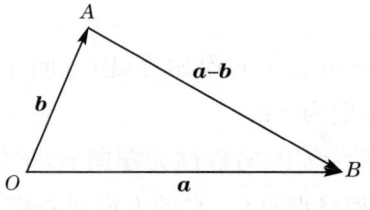

图 9.2.3

**定义 9.2.7** 数 $\lambda$ 与向量 $a$ 的乘积 $\lambda a$ 仍是一个向量,它的模为 $|\lambda a|=|\lambda||a|$,它的方向为:当 $\lambda>0$ 时与 $a$ 相同;当 $\lambda<0$ 时与 $a$ 相反;当 $\lambda=0$ 或 $a=\mathbf{0}$ 时,$\lambda a=\mathbf{0}$.

显然有 $(-1)a=-a$, $k\mathbf{0}=\mathbf{0}$, $e_a=|a|^{-1}a$.

**向量的数乘**满足以下运算律:

( i ) $\lambda(a+b)=\lambda a+\lambda b$;

( ii ) $(\lambda+\mu)a=\lambda a+\mu a$;

( iii ) $\lambda(\mu a)=(\lambda\mu)a$.

下面介绍向量共线和共面的一些基本知识.

**定义 9.2.8** 平行于同一直线(或平面)的向量组称为**共线的**(**共面的**)向量组.

**定理 9.2.1** 向量 $a$ 与 $b$ 共线的充要条件是,存在不全为零的数 $\lambda_1$ 和 $\lambda_2$,使得 $\lambda_1 a+\lambda_2 b=\mathbf{0}$.

**证明** 必要性.

当 $a=\mathbf{0}$ 时,显然有 $1a+0b=\mathbf{0}$.

当 $a\neq\mathbf{0}$ 时,取非负实数 $k$ 使得 $|b|=k|a|$,则当 $a$ 与 $b$ 同向时,$ka-b=\mathbf{0}$;当 $a$ 与 $b$ 反向时,$ka+b=\mathbf{0}$,结论均成立.

充分性.

不妨设 $\lambda_1\neq 0$,则 $a=-\dfrac{\lambda_2}{\lambda_1}b$. 由数乘的定义可知,向量 $a$ 与 $b$ 同向或反向,则 $a$ 与 $b$ 共线.

**定理 9.2.2** 设向量 $a$ 和 $b$ 不共线,则向量 $c$ 与 $a,b$ 共面的充要条件是,存在数 $\lambda_1,\lambda_2$,使得 $c=\lambda_1 a+\lambda_2 b$.

**证明** 充分性.

设 $c=\lambda_1 a+\lambda_2 b$,若 $\lambda_1\lambda_2=0$,例如 $\lambda_1=0$,则 $c=\lambda_2 b$,即 $c$ 与 $b$ 共线,故 $c$ 与 $a,b$ 共面;若 $\lambda_1\lambda_2\neq 0$,则由向量加法定义知,$c$ 与 $\lambda_1 a,\lambda_2 b$ 共面,亦即 $c$ 与 $a,b$ 共面.

必要性.

不妨设 $a,b$ 和 $c$ 的始点均在 $O$ 点,并且在同一个平面内. 过向量 $c$ 的终点 $C$ 分别作直线平行于 $a$ 和 $b$,并交 $a$ 和 $b$ 所在的直线于点 $A$ 和 $B$,则由定理 9.2.1 知,存在数 $\lambda_1,\lambda_2,\overrightarrow{OA}=\lambda_1 a,\overrightarrow{OB}=\lambda_2 b$,因此,$c=\lambda_1 a+\lambda_2 b$.

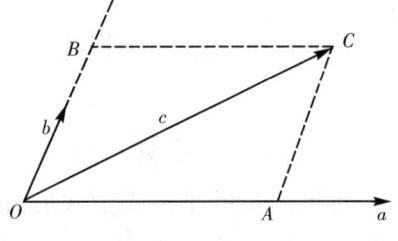

图 9.2.4

### 9.2.3 向量的坐标表示

设 $r$ 是空间直角坐标系中任一向量,将 $r$ 的始点平移到坐标原点 $O$ 时,其终点 $P$ 的坐标 $(x,y,z)$ 称为向量 $r$ 的坐标.

显然,相等的向量有相同的坐标表示.

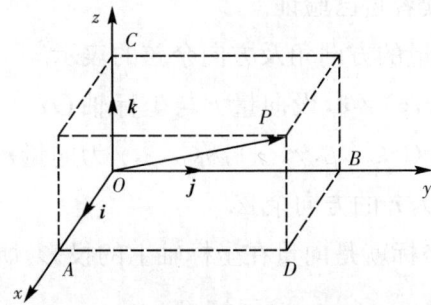

图 9.2.5

设 $i,j,k$ 分别表示 $x,y,z$ 轴正向的单位向量,并称它们为这一坐标系的**基本单位向量**. 过 $r=\overrightarrow{OP}$ 的终点作三个分别垂直于 $x,y,z$ 轴的平面,并交各坐标轴于点 $A,B,C$,则有
$$\overrightarrow{OA}=xi,\overrightarrow{OB}=yj,\overrightarrow{OC}=zk,$$
由于 $\overrightarrow{OP}=\overrightarrow{OC}+\overrightarrow{CP}=\overrightarrow{OA}+\overrightarrow{OB}+\overrightarrow{OC}$,故 $r=xi+yj+zk$,称此式为向量 $r$ 的**坐标分解式**.

对于始点不在原点的向量 $\overrightarrow{M_1M_2}$,下面给出其坐标表示.

设 $M_1(x_1,y_1,z_1), M_2(x_2,y_2,z_2)$，则
$$\overrightarrow{OM_1}=x_1\boldsymbol{i}+y_1\boldsymbol{j}+z_1\boldsymbol{k}, \overrightarrow{OM_2}=x_2\boldsymbol{i}+y_2\boldsymbol{j}+z_2\boldsymbol{k},$$
故
$$\overrightarrow{M_1M_2}=\overrightarrow{OM_2}-\overrightarrow{OM_1}=(x_2-x_1)\boldsymbol{i}+(y_2-y_1)\boldsymbol{j}+(z_2-z_1)\boldsymbol{k},$$
即
$$\overrightarrow{M_1M_2}=(x_2-x_1,y_2-y_1,z_2-z_1).$$

有了向量的坐标表示式后，向量之间的运算就化为向量的坐标的代数运算.

设 $\boldsymbol{a}=(a_1,a_2,a_3), \boldsymbol{b}=(b_1,b_2,b_3)$，则
$$\boldsymbol{a}+\boldsymbol{b}=(a_1+b_1,a_2+b_2,c_1+c_2),$$
$$k\boldsymbol{a}=(ka_1,ka_2,ka_3), k\in\mathbb{R},$$
$$|\boldsymbol{a}|=\sqrt{a_1^2+a_2^2+a_3^2}.$$

另外易知，两个向量共线的充要条件是它们的坐标对应成比例；三个向量共面的充要条件是它们的坐标构成的行列式为零.

以上结果请读者自己验证.

最后，介绍向量的方向角及方向余弦的表示.

对于 $\boldsymbol{r}=(x,y,z)\neq\boldsymbol{0}$，设向量 $\boldsymbol{r}$ 与坐标轴 $Ox,Oy,Oz$ 的正向夹角分别为 $\alpha,\beta$ 和 $\gamma$ ($0\leqslant\alpha,\beta,\gamma\leqslant\pi$)，称 $\alpha,\beta,\gamma$ 为向量 $\boldsymbol{r}$ 的方向角，并称 $\cos\alpha,\cos\beta,\cos\gamma$ 为 $\boldsymbol{r}$ 的方向余弦.

因为向量的坐标就是向量在坐标轴上的投影，所以
$$x=|\boldsymbol{r}|\cos\alpha,$$
$$y=|\boldsymbol{r}|\cos\beta,$$
$$z=|\boldsymbol{r}|\cos\gamma,$$
从而
$$\cos\alpha=\frac{x}{\sqrt{x^2+y^2+z^2}},$$
$$\cos\beta=\frac{y}{\sqrt{x^2+y^2+z^2}},$$
$$\cos\gamma=\frac{z}{\sqrt{x^2+y^2+z^2}}.$$

从向量的方向余弦表达式,我们易得,
$$\cos^2\alpha+\cos^2\beta+\cos^2\gamma=1.$$
当 $|\boldsymbol{r}|\neq 1$ 时,$\boldsymbol{e}_r=(\cos\alpha,\cos\beta,\cos\gamma)$;
当 $|\boldsymbol{r}|=1$ 时,$x=\cos\alpha,y=\cos\beta,z=\cos\gamma$.

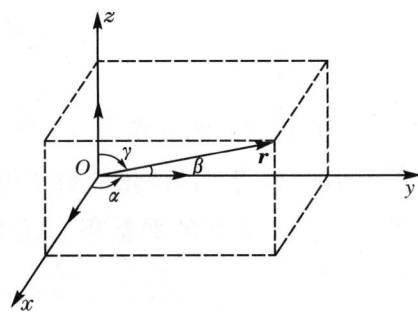

图 9.2.6

**例 9.2.1** 设点 $P$ 把有向线段 $\overrightarrow{AB}$ 分成定比 $\lambda$,即 $\dfrac{\overrightarrow{AP}}{\overrightarrow{PB}}=\lambda$,设 $A(x_1,y_1,z_1)$,$B(x_2,y_2,z_2)$,求分点 $P$ 的坐标 $(x,y,z)$.

**解** 由已知,$\overrightarrow{AP}=\lambda\overrightarrow{PB}$,所以
$$(x-x_1,y-y_1,z-z_1)=\lambda(x_2-x,y_2-y,z_2-z),$$
即
$$x-x_1=\lambda(x_2-x),y-y_1=\lambda(y_2-y),z-z_1=\lambda(z_2-z),$$
因此点 $P$ 的坐标为
$$x=\frac{x_1+\lambda x_2}{1+\lambda},y=\frac{y_1+\lambda y_2}{1+\lambda},z=\frac{z_1+\lambda z_2}{1+\lambda}.$$

**例 9.2.2** 已知 $P_1(1,-2,-\sqrt{2})$ 和 $P_2(2,-3,0)$,求 $\overrightarrow{P_1P_2}$ 的模、方向余弦和方向角.

**解** $\overrightarrow{P_1P_2}=(2-1,-3+2,0+\sqrt{2})=(1,-1,\sqrt{2})$,
$$|\overrightarrow{P_1P_2}|=\sqrt{1^2+(-1)^2+(\sqrt{2})^2}=2;$$
$$\cos\alpha=\frac{1}{2},\cos\beta=-\frac{1}{2},\cos\gamma=\frac{\sqrt{2}}{2};$$
$$\alpha=\frac{\pi}{3},\beta=\frac{2}{3}\pi,\gamma=\frac{\pi}{4}.$$

### 9.2.4 向量的数量积

在物理学中，一个质点在恒力 $F$ 作用下沿直线从点 $P_1$ 移动到点 $P_2$，则力 $F$ 所做的功为

$$W=|F||s|\cos\theta,$$

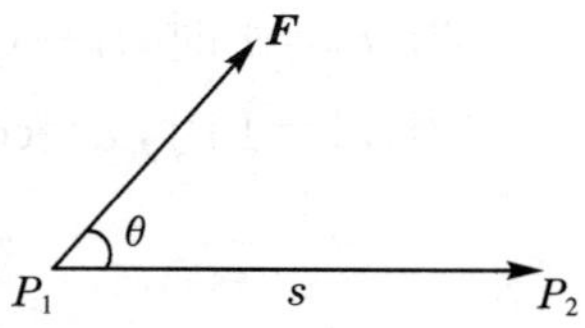

其中，$s$ 表示位移 $\overrightarrow{P_1P_2}$，$\theta$ 为 $F$ 与 $s$ 的夹角.

图 9.2.7

类似于功 $W$ 这样的量，我们引进向量的数量积.

**定义 9.2.9**　两个向量 $a$ 和 $b$ 的**数量积**定义为一个实数，记为 $a \cdot b$，且

$$a \cdot b = |a||b|\cos\angle(a,b),$$

其中 $\angle(a,b)$ 表示 $a$ 与 $b$ 的夹角，$0 \leqslant \angle(a,b) \leqslant \pi$. 若 $a$ 和 $b$ 中有一个是零向量时，$a \cdot b = 0$.

**注意**　向量 $a$ 与 $b$ 的夹角有时也可表示为 $\langle a,b \rangle$.

数量积又称为**内积**或**点积**.

由定义 9.2.9 易知

（ⅰ）$|a| = \sqrt{a \cdot a}$；

（ⅱ）$\cos\angle(a,b) = \dfrac{a \cdot b}{|a| \cdot |b|}$，$a, b \neq \mathbf{0}$；

（ⅲ）两非零向量 $a$ 与 $b$ 垂直的充要条件是 $a \cdot b = 0$.

数量积满足以下运算律：

（ⅰ）$a \cdot b = b \cdot a$；

（ⅱ）$(\lambda a) \cdot b = \lambda(a \cdot b)$；

（ⅲ）$(a+b) \cdot c = a \cdot c + b \cdot c$；

（ⅳ）$a \cdot a \geqslant 0$，当且仅当 $a = \mathbf{0}$ 时等号成立.

**证明**　（ⅰ），（ⅱ）和（ⅳ）直接由定义 9.2.9 容易得到，下面给出（ⅲ）的证明. 记 $(\alpha)_\beta$ 为向量 $\alpha$ 在向量 $\beta$ 上的投影的分量，则

$$(\alpha)_\beta = |\alpha|\cos\angle(\alpha,\beta), \quad \alpha \cdot \beta = |\alpha|(\beta)_\alpha = |\beta|(\alpha)_\beta.$$

容易看出

$$(a+b)_c = (a)_c + (b)_c,$$

故
$$(a+b)\cdot c=|c|(a+b)_c=|c|((a)_c+(b)_c)=$$
$$|c|(a)_c+|c|(b)_c=a\cdot c+b\cdot c.$$

下面给出向量数量积的坐标表达式.

设 $a=(a_1,a_2,a_3),b=(b_1,b_2,b_3)$，即
$$a=a_1\boldsymbol{i}+a_2\boldsymbol{j}+a_3\boldsymbol{k},b=b_1\boldsymbol{i}+b_2\boldsymbol{j}+b_3\boldsymbol{k},$$

其中 $\boldsymbol{i},\boldsymbol{j},\boldsymbol{k}$ 满足
$$\boldsymbol{i}\cdot\boldsymbol{i}=\boldsymbol{j}\cdot\boldsymbol{j}=\boldsymbol{k}\cdot\boldsymbol{k}=1,\boldsymbol{i}\cdot\boldsymbol{j}=\boldsymbol{j}\cdot\boldsymbol{k}=\boldsymbol{k}\cdot\boldsymbol{i}=0.$$

再由数量积运算律得
$$a\cdot b=(a_1\boldsymbol{i}+a_2\boldsymbol{j}+a_3\boldsymbol{k})\cdot(b_1\boldsymbol{i}+b_2\boldsymbol{j}+b_3\boldsymbol{k})=$$
$$a_1b_1+a_2b_2+a_3b_3,$$

即两个向量的数量积等于它们的对应坐标的乘积之和.

**例 9.2.3** 已知 $|a|=2,|b|=1$ 及 $\angle(a,b)=\dfrac{\pi}{3}$，求向量 $c=2a+3b$ 和 $d=3a-b$ 的夹角 $\theta$.

**解** $a\cdot b=|a|\cdot|b|\cdot\cos\angle(a,b)=2\cdot 1\cdot\dfrac{1}{2}=1,$
$$c\cdot d=(2a+3b)\cdot(3a-b)=$$
$$6|a|^2+7(a\cdot b)-3|b|^2=28,$$
$$|c|=\sqrt{c\cdot c}=\sqrt{(2a+3b)\cdot(2a+3b)}=$$
$$\sqrt{4|a|^2+12(a\cdot b)+9|b|^2}=\sqrt{37},$$
$$|d|=\sqrt{d\cdot d}=\sqrt{(3a-b)\cdot(3a-b)}=$$
$$\sqrt{9|a|^2-6(a\cdot b)+|b|^2}=\sqrt{31},$$

故
$$\cos\theta=\dfrac{c\cdot d}{|c|\cdot|d|}=\dfrac{28}{\sqrt{37}\cdot\sqrt{31}}\approx 0.8268,$$
$$\theta\approx 34°14'.$$

**例 9.2.4** 求单位向量 $e$，使得 $e$ 与向量 $a=(1,-3,1)$ 及 $b=(2,-1,3)$ 均垂直.

**解** 设 $e=(x,y,z)$，由已知条件得，
$$e\cdot a=e\cdot b=0,e\cdot e=1,$$

即
$$\begin{cases} x-3y+z=0, \\ 2x-y+3z=0, \\ x^2+y^2+z^2=1, \end{cases}$$

解得
$$x=\pm\frac{8}{3\sqrt{10}}, y=\pm\frac{1}{3\sqrt{10}}, z=\mp\frac{5}{3\sqrt{10}},$$

故
$$e=(\frac{8}{3\sqrt{10}}, \frac{1}{3\sqrt{10}}, -\frac{5}{3\sqrt{10}}),$$

或
$$e=(-\frac{8}{3\sqrt{10}}, -\frac{1}{3\sqrt{10}}, \frac{5}{3\sqrt{10}}).$$

### 9.2.5 向量的向量积

**定义 9.2.10** 两个向量 $a$ 和 $b$ 的向量积仍为一个向量,记为 $a\times b$,它的模为
$$|a\times b|=|a||b|\sin\angle(a,b),$$
它的方向与 $a,b$ 均垂直,且使 $a,b$ 和 $a\times b$ 构成右手系(见图 9.2.8). 如果 $a,b$ 中有一个是零向量,则规定 $a\times b=0$.

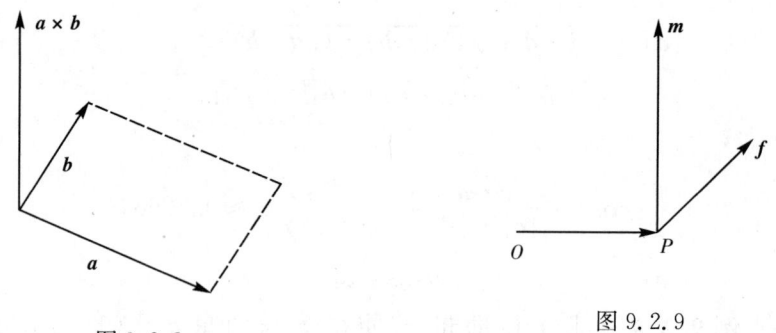

图 9.2.8　　　　　　　　　图 9.2.9

在力学中,一个力 $f$ 作用在棒的一端 $P$,使棒绕支点 $O$ 转动,则 $f$ 关于 $O$ 的力矩是一个向量 $m$,且 $m=\overrightarrow{OP}\times f$.

向量积又称为**外积**或**叉积**.

两向量的向量积的模的几何意义是:$|a\times b|$ 等于以 $a,b$ 为邻边的平行四边形的面积.

由向量积的定义容易得到下面的定理.

**定理 9.2.3**  两非零向量 $a$ 和 $b$ 共线的充要条件是 $a\times b=0$.

向量积满足以下运算律:

( ⅰ )$a\times b=-b\times a$；

( ⅱ )$(\lambda a)\times b=\lambda(a\times b)$；

( ⅲ )$(a+b)\times c=a\times c+b\times c, c\times(a+b)=c\times a+c\times b$.

下面仅给出(ⅲ)的证明,这里以 $(a+b)\times c=a\times c+b\times c$ 为例.

首先给出向量在直线、平面上投影的概念.

**定义 9.2.11**  设 $a=\overrightarrow{AB}$,由 $A,B$ 分别向直线 $l$（或平面 $\pi$）作垂线,垂足分别为 $A',B'$,则称 $\overrightarrow{A'B'}$ 为 $a$ 在直线 $l$（或平面 $\pi$）上的**投影**.

显然,相等的向量有相等的投影,向量和的投影等于向量投影的和.

由向量积运算律(ⅱ),我们不妨设 $|c|=1$,设 $a'$ 和 $b'$ 分别表示 $a$ 和 $b$ 在与向量 $c$ 垂直的平面上的投影,则

$$a\times c=a'\times c, b\times c=b'\times c, (a+b)\times c=(a'+b')\times c,$$

并且,向量 $a'\times c, b'\times c$ 和 $(a'+b')\times c$ 分别可以由相应的方向 $a',b'$ 和 $(a'+b')$ 绕 $c$ 左转 90°而得到.因此

$$(a'+b')\times c=a'\times c+b'\times c,$$

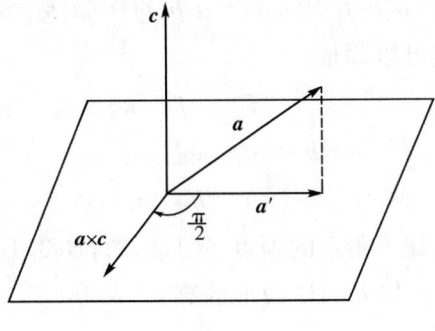

图 9.2.10

即
$$(a+b)\times c=a\times c+b\times c.$$

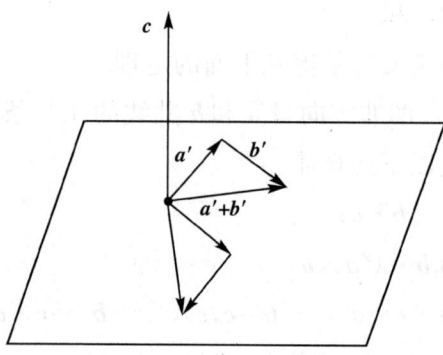

图 9.2.11

下面给出向量积的坐标表式.

设
$$a=(a_1,a_2,a_3), b=(b_1,b_2,b_3),$$
即
$$a=a_1\boldsymbol{i}+a_2\boldsymbol{j}+a_3\boldsymbol{k}, b=b_1\boldsymbol{i}+b_2\boldsymbol{j}+b_3\boldsymbol{k},$$
因为 $\boldsymbol{i},\boldsymbol{j}$ 和 $\boldsymbol{k}$ 满足
$$\boldsymbol{i}\times\boldsymbol{i}=\boldsymbol{j}\times\boldsymbol{j}=\boldsymbol{k}\times\boldsymbol{k}=\boldsymbol{0}, \boldsymbol{i}\times\boldsymbol{j}=\boldsymbol{k}, \boldsymbol{j}\times\boldsymbol{k}=\boldsymbol{i}, \boldsymbol{k}\times\boldsymbol{i}=\boldsymbol{j},$$
所以
$$\begin{aligned}\boldsymbol{a}\times\boldsymbol{b}&=(a_1\boldsymbol{i}+a_2\boldsymbol{j}+a_3\boldsymbol{k})\times(b_1\boldsymbol{i}+b_2\boldsymbol{j}+b_3\boldsymbol{k})=\\ &\quad a_1b_2(\boldsymbol{i}\times\boldsymbol{j})+a_1b_3(\boldsymbol{i}\times\boldsymbol{k})+a_2b_1(\boldsymbol{j}\times\boldsymbol{i})+a_2b_3(\boldsymbol{j}\times\boldsymbol{k})+\\ &\quad a_3b_1(\boldsymbol{k}\times\boldsymbol{i})+a_3b_2(\boldsymbol{k}\times\boldsymbol{j})=\\ &\quad (a_2b_3-a_3b_2)\boldsymbol{i}+(a_3b_1-a_1b_3)\boldsymbol{j}+(a_1b_2-a_2b_1)\boldsymbol{k}.\end{aligned}$$

借用行列式,上式可以写成
$$\boldsymbol{a}\times\boldsymbol{b}=\begin{vmatrix}\boldsymbol{i}&\boldsymbol{j}&\boldsymbol{k}\\ a_1&a_2&a_3\\ b_1&b_2&b_3\end{vmatrix}.$$

**例 9.2.5** 已知三角形的顶点 $A(1,2,3), B(3,4,5)$ 和 $C(2,4,7)$,求 $\triangle ABC$ 的面积 $S$ 以及 $AB$ 边上的高 $h$.

**解** $S=\dfrac{1}{2}|\overrightarrow{AB}\times\overrightarrow{AC}|.$

因为
$$\vec{AB}=(2,2,2), \vec{AC}=(1,2,4),$$
所以
$$\vec{AB}\times\vec{AC}=\begin{vmatrix} i & j & k \\ 2 & 2 & 2 \\ 1 & 2 & 4 \end{vmatrix}=4i-6j+2k,$$

$$S=\frac{1}{2}\sqrt{4^2+(-6)^2+2^2}=\sqrt{14},$$

$$h=\frac{2S}{|\vec{AB}|}=\frac{2\sqrt{14}}{\sqrt{2^2+2^2+2^2}}=\frac{\sqrt{42}}{3}.$$

### 9.2.6 向量的混合积

首先来求一个平行六面体 $ABCD-A'B'C'D'$ 的体积,设 $\vec{AB}=a$, $\vec{AD}=b$, $\vec{AA'}=c$, $AH$ 为底面 $ABCD$ 上的高,由向量积的几何意义知,底面积为 $|a\times b|$, $\vec{AH}$ 为 $c$ 在 $a\times b$ 上的投影,即 $|\vec{AH}|=|(c)_{a\times b}|$. 因此,平行六面体的体积为

$$V=|a\times b||(c)_{a\times b}|=||a\times b|(c)_{a\times b}|=|(a\times b)\cdot c|.$$

**定义 9.2.12** $(a\times b)\cdot c$ 称为向量 $a,b$ 和 $c$ 的**混合积**,记为 $(a,b,c)$.

由前面的介绍易知,向量的混合积几何意义是:$(a,b,c)$ 的绝对值等于以 $a,b$ 和 $c$ 为相邻棱的平行六面体的体积,并且当 $a,b$ 和 $c$ 构成右手系时,$(a,b,c)>0$;当 $a,b$ 和 $c$ 构成左手系时,$(a,b,c)<0$.

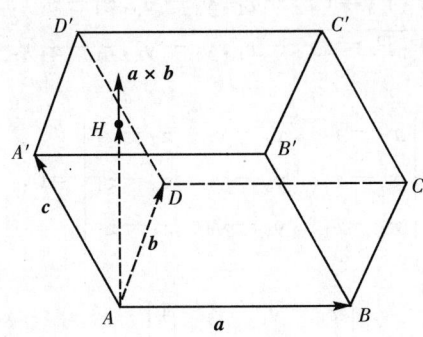

图 9.2.12

混合积有下列性质:

(ⅰ) $(a\times b)\cdot c=(b\times c)\cdot a=(c\times a)\cdot b$;

(ⅱ) $(a\times b)\cdot c = a\cdot(b\times c)$;

(ⅲ) $a,b,c$ 共面的充要条件是 $(a,b,c)=0$.

下面给出混合积的坐标表示.

设 $a=(a_1,a_2,a_3), b=(b_1,b_2,b_3), c=(c_1,c_2,c_3)$,因为

$$a\times b=\begin{vmatrix} i & j & k \\ a_1 & a_2 & a_3 \\ b_1 & b_2 & b_3 \end{vmatrix}=\begin{vmatrix} a_2 & a_3 \\ b_2 & b_3 \end{vmatrix}i+\begin{vmatrix} a_3 & a_1 \\ b_3 & b_1 \end{vmatrix}j+\begin{vmatrix} a_1 & a_2 \\ b_1 & b_2 \end{vmatrix}k,$$

所以

$$(a\times b)\cdot c=\begin{vmatrix} a_2 & a_3 \\ b_2 & b_3 \end{vmatrix}c_1+\begin{vmatrix} a_3 & a_1 \\ b_3 & b_1 \end{vmatrix}c_2+\begin{vmatrix} a_1 & a_2 \\ b_1 & b_2 \end{vmatrix}c_3=\begin{vmatrix} a_1 & a_2 & a_3 \\ b_1 & b_2 & b_3 \\ c_1 & c_2 & c_3 \end{vmatrix}.$$

**例 9.2.6** 证明:空间四个点 $p_i(x_i,y_i,z_i), i=1,2,3,4$,共面的充要条件是

$$\begin{vmatrix} x_1 & y_1 & z_1 & 1 \\ x_2 & y_2 & z_2 & 1 \\ x_3 & y_3 & z_3 & 1 \\ x_4 & y_4 & z_4 & 1 \end{vmatrix}=0.$$

**证明** $P_1,P_2,P_3,P_4$ 共面的充要条件是 $\overrightarrow{P_1P_2},\overrightarrow{P_1P_3}$ 和 $\overrightarrow{P_1P_4}$ 共面,即

$$(\overrightarrow{P_1P_2},\overrightarrow{P_1P_3},\overrightarrow{P_1P_4})=0.$$

而

$$\overrightarrow{P_1P_2}=(x_2-x_1,y_2-y_1,z_2-z_1),$$
$$\overrightarrow{P_1P_3}=(x_3-x_1,y_3-y_1,z_3-z_1),$$
$$\overrightarrow{P_1P_4}=(x_4-x_1,y_4-y_1,z_4-z_1),$$

故上式等价于

$$\begin{vmatrix} x_2-x_1 & y_2-y_1 & z_2-z_1 \\ x_3-x_1 & y_3-y_1 & z_3-z_1 \\ x_4-x_1 & y_4-y_1 & z_4-z_1 \end{vmatrix}=0,$$

即

$$\begin{vmatrix} x_1 & y_1 & z_1 & 1 \\ x_2 & y_2 & z_2 & 1 \\ x_3 & y_3 & z_3 & 1 \\ x_4 & y_4 & z_4 & 1 \end{vmatrix}=0.$$

**例 9.2.7** 已知四面体的顶点是 $A(0,0,0), B(3,4,-1)$, $C(2,3,5)$ 和 $D(6,0,-3)$,求此四面体的体积.

**解** 设所求四面体的体积为 $V$,则 $V$ 等于以 $\overrightarrow{AB},\overrightarrow{AC}$ 和 $\overrightarrow{AD}$ 为棱的平行六面体体积的 $\frac{1}{6}$,即

$$V = \frac{1}{6}|(\overrightarrow{AB},\overrightarrow{AC},\overrightarrow{AD})|,$$

其中 $\overrightarrow{AB}=(3,4,-1), \overrightarrow{AC}=(2,3,5), \overrightarrow{AD}=(6,0,-3)$. 故

$$V = \frac{1}{6}\begin{vmatrix} 3 & 4 & -1 \\ 2 & 3 & 5 \\ 6 & 0 & -3 \end{vmatrix} = 22\frac{1}{2}.$$

## 习题 9.2

1. 已知平行四边形 $ABCD$ 的对角线为 $\overrightarrow{AC}=\boldsymbol{\alpha}, \overrightarrow{BD}=\boldsymbol{\beta}$,求 $\overrightarrow{AB},\overrightarrow{AD}$.
2. 若四边形的对角线互相平分,试应用向量法证明它是平行四边形.
3. 用向量法证明三角形两边中点的连线平行于第三边且其长等于第三边长的一半.
4. 非零向量 $\boldsymbol{\alpha},\boldsymbol{\beta}$ 满足什么条件时, $|\boldsymbol{\alpha}+\boldsymbol{\beta}|=|\boldsymbol{\alpha}-\boldsymbol{\beta}|$.
5. 已知两点 $A(0,1,2)$ 和 $B(1,-1,0)$,求 $\overrightarrow{AB}$ 和 $-2\overrightarrow{AB}$ 的坐标.
6. 已知向量 $\boldsymbol{a}=(3,5,-1), \boldsymbol{b}=(2,2,3), \boldsymbol{c}=(4,-1,-3)$. 求向量 $\boldsymbol{a}+\boldsymbol{b}-\boldsymbol{c}$ 和 $2\boldsymbol{a}-3\boldsymbol{b}+4\boldsymbol{c}$ 的坐标.
7. 求平行于向量 $\boldsymbol{a}=(7,6,-6)$ 的单位向量.
8. 已知两点 $A(4,\sqrt{2},1)$ 和 $B(3,0,2)$,求 $\overrightarrow{AB}$ 的模、方向余弦和方向角.
9. 已知 $\boldsymbol{\alpha}=(a,5,1)$ 与 $\boldsymbol{\beta}=(3,1,b)$ 共线,求 $a$ 与 $b$ 的值.
10. 已知 $\boldsymbol{\alpha}=(3,-1,-2)$ 与 $\boldsymbol{\beta}=(1,2,-1)$,求
(1) $\boldsymbol{\alpha}\cdot\boldsymbol{\beta}$; (2) $\boldsymbol{\alpha}\times\boldsymbol{\beta}$; (3) $\cos\angle(\boldsymbol{\alpha},\boldsymbol{\beta})$.
11. 已知三个点 $A(1,-1,2), B(3,3,1)$ 及 $C(3,1,3)$,求 $\triangle ABC$ 的面积.
12. 已知 $\boldsymbol{\alpha}$ 与 $\boldsymbol{\beta}$ 垂直,且 $|\boldsymbol{\alpha}|=3, |\boldsymbol{\beta}|=4$,求 $|(3\boldsymbol{\alpha}-\boldsymbol{\beta})\times(\boldsymbol{\alpha}-2\boldsymbol{\beta})|$.
13. 已知 $|\boldsymbol{\alpha}|=3, |\boldsymbol{\beta}|=26, |\boldsymbol{\alpha}\times\boldsymbol{\beta}|=72$,求 $\boldsymbol{\alpha}\cdot\boldsymbol{\beta}$.
14. 已知 $|\boldsymbol{\alpha}|=10, |\boldsymbol{\beta}|=2, \boldsymbol{\alpha}\cdot\boldsymbol{\beta}=12$,求 $|\boldsymbol{\alpha}\times\boldsymbol{\beta}|$.
15. 已知 $\overrightarrow{OA}=(2,4,1), \overrightarrow{OB}=(3,7,5), \overrightarrow{OC}=(4,10,9)$,试证 $A,B,C$ 三点共线.
16. 设 $\boldsymbol{\alpha}$ 和 $\boldsymbol{\beta}$ 是互相垂直的单位向量,求以 $\boldsymbol{\xi}=2\boldsymbol{\alpha}+3\boldsymbol{\beta}$ 和 $\boldsymbol{\eta}=\boldsymbol{\alpha}-4\boldsymbol{\beta}$ 为边的平行四边形的面积.
17. 设 $\boldsymbol{\alpha}=(3,-1,1), \boldsymbol{\beta}=(-4,0,3), \boldsymbol{\gamma}=(1,5,1)$,求以 $\boldsymbol{\alpha},\boldsymbol{\beta},\boldsymbol{\gamma}$ 为三邻边的平行六面体的体积.
18. 证明四点 $A(1,0,1), B(4,4,6), C(2,2,3)$ 和 $D(10,14,17)$ 在同一平面上.

## §9.3 空间的平面与直线

本节我们以向量为工具,在空间直角坐标系中研究平面和直线的方程以及它们之间的位置关系.

### 9.3.1 空间的平面方程

过空间中一点且垂直于一个非零向量的平面是唯一确定的,该非零向量称为平面的**法向量**. 已知平面 $\pi$ 上的点 $P_0(x_0,y_0,z_0)$ 以及平面 $\pi$ 的法向量 $\boldsymbol{n}=(A,B,C)$,设 $P(x,y,z)$ 是平面 $\pi$ 上任意一点,则向量 $\overrightarrow{P_0P}$ 与 $\boldsymbol{n}$ 垂直,即

$$\overrightarrow{P_0P} \cdot \boldsymbol{n}=0. \tag{9.3.1}$$

反之,若一点 $P$ 满足式(9.3.1),则 $\overrightarrow{P_0P}$ 与 $\boldsymbol{n}$ 垂直,$P$ 必在平面 $\pi$ 上. 因此,式(9.3.1)就是平面 $\pi$ 的方程,称为**平面的向量式方程**.

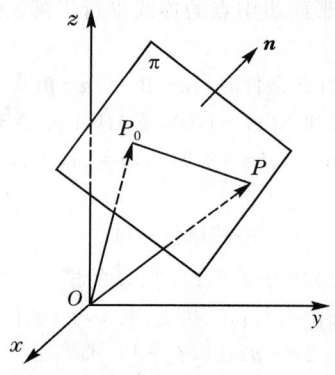

图 9.3.1

将式(9.3.1)用坐标表示,得

$$A(x-x_0)+B(y-y_0)+C(z-z_0)=0, \tag{9.3.2}$$

称式(9.3.2)为**平面的点法式方程**.

**定理 9.3.1** 空间中任何平面的方程可以用关于 $x,y$ 和 $z$ 的一次方程来表示;任何关于 $x,y$ 和 $z$ 的一次方程均表示一个平面.

**证明** 定理的前半部分由式(9.3.2)知显然成立,下证后半部分.

设一次方程
$$Ax+By+Cz+D=0, \qquad (9.3.3)$$
其中 $A,B$ 和 $C$ 不全为零. 任取方程(9.3.3)的一组解$(x_0,y_0,z_0)$，即
$$Ax_0+By_0+Cz_0+D=0, \qquad (9.3.4)$$
将式(9.3.3),(9.3.4)相减得
$$A(x-x_0)+B(y-y_0)+c(z-z_0)=0. \qquad (9.3.5)$$
方程(9.3.5)和(9.3.3)等价，而式(9.3.5)表示过点$(x_0,y_0,z_0)$且以 $n=(A,B,C)$ 为法向量的平面，所以方程(9.3.3)亦表示空间一平面.

式(9.3.3)称为**平面方程的一般形式**. 下面介绍另外两种形式的平面方程.

(1) 三点式方程.

已知平面 $\pi$ 上不共线的三点 $P_i(x_i,y_i,z_i), i=1,2,3$，设 $P(x,y,z)$ 为平面上任一点，则 $\overrightarrow{P_1P}$、$\overrightarrow{P_1P_2}$ 和 $\overrightarrow{P_1P_3}$ 共面，即
$$(\overrightarrow{P_1P},\overrightarrow{P_1P_2},\overrightarrow{P_1P_3})=0,$$
写成坐标形式为
$$\begin{vmatrix} x-x_1 & y-y_1 & z-z_1 \\ x_2-x_1 & y_2-y_1 & z_2-z_1 \\ x_3-x_1 & y_3-y_1 & z_3-z_1 \end{vmatrix}=0, \qquad (9.3.6)$$
称式(9.3.6)为**平面 $\pi$ 的三点式方程**.

(2) 截距式方程.

已知平面 $\pi$ 在三个坐标轴上的交点分别为 $P_1(a,0,0), P_2(0,b,0)$ 和 $P_3(0,0,c)$（其中 $abc\neq 0$），则由式(9.3.6)得
$$\begin{vmatrix} x-a & y & z \\ -a & b & 0 \\ -a & 0 & c \end{vmatrix}=0,$$
展开后得
$$\frac{x}{a}+\frac{y}{b}+\frac{z}{c}=1, \qquad (9.3.7)$$
称式(9.3.7)为**平面的截距式方程**，其中 $a,b$ 和 $c$ 分别称为平面在 $x$ 轴、$y$ 轴和 $z$ 轴上的**截距**.

**例 9.3.1** 已知 $P_0(x_0, y_0, z_0)$ 为平面 $\pi$ 上一点,两个不共线的向量 $\boldsymbol{v}_i = (X_i, Y_i, Z_i)$ $(i=1,2)$ 平行于平面 $\pi$,求平面 $\pi$ 的方程.

**解** 设 $P(x,y,z)$ 为平面 $\pi$ 上任意一点,则三个向量 $\overrightarrow{P_0P}, \boldsymbol{v}_1, \boldsymbol{v}_2$ 共面,由 §9.2 定理 9.2.2 知,存在唯一的一对实数 $\lambda, \mu$,使得

$$\overrightarrow{P_0P} = \lambda \boldsymbol{v}_1 + \mu \boldsymbol{v}_2,$$

将坐标代入上式,得

$$\begin{cases} x = x_0 + \lambda X_1 + \mu X_2, \\ y = y_0 + \lambda Y_1 + \mu Y_2, \\ z = z_0 + \lambda Z_1 + \mu Z_2, \end{cases} \tag{9.3.8}$$

这就是所求平面的方程,其中 $\lambda, \mu$ 为参数.

式 (9.3.8) 又称为**平面的坐标式参数方程**.

**注意** 上例中式 (9.3.8) 又可写成

$$\begin{vmatrix} x - x_0 & y - y_0 & z - z_0 \\ X_1 & Y_1 & Z_1 \\ X_2 & Y_2 & Z_2 \end{vmatrix} = 0.$$

**例 9.3.2** 求通过点 $P_1(0, 4, -3)$ 和 $P_2(1, -2, 6)$ 且平行于 $x$ 轴的平面方程.

**解** 因为平面平行于 $x$ 轴,所以其法向量垂直于 $x$ 轴,可设法向量 $\boldsymbol{n} = (0, b, c)$,即平面方程可设为

$$by + cz + d = 0,$$

将 $P_1, P_2$ 的坐标代入,得

$$\begin{cases} 4b - 3c + d = 0, \\ -2b + 6c + d = 0, \end{cases}$$

解得 $b:c:d = 3:2:(-6)$,故所求平面方程为

$$3y + 2z - 6 = 0.$$

### 9.3.2 两平面的相互关系

设两平面 $\pi_1$ 和 $\pi_2$ 的方程为

$$\pi_1 : A_1 x + B_1 y + C_1 z + D_1 = 0,$$
$$\pi_2 : A_2 x + B_2 y + C_2 z + D_2 = 0.$$

平面 $\pi_1$ 和 $\pi_2$ 的法向量的夹角记为 $\theta$,平面 $\pi_1$ 和 $\pi_2$ 交成的二面角中不大

于 $\frac{\pi}{2}$ 的一个角称为 $\pi_1$ 和 $\pi_2$ **的夹角**,记为 $\varphi$. 显然 $\varphi=\theta$,或 $\varphi=\pi-\theta$. 于是

$$\cos\varphi=|\cos\theta|=\frac{|A_1A_2+B_1B_2+C_1C_2|}{\sqrt{A_1^2+B_1^2+C_1^2}\cdot\sqrt{A_2^2+B_2^2+C_2^2}}. \quad (9.3.9)$$

由式(9.3.9)可得,两平面 $\pi_1$ 和 $\pi_2$ 垂直的充要条件是

$$A_1A_2+B_1B_2+C_1C_2=0. \quad (9.3.10)$$

从几何上看,平面 $\pi_1$ 和 $\pi_2$ 的位置关系是相交、平行或重合;从代数上看,平面 $\pi_1$ 和 $\pi_2$ 的位置关系表现为方程组

$$\begin{cases} A_1x+B_1y+C_1z+D_1=0, \\ A_2x+B_2y+C_2Z+D_2=0. \end{cases} \quad (9.3.11)$$

解的情况下,我们不加证明地给出下列结论.

**定理 9.3.2**

(ⅰ) 平面 $\pi_1$ 和 $\pi_2$ 相交于一直线的充要条件是

$$A_1:B_1:C_1\neq A_2:B_2:C_2;$$

(ⅱ) 平面 $\pi_1$ 和 $\pi_2$ 平行的充要条件是

$$\frac{A_1}{A_2}=\frac{B_1}{B_2}=\frac{C_1}{C_2}\neq\frac{D_1}{D_2};$$

(ⅲ) 平面 $\pi_1$ 和 $\pi_2$ 重合的充要条件是

$$\frac{A_1}{A_2}=\frac{B_1}{B_2}=\frac{C_1}{C_2}=\frac{D_1}{D_2}.$$

**例 9.3.3** 一平面通过两点 $P_1(1,1,1)$ 和 $P_2(0,1,-1)$,且垂直于平面 $x+y+z=0$,求它的方程.

**解** 设所求平面的法向量为 $\boldsymbol{n}=(A,B,C)$,则平面的方程为

$$A(x-1)+B(y-1)+C(z-1)=0.$$

因为 $\overrightarrow{P_1P_2}=(-1,0,-2)$ 在所求平面上,它必与 $\boldsymbol{n}$ 垂直,所以有

$$-A-2C=0, \quad (9.3.12)$$

又因为所求平面垂直于平面 $x+y+z=0$,由本节式(9.3.10)可得

$$A+B+C=0. \quad (9.3.13)$$

由式(9.3.12),(9.3.13)可解得

$$A:B:C=2:(-1):(-1),$$

因此平面的方程为

$$-2(x-1)+(y-1)+(z-1)=0,$$

即 $2x-y-z=0$.

### 9.3.3 点到平面的距离

**定理 9.3.3** 点 $P_1(x_1, y_1, z_1)$ 到平面
$$\pi: Ax + By + Cz + D = 0$$
的距离为
$$d = \frac{|Ax_1 + By_1 + Cz_1 + D|}{\sqrt{A^2 + B^2 + C^2}}. \tag{9.3.14}$$

**证明** 自 $P_1$ 到平面 $\pi$ 作垂线,设垂足为 $P_0(x_0, y_0, z_0)$,则 $P_1$ 到平面 $\pi$ 的距离 $d = |\overrightarrow{P_0P_1}|$. 记平面 $\pi$ 的法向量为 $\boldsymbol{n} = (A, B, C)$,因为 $\overrightarrow{P_0P_1}$ 与 $\boldsymbol{n}$ 共线,所以存在 $\sigma$,使得
$$\overrightarrow{P_0P_1} = \sigma \boldsymbol{e}_n,$$
上式两边用 $\boldsymbol{e}_n$ 作数量积,得
$$\sigma = \overrightarrow{P_0P_1} \cdot \boldsymbol{e}_n = \frac{1}{\sqrt{A^2+B^2+C^2}}[A(x_1-x_0)+$$
$$B(y_1-y_0)+C(z_1-z_0)] = \frac{Ax_1+By_1+Cz_1+D}{\sqrt{A^2+B^2+C^2}}.$$
于是
$$d = |\overrightarrow{P_0P_1}| = |\sigma| = \frac{|Ax_1+By_1+Cz_1+D|}{\sqrt{A^2+B^2+C^2}}.$$

上式中的 $\sigma$ 称为**点 $P_1$ 到平面 $\pi$ 的离差**,在定理 9.3.3 的证明中,我们也给出了求离差的公式.

平面 $\pi$ 把空间中不在平面上的点分成两部分,$\pi$ 的法向量所指那一部分称为 $\pi$ 的**正侧**,另一部分则称为**负侧**(见图 9.3.2).

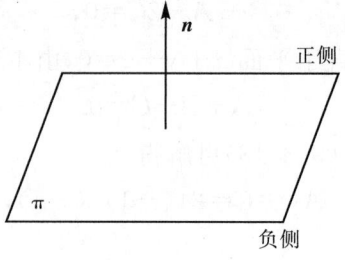

图 9.3.2

由离差的定义知，$P_1(x_1,y_1,z_1)$ 在 $\pi$ 正侧（负侧）的充要条件是 $\sigma>0$ $(<0)$，即
$$Ax_1+By_1+Cz_1+D>0\ (<0).$$

### 9.3.4 空间的直线方程

一个点和一个非零向量确定一条直线，称此向量为**直线的方向向量**.

已知直线 $l$ 上一个定点 $P_0(x_0,y_0,z_0)$ 及一个方向向量 $\boldsymbol{v}=(X,Y,Z)$，下面给出直线 $l$ 的方程.

设 $P(x,y,z)$ 为 $l$ 上的任意一点，则 $P$ 在直线 $l$ 上的充要条件是 $\overrightarrow{P_0P}$ 与 $\boldsymbol{v}$ 共线，即存在唯一的实数 $t$，使得
$$\overrightarrow{P_0P}=t\boldsymbol{v}. \tag{9.3.15}$$
式(9.3.15)用坐标表示得
$$\begin{cases} x=x_0+tX, \\ y=y_0+tY, \\ z=z_0+tZ. \end{cases} \tag{9.3.16}$$

方程(9.3.16)称为**直线 $l$ 的参数方程**，其中 $t$ 为参数. 直线的参数方程给出了直线上的点 $P$ 与参数 $t$ 的一一对应关系.

从方程(9.3.16)中消去参数 $t$，得
$$\frac{x-x_0}{X}=\frac{y-y_0}{Y}=\frac{z-z_0}{Z}. \tag{9.3.17}$$

方程(9.3.17)称为**直线 $l$ 的标准方程**（或**点向式方程**），$X,Y,Z$ 称为**直线 $l$ 的方向数**（不唯一）. 此外，在式(9.3.17)中，若 $X,Y,Z$ 中有一个为零，我们约定分母为零的分式，其分子也为零. 例如，当 $Z=0$ 时，则式(9.3.17)可理解为
$$\begin{cases} \dfrac{x-x_0}{X}=\dfrac{y-y_0}{Y}, \\ z-z_0=0. \end{cases}$$

直线又可看作两平面的交线. 设两相交平面的方程为
$$\pi_1:A_1x+B_1y+C_1z+D_1=0,$$
$$\pi_2:A_2x+B_2y+C_2z+D_2=0,$$

则 $\pi_1$ 和 $\pi_2$ 交线 $l$ 的方程可表示为

$$\begin{cases} A_1 x + B_1 y + C_1 z + D_1 = 0, \\ A_2 x + B_2 y + C_2 z + D_2 = 0, \end{cases} \tag{9.3.18}$$

其中 $A_1 : B_1 : C_1 \neq A_2 : B_2 : C_2$.

式(9.3.18)称为**直线 $l$ 的一般方程**.

直线的标准方程和一般方程可以互相转化,请读者自己验证.

**例 9.3.4** 试将直线的一般方程

$$\begin{cases} 3x - 2y - z + 5 = 0 \\ x + 3y - 2z - 4 = 0 \end{cases}$$

化为标准方程.

**解法一** 令 $x = 0$,解方程组

$$\begin{cases} -2y - z + 5 = 0, \\ 3y - 2z - 4 = 0, \end{cases}$$

得直线上一点 $(0, 2, 1)$.

设直线的方向向量为 $\boldsymbol{v} = (X, Y, Z)$,则 $\boldsymbol{v}$ 平行于这两个平面,于是

$$\begin{cases} 3X - 2Y - Z = 0, \\ X + 3Y - 2Z = 0, \end{cases}$$

解得 $X : Y : Z = 7 : 5 : 11$,故所求直线的方程为

$$\frac{x}{7} = \frac{y-2}{5} = \frac{z-1}{11}.$$

**解法二** 由方程组分别消去 $y, z$,则有

$$7(z-1) = 11x, \quad 7(y-2) = 5x.$$

所以直线的标准方程可写为

$$\frac{x}{7} = \frac{y-2}{5} = \frac{z-1}{11}.$$

### 9.3.5 两直线的位置关系

对于给定两直线 $l_1$ 和 $l_2$,

$$l_1 : \frac{x-x_1}{X_1} = \frac{y-y_1}{Y_1} = \frac{z-z_1}{Z_1},$$

$$l_2 : \frac{x-x_2}{X_2} = \frac{y-y_2}{Y_2} = \frac{z-z_2}{Z_2};$$

$P_1(x_1,y_1,z_1)$ 和 $P_2(x_2,y_2,z_2)$ 分别为 $l_1$ 和 $l_2$ 上的点;$\boldsymbol{v}_1=(X_1,Y_1,Z_1)$ 和 $\boldsymbol{v}_2=(X_2,Y_2,Z_2)$ 分别表示 $l_1$ 和 $l_2$ 的方向向量,我们有如下结论.

**定理 9.3.4** (1)当 $\boldsymbol{v}_1$ 和 $\boldsymbol{v}_2$ 共线时,

（ⅰ） $l_1$ 和 $l_2$ 平行当且仅当 $\overrightarrow{P_1P_2}$ 与 $\boldsymbol{v}_1$ 不共线;

（ⅱ） $l_1$ 和 $l_2$ 重合当且仅当 $\overrightarrow{P_1P_2}$ 与 $\boldsymbol{v}_1$ 共线;

(2)当 $\boldsymbol{v}_1$ 和 $\boldsymbol{v}_2$ 不共线时,

（ⅲ） $l_1$ 和 $l_2$ 交于一点当且仅当 $(\overrightarrow{P_1P_2},\boldsymbol{v}_1,\boldsymbol{v}_2)=0$;

（ⅳ） $l_1$ 和 $l_2$ 异面当且仅当 $(\overrightarrow{P_1P_2},\boldsymbol{v}_1,\boldsymbol{v}_2)\neq 0$.

**例 9.3.5** 求过点 $P_0(0,0,-2)$ 与平面 $\pi:3x-y+2z-1=0$ 平行,且与直线 $l_1:\dfrac{x-1}{4}=\dfrac{y-3}{-2}=\dfrac{z}{1}$ 相交的直线 $l$ 的方程.

**解** 设直线 $l$ 的方向向量为 $\boldsymbol{v}=(X,Y,Z)$.由直线 $l_1$ 的方程知 $l_1$ 的方向向量为 $\boldsymbol{v}_1=(4,-2,1)$,且 $l_1$ 过点 $P_1(1,3,0)$.由于直线 $l$ 与 $l_1$ 相交,因此 $(\overrightarrow{P_0P_1},\boldsymbol{v}_1,\boldsymbol{v})=0$,即

$$\begin{vmatrix} 1 & 3 & 2 \\ 4 & -2 & 1 \\ X & Y & Z \end{vmatrix}=0,$$

展开得

$$X+Y-2Z=0.$$

又因为 $l$ 与 $\pi$ 平行,所以

$$3X-Y+2Z=0.$$

由以上两方程解得 $X=0,Y=2Z$.令 $Z=1$,得 $Y=2$,故所求直线 $l$ 的方程为

$$\frac{x}{0}=\frac{y}{2}=\frac{z+2}{1}.$$

### 9.3.6 点到直线的距离

设直线 $l$ 过点 $P_0$,方向向量为 $\boldsymbol{v}$,由图 9.3.3 可以看出,点 $P_1$ 与直线 $l$ 的距离 $d$ 是以 $\overrightarrow{P_0P_1}$ 和 $\boldsymbol{v}$ 为邻边的平行四边形的底边 $\boldsymbol{v}$ 上的高,因而

$$d=\frac{|\overrightarrow{P_0P_1}\times\boldsymbol{v}|}{|\boldsymbol{v}|}. \qquad (9.3.19)$$

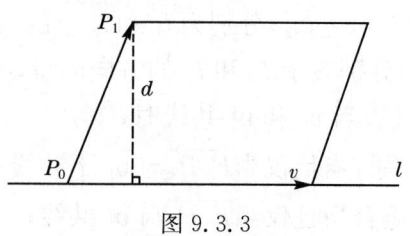

图 9.3.3

### 9.3.7 两直线、直线与平面的夹角

(1)两直线的夹角.

若两直线 $l_1$ 和 $l_2$(相交或异面)的方向向量分别为 $v_1, v_2$,则 $l_1$ 和 $l_2$ 所夹的角度(锐角)$\theta$ 为 $\angle(v_1, v_2)$ 或 $\pi - \angle(v_1, v_2)$. 因此我们有

$$\cos\theta = \frac{|v_1 \cdot v_2|}{|v_1||v_2|} > 0. \tag{9.3.20}$$

(2)直线与平面的夹角.

**定义 9.3.1** 直线 $l$ 与平面 $\pi$($l$ 不垂直于 $\pi$)的夹角等于 $l$ 与它在 $\pi$ 上的垂直投影直线的夹角 $\theta$.

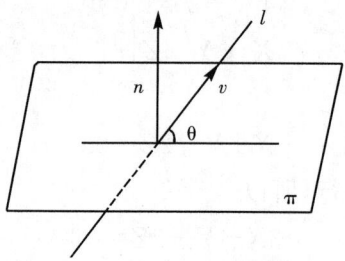

图 9.3.4

当 $l$ 垂直于 $\pi$ 时,规定其夹角为 $\frac{\pi}{2}$.

已知平面 $\pi$ 的法向量为 $n$,$l$ 的方向向量为 $v$,则

$$\theta = \frac{\pi}{2} - \angle(n, v),$$

或

$$\theta = \angle(n, v) - \frac{\pi}{2}.$$

因此

$$\sin\theta = |\cos\angle(n, v)|. \tag{9.3.21}$$

### 9.3.8 平面束

**定义 9.3.2** 空间中过同一直线 $l$ 的所有平面的集合称为**有轴平面束**,$l$ 称为**该平面束的轴**.

空间中平行于同一平面的所有平面的集合称为**平行平面束**.

**定理 9.3.5** 设直线 $l$ 是平面 $\pi_1$ 和 $\pi_2$ 的交线,
$$\pi_1 : A_1 x + B_1 y + C_1 z + D_1 = 0,$$
$$\pi_2 : A_2 x + B_2 y + C_2 z + D_2 = 0,$$
则以 $l$ 为轴的有轴平面束的方程为
$$\lambda_1 (A_1 x + B_1 y + C_1 z + D_1) + \lambda_2 (A_2 x + B_2 y + C_2 z + D_2) = 0, \tag{9.3.22}$$
其中 $\lambda_1$ 和 $\lambda_2$ 不全为零.

**证明** 首先证明,对于任一组不全为零的数 $\lambda_1$ 和 $\lambda_2$,式(9.3.22)表示过直线 $l$ 的一个平面.

将式(9.3.22)改写为
$$(\lambda_1 A_1 + \lambda_2 A_2) x + (\lambda_1 B_1 + \lambda_2 B_2) y + (\lambda_1 C_1 + \lambda_2 C_2) z + (\lambda_1 D_1 + \lambda_2 D_2) = 0,$$
假如上式中 $x,y$ 和 $z$ 的系数全为零,则必有 $\dfrac{A_1}{A_2} = \dfrac{B_1}{B_2} = \dfrac{C_1}{C_2}$,而 $\pi_1$ 和 $\pi_2$ 相交于一直线,矛盾. 故式(9.3.22)表示空间一平面,同时注意到直线 $l$ 上点的坐标均满足式(9.3.22),因而式(9.3.22)表示过直线 $l$ 的平面.

其次我们证明,过直线 $l$ 的平面 $\pi$ 的方程可以写成式(9.3.22)的形式.

取平面 $\pi$ 上一点 $P_0(x_0, y_0, z_0)$,使得 $P_0$ 不在直线 $l$ 上,即
$$A_1 x_0 + B_1 y_0 + C_1 z_0 + D_1 \text{ 和 } A_2 x_0 + B_2 y_0 + C_2 z_0 + D_2$$
不全为零,从而可选取一组不全为零的数 $\overline{\lambda_1}, \overline{\lambda_2}$,使得
$$\overline{\lambda_1}(A_1 x_0 + B_1 y_0 + C_1 z_0 + D_1) + \overline{\lambda_2}(A_2 x_0 + B_2 y_0 + C_2 z_0 + D_2) = 0.$$
这样,方程
$$\overline{\lambda_1}(A_1 x + B_1 y + C_1 z + D_1) + \overline{\lambda_2}(A_2 x + B_2 y + C_2 z + D_2) = 0$$
表示过直线 $l$ 及点 $P_0$ 的平面,即平面 $\pi$.

类似地可以证明:

**定理 9.3.6** 平行于平面 $\pi: Ax+By+Cz+D=0$ 的平行平面束方程为

$$Ax+By+Cz+\lambda=0, \tag{9.3.23}$$

其中 $\lambda$ 为任意实数.

**例 9.3.6** 求经过点 $P_0(-1,0,2)$,并且经过平面 $\pi_1: x+3y-z+1=0$ 与 $\pi_2: 2x-y+z-5=0$ 的交线的平面 $\pi$ 的方程.

**解** 设所求平面的方程为
$$\lambda_1(x+3y-z+1)+\lambda_2(2x-y+z-5)=0.$$
因为 $P_0 \in \pi$,所以将 $P_0$ 的坐标代入以上方程得
$$2\lambda_1+5\lambda_2=0,$$
令 $\lambda_1=5$,得 $\lambda_2=-2$,因而所求平面方程为
$$\pi: x+17y-7z+15=0.$$

**例 9.3.7** 求直线 $l: \begin{cases} x+y-z-1=0 \\ x-y+z+1=0 \end{cases}$ 在平面 $\pi: x+y+z=0$ 上的投影直线的方程.

**解** 设过直线 $l$ 且垂直于平面 $\pi$ 的平面 $\pi_1$ 的方程为
$$\pi_1: \lambda_1(x+y-z-1)+\lambda_2(x-y+z+1)=0,$$
即
$$(\lambda_1+\lambda_2)x+(\lambda_1-\lambda_2)y+(-\lambda_1+\lambda_2)z+(-\lambda_1+\lambda_2)=0.$$
由两平面垂直的充要条件得
$$(\lambda_1+\lambda_2) \cdot 1+(\lambda_1-\lambda_2) \cdot 1+(-\lambda_1+\lambda_2) \cdot 1=0,$$
取 $\lambda_1=1$,得 $\lambda_2=-1$,故平面 $\pi_1$ 的方程为
$$\pi_1: y-z-1=0,$$
则所求直线的方程为
$$\begin{cases} y-z-1=0, \\ x+y+z=0. \end{cases}$$

### 9.3.9 两条直线之间的距离

**定义 9.3.3** 两直线 $l_1, l_2$ 上的点之间的最短距离称为**两直线间的距离**,记为 $d(l_1, l_2)$.

若 $l_1$ 与 $l_2$ 平行，则 $d(l_1,l_2)$ 等于 $l_1$ 上的任一点到 $l_2$ 的距离；若 $l_1$ 和 $l_2$ 相交或重合，则 $d(l_1,l_2)=0$.

下面讨论异面直线间的距离.

**定理 9.3.7** 设 $l_1$ 和 $l_2$ 异面，分别过点 $P_1$ 和 $P_2$，方向向量分别为 $\boldsymbol{v}_1$ 和 $\boldsymbol{v}_2$，则 $l_1$ 和 $l_2$ 间距离为

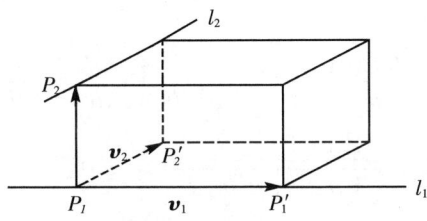

图 9.3.5

$$d(l_1,l_2)=\frac{|(\overrightarrow{P_1P_2},\boldsymbol{v}_1,\boldsymbol{v}_2)|}{|\boldsymbol{v}_1\times\boldsymbol{v}_2|}. \qquad (9.3.24)$$

**证明** 以 $P_1$ 为始点作 $\overrightarrow{P_1P_1'}=\boldsymbol{v}_1$，$\overrightarrow{P_1P_2'}=\boldsymbol{v}_2$，则以 $\overrightarrow{P_1P_1'}$，$\overrightarrow{P_1P_2'}$，$\overrightarrow{P_1P_2}$ 为棱的平行六面体体积为

$$V=|(\overrightarrow{P_1P_2},\boldsymbol{v}_1,\boldsymbol{v}_2)|,$$

又因为以 $\overrightarrow{P_1P_1'}$，$\overrightarrow{P_1P_2'}$ 为边的平行四边形面积为

$$S=|\boldsymbol{v}_1\times\boldsymbol{v}_2|,$$

所以该平行六面体的高（即 $l_1$ 和 $l_2$ 间的距离）为

$$d(l_1,l_2)=\frac{|(\overrightarrow{P_1P_2},\boldsymbol{v}_1,\boldsymbol{v}_2)|}{|\boldsymbol{v}_1\times\boldsymbol{v}_2|}.$$

**例 9.3.8** 已知直线 $l_1$ 和 $l_2$ 的方程为

$$l_1:\begin{cases}\dfrac{y}{b}+\dfrac{z}{c}=1,\\ x=0,\end{cases}\qquad l_2:\begin{cases}\dfrac{x}{a}-\dfrac{z}{c}=1,\\ y=0,\end{cases}$$

其中 $abc\neq 0$，试验证 $l_1$ 和 $l_2$ 为异面直线，并求 $d(l_1,l_2)$.

**解** 直线 $l_1$ 和 $l_2$ 的方程可化为

$$l_1:\frac{x}{0}=\frac{y}{b}=\frac{z-c}{-c},$$

$$l_2:\frac{x}{a}=\frac{y}{0}=\frac{z+c}{c},$$

从中可以看出，直线 $l_1$ 和 $l_2$ 分别过定点 $P_1(0,0,c)$ 和 $P_2(0,0,-c)$，它们的方向向量分别为 $\boldsymbol{v}_1=(0,b,-c)$ 和 $\boldsymbol{v}_2=(a,0,c)$. 因为

$$(\overrightarrow{P_1P_2},\boldsymbol{v}_1,\boldsymbol{v}_2)=\begin{vmatrix} 0-0 & 0-0 & c-(-c) \\ 0 & b & -c \\ a & 0 & c \end{vmatrix}=-2abc\neq 0,$$

所以 $l_1$ 和 $l_2$ 异面.

$$d(l_1,l_2)=\frac{|(\overrightarrow{P_1P_2},\boldsymbol{v}_1,\boldsymbol{v}_2)|}{|\boldsymbol{v}_1\times\boldsymbol{v}_2|}=\frac{2|abc|}{|(bc,-ac,-ab)|}=\frac{2|abc|}{\sqrt{b^2c^2+a^2c^2+a^2b^2}}.$$

## 习题 9.3

1. 求过点 $(3,0,-1)$ 且与平面 $3x-7y+5z-12=0$ 平行的平面方程.

2. 求过点 $P_0(2,-1,-1)$ 且与连接坐标原点及点 $P_0$ 的线段 $OP_0$ 垂直的平面方程.

3. 求平面 $2x-y+z-7=0$ 与平面 $x+y+2z-11=0$ 的交角.

4. 一平面通过点 $(8,-3,1)$ 和 $(4,7,2)$，且垂直于平面 $3x+5y-7z-21=0$，求该平面的方程.

5. 一平面通过坐标原点且垂直于平面 $x-y+z-7=0$ 和 $3x+2y-12z+5=0$，求该平面的方程.

6. 决定参数 $k$ 的值，使平面 $x+ky-2z-9=0$ 与平面 $2x-3y+z+14=0$ 交成 $\frac{\pi}{4}$ 的角.

7. 在 $y$ 轴上求一点，使它到平面 $2x+y-2z+3=0$ 的距离和到平面 $4y-3z+5=0$ 的距离相等.

8. 求两平行平面 $3x+2y-6z+35=0$ 和 $3x+2y-6z-56=0$ 之间的距离.

9. 求与两平面 $x+y-2z-1=0$ 和 $x+y-2z+3=0$ 等距离的平面.

10. 求两平面 $2x-y+z-7=0$ 和 $x+y+2z-11=0$ 所成两个二面角的平分面.

11. 求过点 $(4,-1,3)$ 且平行于直线 $\dfrac{x-3}{2}=\dfrac{y}{1}=\dfrac{z-1}{5}$ 的直线方程.

12. 求过点 $P_1(3,-2,1)$ 和 $P_2(-1,0,2)$ 的直线方程.

13. 一直线过点 $(-1,2,1)$ 且平行于直线 $\begin{cases} x+y-2z-1=0, \\ x+2y-z+1=0 \end{cases}$，求该直线的方程.

14. 求直线 $\begin{cases} 2x+3y-z-4=0, \\ 3x-5y+2z+1=0 \end{cases}$ 的参数方程.

15. 求直线 $\begin{cases} x+2y+z-1=0, \\ x-2y+z+1=0 \end{cases}$ 和 $\begin{cases} x-y-z-1=0, \\ x-y+2z+1=0 \end{cases}$ 的夹角.

16. 求通过点 $(2,1,1)$ 且垂直于直线 $\begin{cases} x+2y-z+1=0, \\ 2x+y-z=0 \end{cases}$ 的平面的方程.

17. 求通过直线 $\dfrac{x}{2}=\dfrac{y}{-1}=\dfrac{z-1}{2}$ 且平行于直线 $\dfrac{x-1}{0}=\dfrac{y}{1}=\dfrac{z}{-1}$ 的平面方程.

18. 一平面经过两平面 $x+5y+z=0$ 和 $x-z+4=0$ 的交线且和平面 $x-4y-8z+12=0$ 相交成 $45°$ 角,求该平面的方程.

19. 求直线 $\begin{cases} 3x-y+2z=0, \\ 6x-3y+2z-2=0 \end{cases}$ 和各坐标轴间的夹角.

20. 求:(1) 点 $(3,4,2)$ 到直线 $\dfrac{x-1}{6}=\dfrac{y-2}{6}=\dfrac{z-3}{7}$ 的距离;

(2) 点 $(1,0,-1)$ 到直线 $\begin{cases} x-y=3, \\ 3x+y+2z+7=0 \end{cases}$ 的距离.

21. 求点 $(2,3,1)$ 在直线 $x=t-7, y=2t-2, z=3t-2$ 上的投影.

22. 求直线 $\begin{cases} 2x-4y+z=0, \\ 3x-y-2z-9=0 \end{cases}$ 在平面 $4x-y+z=1$ 上的投影直线的方程.

23. 求过点 $(1,1,1)$ 且与直线 $\begin{cases} 3x+y-z+1=0, \\ 2x-y+4z-4=0 \end{cases}$ 相交成直角的直线方程.

## §9.4  几种常见的二次曲面

本节将介绍柱面、锥面、椭球面、双曲面和抛物面等几种常见的二次曲面.

### 9.4.1  柱面

最常见的柱面是圆柱面,在初等数学中已有初步介绍,圆柱面可以看作是一条直线运动所产生的曲面,直线在运动中和一条固定直线平行而且保持固定距离 $R$,这样的直线运动所产生的曲面称为圆柱面. 固定的直线称为圆柱面的(对称)轴,固定距离 $R$ 称为圆柱面的半径,动直线的每一个位置叫作**圆柱面的一条母线**.

类似于圆柱面给出一般柱面的定义如下:一条直线 $l$ 在空间平行于固定方向运动,但总和某一条固定的曲线 $\Gamma$ 相交,这样所产生的曲面叫作**柱面**,直线 $l$ 在运动中的每个位置叫作柱面的**母线**,曲线

$\Gamma$ 叫作柱面的**准线**.

设柱面的母线平行于 $z$ 轴,并设柱面在 $xOy$ 平面的准线方程为
$$\begin{cases} f(x,y)=0, \\ z=0. \end{cases}$$

此时柱面上的点都满足 $f(x,y)=0$,且满足 $f(x,y)=0$ 的点都在柱面上.这是因为:若 $P(x,y,z)$ 是柱面上的任意一点,则在 $xOy$ 平面上的投影 $P_1(x,y,0)$ 在曲线 $\Gamma$ 上(见图 9.4.1),所以有 $f(x,y)=0$;反之,若点 $P(x,y,z)$ 满足 $f(x,y)=0$,则 $P$ 点在过 $\Gamma$ 上点 $P_1(x,y,0)$ 的母线上,即在柱面上.由此可知上述柱面的方程为 $f(x,y)=0$.

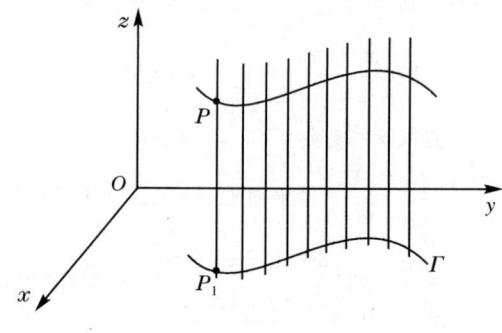

图 9.4.1

同理,方程 $g(y,z)=0$ 和 $h(z,x)=0$ 分别表示母线平行于 $x$ 轴和 $y$ 轴的柱面.例如,$\dfrac{x^2}{a^2}+\dfrac{y^2}{b^2}=1$ 为椭圆柱面的方程($\Gamma$ 为椭圆);$\dfrac{x^2}{a^2}-\dfrac{y^2}{b^2}=1$ 为双曲柱面的方程($\Gamma$ 为双曲线);$y^2=2px$ 为抛线柱面的方程($\Gamma$ 为抛物线).

### 9.4.2 锥面

锥面中最常见的是圆锥面.圆锥面可以看作一条动直线 $l$ 和一定直线 $a$ 交于固定点 $A$,并和 $a$ 成定角 $\theta\left(0<\theta<\dfrac{\pi}{2}\right)$,则动直线 $l$ 所产生的曲面就是圆锥面(见图 9.4.2),$a$ 称为它的**轴**,$A$ 称为**顶点**,$\theta$ 称为**半顶角**,$l$ 的每一位置称为**锥面的母线**.

类似于圆锥面给出一般锥面的定义如下:一直线通过一定点 $P_0$

与一条不经过 $P_0$ 的定曲线 $\Gamma$ 相交而移动时所产生的曲面称为**锥面**,其中定点 $P_0$ 称为**锥面的顶点**,定曲线 $\Gamma$ 称为**锥面的准线**,构成锥面的直线称为**锥面的母线**(见图 9.4.3).

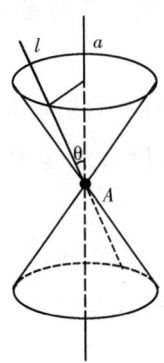

图 9.4.2

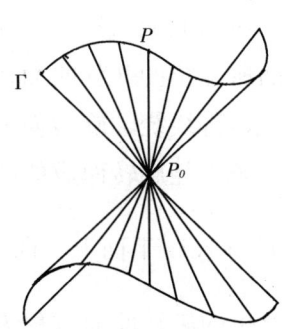

图 9.4.3

**例 9.4.1** 求以坐标原点为顶点,椭圆
$$\Gamma: \begin{cases} \dfrac{x^2}{a^2}+\dfrac{y^2}{b^2}=1, \\ z=c \ (c\neq 0) \end{cases}$$
为准线的锥面方程.

**解** 设 $P(x,y,z)$ 是该锥面上任意一点,过 $P$ 的母线交准线 $\Gamma$ 于点 $P_1(x_1,y_1,z_1)$,则有
$$\overrightarrow{OP_1}=t\overrightarrow{OP},$$
即
$$x_1=tx, y_1=ty, z_1=tz.$$
代入 $\Gamma$ 的方程得
$$\frac{(tx)^2}{a^2}+\frac{(ty)^2}{b^2}=1 \ \text{及} \ tz=c,$$
消去参数 $t$,得到锥面方程
$$\frac{\left(\dfrac{cx}{z}\right)^2}{a^2}+\frac{\left(\dfrac{cy}{z}\right)^2}{b^2}=1,$$
即
$$\frac{x^2}{a^2}+\frac{y^2}{b^2}-\frac{z^2}{c^2}=0.$$
称上述锥面为二次锥面,当 $a=b$ 时为圆锥面.

### 9.4.3　旋转曲面

一条曲线 $\Gamma$ 绕一条直线 $l$ 旋转所产生的曲面称为**旋转面**，曲线 $\Gamma$ 称为**母线**，$l$ 称为**轴**. 母线上的点旋转所得的圆称为**纬圆**，过 $l$ 的半平面与旋转面的交线称为**经线**.

前面所介绍的几种曲面都是旋转曲面，例如圆柱面和圆锥面都可以看作由直线绕轴旋转而成的曲面，球面可以看作是由一个圆绕着它的一条直径旋转而成的曲面.

设 $\Gamma$ 为 $xOz$ 平面上一曲线，其方程为 $\begin{cases} f(x,z)=0 \\ y=0, \end{cases}$ 则 $\Gamma$ 绕 $z$ 轴旋转而产生的旋转曲面方程为

$$f(\pm\sqrt{x^2+y^2},z)=0.$$

事实上，若 $P_1(x_1,y_1,z_1)$ 是旋转曲面上任意一点，过 $P_1$ 作垂直于 $z$ 轴的平面 $z=z_1$，此平面与旋转曲面的交线是中心在 $z$ 轴上且半径为 $\sqrt{x_1^2+y_1^2}$ 的圆. 这个圆也是平面曲线 $\Gamma$ 上的某点 $(x,0,z_1)$ 绕 $z$ 轴旋转而生成的曲线，所以有

$$x^2=x_1^2+y_1^2.$$

因此，点 $P_1$ 的坐标 $(x_1,y_1,z_1)$ 满足方程

$$f(\pm\sqrt{x_1^2+y_1^2},z_1)=0.$$

反之，若点 $P_1(x_1,y_1,z_1)$ 满足上述方程，则 $P_1$ 必在此旋转曲面上，因此，上述旋转曲面的方程为

$$f(\pm\sqrt{x^2+y^2},z)=0.$$

同理，$\Gamma$ 绕 $x$ 轴旋转而产生的旋转曲面方程为

$$f(x,\pm\sqrt{y^2+z^2})=0.$$

**例 9.4.2**　曲线 $\begin{cases} \dfrac{x^2}{a^2}+\dfrac{z^2}{b^2}=1 \\ y=0 \end{cases}$，绕 $z$ 轴旋转而产生的曲面的方程为 $\dfrac{x^2+y^2}{a^2}+\dfrac{z^2}{b^2}=1$，这个曲面叫旋转椭球面；

曲线 $\begin{cases} \dfrac{x^2}{a^2} - \dfrac{y^2}{b^2} = 1, \\ z = 0 \end{cases}$ 绕 $x$ 轴旋转而形成的曲面方程为

$$\frac{x^2}{a^2} - \frac{y^2 + z^2}{b^2} = 1,$$

这个曲面叫旋转双曲面.

### 9.4.4 椭球面

方程

$$\frac{x^2}{a^2} + \frac{y^2}{b^2} + \frac{z^2}{c^2} = 1 \qquad (9.4.1)$$

($a, b, c$ 为正的常数)所表示的曲面称为**椭球面**. 而上述方程称为**椭球面的标准方程**. 特别地, 当 $a = b = c$ 时曲面为球面. 下面我们通过方程(9.4.1)来了解椭球面的性质.

(1) 对称性: 由于式(9.4.1)只含 $x, y, z$ 的平方项, 所以若点 $(x, y, z)$ 在椭球面上, 那么点 $(\pm x, \pm y, \pm z)$ (正负号可任意选)都是椭球面上的一点. 因此, 椭球面关于三个坐标面, 三个坐标轴, 以及原点都对称.

(2) 有界性(图形的范围): 由式(9.4.1)可知, $\dfrac{x^2}{a^2} \leqslant 1, \dfrac{y^2}{b^2} \leqslant 1, \dfrac{z^2}{c^2} \leqslant 1$, 即 $|x| \leqslant a, |y| \leqslant b, |z| \leqslant c$. 因此, 椭球面在六个面 $x = \pm a, y = \pm b, z = \pm c$ 所围成的长方体内, 它是有界的曲面.

(3) 与坐标轴的交点: 由式(9.4.1)可知, 椭球面与 $x, y, z$ 轴分别交于点 $(\pm a, 0, 0), (0, \pm b, 0)$ 和 $(0, 0, \pm c)$.

(4) 平截线: 用平行于 $xOy$ 坐标面的平面 $z = h$ 截椭球面, 所得截线的方程为

$$\begin{cases} \dfrac{x^2}{a^2} + \dfrac{y^2}{b^2} = 1 - \dfrac{h^2}{c^2}, \\ z = h, \end{cases}$$

当 $|h| < c$ 时, 截线是平面 $z = h$ 上的一个中心在 $(0, 0, h)$ 且半轴分别为 $a\sqrt{1 - \dfrac{h^2}{c^2}}$ 和 $b\sqrt{1 - \dfrac{h^2}{c^2}}$ 的椭圆, 这椭圆随着 $|h|$ 的增大逐渐减小;

当 $h=0$ 时,截线为 $xOy$ 平面上的椭圆

$$\begin{cases} \dfrac{x^2}{a^2}+\dfrac{y^2}{b^2}=1, \\ z=0, \end{cases}$$

这时椭圆最大;当 $|h|=c$ 时,椭圆缩成两点 $(0,0,\pm c)$.

### 9.4.5 双曲面

(1)单叶双曲面.

方程

$$\dfrac{x^2}{a^2}+\dfrac{y^2}{b^2}-\dfrac{z^2}{c^2}=1 \tag{9.4.2}$$

($a,b,c$ 为正的常数)所确定的曲面称为**单叶双曲面**,方程(9.4.2)称为**单叶双曲面的标准方程**.

类似于上节的讨论可知,单叶曲面对于三个坐标面,三个坐标轴和原点对称.

平截线:用一组平行于 $xOy$ 平面的平面去截单叶双曲面,可得一族半轴各不相同的椭圆,平面 $z=k$ 和曲面的交线为

$$\begin{cases} \dfrac{x^2}{a^2}+\dfrac{y^2}{b^2}=1+\dfrac{z^2}{c^2}, \\ z=k, \end{cases} \tag{9.4.3}$$

这个椭圆的半轴为 $a_1=\dfrac{a}{c}\sqrt{c^2+k^2}$,$b_1=\dfrac{b}{c}\sqrt{c^2+k^2}$,当 $k=0$ 时半轴最小,分别等于 $a$ 和 $b$.

单叶双曲面与 $xOz$ 平面和 $yOz$ 平面的交线都是双曲线,它们的方程依次为

$$\begin{cases} \dfrac{x^2}{a^2}-\dfrac{z^2}{c^2}=1, \\ y=0 \end{cases}$$

和

$$\begin{cases} \dfrac{y^2}{b^2}-\dfrac{z^2}{c^2}=1, \\ x=0. \end{cases}$$

单叶双曲面和平行于 $yOz$ 坐标面的平面以及平行于 $xOz$ 坐标

面的平面的交线都是双曲线,它们依次为

$$\begin{cases} \dfrac{y^2}{b^2\left(1-\dfrac{k^2}{a^2}\right)} - \dfrac{z^2}{c^2\left(1-\dfrac{k^2}{a^2}\right)} = 1, \\ x=k \end{cases}$$

和

$$\begin{cases} \dfrac{x^2}{a^2\left(1-\dfrac{k^2}{b^2}\right)} - \dfrac{z^2}{c^2\left(1-\dfrac{k^2}{b^2}\right)} = 1, \\ y=k. \end{cases}$$

通过以上讨论可知,单叶双曲面的形状(见图 9.4.4),它在 $z$ 轴的正负方向无限伸展.

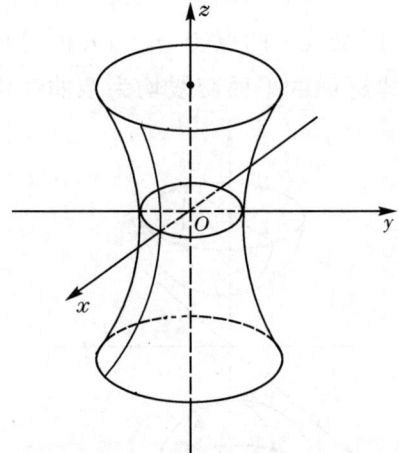

图 9.4.4

与坐标轴的交点:由式(9.4.2)可知,$(\pm a,0,0)$,$(0,\pm b,0)$ 为单叶双曲面与坐标轴的交点,称为**单叶双曲面的顶点**,对称中心(原点)称为它的中心.

(2)双叶双曲面.

方程

$$\dfrac{x^2}{a^2} + \dfrac{y^2}{b^2} - \dfrac{z^2}{c^2} = -1 \tag{9.4.4}$$

($a,b,c$ 为正的常数)所确定的曲面,称为**双叶双曲面**,方程(9.4.4)称为**双叶双曲面的标准方程**.

和椭球面、单叶双曲面类似,双叶双曲面也对于三个坐标面,三个坐标轴以及原点对称.

平截线:曲面和 $yOz$ 平面,$xOz$ 平面的交线依次为

$$\begin{cases} \dfrac{y^2}{b^2}-\dfrac{z^2}{c^2}=-1, \\ x=0 \end{cases}$$

和

$$\begin{cases} \dfrac{x^2}{a^2}-\dfrac{z^2}{c^2}=-1, \\ y=0. \end{cases}$$

它们的实轴都是 $z$ 轴,双叶双曲面和 $xOy$ 坐标面不相交,当 $|k|<c$ 时,它和平行于 $xOy$ 的平面 $z=k$ 也没有交线;当 $|k|>c$ 时交线是椭圆,当 $|k|=c$ 时交线为两点 $(0,0,\pm c)$.而双叶双曲面和平行于 $xOz$ 坐标面,$yOz$ 坐标面的平面交线均为双曲线(见图 9.4.5).

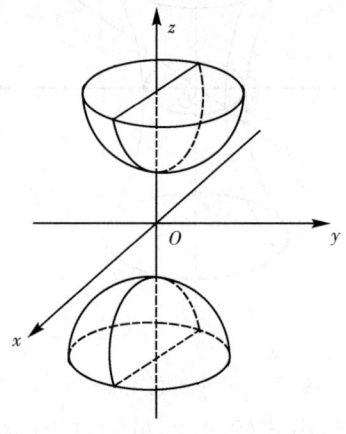

图 9.4.5

### 9.4.6 抛物面

(1)椭圆抛物面.

方程

$$\frac{x^2}{a^2}+\frac{y^2}{b^2}=2z \qquad (9.4.5)$$

($a,b$ 为正常数)所确定的曲面称为**椭圆抛物面**,方程(9.4.5)称为**椭圆抛物面的标准方程**.

由式(9.4.5)可知，$z>0$，所以 $xOy$ 坐标面以下的半个空间没有曲面的点，曲面和三个坐标平面的交线依次为

$$\begin{cases} \dfrac{x^2}{a^2}+\dfrac{y^2}{b^2}=0, \\ z=0, \end{cases} \tag{9.4.6}$$

$$\begin{cases} \dfrac{x^2}{a^2}=2z, \\ y=0, \end{cases} \tag{9.4.7}$$

$$\begin{cases} \dfrac{y^2}{b^2}=2z, \\ x=0. \end{cases} \tag{9.4.8}$$

由上面方程组可知，曲面与 $xOy$ 坐标面只交于原点，而与 $xOz$ 坐标面，$yOz$ 坐标面分别交于一条抛物线．而曲面和平行于 $xOy$ 平面的坐标面 $z=k\ (k>0)$ 的交线是一椭圆，又由于式(9.4.5)中 $z$ 可以取任意大的正值，所以曲面在上半空间无限延伸(见图 9.4.6)．

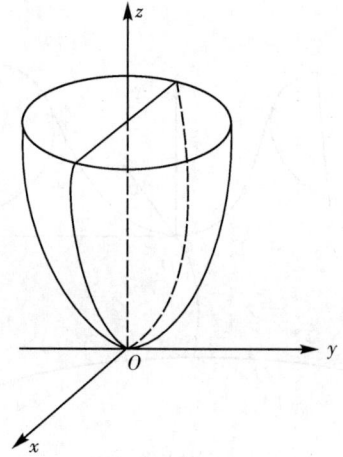

图 9.4.6

(2) 双曲抛物面．

方程

$$\dfrac{x^2}{a^2}-\dfrac{y^2}{b^2}=2z \tag{9.4.9}$$

($a,b$ 为正常数)所确定的曲面称为**双曲抛物面**，方程(9.4.9)称为**双曲抛物面的标准方程**．

类似于上面的讨论,可知双曲抛物面有下列性质:

对称性:曲面关于 $xOz$、$yOz$ 坐标面和 $z$ 轴对称.

平截线:用平面 $z=h$ 截双曲抛物面,截线的方程为

$$\begin{cases} \dfrac{x^2}{a^2} - \dfrac{y^2}{b^2} = 2h, \\ z = h. \end{cases}$$

当 $h>0$ 时,截线是半轴为 $a\sqrt{2h}$ 和 $b\sqrt{2h}$ 的双曲线;当 $h<0$ 时,截线是半轴为 $b\sqrt{-2h}$ 和 $a\sqrt{-2h}$ 的双曲线;当 $h=0$ 时,截线为两相交直线.

用平面 $x=h$ 和 $y=h$ 截双曲抛物面,截线分别是抛物线

$$\begin{cases} y^2 = -b^2\left(2z - \dfrac{h^2}{a^2}\right) \\ x = h \end{cases} \text{和} \begin{cases} x^2 = a^2\left(2z + \dfrac{h^2}{b^2}\right) \\ y = h. \end{cases}$$

由于 $|z|$ 可以取任意大的值,所以曲面向上向下无限的伸展(见图9.4.7).

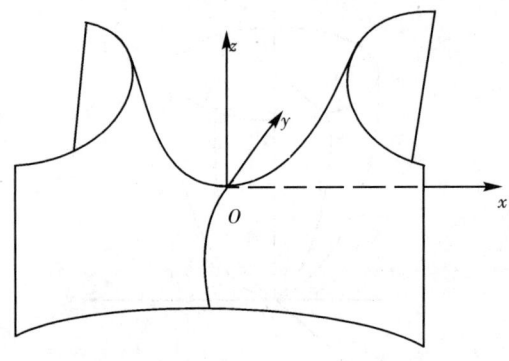

图 9.4.7

### 9.4.7 一般的二次曲面

在研究一般的二次曲面时,要利用坐标变换来简化它的方程.因此,我们首先介绍空间坐标变换.这里只介绍两种特殊的坐标变换.

(1) 坐标系的平移.

**坐标系的平移**是指只改变坐标原点位置而不改变坐标的方向和单位长度的一种坐标变换.

设 $Oxyz$ 是原坐标系,经过坐标系平移后所得的新坐标系为 $Ox'y'z'$,新坐标系的坐标原点在原坐标系下的坐标为 $(x_0,y_0,z_0)$. 设 $P$ 为空间任一点,关于原坐标系的坐标为 $(x,y,z)$,关于新坐标系的坐标为 $(x',y',z')$. 易见,

$$\begin{cases} x = x' + x_0, \\ y = y' + y_0, \\ z = z' + z_0, \end{cases}$$

或

$$\begin{cases} x' = x - x_0, \\ y' = y - y_0, \\ z' = z - z_0. \end{cases}$$

这就是**坐标系平移下的坐标变换公式**.

**例 9.4.3** 利用平移,化去曲面方程 $x^2+2y^2+z^2+2x+8y+2z+8=0$ 中的一次项,确定该方程对应曲面的类型.

**解** 将方程配方得

$$(x+1)^2 + 2(y+2)^2 + (z+1)^2 = 2$$

设

$$x' = x+1, y' = y+2, z' = z+1.$$

即以 $(-1,-2,-1)$ 为新坐标原点做坐标系平移,上式化为

$$\frac{x'^2}{2} + \frac{y'^2}{1} + \frac{z'^2}{2} = 1.$$

因此,该方程对应的是一个椭球面.

(2) 坐标系的旋转.

保持坐标原点不变,只改变坐标轴的方向,且新坐标轴相互垂直,构成右手系,保持单位长度不变的坐标变换称为**坐标系的旋转**.

这里只介绍一种简单有用的坐标系旋转,即一个坐标轴保持不动,另外两个坐标轴围绕该轴旋转的情况. 设 $Oxyz$ 是原坐标系,保持 $z$ 轴不动,将坐标系沿 $z$ 轴方向按逆时针旋转 $\theta$ 角得到新坐标系

$Ox'y'z'$(见图 9.4.8).

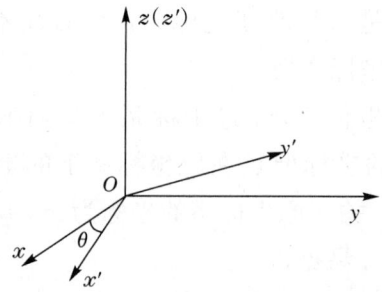

图 9.4.8

点 $P$ 关于原坐标系的坐标为 $(x,y,z)$,关于新坐标系的坐标为 $(x',y',z')$. 由平面解析几何的旋转公式得 $\begin{cases} x = x'\cos\theta - y'\sin\theta, \\ y = x'\sin\theta + y'\cos\theta, \\ z = z', \end{cases}$ 这就是坐标系在这种特殊**旋转下的坐标变换公式**.

当坐标系围绕 $x$ 轴和 $y$ 轴旋转时,可得类似公式.

**例 9.4.4** 利用坐标变换化去曲面方程 $z=xy$ 的交叉项,确定该方程对应曲面的类型.

**解** 令 $x = x'\cos\dfrac{\pi}{4} - y'\sin\dfrac{\pi}{4}, y = x'\sin\dfrac{\pi}{4} + y'\cos\dfrac{\pi}{4}, z = z'$.

原方程被化为

$$z' = \dfrac{1}{2}x'^2 - \dfrac{1}{2}y'^2$$

在坐标系 $Ox'y'z'$ 中这是一个双曲抛物面. 由于 $Ox'y'z'$ 是由原坐标系 $Ozyz$ 沿 $z$ 轴方向按逆时针旋转 $\dfrac{\pi}{4}$ 得到,故 $z=xy$ 在 $Oxyz$ 的图像可如图 9.4.9 所示.

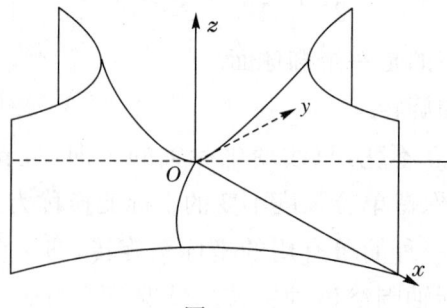

图 9.4.9

## 习题 9.4

1. 绘出以下柱面的图形：

(1) 准线为 $\begin{cases} \dfrac{x^2}{4} + \dfrac{z^2}{9} = 1, \\ y = 0, \end{cases}$ 母线平行于 $y$ 轴；

(2) 准线为 $\begin{cases} y^2 = 2z, \\ x = 0, \end{cases}$ 母线平行于 $x$ 轴.

2. 画出以下曲面的图形：

(1) $\dfrac{x^2}{9} + \dfrac{y^2}{16} + \dfrac{z^2}{4} = 1$；

(2) $\dfrac{x^2}{4} + \dfrac{y^2}{9} - \dfrac{z^2}{4} = 1$；

(3) $\dfrac{x^2}{4} - \dfrac{y^2}{4} + \dfrac{z^2}{9} = -1$.

3. 已知一定点 $P(a,b,c)$ ($abc \neq 0$)，它在三个坐标轴上的投影分别是 $A, B$ 和 $C$，求过 $P, A, B$ 和 $C$ 的球面方程.

4. 设准线方程为 $\begin{cases} x + y - z - 1 = 0, \\ x - y + z = 0, \end{cases}$ 母线平行于直线 $x = y = z$，求该柱面方程.

5. 求与定直线 $\begin{cases} y = mx \\ z = c \end{cases}$ 和 $\begin{cases} y = -mx \\ z = -c \end{cases}$ 都相切的球面球心的轨迹.

6. 求以原点为顶点且经过三坐标轴的正圆锥面方程.

7. 求锥面方程：

(1) 准线 $\begin{cases} ax^2 + by^2 = 1, \\ z = 0, \end{cases}$ 顶点为 $(x_0, y_0, z_0)$；

(2) 准线 $\begin{cases} f(x,y) = 0, \\ z = k, \end{cases}$ 顶点为原点 ($k \neq 0$).

8. 求下列旋转曲面的方程，并指出它的名称：

(1) 曲线 $\begin{cases} y = 2x, \\ z = 0 \end{cases}$ 绕 $x$ 轴旋转一周；

(2) 曲线 $\begin{cases} z^2 = 5x, \\ y = 0 \end{cases}$ 绕 $x$ 轴旋转一周；

(3) 曲线 $\begin{cases} x^2 + z^2 = 9, \\ y = 0 \end{cases}$ 绕 $z$ 轴旋转一周；

(4) 曲线 $\begin{cases} y^2 - \dfrac{z^2}{4} = 1, \\ x = 0 \end{cases}$ 绕 $z$ 轴旋转一周；

(5) 曲线 $\begin{cases} y = \sin x (0 \leqslant x \leqslant \pi), \\ z = 0 \end{cases}$ 绕 $x$ 轴旋转一周.

扫一扫，阅读拓展知识

# 第 9 章习题

1. 试证三角形的三中线可以构成一个三角形.

2. 用向量法证明 $\triangle ABC$ 的三条中线交于一点 $P$,并且对任意一点 $O$ 有
$$\overrightarrow{OP} = \frac{1}{3}(\overrightarrow{OA} + \overrightarrow{OB} + \overrightarrow{OC}).$$

3. 设有两个向量 $a, b$,试比较 $|a+b|$ 与 $|a-b|$ 的大小.

4. 化简下列各式:

(1) $(a+b) \cdot [(b+c) \times (c+a)]$;

(2) $(a \times b) \cdot (a \times b) + (a \cdot b)(a \cdot b)$;

(3) $(2a+b) \times (c-a) + (b+c) \times (a+b)$.

5. 已知 $|a|=2, |b|=5, \angle(a,b) = \frac{2}{3}\pi$,则系数 $\lambda$ 为何值时,向量 $\alpha = \lambda a + 17b$ 与 $\beta = 3a - b$ 垂直?

6. 证明向量 $c = \dfrac{|a|b + |b|a}{|a| + |b|}$ 表示向量 $a$ 与 $b$ 夹角平分线的方向.

7. 证明 $a, b, c$ 不共面当且仅当 $a \times b, b \times c, c \times a$ 不共面.

8. 已知 $a=(2,3,-1), b=(1,-2,3)$,求与 $a, b$ 都垂直,且满足如下条件之一的向量 $c$:

(1) $c$ 为单位向量;

(2) $c \cdot d = 10$,其中 $d = (2,1,-7)$.

9. 求平行于平面 $6x + y + 6z + 5 = 0$ 且与三坐标面所构成的四面体体积为 1 的平面.

10. 判断下列两直线 $l_1: \dfrac{x+1}{1} = \dfrac{y}{1} = \dfrac{z-1}{2}, l_2: \dfrac{x}{1} = \dfrac{y+1}{3} = \dfrac{z-2}{4}$ 是否在同一平面上. 若在同一平面上求其交点;不在同一平面上则求两直线间的距离.

11. 设 $l_1, l_2$ 为两条共面直线,$l_1$ 的方程为 $\dfrac{x-7}{1} = \dfrac{y-3}{2} = \dfrac{z-5}{2}$;$l_2$ 通过点 $(2, -3, -1)$,且与 $x$ 轴正向夹角为 $\dfrac{\pi}{3}$,与 $z$ 轴正向夹角为锐角,求 $l_2$ 的方程.

12. 求直线 $l: \begin{cases} x + y - 2z + 1 = 0 \\ 2x - 2y + z = 0 \end{cases}$ 在平面 $\pi: 2x + y + z + 1 = 0$ 上的投影.

13. 过平面 $\pi_1: x + 28y - 2z + 17 = 0$ 和 $\pi_2: 5x + 8y - z + 1 = 0$ 的交线,作球面 $x^2 + y^2 + z^2 = 1$ 的切平面,求该切平面方程.

14. 求通过三平面 $\pi_1: 2x + y - z - 2 = 0, \pi_2: x - 3y + z + 1 = 0$ 和 $\pi_3: x + y + z - 3 = 0$ 的交点,且平行于平面 $\pi: x + y + 2z = 0$ 的平面方程.

15. 在平面 $x+y+z+1=0$ 内作一直线,使它通过直线 $\begin{cases} y+z+1=0, \\ x+2z=0 \end{cases}$ 与平面的交点,且与已知直线垂直.

16. 已知直线 $\begin{cases} 3x-y+2z-6=0, \\ x+4y-z+d=0 \end{cases}$ 与 $z$ 轴相交,求 $d$ 的值.

17. 已知椭圆面 $x^2+6y^2+2z^2=8$,求过 $z$ 轴且与该椭圆面交线是圆的平面方程.

18. 一动点到两定点 $P_1$ 和 $P_2$ 的距离之差等于 $2a$,试证此动点轨迹是双叶双曲面.

19. 求通过两曲面 $x^2+y^2+4z^2=1$ 和 $x^2=y^2+z^2$ 的交线,而母线平行于 $z$ 轴的柱面方程.

20. 试求以 $P_0(1,2,3)$ 为顶点,对称轴与平面 $2x+2y-z=0$ 垂直,半顶角为 $\dfrac{\pi}{6}$ 的圆锥面方程.

# 第 10 章

# 多元函数微分学

到目前为止,我们所讨论的函数只有一个自变量,称这种函数为一元函数. 但客观世界是复杂多变的,有很多实际问题往往受到多方面因素的影响,在数量关系上,需要研究依赖于多个变量的函数,即多元函数.

在研究多元函数时,大多数内容是一元函数相关内容的推广,某些概念、理论和方法有许多相似之处;但由于自变量从一个增加到多个,问题要复杂一些,所产生的新内容,与一元函数又有很多本质上的不同. 因而读者可与一元函数有关内容相对照学习,这将会十分有益的.

本章中,我们将着重讨论二元函数,主要是出于三点考虑. 其一,这样能使一元函数与多元函数的差异显现出来;其二,可借助三维空间的几何特征帮助理解;其三,二元、三元甚至一般 $n$ 元函数之间,只有形式上的不同,并无本质区别,可以很容易把二元函数的讨论方法和主要结果推广到一般的多元函数中去.

## §10.1  多元函数的基本概念

### 10.1.1  平面点集与 $n$ 维空间

二元函数的定义域是平面上的点集. 要研究二元函数,就必须将数轴上的区间、邻域、距离等概念推广到平面上来. 对 $n$ 元函数,我们还需要 $n$ 维空间,并将有关概念推广到 $n$ 维空间.

在平面上引入直角坐标系后,平面上的点与有序实数 $(x,y)$ 之间是一一对应的. 这样,我们可用集合

$$\mathbb{R}^2 = \{(x,y) \mid -\infty < x < +\infty, -\infty < y < +\infty\}$$

表示平面.

坐标平面上具有某种性质 $P$ 的点的集合,称为**平面点集**,记作

$$E = \{(x,y) \mid (x,y) \text{ 具有性质 } P\}.$$

例如,点集

$$C = \{(x,y) \mid x^2 + y^2 \leqslant r^2\}$$

表示平面上以原点为圆心,以 $r$ 为半径的圆盘.

设 $P_0(x_0, y_0)$ 是 $xOy$ 平面上的一点,$\delta$ 为一个正数,与点 $P_0(x_0, y_0)$ 距离小于 $\delta$ 的点 $P(x,y)$ 的全体,称为点 $P_0$ 的 $\delta$ **邻域**,记作 $U(P_0, \delta)$(或 $U(P_0)$),即

$$U(P_0, \delta) = \{(x,y) \mid \sqrt{(x-x_0)^2 + (y-y_0)^2} < \delta\}.$$

利用邻域可以描述点和点集之间的关系.

任意一点 $P \in \mathbb{R}^2$ 和任意一点集 $E \subset \mathbb{R}^2$,$P$ 与 $E$ 之间必有下列关系之一.

(1) **内点**:若存在 $P$ 的某个邻域 $U(P)$ 使得 $U(P) \subset E$,则称点 $P$ 为 $E$ 的内点. 如图 10.1.1 中的 $P_1$ 为 $E$ 的内点.

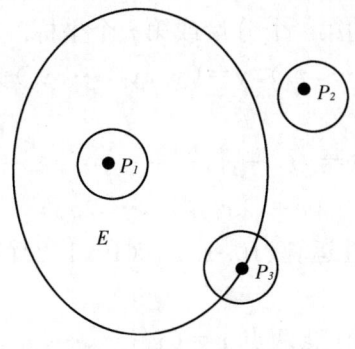

图 10.1.1

(2) **外点**:若存在 $P$ 的某个邻域 $U(P)$ 使得 $U(P) \cap E = \varnothing$,则称点 $P$ 是 $E$ 的外点. 如图 10.1.1 中的 $P_2$ 为 $E$ 的外点.

(3) **边界点**:若点 $P$ 的任何邻域 $U(P)$ 内既含有属于 $E$ 的点,又含有不属于 $E$ 的点,则称 $P$ 为 $E$ 的边界点. 如图 10.1.1 的 $P_3$ 为 $E$ 的边界点.

集合 $E$ 的边界点的全体所构成的集合,称为 $E$ 的**边界**,记为 $\partial E$.

设 $P_0 \in \mathbb{R}^2$,若 $P_0$ 的任何邻域内都含有 $E$ 的无穷多个点,则称 $P_0$ 为 $E$ 的**聚点或极限点**.

我们还可以定义一些特殊的集合.

**开集**:如果点集 $E$ 的每一点都是 $E$ 的内点,则称 $E$ 为开集. 如集合 $\{(x,y) | x^2 + y^2 < 1\}$ 为开集.

**闭集**:如果点集 $E$ 的余集 $E^C$ 为开集,则称 $E$ 为闭集. 如集合 $\{(x,y) | x^2 + y^2 \leqslant 1\}$ 为闭集.

**连通集**:若点集 $E$ 中任意两点都可以用一条完全含于 $E$ 的折线连接起来,则称 $E$ 为连通集.

**区域(开区域)**:连通的开集称为区域(或开区域).

**闭区域**:开区域与其边界一起称为闭区域.

**有界集**:设点集 $E \subset \mathbb{R}^2$,若存在某个 $M > 0$ 使得 $E \subset U(O, M)$,则称 $E$ 为有界集. 其中,$O$ 为坐标原点.

设 $\mathbb{R}^n$ 为 $n$ 元有序实数组 $(x_1, x_2, \cdots, x_n)$ 的全体所构成的集合,即

$$\mathbb{R}^n = \{(x_1, x_2, \cdots, x_n) | x_i \in \mathbb{R}, i=1,2,\cdots,n\}.$$

$\mathbb{R}^n$ 中的元素 $x = (x_1, x_2, \cdots, x_n)$ 称为 $\mathbb{R}^n$ 中的一个点或一个 $n$ 维向量,$x_i$ 称为 $x$ 的第 $i$ 个分量或第 $i$ 个坐标.

设 $x = (x_1, x_2, \cdots, x_n), y = (y_1, y_2, \cdots, y_n)$ 为 $\mathbb{R}^n$ 中的两个任意的点,$\lambda \in \mathbb{R}$,我们定义

$$x + y = (x_1 + y_1, x_2 + y_2, \cdots, x_n + y_n), \quad (10.1.1)$$
$$\lambda x = (\lambda x_1, \lambda x_2, \cdots, \lambda x_n). \quad (10.1.2)$$

这样定义了具有线性运算 (10.1.1),(10.1.2) 的集合 $\mathbb{R}^n$,我们称之为 $n$ **维空间**.

$n$ 维空间 $\mathbb{R}^n$ 中任意两点 $x = (x_1, x_2, \cdots, x_n), y = (y_1, y_2, \cdots, y_n)$ 间的距离,我们定义为

$$\rho(x, y) = \sqrt{(x_1 - y_1)^2 + (x_2 - y_2)^2 + \cdots + (x_n - y_n)^2},$$

记为 $\| x - y \|$.

设 $\alpha=(a_1,a_2,\cdots,a_n)\in\mathbb{R}^n$,$\delta$ 为某一个正数,则 $\mathbb{R}^n$ 中的点集
$$U(\alpha,\delta)=\{x\mid x\in\mathbb{R}^n,\rho(\alpha,x)<\delta\}$$
称为 $\mathbb{R}^n$ 中的点 $\alpha$ 的 $\delta$ 邻域.

作为练习,读者可以以邻域为基础,定义 $\mathbb{R}^n$ 中点集的内点、外点、边界及开集、闭集、区域等一系列概念.

### 10.1.2 二元函数的概念

我们首先来看一个例题:

**例 10.1.1** 设一个圆柱体,其底半径为 $r$,高为 $h$,其体积为 $V$,我们有
$$V=\pi r^2 h.$$
对任意的数对 $(r,h)$ 有唯一的 $V$ 与之对应. 这样 $V$ 与数对 $(r,h)$ 之间建立了一个关系.

**定义 10.1.1** 设 $D\subset\mathbb{R}^2$ 为平面点集,$f$ 为某个对应法则(映射),对于 $D$ 内每一个 $P(x,y)$,都有唯一的值 $z\in\mathbb{R}$ 与其对应,则称 $f$ 为定义在 $D$ 上的一个二元函数,记作
$$f:D\to\mathbb{R},P(x,y)\to z.$$
点集 $D$ 称为二元函数 $f$ 的**定义域**,$z$ 称为 $f$ 在点 $P(x,y)$ 的函数值,记作
$$z=f(x,y).$$
函数值全体构成的集合称为 $f$ 的**值域**,记作
$$f(D)=\{z\in\mathbb{R}\mid z=f(x,y),(x,y)\in D\}.$$
点 $P$ 的坐标 $x,y$ 通常称作二元函数 $f$ 的**自变量**,$z$ 称为**因变量**.

二元函数的定义域,在实际问题中,由实际意义确定. 一般地,定义域由使自变量有意义的点集所构成. 如在例 10.1.1 中,$V=\pi r^2 h$ 就是一个二元函数,$r,h$ 为自变量,$V$ 为因变量,其定义域为 $\{(r,h)\mid r>0,h>0\}$.

**例 10.1.2** 求二元函数 $z=\dfrac{\sqrt{2x-x^2-y^2}}{\sqrt{x^2+y^2-1}}$ 的定义域.

要使自变量有意义,必须有
$$\begin{cases}2x-x^2-y^2\geqslant 0,\\ x^2+y^2-1>0,\end{cases}$$

即
$$\begin{cases}(x-1)^2+y^2\leqslant 1,\\ x^2+y^2>1.\end{cases}$$

其定义域为

$$D=\{(x,y)\,|\,(x-1)^2+y^2\leqslant 1 \text{ 且 } x^2+y^2>1\}.$$

$D$ 为图 10.1.2 阴影部分的月牙形的有界点集.

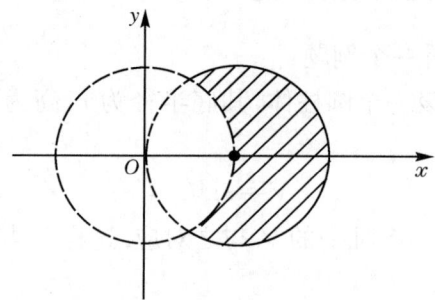

图 10.1.2

在空间直角坐标系中,以 $x$ 为横坐标,$y$ 为纵坐标,$z=f(x,y)$ 为竖坐标,则自变量 $x,y$ 与因变量 $z$ 就确定了三维空间 $\mathbb{R}^3$ 中的一点 $(x,y,z)$. 我们称点集

$$\{(x,y,z)\in\mathbb{R}^3\,|\,z=f(x,y),(x,y)\in D\}$$

为二元函数 $z=f(x,y)$ 的图像.

**例 10.1.3**　函数 $z=\sqrt{R^2-x^2-y^2}$ 的图像是以原点为球心,$R$ 为半径的上半球面,如图 10.1.3 所示.

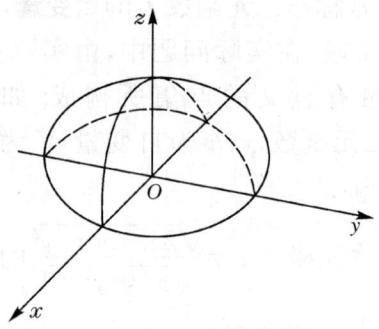

图 10.1.3

### 10.1.3 二元函数的极限

和一元函数一样,我们可以定义二元函数的极限.

**定义 10.1.2**  设 $D \subset \mathbb{R}^2$ 为一个区域,$f$ 是定义在 $D$ 上的二元函数,$P_0$ 为 $D$ 的一个聚点,$A$ 为一个确定的实数. 若 $\forall \varepsilon > 0$, $\exists \delta > 0$, 使得当 $0 < \rho(P, P_0) = \|P - P_0\| < \delta$ 且 $P \in D$ 时,有
$$|f(P) - A| < \varepsilon,$$
则称函数 $f(P)$ 当 $P$ 趋于 $P_0$ 时以 $A$ 为**极限**,记为
$$\lim_{P \to P_0} f(P) = A. \tag{10.1.3}$$

当 $P, P_0$ 用 $(x, y), (x_0, y_0)$ 表示时,式(10.1.3)也可记作
$$\lim_{\substack{x \to x_0 \\ y \to y_0}} f(x, y) = A \text{ 或 } \lim_{(x, y) \to (x_0, y_0)} f(x, y) = A.$$

**例 10.1.4**  设 $f(x, y) = (x^2 + y^2) \sin \dfrac{1}{x^2 + y^2}$,求证
$$\lim_{(x, y) \to (0, 0)} f(x, y) = 0.$$

**证明**  这里 $f(x, y)$ 的定义域为 $D = \mathbb{R}^2 \setminus \{(0, 0)\}$,原点 $O(0, 0)$ 为 $D$ 的聚点.

由于
$$|f(x, y) - 0| = \left|(x^2 + y^2) \sin \frac{1}{x^2 + y^2} - 0\right| =$$
$$(x^2 + y^2) \left|\sin \frac{1}{x^2 + y^2}\right| \leqslant x^2 + y^2.$$

所以,$\forall \varepsilon > 0$,取 $\delta = \sqrt{\varepsilon}$,当 $0 < \sqrt{(x-0)^2 + (y-0)^2} < \delta$ 时,有
$$|f(x, y) - 0| < \varepsilon.$$

由定义 10.1.2,得
$$\lim_{(x, y) \to (0, 0)} f(x, y) = 0$$

**注意**  定义 10.1.2 是在圆邻域下给出的,有时利用方邻域较为方便,相应的叙述为

$\forall \varepsilon > 0$, $\exists \delta > 0$, 当 $|x - x_0| < \delta$, $|y - y_0| < \delta$ 时,有
$$|f(x, y) - A| < \varepsilon.$$

**例 10.1.5**  设 $f(x, y) = (x + y) \sin \dfrac{y}{x^2 + y^2}$,求证 $\lim\limits_{\substack{x \to 0 \\ y \to 0}} f(x, y) = 0.$

**证明** 由于

$$|f(x,y)-0| = \left| (x+y)\sin\frac{y}{x^2+y^2} \right| \leqslant |x+y| \leqslant |x|+|y|.$$

所以，$\forall \varepsilon > 0$，只要取 $\delta = \frac{\varepsilon}{2}$，当 $|x-0|<\delta$，$|y-0|<\delta$ 且 $(x,y)\neq(0,0)$ 时，有

$$|f(x,y)-0| \leqslant |x|+|y| < \delta+\delta = \frac{\varepsilon}{2}+\frac{\varepsilon}{2} = \varepsilon.$$

这就说明

$$\lim_{\substack{x\to 0\\ y\to 0}} f(x,y) = 0.$$

对于一元函数，只要左、右极限存在且相等，函数在 $x_0$ 处的极限就存在了。而二元函数 $f(x,y)$ 在点 $(x_0,y_0)$ 的极限为 $A$，要求动点 $(x,y)$ 在 $D$ 内沿任何路径趋于 $(x_0,y_0)$ 时，$f(x,y)$ 都趋于同一值 $A$。这就为我们判断函数极限不存在提供了方便，因为若自变量沿不同的路径趋于某一定点时，函数的极限不同或不存在，我们就可断定 $f(x,y)$ 在该点的极限一定不存在。

**例 10.1.6** 对函数 $f(x,y)=\dfrac{xy}{x^2+y^2}$，$(x,y)\neq(0,0)$，当 $(x,y)$ 沿 $x$ 轴和 $y$ 轴趋于 $(0,0)$ 时，$f(x,y)$ 的极限都是 0。但它沿直线 $y=mx$ 趋于 $(0,0)$ 时，

$$\lim_{\substack{y=mx\\ x\to 0}} f(x,y) = \lim_{x\to 0}\frac{mx^2}{x^2+m^2x^2} = \frac{m}{1+m^2}.$$

它对不同的 $m$ 有不同的极限值，这说明 $f(x,y)$ 在 $(0,0)$ 的极限不存在。

与一元函数极限四则运算类似，我们也有二元函数极限的四则运算。

**定理 10.1.1** 如果 $(x,y)\to(x_0,y_0)$ 时，二元函数 $f(x,y)$ 与 $g(x,y)$ 的极限都存在，则

（ⅰ）$f(x,y)\pm g(x,y)$ 的极限也存在，且

$$\lim_{(x,y)\to(x_0,y_0)}[f(x,y)\pm g(x,y)] = \lim_{(x,y)\to(x_0,y_0)}f(x,y) \pm \lim_{(x,y)\to(x_0,y_0)}g(x,y);$$

（ⅱ）$f(x,y)g(x,y)$ 的极限也存在，且

$$\lim_{(x,y)\to(x_0,y_0)}[f(x,y)g(x,y)] = \lim_{(x,y)\to(x_0,y_0)}f(x,y) \cdot \lim_{(x,y)\to(x_0,y_0)}g(x,y);$$

(ⅲ) 当 $\lim\limits_{(x,y)\to(x_0,y_0)} g(x,y) \neq 0$ 时，$\dfrac{f(x,y)}{g(x,y)}$ 的极限也存在，且

$$\lim_{(x,y)\to(x_0,y_0)} \frac{f(x,y)}{g(x,y)} = \frac{\lim\limits_{(x,y)\to(x_0,y_0)} f(x,y)}{\lim\limits_{(x,y)\to(x_0,y_0)} g(x,y)}.$$

该定理的证明，读者可仿一元函数的相应结果证明，这里从略。

### 10.1.4 二元函数的连续性

**定义 10.1.3** 设 $f$ 是定义在某区域 $D \subset \mathbb{R}^2$ 上的二元函数，$P_0(x_0,y_0)$ 为 $D$ 的聚点，且 $P_0 \in D$。如果

$$\lim_{(x,y)\to(x_0,y_0)} f(x,y) = f(x_0,y_0),$$

则称函数 $f(x,y)$ 在 $P_0(x_0,y_0)$ 处**连续**。如果 $f(x,y)$ 在 $D$ 的每一点都连续，则称 $f(x,y)$ 在 $D$ 上连续，或称 $f(x,y)$ 是 $D$ 上的**连续函数**。

**定义 10.1.4** 设函数 $f(x,y)$ 的定义域为 $D \subset \mathbb{R}^2$，$P_0(x_0,y_0)$ 是 $D$ 的聚点。如果 $f(x,y)$ 在 $P_0(x_0,y_0)$ 不连续，则称 $P_0(x_0,y_0)$ 为 $f(x,y)$ 的**间断点**。

**例 10.1.7** 考虑函数

$$f(x,y) = \frac{1}{x^2+y^2-a^2}, a > 0.$$

圆 $x^2+y^2 = a^2$ 上的任何点都是 $f(x,y)$ 的间断点。可见二元函数的间断点可以形成一条曲线。

二元连续函数的运算法则与一元连续函数类似。

**定理 10.1.2** 若函数 $f(x,y)$ 与 $g(x,y)$ 在 $(x_0,y_0)$ 处连续，则函数

$$f(x,y) \pm g(x,y), f(x,y) \cdot g(x,y), \frac{f(x,y)}{g(x,y)} \ (g(x_0,y_0) \neq 0)$$

在 $(x_0,y_0)$ 处都连续。

证明从略。

**定理 10.1.3** 如果函数 $u = \varphi(x,y), v = \psi(x,y)$ 均在 $(x_0,y_0)$ 连续。设 $u_0 = \varphi(x_0,y_0), v_0 = \psi(x_0,y_0)$，若 $f(u,v)$ 在点 $(u_0,v_0)$ 处连续，则复合函数 $f(\varphi(x,y), \psi(x,y))$ 在点 $(x_0,y_0)$ 处也连续。

**证明** 因 $f(u,v)$ 在 $(u_0,v_0)$ 连续，$\forall \varepsilon > 0, \exists \gamma > 0$，当 $|u-u_0| < \gamma$，$|v-v_0| < \gamma$ 时，有

$$|f(u,v) - f(u_0,v_0)| < \varepsilon.$$

由 $u=\varphi(x,y), v=\psi(x,y)$ 在 $(x_0, y_0)$ 连续知,对上述的 $\gamma>0$, $\exists \delta>0$,当 $|x-x_0|<\delta, |y-y_0|<\delta$ 时,有
$$|u-u_0| = |\varphi(x,y) - \varphi(x_0, y_0)| < \gamma,$$
$$|v-v_0| = |\psi(x,y) - \psi(x_0, y_0)| < \gamma.$$
故,当 $|x-x_0|<\delta, |y-y_0|<\delta$ 时,有
$$|f(\varphi(x,y), \psi(x,y)) - f(\varphi(x_0, y_0), \psi(x_0, y_0))| =$$
$$|f(u,v) - f(u_0, v_0)| < \varepsilon.$$
即 $f(\varphi(x,y), \psi(x,y))$ 在 $(x_0, y_0)$ 处连续.

由 $x$ 和 $y$ 的一元函数的初等函数与常数经过有限次四则运算和有限次复合运算所得到的函数,称为二元初等函数.

二元初等函数在其定义域区域内是连续的.

### 10.1.5 多元函数的概念、极限、连续性

前面我们主要介绍了二元函数的概念、极限和连续性.沿着这个思路我们可以定义三元、四元或多元函数的相应的概念.

**定义 10.1.5** 设 $D$ 是 $\mathbb{R}^n$ 上的点集,若按照某个对应法则 $f$,对于 $D$ 中每一个点 $x=(x_1, x_2, \cdots, x_n)$,有唯一确定的值 $z \in \mathbb{R}$ 与之对应,则称 $f$ 为定义在 $D$ 上的 $n$ 元函数,记作
$$z = f(x_1, x_2, \cdots, x_n) \text{ 或 } z = f(x).$$
这里 $D$ 称为 $f$ 的**定义域**, $z=f(x_1, x_2, \cdots, x_n)$ 称为 $f$ 在 $x=(x_1, x_2, \cdots, x_n)$ 点的**函数值**.全体函数值的集合称为 $f$ 的**值域**. $x_1, x_2, \cdots, x_n$ 称为 $f$ 的**自变量**, $z$ 称为**因变量**.

**定义 10.1.6** 设 $D$ 是 $\mathbb{R}^n$ 上的区域, $x_0 = (x_1^0, x_2^0, \cdots, x_n^0)$ 是 $D$ 的聚点, $z = f(x_1, x_2, \cdots, x_n)$ 为 $D$ 上的 $n$ 元函数.如果存在实数 $A$,对任意给定的 $\varepsilon>0$, $\exists \delta>0$,使得当 $0<\rho=\|x-x_0\|<\delta$ 时,
$$|f(x) - A| < \varepsilon,$$
则称 $x$ 趋于 $x_0$ 时 $f(x)$ 收敛,并称 $A$ 为 $f(x)$ 当 $x$ 趋于 $x_0$ 时的**极限**,记为
$$\lim_{x \to x_0} f(x) = A.$$

**定义 10.1.7** 设 $D$ 是 $\mathbb{R}^n$ 上的区域, $z=f(x)$ 是定义在 $D$ 上的函数, $x_0 = (x_1^0, x_2^0, \cdots, x_n^0) \in D$,如果
$$\lim_{x \to x_0} f(x) = f(x_0),$$

则称 $f(x)$ 在点 $x_0$ **连续**. 如果函数 $f(x)$ 在区域 $D$ 上每一点都连续,则称 $f(x)$ 在 $D$ 上连续,或称 $f(x)$ 是 $D$ 上的**连续函数**.

关于多元函数的极限和连续的四则运算和复合等性质都有与二元函数相似的结论.

### 10.1.6 闭区域上多元连续函数的性质

我们知道,一元连续函数有一些在理论上和应用上都十分重要的性质,这些性质也可推广到有界闭区域多元连续函数上来. 由于证明类似,我们这里只给出结论,略去其证明.

**定理 10.1.4(有界性)** 设 $D$ 为 $\mathbb{R}^n$ 的有界闭区域,若 $f$ 为 $D$ 上的连续函数,则 $f(x)$ 在 $D$ 上有界,即 $\exists M>0$,使 $\forall x=(x_1,x_2,\cdots,x_n)\in D$,有 $|f(x)|\leqslant M$.

**定理 10.1.5(最值性)** 设 $D$ 为 $\mathbb{R}^n$ 的有界闭区域,若 $f$ 为 $D$ 上的连续函数,则 $f(x)$ 在 $D$ 上能取得最小值 $m$ 和最大值 $M$,即 $\exists P_1, P_2\in D$,使得 $f(P_1)=m, f(P_2)=M$,且 $\forall P\in D$,有
$$m\leqslant f(P)\leqslant M.$$

**定理 10.1.6(介值性)** 设函数 $f$ 在有界闭区域 $D\subset\mathbb{R}^n$ 上连续,$P_1, P_2$ 是 $D$ 中任意两点,$\mu$ 是介于 $f(P_1)$ 与 $f(P_2)$ 之间的任意实数,则存在 $P_0\in D$,使得 $f(P_0)=\mu$.

**定义 10.1.8** 对于区域 $D\subset\mathbb{R}^n$ 上的多元函数 $f(x)$,如果 $\forall \varepsilon>0$,$\exists \delta>0$,使得对任何 $P_1, P_2\in D$,当 $\|P_1-P_2\|<\delta$ 时有
$$|f(P_1)-f(P_2)|<\varepsilon$$
成立,则称 $f(P)$ 在 $D$ 上一致连续.

关于一致连续性,我们有下面的定理.

**定理 10.1.7** 有界闭区域 $D$ 上的多元连续函数必定在 $D$ 上一致连续.

### 习题 10.1

1. 设 $u,v,w$ 是 $\mathbb{R}^n$ 中任意三点,求证
$$|\rho(u,v)-\rho(v,w)|\leqslant|\rho(u,w)|.$$
2. 试证明在 $\mathbb{R}^2$ 中,集合 $\{(x,y)|x>0, y>0\}$ 是开集.

3. 已知 $f(x,y)=x^2+y^2-xy\tan\dfrac{x}{y}$，试求 $f(tx,ty)$.

4. 已知函数 $f(u,v,w)=u^w+w^{u+v}$，试求 $f(x+y,x-y,xy)$.

5. 若 $f\left(x+y,\dfrac{y}{x}\right)=x^2-y^2$，求 $f(x,y)$.

6. 求下列函数的定义域：

(1) $z=\sqrt{\sin\sqrt{x^2+y^2}}$；

(2) $z=\dfrac{1}{\sqrt{x+y}}+\dfrac{1}{\sqrt{x-y}}$；

(3) $z=\ln(y-x)+\dfrac{\sqrt{x}}{\sqrt{1-x^2-y^2}}$；

(4) $z=\sqrt{x-\sqrt{y}}$；

(5) $u=\arccos\dfrac{z}{\sqrt{x^2+y^2}}$；

(6) $u=\sqrt{R^2-x^2-y^2-z^2}+\dfrac{1}{\sqrt{x^2+y^2+z^2-r^2}}$ $(R>r>0)$.

7. 用极限的定义证明

$$\lim_{\substack{x\to 0\\ y\to 0}}(x+y)\sin\dfrac{1}{x}\sin\dfrac{1}{y}=0.$$

8. 设 $f(x,y)=\dfrac{x^2y^2}{x^2y^2+(x-y)^2}$，证明极限 $\lim\limits_{\substack{x\to 0\\ y\to 0}}f(x,y)$ 不存在.

9. 求下列极限：

(1) $\lim\limits_{\substack{x\to 0\\ y\to a}}\dfrac{\sin xy}{x}$；

(2) $\lim\limits_{\substack{x\to 0\\ y\to 0}}\dfrac{xy}{\sqrt{xy+1}-1}$；

(3) $\lim\limits_{\substack{x\to 0\\ y\to 0}}\dfrac{2-\sqrt{xy+4}}{xy}$；

(4) $\lim\limits_{\substack{x\to 1\\ y\to 0}}\dfrac{\ln(x+e^y)}{\sqrt{x^2+y^2}}$；

(5) $\lim\limits_{\substack{x\to 0\\ y\to 0}}\dfrac{\sin(x^2y)-\arcsin x^2y}{x^6y^3}$；

(6) $\lim\limits_{\substack{x\to +\infty\\ y\to +\infty}}\left(\dfrac{xy}{x^2+y^2}\right)^{x^2}$.

10. 设

$$f(x,y)=\begin{cases}\dfrac{2xy}{x^2+y^2}, & x^2+y^2\neq 0,\\ 0, & x^2+y^2=0,\end{cases}$$

证明：$f(x,y)$ 在原点 $(0,0)$ 分别对每个自变量 $x$ 或 $y$ 是连续的，但在原点却不连续.

## §10.2 偏导数与全微分

### 10.2.1 偏导数的概念和计算

我们在讨论一元函数的变化率时,引入了导数的概念. 对于多元函数来说,由于其自变量不止一个,要讨论其变化率,比一元函数要复杂地多. 为此我们引入偏导数的概念.

**定义 10.2.1** 设二元函数 $z=f(x,y)$ 在点 $(x_0,y_0)$ 的某个邻域内有定义,且极限

$$\lim_{\Delta x \to 0} \frac{f(x_0+\Delta x, y_0)-f(x_0,y_0)}{\Delta x}$$

存在,则称此极限为函数 $f(x,y)$ 在点 $(x_0,y_0)$ 处关于 $x$ 的**偏导数**,记作

$$f_x(x_0,y_0), z_x(x_0,y_0) \text{ 或 } \frac{\partial f}{\partial x}\bigg|_{(x_0,y_0)}, \frac{\partial z}{\partial x}\bigg|_{(x_0,y_0)}.$$

若极限

$$\lim_{\Delta y \to 0} \frac{f(x_0, y_0+\Delta y)-f(x_0,y_0)}{\Delta y}$$

存在,则称此极限为函数 $f(x,y)$ 在点 $(x_0,y_0)$ 处关于 $y$ 的偏导数,记作

$$f_y(x_0,y_0), z_y(x_0,y_0) \text{ 或 } \frac{\partial f}{\partial y}\bigg|_{(x_0,y_0)}, \frac{\partial z}{\partial y}\bigg|_{(x_0,y_0)}.$$

若函数 $z=f(x,y)$ 在区域 $D$ 内每一点 $(x,y)$ 处关于 $x$ 的偏导数都存在,这个偏导数也是 $x,y$ 的二元函数,我们称之为 $z=f(x,y)$ 关于自变量 $x$ 的**偏导函数**,记作

$$f_x(x,y), z_x, \frac{\partial z}{\partial x} \text{ 或 } \frac{\partial f}{\partial x}.$$

同样,我们把函数 $z=f(x,y)$ 在区域 $D$ 内每一点 $(x,y)$ 处关于 $y$ 的偏导数称为 $z=f(x,y)$ 关于自变量 $y$ 的偏导函数,记作

$$f_y(x,y), z_y, \frac{\partial z}{\partial y} \text{ 或 } \frac{\partial f}{\partial y}.$$

我们把偏导函数简称为偏导数.

偏导数 $f_x(x,y)$ 在 $(x_0,y_0)$ 处的值,就是 $f(x,y)$ 在点 $(x_0,y_0)$ 处关于 $x$ 的偏导数 $f_x(x_0,y_0)$.

一般地,$n$ 元函数 $u=f(x_1,x_2,\cdots,x_n)$ 在点 $P(x_1,x_2,\cdots,x_n)\in\mathbb{R}^n$ 关于 $x_i(i=1,2,\cdots,n)$ 的偏导数为

$$\frac{\partial u}{\partial x_i}=\lim_{\Delta x_i\to 0}\frac{f(x_1,x_2,\cdots,x_i+\Delta x_i,\cdots,x_n)-f(x_1,x_2,\cdots,x_i,\cdots,x_n)}{\Delta x_i}.$$

从偏导数的定义可以看出,求多元函数关于某个自变量的偏导数,只要把其他自变量看作常量,把函数看成关于这个自变量的一元函数,利用一元函数的求导方法和公式进行即可.

**例 10.2.1** 设 $f(x,y)=x^4+2xy$,求 $f_x(x,y),f_y(x,y),f_x(1,1),f_y(1,1)$.

**解** 把 $y$ 看作常数,对 $x$ 求导即得

$$f_x(x,y)=4x^3+2y,$$

于是 $f_x(1,1)=4+2=6$.

把 $x$ 看作常数,对于 $y$ 求导即得

$$f_y(x,y)=0+2x=2x,$$

于是 $f_y(1,1)=2$.

**例 10.2.2** 设 $u=f(x,y,z)=\sin(x+y^2+z^2)$,求其偏导数 $f_x(x,y,z),f_y(x,y,z),f_z(x,y,z)$.

**解** $\dfrac{\partial u}{\partial x}=f_x(x,y,z)=\cos(x+y^2+z^2)\dfrac{\partial(x+y^2+z^2)}{\partial x}=$

$\cos(x+y^2+z^2),$

$\dfrac{\partial u}{\partial y}=f_y(x,y,z)=\cos(x+y^2+z^2)\dfrac{\partial(x+y^2+z^2)}{\partial y}=$

$\cos(x+y^2+z^2)\cdot 2y=2y\cos(x+y^2+z^2),$

$\dfrac{\partial u}{\partial z}=f_z(x,y,z)=\cos(x+y^2+z^2)\dfrac{\partial(x+y^2+z^2)}{\partial z}=$

$\cos(x+y^2+z^2)\cdot 2z=2z\cos(x+y^2+z^2).$

**例 10.2.3** 设 $f(x,y)=\begin{cases}\dfrac{xy}{x^2+y^2}, & (x,y)\neq(0,0),\\ 0, & (x,y)=(0,0),\end{cases}$

求 $f_x(0,0),f_y(0,0)$.

**解** 由定义我们有

$$f_x(0,0)=\lim_{\Delta x\to 0}\frac{f(\Delta x,0)-f(0,0)}{\Delta x}=\lim_{\Delta x\to 0}\frac{0-0}{\Delta x}=0,$$

$$f_y(0,0)=\lim_{\Delta y\to 0}\frac{f(0,\Delta y)-f(0,0)}{\Delta y}=\lim_{\Delta y\to 0}\frac{0-0}{\Delta y}=0.$$

我们在学习一元函数的导数时知道,如果一元函数在某点可导,则它必在该点连续.对于多元函数来说这种"可导必连续"的说法未必成立.如在例 10.2.3 中可见,$f(x,y)$ 在 $(0,0)$ 的两个偏导数都存在,但由本章 §10.1 的例 10.1.6 可见,$f(x,y)$ 在 $(0,0)$ 的极限不存在,即 $f(x,y)$ 在 $(0,0)$ 点不连续.由此可见,对多元函数来说,即使各偏导数在某点都存在,也不能保证函数在该点连续.

### 10.2.2 二元函数偏导数的几何意义

考虑二元函数 $z=f(x,y)$,$(x,y)\in D$,它的图像是一张曲面 $S$.设 $M_0(x_0,y_0,f(x_0,y_0))$ 为其上的一点,过 $M_0$ 作平面 $y=y_0$,截此曲面,得一曲线 $C$,其方程为 $z=f(x,y_0)$.二元函数 $z=f(x,y)$ 在点 $(x_0,y_0)$ 对 $x$ 的偏导数 $f_x(x_0,y_0)$ 是曲线 $C$ 在点 $M_0(x_0,y_0,f(x_0,y_0))$ 处的切线 $T_x$ 关于 $x$ 轴的斜率(图 10.2.1).同样,偏导数 $f_y(x_0,y_0)$ 的几何意义是平面 $x=x_0$ 与曲面 $S$ 的交线 $z=f(x_0,y)$ 在点 $M_0(x_0,y_0,f(x_0,y_0))$ 处切线 $T_y$ 关于 $y$ 轴的斜率(图 10.2.1).

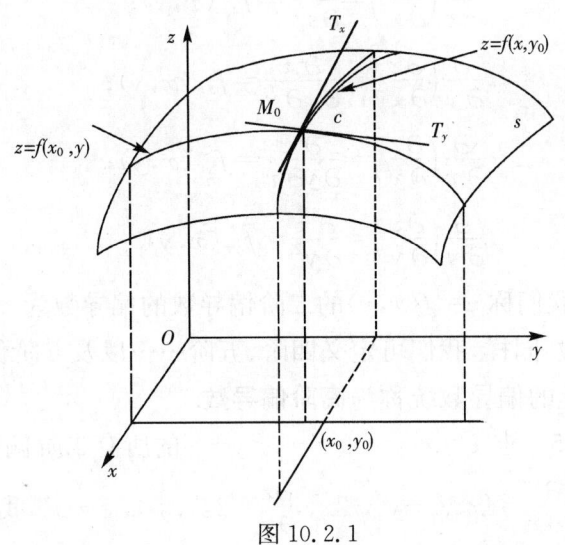

**图 10.2.1**

**例 10.2.4** 已知函数 $z=u(x,y)$ 满足 $\dfrac{\partial u(x,y)}{\partial x}=2xy$，求函数 $u(x,y)$.

**解** 方程两边同时对变量 $x$ 积分，有
$$u(x,y)=x^2y+\varphi(y),$$
其中 $\varphi(y)$ 是关于 $y$ 的连续函数.

方程 $\dfrac{\partial u(x,y)}{\partial x}=2xy$ 是偏微分方程，**偏微分方程**是含有多个自变量，是未知函数及其某些偏导数的等式. 如方程
$$\dfrac{\partial u(x,y)}{\partial x}=zx,$$
$$\dfrac{\partial u}{\partial x}-\dfrac{\partial u}{\partial y}=0$$
都是偏微分方程.

### 10.2.3 高阶偏导数

函数 $z=f(x,y)$ 的偏导数 $f_x(x,y)$ 与 $f_y(x,y)$ 仍然都是 $x,y$ 的函数. 如果这两个函数的偏导数也存在的话，我们就称 $f_x(x,y)$ 与 $f_y(x,y)$ 的偏导数为 $z=f(x,y)$ 的**二阶偏导数**. 二元函数 $z=f(x,y)$ 的二阶偏导数有如下四种形式：
$$\dfrac{\partial}{\partial x}\left(\dfrac{\partial z}{\partial x}\right)=\dfrac{\partial^2 z}{\partial x^2}=f_{xx}(x,y);$$
$$\dfrac{\partial}{\partial y}\left(\dfrac{\partial z}{\partial x}\right)=\dfrac{\partial^2 z}{\partial x\partial y}=f_{xy}(x,y);$$
$$\dfrac{\partial}{\partial x}\left(\dfrac{\partial z}{\partial y}\right)=\dfrac{\partial^2 z}{\partial y\partial x}=f_{yx}(x,y);$$
$$\dfrac{\partial}{\partial y}\left(\dfrac{\partial z}{\partial y}\right)=\dfrac{\partial^2 z}{\partial y^2}=f_{yy}(x,y).$$

类似地，我们称 $z=f(x,y)$ 的二阶偏导数的偏导数为 $z=f(x,y)$ 的**三阶偏导数**. 同样，我们可定义四阶、五阶……以及 $n$ 阶偏导数. 二阶及二阶以上的偏导数统称为**高阶偏导数**.

**例 10.2.5** 求 $z=x^4y^2+xy^4-x^2y+5$ 的所有二阶偏导数.

**解** 由于 $\dfrac{\partial z}{\partial x}=4x^3y^2+y^4-2xy,\dfrac{\partial z}{\partial y}=2x^4y+4xy^3-x^2$，我们可得：

$$\frac{\partial^2 z}{\partial x^2} = 12x^2 y^2 - 2y;$$

$$\frac{\partial^2 z}{\partial y \partial x} = 8x^3 y + 4y^3 - 2x;$$

$$\frac{\partial^2 z}{\partial x \partial y} = 8x^3 y + 4y^3 - 2x;$$

$$\frac{\partial^2 z}{\partial y^2} = 2x^4 + 12xy^2.$$

对于二元函数 $z = f(x,y)$,我们称其二阶偏导数 $\frac{\partial^2 z}{\partial y \partial x}$ 与 $\frac{\partial^2 z}{\partial x \partial y}$ 为**混合偏导数**.

例 10.2.5 中的两个混合偏导数相等,即 $\frac{\partial^2 z}{\partial y \partial x} = \frac{\partial^2 z}{\partial x \partial y}$. 这个结论并不对任何函数都成立.

**例 10.2.6** 考虑二元函数

$$f(x,y) = \begin{cases} xy \dfrac{x^2 - y^2}{x^2 + y^2}, & x^2 + y^2 \neq 0, \\ 0, & x^2 + y^2 = 0, \end{cases}$$

试求 $f_{xy}(0,0), f_{yx}(0,0)$.

**解** 因为 $f_x(x,y) = \begin{cases} \dfrac{y(x^4 + 4x^2 y^2 - y^4)}{(x^2 + y^2)^2}, & x^2 + y^2 \neq 0, \\ 0, & x^2 + y^2 = 0, \end{cases}$

$f_y(x,y) = \begin{cases} \dfrac{x(x^4 - 4x^2 y^2 - y^4)}{(x^2 + y^2)^2}, & x^2 + y^2 \neq 0, \\ 0, & x^2 + y^2 = 0, \end{cases}$

于是

$$f_{xy}(0,0) = \lim_{\Delta y \to 0} \frac{f_x(0, \Delta y) - f_x(0,0)}{\Delta y} = \lim_{\Delta y \to 0} \frac{-(\Delta y)^5}{(\Delta y)^5} = -1;$$

$$f_{yx}(0,0) = \lim_{\Delta x \to 0} \frac{f_y(\Delta x, 0) - f_y(0,0)}{\Delta x} = \lim_{\Delta x \to 0} \frac{(\Delta x)^5}{(\Delta x)^5} = 1.$$

从例 10.2.6 可见,多元函数的混合偏导数不一定相等,也就是说二阶混合偏导数与求导顺序有关.下面我们给出混合偏导数相等的条件.

**定理 10.2.1** 若函数 $f(x,y)$ 在点 $(x_0,y_0)$ 的邻域内存在二阶混合偏导数 $f_{xy}(x,y)$ 与 $f_{yx}(x,y)$，只要它们在点 $(x_0,y_0)$ 连续，则有
$$f_{xy}(x_0,y_0)=f_{yx}(x_0,y_0).$$

**证明** 令

$$I=\frac{[f(x_0+\Delta x,y_0+\Delta y)-f(x_0+\Delta x,y_0)]-[f(x_0,y_0+\Delta y)-f(x_0,y_0)]}{\Delta x \Delta y},$$

设

$$\varphi(x)=f(x,y_0+\Delta y)-f(x,y_0), \psi(y)=f(x_0+\Delta x,y)-f(x_0,y).$$

由一元函数微分中值定理得

$$I=\frac{\varphi(x_0+\Delta x)-\varphi(x_0)}{\Delta x \Delta y}=\frac{\varphi'(x_0+\alpha_1 \Delta x)\Delta x}{\Delta x \Delta y}=$$

$$\frac{[f_x(x_0+\alpha_1 \Delta x,y_0+\Delta y)-f_x(x_0+\alpha_1 \Delta x,y_0)]}{\Delta y}=$$

$$f_{xy}(x_0+\alpha_1 \Delta x,y_0+\alpha_2 \Delta y), 0<\alpha_1,\alpha_2<1.$$

将 $I$ 的分子重新组合，我们可以得到

$$I=\frac{[f(x_0+\Delta x,y_0+\Delta y)-f(x_0,y_0+\Delta y)]-[f(x_0+\Delta x,y_0)-f(x_0,y_0)]}{\Delta x \Delta y}=$$

$$\frac{\psi(y_0+\Delta y)-\psi(y_0)}{\Delta x \Delta y}=\frac{\psi'(y_0+\alpha_3 \Delta y)\Delta y}{\Delta x \Delta y}=$$

$$\frac{[f_y(x_0+\Delta x,y_0+\alpha_3 \Delta y)-f_y(x_0,y_0+\alpha_3 \Delta y)]}{\Delta x}=$$

$$f_{yx}(x_0+\alpha_4 \Delta x,y_0+\alpha_3 \Delta y), 0<\alpha_3,\alpha_4<1.$$

因而有

$$f_{xy}(x_0+\alpha_1 \Delta x,y_0+\alpha_2 \Delta y)=f_{yx}(x_0+\alpha_4 \Delta x,y_0+\alpha_3 \Delta y).$$

令 $\Delta x \to 0, \Delta y \to 0$，由 $f_{xy}$ 与 $f_{yx}$ 都在 $(x_0,y_0)$ 点处连续可得

$$f_{xy}(x_0,y_0)=f_{yx}(x_0,y_0).$$

在实际应用中，往往认为所出现的偏导数是连续的，所以多数情况下不介意求偏导的次序.

### 10.2.4 全微分

对于一元函数 $y=f(x)$，我们定义其微分为
$$dy=f'(x)dx.$$
对于多元函数，我们也可以类似地讨论与其相应的概念.

一般地，对于函数 $z=f(x,y)$，当 $x,y$ 在 $(x_0,y_0)$ 处都有增量 $\Delta x, \Delta y$ 时，$z$ 也有相应的增量
$$\Delta z = f(x_0+\Delta x, y_0+\Delta y) - f(x_0,y_0),$$
我们称之为**全增量**.

我们引入二元函数微分的概念.

**定义 10.2.2** 设 $D\subset \mathbb{R}^2$ 为开集，$z=f(x,y)$ 是定义在 $D$ 上的二元函数，$P_0(x_0,y_0)$ 为 $D$ 中一定点. 若存在只与点 $(x_0,y_0)$ 有关而与 $\Delta x, \Delta y$ 无关的常数 $A$ 和 $B$，使得全增量
$$\Delta z = A\Delta x + B\Delta y + o(\sqrt{\Delta x^2+\Delta y^2}), \tag{10.2.1}$$
则称函数 $f$ 在点 $(x_0,y_0)$ 处**可微**，并称其线性主部 $A\Delta x+B\Delta y$ 为 $f$ 在点 $(x_0,y_0)$ 处的**全微分**，记为 $\mathrm{d}z|_{P_0}$ 或 $\mathrm{d}f(x_0,y_0)$.

若记 $\Delta x, \Delta y$ 分别为 $\mathrm{d}x,\mathrm{d}y$，则全微分形式为
$$\mathrm{d}f(x_0,y_0) = A\mathrm{d}x + B\mathrm{d}y.$$

由定义 10.2.2 可见，如果 $f(x,y)$ 在 $(x_0,y_0)$ 处可微，则 $f(x,y)$ 在点 $(x_0,y_0)$ 处连续，即

$$可微 \Rightarrow 连续.$$

如果 $f(x,y)$ 在 $(x_0,y_0)$ 处可微，在式 (10.2.1) 中令 $\Delta y=0$，得
$$f(x_0+\Delta x, y_0) - f(x_0,y_0) = A\Delta x + o(\Delta x),$$
从而
$$\lim_{\Delta x \to 0} \frac{f(x_0+\Delta x, y_0) - f(x_0,y_0)}{\Delta x} = A,$$
即 $\dfrac{\partial f}{\partial x}(x_0,y_0) = A.$

如果在式 (10.2.1) 中令 $\Delta x=0$，得
$$f(x_0, y_0+\Delta y) - f(x_0,y_0) = B\Delta y + o(\Delta y),$$
从而
$$\lim_{\Delta y \to 0} \frac{f(x_0, y_0+\Delta y) - f(x_0,y_0)}{\Delta y} = B,$$
即 $\dfrac{\partial f}{\partial y}(x_0,y_0) = B.$

由以上我们可得

$$可微 \Rightarrow 可偏导,$$

且 $df(x_0, y_0) = f_x(x_0, y_0)dx + f_y(x_0, y_0)dy$.

**定义 10.2.3** 若函数 $f(x,y)$ 在区域 $D$ 的每一点 $(x,y)$ 处都可微，则称 $f(x,y)$ 在 $D$ 上可微，且 $f(x,y)$ 在 $D$ 上的全微分为

$$df(x,y) = f_x(x,y)dx + f_y(x,y)dy.$$

由上面的讨论我们知道，对于多元函数 $z = f(x,y)$，可微必可偏导，反过来，可偏导是否可微呢？对一元函数来说，可微与可导是等价的，而对于多元函数，偏导数存在并不能保证函数可微.

**例 10.2.7** 设

$$f(x,y) = \begin{cases} \dfrac{xy}{\sqrt{x^2+y^2}}, & x^2+y^2 \neq 0, \\ 0, & x^2+y^2 = 0, \end{cases}$$

讨论 $f(x,y)$ 在点 $(0,0)$ 处的可微性.

**解** 由定义，我们有

$$f_x(0,0) = \lim_{\Delta x \to 0} \frac{f(\Delta x, 0) - f(0,0)}{\Delta x} = \lim_{\Delta x \to 0} \frac{0-0}{\Delta x} = 0,$$

$$f_y(0,0) = \lim_{\Delta y \to 0} \frac{f(0, \Delta y) - f(0,0)}{\Delta y} = \lim_{\Delta y \to 0} \frac{0-0}{\Delta y} = 0.$$

可见 $f(x,y)$ 在 $(0,0)$ 处可偏导，而且

$$\Delta z - [f_x(0,0)\Delta x + f_y(0,0)\Delta y] = \frac{\Delta x \Delta y}{\sqrt{(\Delta x)^2 + (\Delta y)^2}}.$$

当 $(\Delta x, \Delta y)$ 沿直线 $y = x$ 趋于 $(0,0)$ 时，有

$$\frac{\Delta z - [f_x(0,0)\Delta x + f_y(0,0)\Delta y]}{\sqrt{(\Delta x)^2 + (\Delta y)^2}} = \frac{\Delta x \Delta y}{(\Delta x)^2 + (\Delta y)^2} = \frac{\Delta x \Delta x}{(\Delta x)^2 + (\Delta x)^2} = \frac{1}{2}.$$

即当 $\sqrt{(\Delta x)^2 + (\Delta y)^2} = \rho \to 0$ 时，

$$\frac{\Delta z - [f_x(0,0)\Delta x + f_y(0,0)\Delta y]}{\rho} \nrightarrow 0.$$

故 $\Delta z - [f_x(0,0)\Delta x + f_y(0,0)\Delta y]$ 不是 $\rho$ 的高阶无穷小量，即 $f(x,y)$ 在 $(0,0)$ 处不可微.

例 10.2.7 告诉我们，多元函数在一点偏导数存在未必可微. 那么在什么条件下，可偏导必可微呢？我们给出一个充分条件.

**定理 10.2.2** 设函数 $z=f(x,y)$ 在 $P_0(x_0,y_0)$ 点的某个邻域上存在偏导数 $f_x, f_y$,并且偏导数 $f_x, f_y$ 在 $P_0(x_0,y_0)$ 点处连续,则 $f(x,y)$ 在 $P_0(x_0,y_0)$ 处可微.

**证明** 由微分中值定理,我们有
$$f(x_0+\Delta x, y_0+\Delta y)-f(x_0,y_0)=[f(x_0+\Delta x,y_0+\Delta y)-f(x_0,y_0+\Delta y)]+[f(x_0,y_0+\Delta y)-f(x_0,y_0)]=$$
$$f_x(x_0+\theta_1\Delta x,y_0+\Delta y)\Delta x+f_y(x_0,y_0+\theta_2\Delta y)\Delta y,$$
其中 $0<\theta_1,\theta_2<1$.

因 $f_x$ 和 $f_y$ 在 $(x_0,y_0)$ 点连续,当 $\rho=\sqrt{\Delta x^2+\Delta y^2}\to 0$ 时,有
$$f_x(x_0+\theta_1\Delta x,y_0+\Delta y)=f_x(x_0,y_0)+\alpha,$$
$$f_y(x_0,y_0+\theta_2\Delta y)=f_y(x_0,y_0)+\beta.$$
其中当 $\Delta x\to 0,\Delta y\to 0$ 时,$\alpha\to 0,\beta\to 0$. 于是
$$\Delta z=f_x(x_0,y_0)\Delta x+f_y(x_0,y_0)\Delta y+\alpha\Delta x+\beta\Delta y.$$
而
$$\frac{|\alpha\Delta x+\beta\Delta y|}{\rho}\leqslant|\alpha|\frac{|\Delta x|}{\rho}+|\beta|\frac{|\Delta y|}{\rho}\leqslant|\alpha|+|\beta|,$$
有
$$\alpha\Delta x+\beta\Delta y=o(\rho).$$
故
$$\Delta z=f_x(x_0,y_0)\Delta x+f_y(x_0,y_0)\Delta y+o(\rho),$$
因而 $f$ 在 $(x_0,y_0)$ 处可微.

对于多元函数 $z=f(x_1,x_2,\cdots,x_n)$,我们可像二元函数那样定义全微分
$$dz=\frac{\partial f}{\partial x_1}dx_1+\frac{\partial f}{\partial x_2}dx_2+\cdots+\frac{\partial f}{\partial x_n}dx_n,$$
并且有类似的可微的充分条件.

**例 10.2.8** 设 $u=f(x,y,z)=\sin(xy)+\cos(yz)$,求 $du$.

**解** 因为 $\dfrac{\partial u}{\partial x}=\cos(xy)\cdot y=y\cos(xy)$,

$\dfrac{\partial u}{\partial y}=\cos(xy)\cdot x-\sin(yz)\cdot z=x\cos(xy)-z\sin(yz)$

$\dfrac{\partial u}{\partial z}=-\sin(yz)\cdot y=-y\sin(yz)$,

所以有

$$du = \frac{\partial u}{\partial x}dx + \frac{\partial u}{\partial y}dy + \frac{\partial u}{\partial z}dz =$$

$$y\cos(xy)dx + [x\cos(xy) - z\sin(yz)]dy - y\sin(yz)dz.$$

最后,我们简单地介绍一下高阶全微分.

当 $\Delta x, \Delta y$ 任意固定时,$dz$ 是 $x$ 与 $y$ 的函数,对 $dz$ 又可求关于自变量的全微分.即若

$$dz = f_x dx + f_y dy$$

可微,则称

$$d(dz) = d^2 z = d^2 f$$

为 $f(x, y)$ 的**二阶全微分**. 一般地

$$d^2 z = d(f_x dx + f_y dy) =$$

$$\frac{\partial}{\partial x}(f_x dx + f_y dy)dx + \frac{\partial}{\partial y}(f_x dx + f_y dy)dy =$$

$$f_{xx} dx^2 + 2f_{xy} dx dy + f_{yy} dy^2.$$

类似地,我们称二阶全微分的全微分为**三阶全微分**,以此递推,可得任意阶的全微分.将二阶及二阶以上的全微分统称为**高阶全微分**.

### 10.2.5 全微分在近似计算中的应用

由全微分的定义知,如果 $z = f(x, y)$ 在点 $(x_0, y_0)$ 处可微,且当 $|\Delta x|, |\Delta y|$ 充分小时,有

$$\Delta z = f(x_0 + \Delta x, y_0 + \Delta y) - f(x_0, y_0) \approx$$

$$dz = f_x(x_0, y_0)\Delta x + f_y(x_0, y_0)\Delta y.$$

从而有近似公式

$$f(x_0 + \Delta x, y_0 + \Delta y) \approx f(x_0, y_0) + f_x(x_0, y_0)\Delta x + f_y(x_0, y_0)\Delta y.$$

(10.2.2)

我们可以利用式(10.2.2)来计算 $f(x_0 + \Delta x, y_0 + \Delta y)$ 的近似值.

**例 10.2.9** 计算 $(1.04)^{2.01}$ 的近似值.

**解** 令 $f(x, y) = x^y, x_0 = 1, y_0 = 2, \Delta x = 0.04, \Delta y = 0.01$,则

$$(1.04)^{2.01}=f(1.04,2.01)=f(x_0+\Delta x,y_0+\Delta y)\approx$$
$$f(x_0,y_0)+f_x(x_0,y_0)\Delta x+f_y(x_0,y_0)\Delta y=$$
$$f(1,2)+f_x(1,2)\times 0.04+f_y(1,2)\times 0.01=$$
$$1+2\times 0.04+1^2\times \ln 1\times 0.01=1+0.08=1.08.$$

对于二元函数 $z=f(x,y)$,设自变量 $x,y$ 的绝对误差分别为 $\delta_x,\delta_y$,即
$$|\Delta x|\leqslant \delta_x, |\Delta y|\leqslant \delta_y.$$
则
$$|\Delta z|\approx |\mathrm{d}z|=\left|\frac{\partial z}{\partial x}\Delta x+\frac{\partial z}{\partial y}\Delta y\right|\leqslant \left|\frac{\partial z}{\partial x}\right||\Delta x|+\left|\frac{\partial z}{\partial y}\right||\Delta y|\leqslant$$
$$\left|\frac{\partial z}{\partial x}\right|\delta_x+\left|\frac{\partial z}{\partial y}\right|\delta_y.$$

即 $z$ 的绝对误差约为
$$\delta_z=\left|\frac{\partial z}{\partial x}\right|\delta_x+\left|\frac{\partial z}{\partial y}\right|\delta_y.$$

$z$ 的相对误差约为
$$\frac{\delta_z}{|z|}=\left|\frac{\frac{\partial z}{\partial x}}{z}\right|\delta_x+\left|\frac{\frac{\partial z}{\partial y}}{z}\right|\delta_y.$$

**例 10.2.10** 设单摆摆长为 $l$,振动周期为 $T$,重力加速度为
$$g=\frac{4\pi^2}{T^2}l.$$

现测得 $l=100\pm 0.1$ cm,$T=2\pm 0.004$ s,求由于测定 $L$ 与 $T$ 的误差引起 $g$ 的绝对误差和相对误差.

**解** 由于 $\delta_l=0.1,\delta_T=0.004$,
$$\frac{\partial g}{\partial l}=\frac{4\pi^2}{T^2},\quad \frac{\partial g}{\partial T}=-\frac{8\pi^2 l}{T^3},$$

且 $l_0=100,T_0=2$,有
$$\delta_g=\left|\frac{\partial g}{\partial l}\right|\delta_l+\left|\frac{\partial g}{\partial T}\right|\delta_T=4\pi^2\left(\frac{1}{T^2}\delta_l+\frac{2l}{T^3}\delta_T\right)=$$
$$4\pi^2\left(\frac{0.1}{2^2}+\frac{2\times 100}{2^3}\times 0.004\right)=$$
$$0.5\pi^2\approx 4.93(\mathrm{cm/s^2}).$$

相对误差约为
$$\frac{\delta_g}{g} = \frac{0.5\pi^2}{\frac{4\pi^2 \times 100}{2^2}} = 0.5\%.$$

## 习题 10.2

1. 求下列函数的偏导数：

(1) $z = x^4 y + y^4 x$；

(2) $z = \sqrt{\ln(xy)}$；

(3) $z = \dfrac{x^2 + y^2}{xy}$；

(4) $z = \ln(x + \sqrt{x^2 + y^2})$；

(5) $z = \sin^2(xy) + \cos(xy)$；

(6) $u = x^{\frac{y}{z}}$；

(7) $u = xy + yz + zx$；

(8) $u = \arctan(x - y)^z$.

2. 证明 $z = \ln\sqrt{x^2 + y^2}$ 满足方程
$$\frac{\partial^2 z}{\partial x^2} + \frac{\partial^2 z}{\partial y^2} = 0.$$

3. 证明 $u = \dfrac{1}{\sqrt{x^2 + y^2 + z^2}}$ 满足方程
$$\frac{\partial^2 u}{\partial x^2} + \frac{\partial^2 u}{\partial y^2} + \frac{\partial^2 u}{\partial z^2} = 0.$$

4. 求下列函数在指定点的偏导数：

(1) 设 $f(x, y) = x^y \ (x > 0)$，求 $f_x(2, 1), f_y(2, 1)$；

(2) 设 $f(x, y) = x^2 y + \cos y$，求 $f_x(1, 0), f_y(1, 0)$；

(3) 设 $f(x, y, z) = (z - a^{xy})\sin\ln x$，求 $f(x, y, z)$ 在点 $(1, 0, 2)$ 处的 3 个偏导数.

5. 设 $z = x\ln(xy)$，求 $\dfrac{\partial^3 z}{\partial x^2 \partial y}$ 与 $\dfrac{\partial^3 z}{\partial x \partial y^2}$.

6. 设 $z = \arctan\dfrac{x+y}{1-xy}$，求 $\dfrac{\partial^2 z}{\partial x^2}, \dfrac{\partial^2 z}{\partial x \partial y}, \dfrac{\partial^2 z}{\partial y \partial x}, \dfrac{\partial^2 z}{\partial y^2}$.

7. 求下列函数的全微分：

(1) $z = x^3 y + y^3$；

(2) $z = e^{\frac{y}{x}}$；

(3) $z = \arctan\dfrac{x+y}{x-y}$；

(4) $u = x + \sin\dfrac{y}{2} + e^{yz}$.

8. 设 $z=e^{xy}$,求当 $x=0, y=1, \Delta x=0.01, \Delta y=0.1$ 时的全微分 $dz$.

9. 求 $z=\ln(1+x^2+y^2)$ 当 $x=1, y=2$ 时的全微分.

10. 计算 $\sqrt{(1.02)^2+(1.97)^3}$ 的近似值.

11. 设有一无盖圆形容器,壁厚与底厚均为 0.1 cm,内高为 20 cm,内半径为 4 cm,求其外壳体积的近似值.

12. 解方程:

(1) $\dfrac{\partial u(x,y)}{\partial x}=2x$;

(2) $\dfrac{\partial u(x,y)}{\partial x}-\dfrac{\partial u(x,y)}{\partial y}=0$;

(3) $\dfrac{\partial^2 z(x,y)}{\partial x \partial y}=0$.

## §10.3 多元复合函数微分法

在一元函数的微分学中,我们介绍了复合函数的求导法则. 对于多元复合函数,我们也有类似的结论. 为叙述简单,我们考虑有两个自变量,两个中间变量的情况.

### 10.3.1 复合函数的求导法则

**定理 10.3.1** 设函数 $u=\varphi(x,y), v=\psi(x,y)$ 在点 $(x,y) \in D$ 处偏导数存在,$z=f(u,v)$ 在点 $(u,v)=(\varphi(x,y),\psi(x,y))$ 处可微,则复合函数 $z=f(\varphi(x,y),\psi(x,y))$ 在点 $(x,y)$ 处偏导数存在,且有

$$\dfrac{\partial z}{\partial x}=\dfrac{\partial z}{\partial u}\dfrac{\partial u}{\partial x}+\dfrac{\partial z}{\partial v}\dfrac{\partial v}{\partial x},$$
$$\dfrac{\partial z}{\partial y}=\dfrac{\partial z}{\partial u}\dfrac{\partial u}{\partial y}+\dfrac{\partial z}{\partial v}\dfrac{\partial v}{\partial y}.$$
(10.3.1)

**证明** 如果给自变量 $x$ 一个增量,则 $u=\varphi(x,y), v=\psi(x,y)$ 也有增量 $\Delta u, \Delta v$,相应地,函数 $z=f(u,v)$ 也有增量 $\Delta z$. 由于 $z=f(u,v)$ 在 $(u,v)$ 可微,有

$$\Delta z=\dfrac{\partial z}{\partial u}\Delta u+\dfrac{\partial z}{\partial v}\Delta v+o(\rho),$$

这里 $\rho=\sqrt{\Delta u^2+\Delta v^2}$, $o(\rho)$ 是比 $\rho$ 高阶的无穷小量. 于是有

$$\dfrac{\Delta z}{\Delta x}=\dfrac{\partial z}{\partial u}\dfrac{\Delta u}{\Delta x}+\dfrac{\partial z}{\partial v}\dfrac{\Delta v}{\Delta x}+\dfrac{o(\rho)}{\Delta x}.$$

由 $\dfrac{\partial u}{\partial x}, \dfrac{\partial v}{\partial x}$ 存在可知 $u,v$ 关于 $x$ 连续，因而当 $\Delta x \to 0$ 时，$\Delta u \to 0, \Delta v \to 0$，

$$\frac{\Delta u}{\Delta x} \to \frac{\partial u}{\partial x}, \frac{\Delta v}{\Delta x} \to \frac{\partial v}{\partial x},$$

并且

$$\frac{o(\rho)}{\Delta x} = \frac{o(\rho)}{\rho}\sqrt{\left(\frac{\Delta u}{\Delta x}\right)^2 + \left(\frac{\Delta v}{\Delta x}\right)^2} \to 0.$$

故

$$\frac{\partial z}{\partial x} = \lim_{\Delta x \to 0}\frac{\Delta z}{\Delta x} = \frac{\partial z}{\partial u}\frac{\partial u}{\partial x} + \frac{\partial z}{\partial v}\frac{\partial v}{\partial x}.$$

同理可证

$$\frac{\partial z}{\partial y} = \frac{\partial z}{\partial u}\frac{\partial u}{\partial y} + \frac{\partial z}{\partial v}\frac{\partial v}{\partial y}.$$

我们称公式(10.3.1)为链式法则．

**例 10.3.1** 设 $z = e^u \ln v$，而 $u = xy, v = x^2 + y^2$，求 $\dfrac{\partial z}{\partial x}, \dfrac{\partial z}{\partial y}$．

**解** 由于 $\dfrac{\partial z}{\partial u} = e^u \ln v, \dfrac{\partial z}{\partial v} = \dfrac{e^u}{v}$,

$$\frac{\partial u}{\partial x} = y, \frac{\partial u}{\partial y} = x, \frac{\partial v}{\partial x} = 2x, \frac{\partial v}{\partial y} = 2y.$$

由链式公式(10.3.1)得

$$\frac{\partial z}{\partial x} = \frac{\partial z}{\partial u}\frac{\partial u}{\partial x} + \frac{\partial z}{\partial v}\frac{\partial v}{\partial x} = e^u \ln v \cdot y + \frac{e^u}{v}2x = ye^{xy}\ln(x^2+y^2)$$
$$+ \frac{2xe^{xy}}{x^2+y^2};$$

$$\frac{\partial z}{\partial y} = \frac{\partial z}{\partial u}\frac{\partial u}{\partial y} + \frac{\partial z}{\partial v}\frac{\partial v}{\partial y} = e^u \ln v \cdot x + \frac{e^u}{v}2y = xe^{xy}\ln(x^2+y^2)$$
$$+ \frac{2ye^{xy}}{x^2+y^2}.$$

**注意** 如果在定理 10.3.1 中，有 $u = \varphi(x), v = \psi(x)$，则有

$$\frac{dz}{dx} = \frac{\partial z}{\partial u}\frac{du}{dx} + \frac{\partial z}{\partial v}\frac{dv}{dx}. \tag{10.3.2}$$

**例 10.3.2** 设 $z = \ln(u^2 + v), u = e^t, v = \cos t$，求 $\dfrac{dz}{dt}$．

**解** 由公式(10.3.2)得

$$\frac{dz}{dt}=\frac{\partial z}{\partial u}\frac{du}{dt}+\frac{\partial z}{\partial v}\frac{dv}{dt}=\frac{2u}{u^2+v}e^t+\frac{1}{u^2+v}(-\sin t)=$$

$$\frac{2e^{2t}}{e^{2t}+\cos t}-\frac{\sin t}{e^{2t}+\cos t}.$$

我们也可以把式(10.3.1)推广到一般的情况：设 $z=f(u_1, u_2, \cdots, u_m)$ 在点 $(u_1, u_2, \cdots, u_m)$ 处偏导数连续, $u_k=g_k(x_1, x_2, \cdots, x_n)$ $(k=1,2,\cdots,m)$ 在点 $(x_1, x_2, \cdots, x_n)$ 处的偏导数

$$\frac{\partial u_k}{\partial x_i}=\frac{\partial g_k}{\partial x_i}, i=1,2,\cdots,n$$

存在,则复合函数

$$z=f[g_1(x_1,x_2,\cdots,x_n), g_2(x_1,x_2,\cdots,x_n), \cdots, g_m(x_1,x_2,\cdots,x_n)]$$

关于自变量 $x_i$ 的偏导数存在,并且

$$\frac{\partial z}{\partial x_i}=\frac{\partial f}{\partial x_i}=\frac{\partial f}{\partial u_1}\frac{\partial u_1}{\partial x_i}+\frac{\partial f}{\partial u_2}\frac{\partial u_2}{\partial x_i}+\cdots+\frac{\partial f}{\partial u_m}\frac{\partial u_m}{\partial x_i}, i=1,2,\cdots,n.$$

(10.3.3)

**例 10.3.3** 设 $f=e^{u^2+v^2+w^2}, u=x+y+z, v=x^2+y^2+z^2, w=xyz$,求 $\frac{\partial f}{\partial x}, \frac{\partial f}{\partial y}, \frac{\partial f}{\partial z}$.

**解** 由链式公式(10.3.3)得

$$\frac{\partial f}{\partial x}=\frac{\partial f}{\partial u}\frac{\partial u}{\partial x}+\frac{\partial f}{\partial v}\frac{\partial v}{\partial x}+\frac{\partial f}{\partial w}\frac{\partial w}{\partial x}=$$

$$(2ue^{u^2+v^2+w^2})\times 1+(2ve^{u^2+v^2+w^2})2x+(2we^{u^2+v^2+w^2})yz=$$

$$2e^{u^2+v^2+w^2}(u+2xv+wyz)=$$

$$2e^{(x+y+z)^2+(x^2+y^2+z^2)^2+x^2y^2z^2}(x+y+z+2x^3+2xy^2+2xz^2+xy^2z^2).$$

同理可得

$$\frac{\partial f}{\partial y}=2e^{(x+y+z)^2+(x^2+y^2+z^2)^2+x^2y^2z^2}(x+y+z+2yx^2+2y^3+2yz^2+x^2yz^2).$$

$$\frac{\partial f}{\partial z}=2e^{(x+y+z)^2+(x^2+y^2+z^2)^2+x^2y^2z^2}(x+y+z+2zx^2+2zy^2+2z^3+x^2y^2z).$$

### 10.3.2 复合函数的全微分

由 §10.2 可见,如果 $x$ 与 $y$ 为自变量,且函数 $z=f(x,y)$ 可微,

则其全微分为
$$dz = \frac{\partial z}{\partial x}dx + \frac{\partial z}{\partial y}dy. \qquad (10.3.4)$$

如果 $x, y$ 又都是自变量 $s, t$ 的可微的二元函数
$$x = \varphi(s,t), y = \psi(s,t),$$
那么复合函数
$$z = f(\varphi(s,t), \psi(s,t))$$
的全微分是什么呢？我们有下面的定理

**定理 10.3.2（全微分形式不变性）** 对于二元可微函数 $z = f(x,y)$，无论 $x, y$ 是自变量还是中间变量，都有
$$dz = \frac{\partial z}{\partial x}dx + \frac{\partial z}{\partial y}dy. \qquad (10.3.5)$$

**证明** 如果 $x, y$ 均为自变量，由式(10.3.4)知式(10.3.5)显然成立.

如果 $x, y$ 为中间变量，
$$x = \varphi(s,t), y = \psi(s,t),$$
则复合函数 $z = f(\varphi(s,t), \psi(s,t))$ 的全微分为
$$dz = \frac{\partial z}{\partial s}ds + \frac{\partial z}{\partial t}dt.$$

由复合函数的链式公式有
$$dz = \left(\frac{\partial z}{\partial x}\frac{\partial x}{\partial s} + \frac{\partial z}{\partial y}\frac{\partial y}{\partial s}\right)ds + \left(\frac{\partial z}{\partial x}\frac{\partial x}{\partial t} + \frac{\partial z}{\partial y}\frac{\partial y}{\partial t}\right)dt =$$
$$\frac{\partial z}{\partial x}\left(\frac{\partial x}{\partial s}ds + \frac{\partial x}{\partial t}dt\right) + \frac{\partial z}{\partial y}\left(\frac{\partial y}{\partial s}ds + \frac{\partial y}{\partial t}dt\right) =$$
$$\frac{\partial z}{\partial x}dx + \frac{\partial z}{\partial y}dy.$$

故式(10.3.5)成立.

复合函数全微分形式不变性，可以帮助我们更有条理地计算复杂函数的全微分.

**例 10.3.4** 设 $z = e^{xy}\ln(x+y)$，求 $dz$ 和 $\frac{\partial z}{\partial x}, \frac{\partial z}{\partial y}$.

**解** 令 $u=xy, v=x+y$，则 $z=e^u \ln v$. 由全微分形式不变性可得

$$dz = \frac{\partial z}{\partial u}du + \frac{\partial z}{\partial v}dv = e^u \ln v \, du + \frac{e^u}{v}dv =$$

$$e^{xy}\ln(x+y)(y dx + x dy) + \frac{e^{xy}}{x+y}(dx + dy) =$$

$$\left[e^{xy}\ln(x+y)y + \frac{e^{xy}}{x+y}\right]dx + \left[e^{xy}x\ln(x+y) + \frac{e^{xy}}{x+y}\right]dy =$$

$$e^{xy}\left[y\ln(x+y) + \frac{1}{x+y}\right]dx + e^{xy}\left[x\ln(x+y) + \frac{1}{x+y}\right]dy.$$

由此我们还可得到

$$\frac{\partial z}{\partial x} = e^{xy}\left[y\ln(x+y) + \frac{1}{x+y}\right],$$

$$\frac{\partial z}{\partial y} = e^{xy}\left[x\ln(x+y) + \frac{1}{x+y}\right].$$

### 10.3.3 复合函数的高阶偏导数

对于函数 $z=f(u,v)$，而 $u,v$ 又是 $x,y$ 的函数，设 $u=\varphi(x,y)$，$v=\psi(x,y)$，则

$$\frac{\partial z}{\partial x} = \frac{\partial z}{\partial u}\frac{\partial u}{\partial x} + \frac{\partial z}{\partial v}\frac{\partial v}{\partial x},$$

$$\frac{\partial z}{\partial y} = \frac{\partial z}{\partial u}\frac{\partial u}{\partial y} + \frac{\partial z}{\partial v}\frac{\partial v}{\partial y},$$

都是 $x,y$ 的函数. 如果 $f,\varphi,\psi$ 都有连续的二阶偏导数，则 $\frac{\partial z}{\partial x}, \frac{\partial z}{\partial y}$ 也可关于 $x,y$ 求偏导数，即求 $z$ 对 $x,y$ 的二阶偏导数，有

$$\frac{\partial^2 z}{\partial x^2} = \frac{\partial}{\partial x}\left(\frac{\partial z}{\partial x}\right) = \frac{\partial}{\partial x}\left(\frac{\partial z}{\partial u}\frac{\partial u}{\partial x} + \frac{\partial z}{\partial v}\frac{\partial v}{\partial x}\right) =$$

$$\frac{\partial}{\partial x}\left(\frac{\partial z}{\partial u}\right)\frac{\partial u}{\partial x} + \frac{\partial z}{\partial u}\frac{\partial^2 u}{\partial x^2} + \frac{\partial}{\partial x}\left(\frac{\partial z}{\partial v}\right)\frac{\partial v}{\partial x} + \frac{\partial z}{\partial v}\frac{\partial^2 v}{\partial x^2}.$$

由于 $\frac{\partial z}{\partial u}$ 与 $\frac{\partial z}{\partial v}$ 仍为 $x,y$ 的复合函数，有

$$\frac{\partial}{\partial x}\left(\frac{\partial z}{\partial u}\right) = \frac{\partial}{\partial u}\left(\frac{\partial z}{\partial u}\right)\frac{\partial u}{\partial x} + \frac{\partial}{\partial v}\left(\frac{\partial z}{\partial u}\right)\frac{\partial v}{\partial x} = \frac{\partial^2 z}{\partial u^2}\frac{\partial u}{\partial x} + \frac{\partial^2 z}{\partial u \partial v}\frac{\partial v}{\partial x}.$$

$$\frac{\partial}{\partial x}\left(\frac{\partial z}{\partial v}\right) = \frac{\partial}{\partial u}\left(\frac{\partial z}{\partial v}\right)\frac{\partial u}{\partial x} + \frac{\partial}{\partial v}\left(\frac{\partial z}{\partial v}\right)\frac{\partial v}{\partial x} = \frac{\partial^2 z}{\partial v \partial u}\frac{\partial u}{\partial x} + \frac{\partial^2 z}{\partial v^2}\frac{\partial v}{\partial x}.$$

故

$$\frac{\partial^2 z}{\partial x^2}=\frac{\partial^2 z}{\partial u^2}\left(\frac{\partial u}{\partial x}\right)^2+2\frac{\partial^2 z}{\partial u\partial v}\frac{\partial u}{\partial x}\frac{\partial v}{\partial x}+\frac{\partial^2 z}{\partial v^2}\left(\frac{\partial v}{\partial x}\right)^2+\frac{\partial z}{\partial u}\frac{\partial^2 u}{\partial x^2}+\frac{\partial z}{\partial v}\frac{\partial^2 v}{\partial x^2}.$$

类似地，我们有

$$\frac{\partial^2 z}{\partial y^2}=\frac{\partial^2 z}{\partial u^2}\left(\frac{\partial u}{\partial y}\right)^2+2\frac{\partial^2 z}{\partial u\partial v}\frac{\partial u}{\partial y}\frac{\partial v}{\partial y}+\frac{\partial^2 z}{\partial v^2}\left(\frac{\partial v}{\partial y}\right)^2+\frac{\partial z}{\partial u}\frac{\partial^2 u}{\partial y^2}+\frac{\partial z}{\partial v}\frac{\partial^2 v}{\partial y^2}.$$

$$\frac{\partial^2 z}{\partial x\partial y}=\frac{\partial^2 z}{\partial y\partial x}=\frac{\partial^2 z}{\partial u^2}\frac{\partial u}{\partial x}\frac{\partial u}{\partial y}+\frac{\partial^2 z}{\partial u\partial v}\left(\frac{\partial u}{\partial x}\frac{\partial v}{\partial y}+\frac{\partial u}{\partial y}\frac{\partial v}{\partial x}\right)+$$

$$\frac{\partial^2 z}{\partial v^2}\frac{\partial v}{\partial x}\frac{\partial v}{\partial y}+\frac{\partial z}{\partial u}\frac{\partial^2 u}{\partial x\partial y}+\frac{\partial z}{\partial v}\frac{\partial^2 v}{\partial x\partial y}.$$

**例 10.3.5** 设 $z=x^3 f\left(xy,\dfrac{y}{x}\right)$，其中 $f$ 具有二阶连续偏导数，求 $\dfrac{\partial^2 z}{\partial y\partial x}, \dfrac{\partial^2 z}{\partial y^2}$.

**解** 对 $f(u,v)$，我们记 $f_1'=\dfrac{\partial f}{\partial u}, f_2'=\dfrac{\partial f}{\partial v}, f_{11}''=\dfrac{\partial^2 f}{\partial u^2}, f_{12}''=\dfrac{\partial^2 f}{\partial u\partial v}, f_{22}''=\dfrac{\partial^2 f}{\partial v^2}$. 则有

$$\frac{\partial z}{\partial y}=x^4 f_1'+x^2 f_2',$$

$$\frac{\partial^2 z}{\partial y^2}=x^4\left[xf_{11}''+\frac{1}{x}f_{12}''\right]+x^2\left[xf_{21}''+\frac{1}{x}f_{22}''\right]=x^5 f_{11}''+2x^3 f_{12}''+xf_{22}'',$$

$$\frac{\partial^2 z}{\partial y\partial x}=\frac{\partial}{\partial x}\left(\frac{\partial z}{\partial y}\right)=\frac{\partial}{\partial x}(x^4 f_1'+x^2 f_2')=$$

$$4x^3 f_1'+x^4\frac{\partial}{\partial x}(f_1')+2x f_2'+x^2\frac{\partial}{\partial x}(f_2')=$$

$$4x^3 f_1'+x^4\left(f_{11}''y+f_{12}''\left(-\frac{y}{x^2}\right)\right)+2x f_2'+x^2\left(f_{21}''y+f_{22}''\left(-\frac{y}{x^2}\right)\right)=$$

$$4x^3 f_1'+2x f_2'+x^4 y f_{11}''-y f_{22}''.$$

**例 10.3.6** 若 $z=f(u), u=\sqrt{x^2+y^2}$，且 $z$ 满足调和方程

$$\Delta z=\frac{\partial^2 z}{\partial x^2}+\frac{\partial^2 z}{\partial y^2}=0.$$

求函数 $f(u)$.

**解** 易知

$$\frac{\partial^2 z}{\partial x^2} = f''(u)\frac{x^2}{x^2+y^2} + f'(u)\frac{y^2}{(x^2+y^2)^{3/2}},$$

$$\frac{\partial^2 z}{\partial y^2} = f''(u)\frac{y^2}{x^2+y^2} + f'(u)\frac{x^2}{(x^2+y^2)^{3/2}},$$

由条件 $\Delta z=0$ 知

$$f''(u) + \frac{f'(u)}{u} = 0.$$

即

$$uf''(u) + f'(u) = 0,$$
$$(uf'(u))' = 0.$$

故

$$uf'(u) = C_1,$$
$$f'(u) = \frac{C_1}{u},$$

从而

$$f(u) = C_1 \ln|u| + C_2,$$

其中 $C_1, C_2$ 是任意常数.

## 习题 10.3

1. 求下列复合函数的偏导数或导数：

(1) $y = \left(\dfrac{1}{x}\right)^{-\frac{1}{x}}$, 求 $\dfrac{dy}{dx}$;

(2) $z = u^2 v - uv^2$, 其中 $u = x\cos y$, $v = x\sin y$, 求 $\dfrac{\partial z}{\partial x}, \dfrac{\partial z}{\partial y}$;

(3) $z = u^2 + v^2$, 而 $u = x+y$, $v = x-y$, 求 $\dfrac{\partial z}{\partial x}, \dfrac{\partial z}{\partial y}$;

(4) $z = u^2 \ln v$, 其中 $u = \dfrac{x}{y}$, $v = 3x - 2y$, 求 $\dfrac{\partial z}{\partial x}, \dfrac{\partial z}{\partial y}$;

(5) $z = e^{u-2v}$, 其中 $u = \sin x$, $v = x^3$, 求 $\dfrac{dz}{dx}$;

(6) $z = \arctan(xy)$, 而 $y = e^x$, 求 $\dfrac{dz}{dx}$.

2. 设 $z = xy + xF(u)$, 其中 $F(u)$ 可导, $u = \dfrac{y}{x}$, 证明

$$x\frac{\partial z}{\partial x} + y\frac{\partial z}{\partial y} = z + xy.$$

3. 设 $z=\dfrac{y}{f(u)}$，其中 $u=x^2-y^2$，$f(u)$ 为可导函数，证明
$$\dfrac{1}{x}\dfrac{\partial z}{\partial x}+\dfrac{1}{y}\dfrac{\partial z}{\partial y}=\dfrac{z}{y^2}.$$

4. 设 $f$ 具有一阶连续偏导数，求函数 $u=f(x,xy,xyz)$ 的一阶偏导数.

5. 设 $z=f(x^2+y^2)$，$f$ 有二阶导数，求 $\dfrac{\partial^2 z}{\partial x^2}$，$\dfrac{\partial^2 z}{\partial x \partial y}$，$\dfrac{\partial^2 z}{\partial y^2}$.

6. 设 $z=f\left(x,\dfrac{x}{y}\right)$，其中 $f$ 具有二阶连续偏导数，求 $\dfrac{\partial^2 z}{\partial x^2}$，$\dfrac{\partial^2 z}{\partial x \partial y}$，$\dfrac{\partial^2 z}{\partial y^2}$.

7. 如果 $f(u,v,w)$ 具有二阶连续偏导数，求函数 $z=f(\sin x,\cos y,\mathrm{e}^{x+y})$ 的二阶偏导数 $\dfrac{\partial^2 z}{\partial x^2}$，$\dfrac{\partial^2 z}{\partial x \partial y}$，$\dfrac{\partial^2 z}{\partial y^2}$.

8. 设 $z=f(x-y^2,xy)$，求 $\mathrm{d}z$，$\dfrac{\partial z}{\partial x}$，$\dfrac{\partial z}{\partial y}$.

9. 设 $z=f(x,u,v)$，$u=g(x,y)$，$v=h(x,y,u)$，$f,g,h$ 均可微，求 $\mathrm{d}z$，$\dfrac{\partial z}{\partial x}$，$\dfrac{\partial z}{\partial y}$.

10. 设 $u=f(r)$，$r=\sqrt{x^2+y^2+z^2}$，若 $u$ 满足调和方程
$$\Delta u=\dfrac{\partial^2 u}{\partial x^2}+\dfrac{\partial^2 u}{\partial y^2}+\dfrac{\partial^2 u}{\partial z^2}=0,$$
试求函数 $u$.

# §10.4　隐函数求导法则

## 10.4.1　单个方程确定的隐函数的求导法则

在讨论一元函数微分法时，我们介绍了隐函数的概念，并给出由方程
$$F(x,y)=0$$
所确定的隐函数的求导法. 这里我们来介绍隐函数存在定理，并由多元复合函数的求导法推导出隐函数的求导公式.

**定理 10.4.1（隐函数存在定理）**　设函数 $F(x,y)$ 在点 $(x_0,y_0)$ 的某邻域内具有连续偏导数，且 $F(x_0,y_0)=0$，$F_y(x_0,y_0)\neq 0$，则方程 $F(x,y)=0$ 在 $(x_0,y_0)$ 的某一邻域内恒能唯一确定一个连续且有连续导数的函数 $y=f(x)$，使得 $y_0=f(x_0)$，并有

$$\dfrac{\mathrm{d}y}{\mathrm{d}x}=-\dfrac{F_x}{F_y}. \tag{10.4.1}$$

该定理的证明从略. 我们仅推导隐函数求导公式(10.4.1).

由 $y=f(x)$ 得恒等式
$$F(x,f(x))=0.$$
函数 $F(x,f(x))$ 看作 $x$ 的一个复合函数, 两边关于 $x$ 求导得
$$\frac{\partial F}{\partial x}+\frac{\partial F}{\partial y}\frac{\mathrm{d}y}{\mathrm{d}x}=0.$$
由 $F_y(x_0,y_0)\neq 0$ 且 $F_y$ 连续, 所以 $F_y$ 在 $(x_0,y_0)$ 的某个邻域内不为 0, 即 $F_y\neq 0$, 于是有
$$\frac{\mathrm{d}y}{\mathrm{d}x}=-\frac{F_x}{F_y}.$$

**例 10.4.1** 验证在 $x=0$ 的某个邻域内, 方程 $xy+\mathrm{e}^x-\mathrm{e}^y=0$ 确定唯一一个有连续导数的隐函数 $y=f(x)$, 并求 $\frac{\mathrm{d}y}{\mathrm{d}x}$.

**解** 设 $F(x,y)=xy+\mathrm{e}^x-\mathrm{e}^y$, 则 $F(0,0)=0$. 又 $F_x(x,y)=y+\mathrm{e}^x$, $F_y(x,y)=x-\mathrm{e}^y$, $F_y(0,0)=0-\mathrm{e}^0=-1\neq 0$, 由定理 10.4.1 得, $F(x,y)=xy+\mathrm{e}^x-\mathrm{e}^y=0$ 在 $(0,0)$ 的某个邻域内存在唯一的连续且导数连续的函数 $y=f(x)$, 且有
$$\frac{\mathrm{d}y}{\mathrm{d}x}=-\frac{F_x}{F_y}=-\frac{y+\mathrm{e}^x}{x-\mathrm{e}^y}.$$

对于三元方程
$$F(x,y,z)=0,$$
如果对任意 $x,y$, 都能由方程确定唯一的一个 $z$ 与之对应, 这就是一个二元隐函数 $z=f(x,y)$. $F(x,y,z)$ 在什么条件下能确定一个二元隐函数呢? 对此, 我们有下面结论.

**定理 10.4.2(二元隐函数存在定理)** 设三元函数 $F(x,y,z)$ 在点 $(x_0,y_0,z_0)$ 的某一邻域内具有连续偏导数, 且 $F(x_0,y_0,z_0)=0$, $F_z(x_0,y_0,z_0)\neq 0$, 则方程 $F(x,y,z)=0$ 在点 $(x_0,y_0,z_0)$ 某一邻域内恒能唯一确定一个二元函数 $z=f(x,y)$, 而且 $z=f(x,y)$ 在 $(x_0,y_0)$ 的某一邻域内连续且有连续的偏导数, 并满足 $z_0=f(x_0,y_0)$, 同时我们还有
$$\frac{\partial z}{\partial x}=-\frac{F_x}{F_z}, \frac{\partial z}{\partial y}=-\frac{F_y}{F_z}. \tag{10.4.2}$$

该定理的证明从略. 我们仅推导公式(10.4.2).

由 $F(x,y,z)=0$，分别关于 $x,y$ 求导数，同时注意将 $z$ 看作 $x,y$ 的函数，我们有

$$F_x+F_z\frac{\partial z}{\partial x}=0, F_y+F_z\frac{\partial z}{\partial y}=0.$$

由于 $F_z(x_0,y_0,z_0)\neq 0$ 且 $F_z$ 连续，则存在 $(x_0,y_0,z_0)$ 的一个邻域，使得在该邻域内 $F_z(x,y,z)\neq 0$. 故有

$$\frac{\partial z}{\partial x}=-\frac{F_x}{F_z}, \frac{\partial z}{\partial y}=-\frac{F_y}{F_z}.$$

**例 10.4.2** 设二元函数 $z=f(x,y)$ 由方程 $x^2+y^2+z^2=4z$ 所确定的隐函数，求 $\frac{\partial z}{\partial x}, \frac{\partial z}{\partial y}, \frac{\partial^2 z}{\partial x^2}, \frac{\partial^2 z}{\partial x \partial y}, \frac{\partial^2 z}{\partial y^2}$.

**解** 设 $F(x,y,z)=x^2+y^2+z^2-4z$，则

$$F_x=2x, F_y=2y, F_z=2z-4.$$

由公式(10.4.2)得

$$\frac{\partial z}{\partial x}=-\frac{F_x}{F_z}=-\frac{2x}{2z-4}=\frac{x}{2-z},$$

$$\frac{\partial z}{\partial y}=-\frac{F_y}{F_z}=-\frac{2y}{2z-4}=\frac{y}{2-z},$$

$$\frac{\partial^2 z}{\partial x^2}=\frac{\partial}{\partial x}\left(\frac{x}{2-z}\right)=\frac{(2-z)-x\left(0-\frac{\partial z}{\partial x}\right)}{(2-z)^2}=$$

$$\frac{2-z+xz_x}{(2-z)^2}=\frac{2-z+\frac{x^2}{2-z}}{(2-z)^2}=\frac{(2-z)^2+x^2}{(2-z)^3},$$

$$\frac{\partial^2 z}{\partial x \partial y}=\frac{\partial}{\partial y}\left(\frac{\partial z}{\partial x}\right)=\frac{\partial}{\partial y}\left(\frac{x}{2-z}\right)=-\frac{x\left(0-\frac{\partial z}{\partial y}\right)}{(2-z)^2}=$$

$$\frac{x\cdot\frac{y}{2-z}}{(2-z)^2}=\frac{xy}{(2-z)^3},$$

$$\frac{\partial^2 z}{\partial y^2}=\frac{\partial}{\partial y}\left(\frac{y}{2-z}\right)=\frac{(2-z)-y\left(0-\frac{\partial z}{\partial y}\right)}{(2-z)^2}=$$

$$\frac{2-z+y\frac{y}{2-z}}{(2-z)^2}=\frac{(2-z)^2+y^2}{(2-z)^3}.$$

### 10.4.2 多个方程的情形

对于方程组
$$\begin{cases} F(x,y,u,v)=0, \\ G(x,y,u,v)=0, \end{cases}$$
如果 $x,y$ 独立变化,方程组能唯一确定一组变元 $u,v$. 这样可得到两个二元函数 $u=u(x,y)$ 和 $v=v(x,y)$. 这时 $F$ 与 $G$ 应满足一定的条件. 对此我们有下面结论.

**定理 10.4.3**(两个二元隐函数存在定理)  若函数 $F(x,y,u,v)$ 和 $G(x,y,u,v)$ 满足:

（ⅰ） $F(x_0,y_0,u_0,v_0)=0, G(x_0,y_0,u_0,v_0)=0$;

（ⅱ） 在点 $(x_0,y_0,u_0,v_0)$ 的某一邻域内对各变量具有连续偏导数;

（ⅲ） 在点 $(x_0,y_0,u_0,v_0)$ 处,偏导数所组成的函数行列式(或称 **Jacobi 行列式**)
$$\frac{\partial(F,G)}{\partial(u,v)}=\begin{vmatrix} F_u & F_v \\ G_u & G_v \end{vmatrix} \neq 0,$$
则方程组 $F(x,y,u,v)=0, G(x,y,u,v)=0$ 在 $(x_0,y_0,u_0,v_0)$ 点的某一邻域内恒能唯一确定一组连续且具有连续偏导数的函数 $u=u(x,y)$, $v=v(x,y)$,它满足
$$F(x,y,u(x,y),v(x,y))\equiv 0, G(x,y,u(x,y),v(x,y))\equiv 0,$$
且 $u_0=u(x_0,y_0), v_0=v(x_0,y_0)$,并有

$$\frac{\partial u}{\partial x}=-\frac{\begin{vmatrix} F_x & F_v \\ G_x & G_v \end{vmatrix}}{\begin{vmatrix} F_u & F_v \\ G_u & G_v \end{vmatrix}}, \quad \frac{\partial u}{\partial y}=-\frac{\begin{vmatrix} F_y & F_v \\ G_y & G_v \end{vmatrix}}{\begin{vmatrix} F_u & F_v \\ G_u & G_v \end{vmatrix}},$$

$$\frac{\partial v}{\partial x}=-\frac{\begin{vmatrix} F_u & F_x \\ G_u & G_x \end{vmatrix}}{\begin{vmatrix} F_u & F_v \\ G_u & G_v \end{vmatrix}}, \quad \frac{\partial v}{\partial y}=-\frac{\begin{vmatrix} F_u & F_y \\ G_u & G_y \end{vmatrix}}{\begin{vmatrix} F_u & F_v \\ G_u & G_v \end{vmatrix}}.$$

这个定理的证明从略,我们仅对求偏导公式给予推导.
由于
$$F(x,y,u(x,y),v(x,y))\equiv 0,$$
$$G(x,y,u(x,y),v(x,y))\equiv 0,$$

将它们两边分别关于 $x$ 求导,得

$$\begin{cases} F_x + F_u \dfrac{\partial u}{\partial x} + F_v \dfrac{\partial v}{\partial x} = 0, \\ G_x + G_u \dfrac{\partial u}{\partial x} + G_v \dfrac{\partial v}{\partial x} = 0, \end{cases} \quad (10.4.3)$$

由于在 $(x_0, y_0, u_0, v_0)$ 上 $\begin{vmatrix} F_u & F_v \\ G_u & G_v \end{vmatrix} \neq 0$,从而存在 $(x_0, y_0, u_0, v_0)$ 的一个邻域,在其上有 $\begin{vmatrix} F_u & F_v \\ G_u & G_v \end{vmatrix} \neq 0$. 从而由式(10.4.3)可解得

$$\frac{\partial u}{\partial x} = -\frac{F_x G_v - F_v G_x}{F_u G_v - F_v G_u} = -\frac{\begin{vmatrix} F_x & F_v \\ G_x & G_v \end{vmatrix}}{\begin{vmatrix} F_u & F_v \\ G_u & G_v \end{vmatrix}},$$

$$\frac{\partial v}{\partial x} = -\frac{F_u G_x - F_x G_u}{F_u G_v - F_v G_u} = -\frac{\begin{vmatrix} F_u & F_x \\ G_u & G_x \end{vmatrix}}{\begin{vmatrix} F_u & F_v \\ G_u & G_v \end{vmatrix}}.$$

同理可证

$$\frac{\partial u}{\partial y} = -\frac{\begin{vmatrix} F_y & F_v \\ G_y & G_v \end{vmatrix}}{\begin{vmatrix} F_u & F_v \\ G_u & G_v \end{vmatrix}}, \quad \frac{\partial v}{\partial y} = -\frac{\begin{vmatrix} F_u & F_y \\ G_u & G_y \end{vmatrix}}{\begin{vmatrix} F_u & F_v \\ G_u & G_v \end{vmatrix}}.$$

**例 10.4.3** 设两个二元函数 $u = u(x, y), v = v(x, y)$ 是由 $xu - yv = 0, yu + xv = 1$ 确定的函数,求 $\dfrac{\partial u}{\partial x}, \dfrac{\partial u}{\partial y}, \dfrac{\partial v}{\partial x}$ 和 $\dfrac{\partial v}{\partial y}$.

**解** 令 $F(x, y, u, v) = xu - yv, G(x, y, u, v) = yu + xv - 1$,则

$$\frac{\partial(F, G)}{\partial(u, v)} = \begin{vmatrix} F_u & F_v \\ G_u & G_v \end{vmatrix} = \begin{vmatrix} x & -y \\ y & x \end{vmatrix} = x^2 + y^2.$$

在 $x^2 + y^2 \neq 0$ 时,有

$$\frac{\partial u}{\partial x} = -\frac{1}{x^2 + y^2} \begin{vmatrix} u & -y \\ v & x \end{vmatrix} = -\frac{xu + yv}{x^2 + y^2},$$

$$\frac{\partial v}{\partial x} = -\frac{1}{x^2 + y^2} \begin{vmatrix} x & u \\ y & v \end{vmatrix} = \frac{yu - xv}{x^2 + y^2},$$

$$\frac{\partial u}{\partial y} = -\frac{1}{x^2+y^2}\begin{vmatrix} -v & -y \\ u & x \end{vmatrix} = \frac{xv-yu}{x^2+y^2},$$

$$\frac{\partial v}{\partial y} = -\frac{1}{x^2+y^2}\begin{vmatrix} x & -v \\ y & u \end{vmatrix} = -\frac{xu+yv}{x^2+y^2}.$$

### 10.4.3 反函数组存在定理

对于函数方程

$$\begin{cases} u=f(x,y), \\ v=g(x,y), \end{cases} \tag{10.4.4}$$

如果能够从中确定出 $x,y$ 是 $u,v$ 的函数

$$x=x(u,v), y=y(u,v). \tag{10.4.5}$$

并有 $u \equiv f(x(u,v),y(u,v))$, $v \equiv g(x(u,v),y(u,v))$, 则称式(10.4.4)是式(10.4.5)的**反函数组**.

**定理 10.4.4** 设函数 $u=f(x,y), v=g(x,y)$ 在点 $(x_0,y_0)$ 的某一邻域内连续且有连续偏导数, 又

$$\left.\frac{\partial(f,g)}{\partial(x,y)}\right|_{(x_0,y_0)} \neq 0, u_0=f(x_0,y_0), v_0=g(x_0,y_0),$$

则存在 $(x_0,y_0,u_0,v_0)$ 的一个邻域, 在该邻域内存在唯一的反函数组

$$\begin{cases} x=x(u,v), \\ y=y(u,v), \end{cases}$$

它们连续, 偏导数也连续, 而且

$$\frac{\partial x}{\partial u} = \frac{1}{J}\frac{\partial g}{\partial y}, \quad \frac{\partial y}{\partial u} = -\frac{1}{J}\frac{\partial g}{\partial x},$$

$$\frac{\partial x}{\partial v} = -\frac{1}{J}\frac{\partial f}{\partial y}, \quad \frac{\partial y}{\partial v} = \frac{1}{J}\frac{\partial f}{\partial x},$$

其中

$$J = \frac{\partial(f,g)}{\partial(x,y)} = \begin{vmatrix} \frac{\partial f}{\partial x} & \frac{\partial f}{\partial y} \\ \frac{\partial g}{\partial x} & \frac{\partial g}{\partial y} \end{vmatrix}.$$

**证明** 设 $F(x,y,u,v) = u - f(x,y) = 0$,

$G(x,y,u,v) = v - g(x,y) = 0$,

即

$$\frac{\partial(F,G)}{\partial(x,y)}=\begin{vmatrix}\frac{\partial F}{\partial x}&\frac{\partial F}{\partial y}\\\frac{\partial G}{\partial x}&\frac{\partial G}{\partial y}\end{vmatrix}=\begin{vmatrix}-\frac{\partial f}{\partial x}&-\frac{\partial f}{\partial y}\\-\frac{\partial g}{\partial x}&-\frac{\partial g}{\partial y}\end{vmatrix}=\begin{vmatrix}\frac{\partial f}{\partial x}&\frac{\partial f}{\partial y}\\\frac{\partial g}{\partial x}&\frac{\partial g}{\partial y}\end{vmatrix}=\frac{\partial(f,g)}{\partial(x,y)}=J.$$

由于 $J$ 在 $(x_0,y_0,u_0,v_0)$ 上不为 $0$,存在一个邻域,在其上 $J\neq 0$.由定理 10.4.3 得,在该邻域内存在唯一的反函数组

$$\begin{cases}x=x(u,v),\\ y=y(u,v).\end{cases}$$

它们连续且偏导数也连续,这样

$$\begin{cases}u\equiv f(x(u,v),\ y(u,v)),\\ v\equiv g(x(u,v),\ y(u,v)).\end{cases} \quad (10.4.6)$$

将恒等式 (10.4.6) 关于 $u$ 求偏导数,得

$$\begin{cases}1=\dfrac{\partial f}{\partial x}\dfrac{\partial x}{\partial u}+\dfrac{\partial f}{\partial y}\dfrac{\partial y}{\partial u},\\ 0=\dfrac{\partial g}{\partial x}\dfrac{\partial x}{\partial u}+\dfrac{\partial g}{\partial y}\dfrac{\partial y}{\partial u},\end{cases}$$

由于 $J=\begin{vmatrix}\frac{\partial f}{\partial x}&\frac{\partial f}{\partial y}\\\frac{\partial g}{\partial x}&\frac{\partial g}{\partial y}\end{vmatrix}\neq 0$,可将 $\dfrac{\partial x}{\partial u}$ 和 $\dfrac{\partial y}{\partial u}$ 解出得

$$\frac{\partial x}{\partial u}=\frac{1}{J}\frac{\partial g}{\partial y},\quad \frac{\partial y}{\partial u}=-\frac{1}{J}\frac{\partial g}{\partial x};$$

将恒等式 (10.4.6) 关于 $v$ 求偏导数,得

$$\begin{cases}0=\dfrac{\partial f}{\partial x}\dfrac{\partial x}{\partial v}+\dfrac{\partial f}{\partial y}\dfrac{\partial y}{\partial v},\\ 1=\dfrac{\partial g}{\partial x}\dfrac{\partial x}{\partial v}+\dfrac{\partial g}{\partial y}\dfrac{\partial y}{\partial v},\end{cases}$$

将 $\dfrac{\partial x}{\partial v}$ 和 $\dfrac{\partial y}{\partial v}$ 解出得

$$\frac{\partial x}{\partial v}=-\frac{1}{J}\frac{\partial f}{\partial y},\quad \frac{\partial y}{\partial v}=\frac{1}{J}\frac{\partial f}{\partial x}.$$

**例 10.4.4** 求函数组 $x=r\cos\theta, y=r\sin\theta$ 反函数组的偏导数.

**解** 在 $x=r\cos\theta, y=r\sin\theta$ 中, 将 $r,\theta$ 看作 $x,y$ 的函数 $r=r(x,y), \theta=\theta(x,y)$. 对 $x=r\cos\theta$ 与 $y=r\sin\theta$ 两边关于 $x$ 求导数得

$$\begin{cases} 1=\cos\theta\dfrac{\partial r}{\partial x}-r\sin\theta\dfrac{\partial \theta}{\partial x}, \\ 0=\sin\theta\dfrac{\partial r}{\partial x}+r\cos\theta\dfrac{\partial \theta}{\partial x}, \end{cases}$$

解出 $\dfrac{\partial r}{\partial x}$ 和 $\dfrac{\partial \theta}{\partial x}$ 可得

$$\frac{\partial r}{\partial x}=\cos\theta=\frac{x}{\sqrt{x^2+y^2}},$$

$$\frac{\partial \theta}{\partial x}=-\frac{\sin\theta}{r}=-\frac{y}{x^2+y^2};$$

对 $x=r\cos\theta, y=r\sin\theta$ 两边关于 $y$ 求导数得

$$\begin{cases} 0=\cos\theta\dfrac{\partial r}{\partial y}-r\sin\theta\dfrac{\partial \theta}{\partial y}, \\ 1=\sin\theta\dfrac{\partial r}{\partial y}+r\cos\theta\dfrac{\partial \theta}{\partial y}, \end{cases}$$

解出 $\dfrac{\partial r}{\partial y}, \dfrac{\partial \theta}{\partial y}$ 可得

$$\frac{\partial r}{\partial y}=\frac{y}{\sqrt{x^2+y^2}},\quad \frac{\partial \theta}{\partial y}=\frac{x}{x^2+y^2}.$$

## 习题 10.4

1. 求由 $z^x=y^z$ 所确定的隐数 $z=f(x,y)$ 的偏导数 $\dfrac{\partial z}{\partial x},\dfrac{\partial z}{\partial y}$.

2. 设 $x+2y+z=2\sqrt{xyz}$, 求 $\dfrac{\partial z}{\partial x}$ 及 $\dfrac{\partial z}{\partial y}$.

3. 设 $\dfrac{x}{z}=\ln\dfrac{z}{y}$, 求 $\dfrac{\partial z}{\partial x}$ 及 $\dfrac{\partial z}{\partial y}$.

4. 验证方程 $x^2+y^2-1=0$ 在 $(0,1)$ 点的某个邻域内能唯一确定一个单值可导的隐函数 $y=f(x)$, 求这个函数在 $x=0$ 的一阶和二阶导数.

5. 设 $z=f(x+y+z,xyz)$, 求 $\dfrac{\partial z}{\partial x},\dfrac{\partial z}{\partial y}$.

6. 如果函数 $f(x,y,z)$ 恒满足关系式 $f(tx,ty,tz)=t^k f(x,y,z)$, 则称 $f(x,y,z)$ 为 $k$ 次齐次函数, 试证 $k$ 次齐次函数满足方程

$$x\frac{\partial f}{\partial x}+y\frac{\partial f}{\partial y}+z\frac{\partial f}{\partial z}=kf(x,y,z).$$

7. 设 $e^z - xyz = 0$，求 $\dfrac{\partial^2 z}{\partial x^2}$.

8. 求由方程组
$$\begin{cases} x+y+z=0, \\ x^2+y^2+z^2=1 \end{cases}$$
所确定的函数的导数 $\dfrac{dx}{dz}, \dfrac{dy}{dz}$.

9. 设 $\begin{cases} x = e^u + u\sin v, \\ y = e^u - u\cos v, \end{cases}$ 求 $\dfrac{\partial u}{\partial x}, \dfrac{\partial u}{\partial y}, \dfrac{\partial v}{\partial x}, \dfrac{\partial v}{\partial y}$.

10. 设二元函数 $z = f(x,y)$ 由方程 $F\left(x+\dfrac{z}{y}, y+\dfrac{z}{x}\right) = 0$ 所确定，证明
$$x\dfrac{\partial z}{\partial x} + y\dfrac{\partial z}{\partial y} = z - xy.$$

## §10.5 偏导数在几何上的应用

### 10.5.1 空间曲线的切线与法平面

我们知道，一条空间曲线可以看成一个质点在空间运动的轨迹. 在一个直角坐标系下，空间曲线可用参数方程表示：
$$\begin{cases} x = x(t), \\ y = y(t), \quad a \leqslant t \leqslant b. \\ z = z(t), \end{cases} \tag{10.5.1}$$
随着 $t$ 的连续变动，相应的点 $(x(t), y(t), z(t))$ 就在空间画出一条曲线. 我们假定式(10.5.1)中的三个函数都在 $[a,b]$ 上可导，这时我们称曲线为**光滑曲线**.

设 $\Gamma$ 为一条光滑曲线，我们定义 $\Gamma$ 上一点 $P_0(x(t_0), y(t_0), z(t_0))$ 处的切线为割线 $P_0P_1$ 的极限位置(见图 10.5.1).

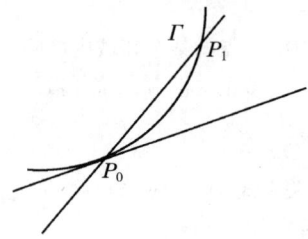

图 10.5.1

设 $x_0=x(t_0), y_0=y(t_0), z_0=z(t_0)$,$P_1(x(t),y(t),z(t))$ 为 $\Gamma$ 上的任一点,则割线 $P_0P_1$ 的方程为

$$\frac{x-x_0}{x(t)-x(t_0)}=\frac{y-y_0}{y(t)-y(t_0)}=\frac{z-z_0}{z(t)-z(t_0)}.$$

由此我们有

$$\frac{x-x_0}{\frac{x(t)-x(t_0)}{t-t_0}}=\frac{y-y_0}{\frac{y(t)-y(t_0)}{t-t_0}}=\frac{z-z_0}{\frac{z(t)-z(t_0)}{t-t_0}}.$$

令 $t\to t_0$,由 $\Gamma$ 的光滑性得

$$\frac{x-x_0}{x'(t_0)}=\frac{y-y_0}{y'(t_0)}=\frac{z-z_0}{z'(t_0)}. \tag{10.5.2}$$

方程(10.5.2)为 $\Gamma$ 在点 $P_0(x(t_0),y(t_0),z(t_0))$ 的**切线方程**.

这里我们假定 $x'(t_0),y'(t_0),z'(t_0)$ 不全为 0. 如果个别为零,则按有关直线的对称式方程的说明来理解. 例如, 当 $x'(t_0)\neq 0$, $y'(t_0)\neq 0, z'(t_0)=0$ 时,公式(10.5.2)应理解为

$$\frac{x-x_0}{x'(t_0)}=\frac{y-y_0}{y'(t_0)}, z=z_0.$$

由方程(10.5.2)可见,曲线 $\Gamma$ 在 $P_0$ 点的切向量为

$$(x'(t_0),y'(t_0),z'(t_0)). \tag{10.5.3}$$

过点 $P$ 且与切线垂直的平面称为曲线 $\Gamma$ 在点 $P$ 处的**法平面**.

显然法平面的法向量为 $(x'(t_0),y'(t_0),z'(t_0))$,这样过 $P_0(x_0,y_0,z_0)$ 的法平面的方程为

$$x'(t_0)(x-x_0)+y'(t_0)(y-y_0)+z'(t_0)(z-z_0)=0. \tag{10.5.4}$$

**例 10.5.1** 求曲线 $x=e^t, y=t^2, z=t^3$ 在点 $(e,1,1)$ 处的切线方程和法平面方程.

**解** 因点 $(e,1,1)$ 所对应的参数为 $t_0=1$,这时对应的切向量为
$$(e^t,2t,3t^2)|_{t=1}=(e,2,3).$$
这样切线方程为

$$\frac{x-e}{e}=\frac{y-1}{2}=\frac{z-1}{3}.$$

法平面方程为

$$e(x-e)+2(y-1)+3(z-1)=0,$$

即
$$ex+2y+3z=e^2+5.$$

如果空间曲线 $\Gamma$ 的方程为
$$y=f(x), z=g(x),$$
则可把 $x$ 看作参数,其方程可写为
$$\begin{cases} x=x, \\ y=f(x), \\ z=g(x). \end{cases}$$
它在 $(x_0, f(x_0), g(x_0))$ 点的切线方程为
$$\frac{x-x_0}{1} = \frac{y-f(x_0)}{f'(x_0)} = \frac{z-g(x_0)}{g'(x_0)}; \quad (10.5.5)$$
法平面方程为
$$(x-x_0)+f'(x_0)(y-f(x_0))+g'(x_0)(z-g(x_0))=0. \quad (10.5.6)$$

如果空间曲线 $\Gamma$ 的方程为
$$\begin{cases} F(x,y,z)=0, \\ G(x,y,z)=0, \end{cases} \quad (10.5.7)$$
设 $P_0(x_0, y_0, z_0)$ 为 $\Gamma$ 上的一个点, $F, G$ 有对各个变量的连续偏导数,且
$$\left. \begin{vmatrix} F_y & F_z \\ G_y & G_z \end{vmatrix} \right|_{(x_0, y_0, z_0)} \neq 0,$$
由隐函数存在定理,在 $P_0$ 点附近唯一确定了满足 $y_0=f(x_0), z_0=g(x_0)$ 的隐函数
$$y=f(x), z=g(x),$$
而且
$$f'(x) = \frac{\partial(F,G)}{\partial(z,x)} \Big/ \frac{\partial(F,G)}{\partial(y,z)},$$
$$g'(x) = \frac{\partial(F,G)}{\partial(x,y)} \Big/ \frac{\partial(F,G)}{\partial(y,z)}.$$
这样曲线 $\Gamma$ 在 $P_0(x_0, y_0, z_0)$ 点的切线方程为
$$\frac{x-x_0}{\frac{\partial(F,G)}{\partial(y,z)}(P_0)} = \frac{y-y_0}{\frac{\partial(F,G)}{\partial(z,x)}(P_0)} = \frac{z-z_0}{\frac{\partial(F,G)}{\partial(x,y)}(P_0)}; \quad (10.5.8)$$
法平面方程为
$$\frac{\partial(F,G)}{\partial(y,z)}(P_0)(x-x_0) + \frac{\partial(F,G)}{\partial(z,x)}(P_0)(y-y_0) + \frac{\partial(F,G)}{\partial(x,y)}(P_0)(z-z_0) = 0.$$
$$(10.5.9)$$

**例 10.5.2** 设曲线 $\Gamma$ 由方程组
$$\begin{cases} x^2+y^2+z^2-2y=4, \\ x+y+z=0 \end{cases}$$
表示,求 $\Gamma$ 在点 $(1,1,-2)$ 处的切线方程和法平面方程.

**解** 设 $F(x,y,z)=x^2+y^2+z^2-2y-4, G(x,y,z)=x+y+z$,则

$$\frac{\partial(F,G)}{\partial(y,z)}=\begin{vmatrix} F_y & F_z \\ G_y & G_z \end{vmatrix}=\begin{vmatrix} 2y-2 & 2z \\ 1 & 1 \end{vmatrix}=2(y-z-1),$$

$$\frac{\partial(F,G)}{\partial(z,x)}=\begin{vmatrix} F_z & F_x \\ G_z & G_x \end{vmatrix}=\begin{vmatrix} 2z & 2x \\ 1 & 1 \end{vmatrix}=2(z-x),$$

$$\frac{\partial(F,G)}{\partial(x,y)}=\begin{vmatrix} F_x & F_y \\ G_x & G_y \end{vmatrix}=\begin{vmatrix} 2x & 2y-1 \\ 1 & 1 \end{vmatrix}=2(x-y+1).$$

从而 $\dfrac{\partial(F,G)}{\partial(y,z)}(P_0)=4, \dfrac{\partial(F,G)}{\partial(z,x)}(P_0)=-6, \dfrac{\partial(F,G)}{\partial(x,y)}(P_0)=2.$

故 $\Gamma$ 过 $P_0$ 的切线方程为

$$\frac{x-1}{4}=\frac{y-1}{-6}=\frac{z+2}{2},$$

即

$$\frac{x-1}{2}=\frac{y-1}{-3}=\frac{z+2}{1}.$$

法平面方程为

$$4(x-1)-6(y-1)+2(z+2)=0,$$

即

$$2x-3y+z+3=0.$$

### 10.5.2 曲面的切平面与法线

设空间曲面的方程为

$$S: F(x,y,z)=0, \tag{10.5.10}$$

其中 $F(x,y,z)$ 的偏导数 $F_x, F_y, F_z$ 都连续,我们称之为**光滑曲面**. 我们只考虑 $F_x, F_y, F_z$ 不全为 $0$ 的情况.

设 $P_0(x_0,y_0,z_0)$ 为 $S$ 上一点,在 $S$ 上作一条经过 $P_0$ 的曲线 $\Gamma$,设其方程为

$$\begin{cases} x=x(t), \\ y=y(t), \\ z=z(t). \end{cases}$$

设 $x_0=x(t_0), y_0=y(t_0), z_0=z(t_0)$，由于 $\Gamma$ 在曲面 $S$ 上，所以
$$F(x(t),y(t),z(t))=0.$$
两边关于 $t$ 在 $t_0$ 处求导得
$$F_x(P_0)x'(t_0)+F_y(P_0)y'(t_0)+F_z(P_0)z'(t_0)=0.$$
可见，曲面 $S$ 上过 $P_0$ 的任意一条曲线在该点的切向量 $(x'(t_0), y'(t_0), z'(t_0))$ 都与向量
$$\boldsymbol{n}=(F_x(P_0),F_y(P_0),F_z(P_0))$$
垂直，因而这些切向量都在过 $P_0$ 点以 $\boldsymbol{n}$ 为法向量的平面上。这个平面称为曲面 $S$ 在 $P_0$ 处的**切平面**。切平面的法向量 $\boldsymbol{n}$ 也称为曲面 $S$ 在 $P_0$ 处的**法向量**（见图 10.5.2）。

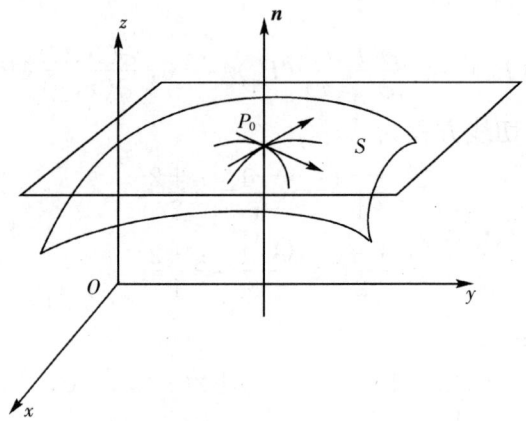

图 10.5.2

这样我们可得到曲面 $S$ 在点 $P_0$ 处的切平面方程为
$$F_x(P_0)(x-x_0)+F_y(P_0)(y-y_0)+F_z(P_0)(z-z_0)=0. \tag{10.5.11}$$

通过点 $P_0$ 且与切面垂直的直线称为曲面 $S$ 的**法线**。$S$ 上过 $P_0$ 点的法线方程为
$$\frac{x-x_0}{F_x(P_0)}=\frac{y-y_0}{F_y(P_0)}=\frac{z-z_0}{F_z(P_0)}. \tag{10.5.12}$$

**例 10.5.3** 设空间曲面 $S$ 的方程为 $e^z-z+xy=3$，求其在点 $(2,1,0)$ 处的切平面与法线方程。

**解** 设 $F(x,y,z)=e^z-z+xy-3=0$，则
$$F_x=y, F_y=x, F_z=e^z-1.$$

在(2,1,0)处曲面 $S$ 的法向量为
$$\boldsymbol{n}=(F_x(2,1,0),F_y(2,1,0),F_z(2,1,0))=(1,2,0).$$
故在(2,1,0)处,曲面 $S$ 的切平面方程为
$$1\cdot(x-2)+2\cdot(y-1)+0\cdot(z-0)=0,$$
即
$$x+2y-4=0.$$
在(2,1,0)处,曲面 $S$ 的法线方程为
$$\begin{cases}\dfrac{x-2}{1}=\dfrac{y-1}{2},\\ z=0.\end{cases}$$

如果空间中曲面 $S$ 的方程可用显式表示为
$$z=f(x,y),$$
令 $F(x,y,z)=f(x,y)-z=0$,则
$$F_x=f_x,F_y=f_y,F_z=-1.$$
由式(10.5.11)可得,$S$ 在 $P_0(x_0,y_0,z_0)$ 的切平面方程为
$$f_x(x_0,y_0)(x-x_0)+f_y(x_0,y_0)(y-y_0)-(z-z_0)=0, \tag{10.5.13}$$
由式(10.5.12)可得,法线方程为
$$\frac{x-x_0}{f_x(x_0,y_0)}=\frac{y-y_0}{f_y(x_0,y_0)}=\frac{z-z_0}{-1}. \tag{10.5.14}$$

**例 10.5.4** 求曲面 $z=\arctan\dfrac{y}{x}$ 在 $M\left(1,1,\dfrac{\pi}{4}\right)$ 处的切平面方程和法线方程.

**解** 设 $f(x,y)=\arctan\dfrac{y}{x}$,则
$$f_x(1,1)=\left.\frac{-\dfrac{y}{x^2}}{1+\left(\dfrac{y}{x}\right)^2}\right|_{(1,1)}=-\frac{1}{2},$$
$$f_y(1,1)=\left.\frac{\dfrac{1}{x}}{1+\left(\dfrac{y}{x}\right)^2}\right|_{(1,1)}=\frac{1}{2}.$$

由式(10.5.13)得,切平面方程为
$$-\frac{1}{2}(x-1)+\frac{1}{2}(y-1)+(-1)\left(z-\frac{\pi}{4}\right)=0,$$
即
$$x-y+2z=\frac{\pi}{2}.$$

由式(10.5.14)得,法线方程为
$$\frac{x-1}{-\frac{1}{2}}=\frac{y-1}{\frac{1}{2}}=\frac{z-\frac{\pi}{4}}{-1},$$
即
$$\frac{x-1}{-1}=\frac{y-1}{1}=\frac{z-\frac{\pi}{4}}{-2}.$$

### 习题 10.5

1. 设空间曲线方程为 $x=\frac{t}{1+t}, y=\frac{1+t}{t}, z=t^2$,求其在对于 $t=1$ 点处的切线和法平面方程.

2. 求曲线 $x^2+y^2+z^2=6, x+y+z=0$ 在点 $(1,-2,1)$ 处的切线及法平面方程.

3. 在曲线 $x=t, y=t^2, z=t^3$ 上求一点,使曲线在该点的切线平行于平面 $x+2y+z=4$.

4. 设球面方程为 $x^2+y^2+z^2=14$,求球面上点 $(1,2,3)$ 处的切平面及法线方程.

5. 求曲面 $z=x^2+y^2-1$ 在点 $(2,1,4)$ 处的切平面及法线方程.

6. 求曲面 $ax^2+by^2+cz^2=1$ 在点 $(x_0,y_0,z_0)$ 处的切平面和法线方程.

7. 设曲面方程为 $\sqrt{x}+\sqrt{y}+\sqrt{z}=\sqrt{a}\ (a>0)$,证明该曲面上任何点处的切平面与各坐标轴的截距之和等于 $a$.

8. 在曲面 $z=3x^2+2y^2$ 上求一点,使得曲面在该点处的切平面与直线 $L$ 垂直,并写出此切平面的方程,其中 $L$ 的方程为 $\frac{x-1}{3}=\frac{y-2}{2}=z+1$.

## §10.6　多元函数的泰勒公式

在讨论一元函数的时候,我们给出了一元函数 $y=f(x)$ 在点 $x_0$ 处的 $n$ 阶 Taylor 公式.

$$f(x)=f(x_0)+f'(x_0)(x-x_0)+\frac{f''(x_0)}{2!}(x-x_0)^2+\cdots+$$

$$\frac{f^{(n)}(x_0)}{n!}(x-x_0)^n+\frac{f^{(n+1)}(x_0+\theta(x-x_0))}{(n+1)!}(x-x_0)^{n+1},$$

$$(10.6.1)$$

其中 $0<\theta<1$.

对于二元函数 $z=f(x,y)$,我们也可以给出相应的公式.

**定理 10.6.1**　设二元函数 $z=f(x,y)$ 在点 $(x_0,y_0)$ 的某邻域内连续且有直到 $n+1$ 阶连续偏导数,如果 $(x_0+h,y_0+k)$ 为此邻域内的任一点,则

$$f(x_0+h,y_0+k)=f(x_0,y_0)+(h\frac{\partial}{\partial x}+k\frac{\partial}{\partial y})f(x_0,y_0)+$$

$$\frac{1}{2!}(h\frac{\partial}{\partial x}+k\frac{\partial}{\partial y})^2 f(x_0,y_0)+\cdots+\frac{1}{n!}(h\frac{\partial}{\partial x}+k\frac{\partial}{\partial y})^n f(x_0,y_0)+$$

$$\frac{1}{(n+1)!}(h\frac{\partial}{\partial x}+k\frac{\partial}{\partial y})^{n+1}f(x_0+\theta h,y_0+\theta k), \quad (10.6.2)$$

其中 $0<\theta<1$,

$$(h\frac{\partial}{\partial x}+k\frac{\partial}{\partial y})^m f(x_0,y_0)=\sum_{i=0}^m C_m^i h^i k^{m-i}\frac{\partial^m f(x_0,y_0)}{\partial x^i \partial y^{m-i}}.$$

**证明**　设 $F(t)=f(x_0+th,y_0+tk),0\leqslant t\leqslant 1$,则 $F(t)$ 是关于 $t$ 的一元函数. 在 $t=0$ 的邻域内有 $n+1$ 阶导数,由一元函数 Taylor 公式(或 Maclaurin 公式)得

$$F(t)=F(0)+F'(0)t+\frac{1}{2}F''(0)t^2+\cdots+\frac{1}{n!}F^{(n)}(0)t^n+$$

$$\frac{1}{(n+1)!}F^{(n+1)}(\theta t)t^{n+1},0<\theta<1.$$

特别地,当 $t=1$ 时,有

$$F(1)=F(0)+F'(0)+\frac{1}{2!}F''(0)+\cdots+\frac{1}{n!}F^{(n)}(0)+$$
$$\frac{1}{(n+1)!}F^{(n+1)}(\theta),0<\theta<1. \quad (10.6.3)$$

显然 $F(1)=f(x_0+h,y_0+k)$,$F(0)=f(x_0,y_0)$.

由 $F(t)$ 的定义及多元复合函数的求导法则,可得

$$F'(t)=hf_x(x_0+th,y_0+tk)+kf_y(x_0+th,y_0+tk)=$$
$$\left(h\frac{\partial}{\partial x}+k\frac{\partial}{\partial y}\right)f(x_0+th,y_0+tk),$$
$$F''(t)=h^2 f_{xx}(x_0+th,y_0+tk)+2hkf_{xy}(x_0+th,y_0+tk)+$$
$$k^2 f_{yy}(x_0+th,y_0+tk)=$$
$$h^2 \frac{\partial^2}{\partial x^2}f(x_0+th,y_0+tk)+2hk\frac{\partial^2}{\partial x\partial y}f(x_0+th,y_0+tk)+$$
$$k^2 \frac{\partial^2}{\partial y^2}f(x_0+th,y_0+tk)=$$
$$\left(h^2 \frac{\partial^2}{\partial x}+2hk\frac{\partial^2}{\partial x\partial y}+k^2\frac{\partial^2}{\partial y^2}\right)f(x_0+th,y_0+th)=$$
$$\left(h\frac{\partial}{\partial x}+k\frac{\partial}{\partial y}\right)^2 f(x_0+th,y_0+tk),$$

……

$$F^{(n)}(t)=\left(h\frac{\partial}{\partial x}+k\frac{\partial}{\partial y}\right)^n f(x_0+th,y_0+tk),$$
$$F^{(n+1)}(t)=\left(h\frac{\partial}{\partial x}+k\frac{\partial}{\partial y}\right)^{n+1} f(x_0+th,y_0+tk).$$

从而 $F'(0)=\left(h\frac{\partial}{\partial x}+k\frac{\partial}{\partial y}\right)f(x_0,y_0),$

$$F''(0)=\left(h\frac{\partial}{\partial x}+k\frac{\partial}{\partial y}\right)^2 f(x_0,y_0),$$

……

$$F^{(n)}(0)=\left(h\frac{\partial}{\partial x}+k\frac{\partial}{\partial y}\right)^n f(x_0,y_0),$$
$$F^{(n+1)}(\theta)=\left(h\frac{\partial}{\partial x}+k\frac{\partial}{\partial y}\right)^{n+1} f(x_0+\theta h,y_0+\theta k).$$

代入式(10.6.3)得
$$f(x_0+h,y_0+k)=f(x_0,y_0)+\left(h\frac{\partial}{\partial x}+k\frac{\partial}{\partial y}\right)f(x_0,y_0)+$$
$$\frac{1}{2!}\left(h\frac{\partial}{\partial x}+k\frac{\partial}{\partial y}\right)^2 f(x_0,y_0)+\cdots+$$
$$\frac{1}{n!}\left(h\frac{\partial}{\partial x}+k\frac{\partial}{\partial y}\right)^n f(x_0,y_0)$$
$$\frac{1}{(n+1)!}\left(h\frac{\partial}{\partial x}+k\frac{\partial}{\partial y}\right)^{n+1} f(x_0+\theta h,y_0+\theta k), 0<\theta<1.$$

我们将公式(10.6.2)称为二元函数 $f(x,y)$ 在点 $(x_0,y_0)$ 处的 **n 阶 Taylor 公式**. 令
$$R_n=\frac{1}{(n+1)!}\left(h\frac{\partial}{\partial x}+k\frac{\partial}{\partial y}\right)^{n+1} f(x_0+\theta h,y_0+\theta k) \quad (0<\theta<1),$$
我们称 $R_n$ 为 $f(x,y)$ 在点 $(x_0,y_0)$ 的 **Lagrange 余项**.

在公式(10.6.2)中,令 $n=0$,得
$$f(x_0+h,y_0+k)=f(x_0,y_0)+hf_x(x_0+\theta h,y_0+\theta k)+$$
$$kf_y(x_0+\theta h,y_0+\theta k), 0<\theta<1, \quad (10.6.4)$$
我们称式(10.6.4)为二元函数的 **Lagrange 中值公式**.

**例 10.6.1** 证明:如果函数 $f(x,y)$ 的偏导数 $f_x(x,y), f_y(x,y)$ 在某一开区域内都恒为零,则 $f(x,y)$ 在该区域内为常数.

**证明** 设 $(x_0,y_0)$ 为该区域内的一个点,则由
$f_x(x_0+\theta h,y_0+\theta k)=0$ 和 $f_y(x_0+\theta h,y_0+\theta k)=0$ $(0<\theta<1)$ 和式(10.6.4)得
$$f(x_0+h,y_0+k)=f(x_0,y_0).$$
设 $h=\Delta x=x-x_0, k=\Delta y=y-y_0$,从而有
$$f(x_0+h,y_0+k)=f(x,y).$$
故
$$f(x,y)=f(x_0,y_0).$$
从而 $f(x,y)$ 为常数.

**例 10.6.2** 求函数 $f(x,y)=e^{x+y}$ 在 $(0,0)$ 处的 Taylor 公式.

**解** 设 $h=x-0=x, k=y-0=y$,由于
$$\left(h\frac{\partial}{\partial x}+k\frac{\partial}{\partial y}\right)^m f(0,0)=\sum_{i=0}^{m} C_m^i h^i k^{m-i} \frac{\partial^m}{\partial x^i \partial y^{m-i}} f(0,0)=$$
$$\sum_{i=0}^{m} C_m^i h^i k^{m-i} e^{0+0}=\sum_{i=0}^{m} C_m^i h^i k^{m-i}=(h+k)^m=(x+y)^m.$$

由公式(10.6.2)得

$$f(x,y) = 1 + (x+y) + \frac{1}{2!}(x+y)^2 + \cdots + \frac{1}{n!}(x+y)^n +$$
$$\frac{1}{(n+1)!}(x+y)^{n+1} e^{\theta(x+y)}, \quad 0 < \theta < 1.$$

**例 10.6.3** 求二元函数 $f(x,y) = x^y$ 在 $(1,4)$ 处的二阶 Taylor 公式,并计算 $(1.08)^{3.96}$ 的近似值.

**解** 取 $x_0 = 1, y_0 = 4$,则有

$f(1,4) = 1, f_x(1,4) = yx^{y-1}|_{(1,4)} = 4,$

$f_y(1,4) = x^y \ln x|_{(1,4)} = 0,$

$f_{xx}(1,4) = y(y-1)x^{y-2}|_{(1,4)} = 12,$

$f_{xy}(1,4) = (x^{y-1} + yx^{y-1}\ln x)|_{(1,4)} = 1,$

$f_{yy}(1,4) = x^y(\ln x)^2|_{(1,4)} = 0.$

于是由式(10.6.2)得,$h = x - 1, k = y - 4$,

$$x^y = 1 + 4(x-1) + 6(x-1)^2 + (x-1)(y-4) + R_2(x,y).$$

略去 $R_2(x,y)$,令 $x = 1.08, y = 3.96$ 得

$$(1.08)^{3.96} \approx 1 + 4 \times 0.08 + 6 \times 0.08^2 - 0.08 \times 0.04 = 1.3552.$$

下面我们不加证明地给出 $n$ 元函数的 Taylor 公式.

**定理 10.6.2** 设 $f(x_1, x_2, \cdots, x_n)$ 在点 $(x_1^0, x_2^0, \cdots, x_n^0)$ 的某个邻域内具有 $m+1$ 阶的连续偏导数,则

$$f(x_1^0 + \Delta x_1, x_2^0 + \Delta x_2, \cdots, x_n^0 + \Delta x_n) =$$

$$f(x_1^0, x_2^0, \cdots, x_n^0) + \left(\sum_{i=1}^n \Delta x_i \frac{\partial}{\partial x_i}\right) f(x_1^0, x_2^0, \cdots, x_n^0) +$$

$$\frac{1}{2!}\left(\sum_{i=1}^n \Delta x_i \frac{\partial}{\partial x_i}\right)^2 f(x_1^0, x_2^0, \cdots, x_n^0) + \cdots +$$

$$\frac{1}{m!}\left(\sum_{i=1}^n \Delta x_i \frac{\partial}{\partial x_i}\right)^m f(x_1^0, x_2^0, \cdots, x_n^0) +$$

$$\frac{1}{(m+1)!}\left(\sum_{i=1}^n \Delta x_i \frac{\partial}{\partial x_i}\right)^{m+1} f(x_1^0 + \theta\Delta x_1, x_2^0 + \theta\Delta x_2, \cdots, x_n^0 + \Delta x_n),$$

$(0 < \theta < 1).$

**习题 10.6**

1. 设 $f(x,y) = e^x \ln(1+y)$,求 $f(x,y)$ 在 $(0,0)$ 处的三阶 Taylor 公式.
2. 设 $f(x,y) = \sin x \sin y$,求 $f(x,y)$ 在 $\left(\dfrac{\pi}{4}, \dfrac{\pi}{4}\right)$ 处的二阶 Taylor 公式.
3. 求函数 $f(x,y) = 2x^2 - xy - y^2 - 6x - 3y + 5$ 在 $(1, -2)$ 处的 Taylor 公式.
4. 求函数 $f(x,y) = \ln(1+x+y)$ 在点 $(0,0)$ 处的 Taylor 公式.
5. 求函数 $f(x,y) = x^y$ 在 $(1,1)$ 处的三阶 Taylor 公式,并计算 $1.1^{1.02}$ 的近似值.

## §10.7 多元函数的极值

### 10.7.1 多元函数的极值及其必要条件与充分条件

在实际中,我们常遇到诸如用料最省、路程最短、成本最小、收益最大等问题.这些实际问题又往往受到多个因素的制约,因此有必要讨论多元函数的最值问题.要研究最值,当然要研究其极值问题.我们仍以二元函数为例,先来讨论多元函数的极值问题.

**定义 10.7.1** 设 $z = f(x,y)$ 的定义域为 $D$,$P_0(x_0, y_0)$ 为 $D$ 的内点.如果存在 $P_0(x_0, y_0)$ 的某个邻域 $U(P_0) \subset D$,使得对于任意 $P(x,y) \in U(P_0)$ 有 $f(x,y) \leqslant f(x_0, y_0)$(或 $f(x,y) \geqslant f(x_0, y_0)$),则称 $P_0(x_0, y_0)$ 为 $z = f(x,y)$ 的**极大值点**(或**极小值点**),$f(x_0, y_0)$ 为相应的**极大值**(或**极小值**).极大值点和极小值点统称为**极值点**,极大值和极小值统称为**极值**.

**例 10.7.1** 函数 $f(x,y) = x^2 + y^2$ 在点 $(0,0)$ 处取得极小值.而函数 $z = -\sqrt{x^2 + 4y^2}$ 在 $(0,0)$ 处取得极大值.

**定理 10.7.1(极值的必要条件)** 若 $(x_0, y_0)$ 为 $z = f(x,y)$ 的极值点,且 $z = f(x,y)$ 在 $(x_0, y_0)$ 具有偏导数,则有
$$f_x(x_0, y_0) = 0, \quad f_y(x_0, y_0) = 0.$$

**证明** 不妨设 $(x_0, y_0)$ 为 $z = f(x,y)$ 的一个极大值点,则在 $(x_0, y_0)$ 的某邻域内有
$$f(x,y) \leqslant f(x_0, y_0).$$

令 $g(x)=f(x,y_0)$，则有
$$g(x) \leqslant g(x_0).$$
由一元函数的极值必要条件得
$$g'(x_0)=0.$$
即 $f_x(x_0,y_0)=0$.

类似地，我们也可证明
$$f_y(x_0,y_0)=0.$$

使函数 $z=f(x,y)$ 的各个一阶偏导数 $f_x(x,y), f_y(x,y)$ 为零即 $f_x(x,y)=0, f_y(x,y)=0$ 的 $(x_0,y_0)$ 称为 $z=f(x,y)$ 的**驻点**.

定理 10.7.1 说明，可偏导函数的极值点必为驻点. 但定理 10.7.1 的逆不成立，即驻点不一定是极值点. 如函数 $z=f(x,y)=xy$ 满足
$$f_x(0,0)=0, f_y(0,0)=0,$$
但在 $(0,0)$ 的任何邻域里，总同时存在使 $f(x,y)$ 为正和负的点，而 $f(0,0)=0$，所以 $(0,0)$ 不是 $f(x,y)$ 的极值点.

从几何上看，如果曲面 $z=f(x,y)$ 在 $(x_0,y_0,z_0)$ 处有切平面，则切平面方程为
$$z-z_0=f_x(x_0,y_0)(x-x_0)+f_y(x_0,y_0)(y-y_0).$$
由定理 10.7.1 有
$$f_x(x_0,y_0)=0, f_y(x_0,y_0)=0.$$
故切平面方程为平行于 $xOy$ 坐标平面的平面 $z-z_0=0$.

下面我们给出一个判定极值点的判定定理.

**定理 10.7.2（极值的充分条件）** 设 $(x_0,y_0)$ 为函数 $z=f(x,y)$ 的驻点，$f(x,y)$ 在 $(x_0,y_0)$ 附近具有二阶连续偏导数. 记
$$A=f_{xx}(x_0,y_0), B=f_{xy}(x_0,y_0), C=f_{yy}(x_0,y_0),$$
$$H=\begin{vmatrix} A & B \\ B & C \end{vmatrix}=AC-B^2,$$
则有如下结论：

（ⅰ）若 $H>0, A>0$，则 $f(x_0,y_0)$ 为极小值；

（ⅱ）若 $H>0, A<0$，则 $f(x_0,y_0)$ 为极大值；

（ⅲ）若 $H<0$，则 $f(x_0,y_0)$ 不是极值.

**证明** 因为 $(x_0, y_0)$ 为 $z=f(x,y)$ 的驻点,所以
$$f_x(x_0, y_0) = f_y(x_0, y_0) = 0.$$

由 Taylor 公式有

$f(x_0+\Delta x, y_0+\Delta y) - f(x_0, y_0) =$

$\frac{1}{2}\{f_{xx}(x_0+\theta\Delta x, y_0+\theta\Delta y)\Delta x^2 + 2f_{xy}(x_0+\theta\Delta x,$

$y_0+\theta\Delta y)\Delta x\Delta y + f_{yy}(x_0+\theta\Delta x, y_0+\theta\Delta y)\Delta y^2\}, 0<\theta<1.$

由于 $f(x,y)$ 的二阶偏导数连续,所以
$$f_{xx}(x_0+\theta\Delta x, y_0+\theta\Delta y) = A+\alpha,$$
$$f_{xy}(x_0+\theta\Delta x, y_0+\theta\Delta y) = B+\beta,$$
$$f_{yy}(x_0+\theta\Delta x, y_0+\theta\Delta y) = C+\gamma,$$

其中 $\alpha, \beta, \gamma$ 为当 $\Delta x \to 0, \Delta y \to 0$ 时的无穷小量.

设 $\rho = \sqrt{\Delta x^2 + \Delta y^2}$,则当 $\rho \to 0$ 时,$\alpha, \beta, \gamma$ 为无穷小量.

$f(x_0+\Delta x, y_0+\Delta y) - f(x_0, y_0) =$

$\frac{1}{2}(A\Delta x^2 + 2B\Delta x\Delta y + C\Delta y^2) + \frac{1}{2}(\alpha\Delta x^2 + 2\beta\Delta x\Delta y + \gamma\Delta y^2) =$

$\frac{1}{2}\rho^2\left[A\left(\frac{\Delta x}{\rho}\right)^2 + 2B\left(\frac{\Delta x}{\rho}\right)\left(\frac{\Delta y}{\rho}\right) + C\left(\frac{\Delta y}{\rho}\right)^2 + \delta\right],$

其中 $\rho \to 0$ 时,$\delta$ 为无穷小量. 令 $\zeta = \frac{\Delta x}{\rho}, \eta = \frac{\Delta y}{\rho}$.

由于 $\zeta^2 + \eta^2 = 1$,所以判断 $f(x_0, y_0)$ 极值问题就转化为判断 $g(\zeta, \eta) = A\zeta^2 + 2B\zeta\eta + C\eta^2$ 在 $\zeta^2 + \eta^2 = 1$ 条件下是否保号问题.

由于 $g(\zeta, \eta) = \frac{1}{A}(A^2\zeta^2 + 2AB\zeta\eta + CA\eta^2) =$

$$\frac{1}{A}((A\zeta+B\eta)^2 + (AC-B^2)\eta^2).$$

所以当 $H = AC - B^2 > 0, A > 0$ 时,$g(\zeta, \eta) > 0$,即当 $\rho$ 充分小时
$$f(x_0+\Delta x, y_0+\Delta y) - f(x_0, y_0) \geqslant 0.$$

故 $f(x_0, y_0)$ 为极小值.

当 $H = AC - B^2 > 0, A < 0$ 时,$g(\zeta, \eta) < 0$,即当 $\rho$ 充分小时
$$f(x_0+\Delta x, y_0+\Delta y) - f(x_0, y_0) \leqslant 0.$$

故 $f(x_0, y_0)$ 为极大值.

如果 $H=AC-B^2<0$ 而 $A\neq 0$,则 $G(\zeta,\eta)$ 不定号(如 $g(0,1)=\frac{1}{A}(AC-B^2)$ 和 $g(1,0)=A$ 总是异号的).

故 $H<0$ 时,$(x_0,y_0)$ 不是 $f(x,y)$ 的极值点.

**例 10.7.2** 求函数 $f(x,y)=xy(a-x-y)$ ($a\neq 0$)的极值.

**解** 解方程组

$$\begin{cases}\dfrac{\partial f}{\partial x}=y(a-x-y)-xy=0,\\ \dfrac{\partial f}{\partial y}=x(a-x-y)-xy=0,\end{cases}$$

得驻点为 $(0,0),(a,0),(0,a)$ 和 $\left(\dfrac{a}{3},\dfrac{a}{3}\right)$.

再求二阶偏导数得

$$f_{xx}(x,y)=-2y,$$
$$f_{xy}(x,y)=a-2x-2y,$$
$$f_{yy}(x,y)=-2x.$$

将驻点代入并计算 $A,B,C,H$ 的值并列表为

|  | $A$ | $B$ | $C$ | $H$ |
| --- | --- | --- | --- | --- |
| $(0,0)$ | $0$ | $a$ | $0$ | $-a^2$ |
| $(a,0)$ | $0$ | $-a$ | $-2a$ | $-a^2$ |
| $(0,a)$ | $-2a$ | $-a$ | $0$ | $-a^2$ |
| $\left(\dfrac{a}{3},\dfrac{a}{3}\right)$ | $-\dfrac{2}{3}a$ | $-\dfrac{a}{3}$ | $-\dfrac{2}{3}a$ | $\dfrac{1}{3}a^2$ |

从上表和定理 10.7.2 可以判断出 $(0,0),(a,0)$ 和 $(0,a)$ 都不是 $f(x,y)$ 的极值点,而在 $\left(\dfrac{a}{3},\dfrac{a}{3}\right)$ 处,当 $a>0$ 时,$H>0,A<0$,从而 $\left(\dfrac{a}{3},\dfrac{a}{3}\right)$ 为极大值点,极大值为 $f\left(\dfrac{a}{3},\dfrac{a}{3}\right)=\dfrac{a^3}{27}$;当 $a<0$ 时,$H>0,A>0$,从而 $\left(\dfrac{a}{3},\dfrac{a}{3}\right)$ 为极小值点,极小值为 $f\left(\dfrac{a}{3},\dfrac{a}{3}\right)=\dfrac{a^3}{27}$.

我们必须注意,二元函数的极值也有可能在其偏导数不存在的点处取得.例如,$f(x,y)=\sqrt{x^2+y^2}$ 在 $(0,0)$ 处的偏导数不存在,但是 $f(0,0)=0$ 是它的极小值.

### 10.7.2 多元函数的最值及其应用

多元函数的最值问题是求函数在其定义域内的某个范围的最大值和最小值.与一元函数的讨论一样,要想获得函数 $f(x,y)$ 在区域 $D$ 上的最大值和最小值(有界闭区域上的连续函数一定能取得最大值和最小值),只需要找到 $f(x,y)$ 的所有驻点、偏导数不存在的点及区域边界上的点,比较这些点处的函数值,其中最大者(最小者)即为函数 $f(x,y)$ 在 $D$ 上的最大值(或最小值).

在某些实际问题中,如果可以由问题的性质得到 $f(x,y)$ 的最值一定在 $D$ 的内部取得,而函数在 $D$ 的内部又若只有一个驻点,那么该驻点处的函数值就是该函数在 $D$ 上的最值.

**例 10.7.3** 求 $z=\dfrac{x+y}{x^2+y^2+1}$ 的最大值和最小值.

**解** 令 $z_x=\dfrac{(x^2+y^2+1)-2x(x+y)}{(x^2+y^2+1)^2}=0$,

$z_y=\dfrac{(x^2+y^2+1)-2y(x+y)}{(x^2+y^2+1)^2}=0$,

得驻点 $\left(\dfrac{\sqrt{2}}{2},\dfrac{\sqrt{2}}{2}\right)$ 和 $\left(-\dfrac{\sqrt{2}}{2},-\dfrac{\sqrt{2}}{2}\right)$,因为 $\lim\limits_{\substack{x\to\infty\\y\to\infty}}\dfrac{x+y}{x^2+y^2+1}=0$,即"边界"上的值为零.又 $z\left(\dfrac{\sqrt{2}}{2},\dfrac{\sqrt{2}}{2}\right)=\dfrac{\sqrt{2}}{2}$,$z\left(-\dfrac{\sqrt{2}}{2},-\dfrac{\sqrt{2}}{2}\right)=-\dfrac{\sqrt{2}}{2}$,所以最大值为 $\dfrac{\sqrt{2}}{2}$,最小值为 $-\dfrac{\sqrt{2}}{2}$.

**例 10.7.4** 设有一个长方形铁板,其宽为 24 cm.把它两边折起来,做成一个横截面为等腰梯形的水槽.问怎样折才能使水槽的横截面积最大,并求最大横截面积.

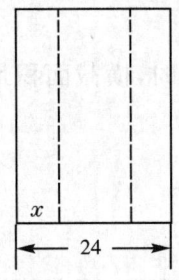 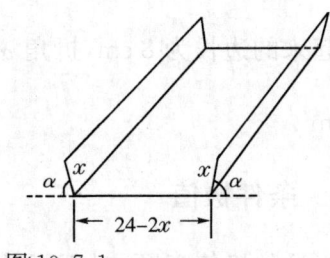

图 10.7.1

**解** 设折起来的边长为 $x$ cm,折角为 $\alpha$(见图 10.7.1),则水槽的横截面的面积为

$$S(x,\alpha) = \frac{1}{2}[(24-2x)+(24-2x)+2x\cos\alpha]x\sin\alpha =$$
$$24x\sin\alpha - 2x^2\sin\alpha + x^2\sin\alpha\cos\alpha.$$

由题意可得 $S(x,\alpha)$ 的定义域为

$$D = \{(x,\alpha) \mid 0 \leqslant x \leqslant 12, 0 \leqslant \alpha \leqslant \frac{\pi}{2}\}.$$

由 $\frac{\partial S}{\partial x} = 24\sin\alpha - 4x\sin\alpha + 2x\sin\alpha\cos\alpha = 2\sin\alpha(12 - 2x + x\cos\alpha),$

$\frac{\partial S}{\partial \alpha} = 24x\cos\alpha - 2x^2\cos\alpha + x^2(\cos^2\alpha - \sin^2\alpha) =$
$24x\cos\alpha - 2x^2\cos\alpha + x^2(2\cos^2\alpha - 1),$

令 $\frac{\partial S}{\partial x} = 0, \frac{\partial S}{\partial \alpha} = 0,$ 得

$$\begin{cases} 2\sin\alpha(12-2x+x\cos\alpha) = 0, \\ x[24\cos\alpha - 2x\cos\alpha + x(2\cos^2\alpha - 1)] = 0. \end{cases}$$

求在 $D$ 内部的驻点,这时 $x \neq 0, \alpha \neq 0$,则有

$$\begin{cases} 12 - 2x + x\cos\alpha = 0, \\ 24\cos\alpha - 2x\cos\alpha + x(2\cos^2\alpha - 1) = 0, \end{cases}$$

解得 $x=8, \alpha=\frac{\pi}{3}$,即 $S(x,\alpha)$ 在 $D$ 内的驻点为 $\left(8, \frac{\pi}{3}\right)$.

根据实际意义,截面积的最大值一定存在,且不在 $D$ 的边界处取得,而 $S(x,\alpha)$ 在 $D$ 内部只有一个驻点 $\left(8, \frac{\pi}{3}\right)$,因而 $\left(8, \frac{\pi}{3}\right)$ 为最大值点,这时 $S\left(8, \frac{\pi}{3}\right) = 48\sqrt{3}$ cm$^2$.

故当折起来的边长为 8 cm,折角 $\alpha$ 为 $\frac{\pi}{3}$ 时,横截面积最大,最大值为 $48\sqrt{3}$ cm$^2$.

### 10.7.3 条件极值

前面所讨论的极值问题,对于函数的自变量,没有条件限制,所

以我们有时候称之为**无条件极值**. 但对一些问题,在考虑函数的极值时,经常需要对函数的自变量附加一定的条件限制. 像这种对自变量有附加条件的极值称为**条件极值**. 例如,求原点到直线

$$\begin{cases} x+y+z=1, \\ x+2y+3z=6 \end{cases}$$

的距离,就是要求函数 $u=f(x,y,z)=\sqrt{x^2+y^2+z^2}$ 在限制条件 $x+y+z=1$ 和 $x+2y+3z=6$ 下的最小值问题. 这就是一个条件极值问题.

我们先来讨论简单的情形:求函数

$$z=f(x,y) \tag{10.7.1}$$

在条件

$$\varphi(x,y)=0 \tag{10.7.2}$$

限制下取得极值的问题.

如果 $(x_0,y_0)$ 为函数 $z=f(x,y)$ 在条件 $\varphi(x,y)=0$ 下的极值点,则有

$$\varphi(x_0,y_0)=0.$$

若 $\varphi(x,y)$ 在 $(x_0,y_0)$ 的某一邻域内有连续一阶偏导数,且 $\varphi_y(x_0,y_0)\neq 0$,由隐函数存在定理可知 $\varphi(x,y)=0$ 确定一个可导的隐函数 $y=\psi(x)$. 则 $x=x_0$ 就是一元函数 $z=f(x,\psi(x))$ 的极值点,从而有

$$f_x(x_0,y_0)+f_y(x_0,y_0)\psi'(x_0)=0.$$

由隐函数求导公式知

$$\psi'(x_0)=-\frac{\varphi_x(x_0,y_0)}{\varphi_y(x_0,y_0)},$$

故

$$f_x(x_0,y_0)-f_y(x_0,y_0)\frac{\varphi_x(x_0,y_0)}{\varphi_y(x_0,y_0)}=0. \tag{10.7.3}$$

令

$$\lambda_0=-\frac{f_y(x_0,y_0)}{\varphi_y(x_0,y_0)}, \tag{10.7.4}$$

即

$$f_y(x_0,y_0)+\lambda_0\varphi_y(x_0,y_0)=0. \tag{10.7.5}$$

由式(10.7.3),(10.7.4)得
$$f_x(x_0,y_0)+\lambda_0\varphi_x(x_0,y_0)=0. \quad (10.7.6)$$
从而我们可以得到 $f(x,y)$ 在 $(x_0,y_0)$ 处取得条件极值的必要条件为
$$\begin{cases} f_x(x_0,y_0)+\lambda_0\varphi_x(x_0,y_0)=0, \\ f_y(x_0,y_0)+\lambda_0\varphi_y(x_0,y_0)=0, \\ \varphi(x_0,y_0)=0. \end{cases}$$

由上面的讨论,我们可以得到一个求函数条件极值的方法——Lagrange 乘数法.

Lagrange 乘数法一般有四个步骤:

第一步 作辅助函数
$$L(x,y,\lambda)=f(x,y)+\lambda\varphi(x,y);$$

第二步 将 $x,y,\lambda$ 看作自变量,令 $L(x,y,\lambda)$ 的各个一阶偏导数为 0,得方程组
$$\begin{cases} L_x=f_x(x,y)+\lambda\varphi_x(x,y)=0, \\ L_y=f_y(x,y)+\lambda\varphi_y(x,y)=0, \\ L_\lambda=\varphi(x,y)=0; \end{cases} \quad (10.7.7)$$

第三步 解方程组(10.7.7),得 $L(x,y,\lambda)$ 的驻点 $(x_0,y_0,\lambda_0)$;

第四步 判定点 $(x_0,y_0)$ 是否为极值点,常根据问题的实际意义来确定.

在 Lagrange 乘数法中,辅助函数 $L(x,y,\lambda)$ 称为 **Lagrange 函数**,$\lambda$ 称为 **Lagrange 乘数**.

对于 $n$ 元函数
$$u=f(x_1,x_2,\cdots,x_n),$$
如果给定约束条件为
$$\begin{cases} \varphi_1(x_1,x_2,\cdots,x_n)=0, \\ \varphi_2(x_1,x_2,\cdots,x_n)=0, \\ \vdots \\ \varphi_m(x_1,x_2,\cdots,x_n)=0, \end{cases} \quad (10.7.8)$$
求 $u=f(x_1,x_2,\cdots,x_n)$ 在约束条件(10.7.8)下的极值问题也有 Lagrange 乘数法:

首先作 Lagrange 函数
$$L(x_1,x_2,\cdots,x_n,\lambda_1,\lambda_2,\cdots,\lambda_m) =$$
$$f(x_1,x_2,\cdots,x_n) + \sum_{k=1}^{m}\lambda_k\varphi_k(x_1,x_2,\cdots,x_n).$$

令 $L$ 关于各元的一阶偏导数为零,得方程组
$$\begin{cases} L_{x_i} = \dfrac{\partial f}{\partial x_i} + \sum_{k=1}^{m}\lambda_k\dfrac{\partial \varphi_k}{\partial x_i} = 0, i=1,2,\cdots,n, \\ L_{\lambda_j} = \varphi_j(x_1,x_2,\cdots,x_n) = 0, j=1,2,\cdots,m, \end{cases}$$
解上列方程组,得 $L(x_1,x_2,\cdots,x_n,\lambda_1,\lambda_2,\cdots,\lambda_m)$ 的驻点 $(x_1^0,x_2^0,\cdots,x_n^0,\lambda_1^0,\lambda_2^0,\cdots,\lambda_m^0)$.

最后验证 $(x_1^0,x_2^0,\cdots,x_n^0)$ 是否为条件极值点.

**例 10.7.5** 要制造一个容积为 $a\ \text{m}^3$ 的无盖长方形水箱,问该水箱的长宽高各为多少时,用料最省?

**解** 设水箱的长为 $x$,水箱的宽为 $y$,水箱的高为 $z$,则
$$xyz = a.$$
问题转化为:在 $xyz=a$ 的条件下,求其表面积
$$S(x,y,z) = xy + 2xz + 2yz$$
的最小值.

作 Lagrange 函数
$$L(x,y,z,\lambda) = xy + 2xz + 2yz + \lambda(xyz - a);$$
解方程组
$$\begin{cases} L_x = y + 2z + \lambda yz = 0, \\ L_y = x + 2z + \lambda xz = 0, \\ L_z = 2x + 2y + \lambda xy = 0, \\ xyz - a = 0, \end{cases}$$
得到唯一的解
$$x = \sqrt[3]{2a}, y = \sqrt[3]{2a}, z = \frac{\sqrt[3]{2a}}{2}.$$

由于问题的最小值必定存在,因而它就是 $S(x,y,z)$ 的最小值. 故当水箱的长、宽、高分别为 $\sqrt[3]{2a}$ cm, $\sqrt[3]{2a}$ cm, $\dfrac{\sqrt[3]{2a}}{2}$ cm 时,用料最省.

**例 10.7.6** 平面
$$x+y+z=0$$
与椭球面
$$x^2+y^2+4z^2=1$$
相交成一个椭圆,求该椭圆的面积.

**解** 设 $a,b$ 为该椭圆的长半轴与短半轴,我们知道该椭圆的面积为 $\pi ab$.

由于该椭圆的中心为原点,所以椭圆上的点到原点的最大距离为 $a$,最小距离为 $b$. 这样问题就可化为在约束条件
$$\begin{cases} x+y+z=0, \\ x^2+y^2+4z^2=1, \end{cases}$$
下求 $f(x,y,z)=x^2+y^2+z^2$ 的最大值和最小值.

作 Lagrange 函数:
$$L(x,y,z,\lambda_1,\lambda_2)=x^2+y^2+z^2+\lambda_1(x+y+z)+\lambda_2(x^2+y^2+4z^2-1),$$
关于各变元求一阶偏导数,并得方程组
$$\begin{cases} L_x = 2(1+\lambda_2)x+\lambda_1=0, \\ L_y = 2(1+\lambda_2)y+\lambda_1=0, \\ L_z = 2(1+4\lambda_2)z+\lambda_1=0, \\ x+y+z=0, \\ x^2+y^2+4z^2-1=0. \end{cases} \quad (10.7.9)$$

将第一、二个方程乘以 $1+4\lambda_2$,第三个方程乘以 $(1+\lambda_2)$ 后相加,得
$$3\lambda_1(1+3\lambda_2)=0.$$
因此 $\lambda_1=0$ 或 $1+3\lambda_2=0$.

(ⅰ) 如果 $\lambda_1=0$,将方程组中的前三个方程相加,得
$$6\lambda_2 z=0. \quad (10.7.10)$$
由 $\lambda_1=0$ 得 $\lambda_2\neq 0$. 如若不然,$\lambda_2=0$,则从方程组中可见 $x=y=z=0$,这不是椭圆上的点,故 $\lambda_2\neq 0$. 从式(10.7.10)中解得 $z=0$. 代入方程组(10.7.9)后两个方程得
$$\begin{cases} x+y=0, \\ x^2+y^2=1, \end{cases}$$

解得 $x=\frac{\sqrt{2}}{2}, y=-\frac{\sqrt{2}}{2}$ 或 $x=-\frac{\sqrt{2}}{2}, y=\frac{\sqrt{2}}{2}$. 从而得到椭圆上的两个点:
$$\left(\frac{\sqrt{2}}{2},-\frac{\sqrt{2}}{2},0\right) 与 \left(-\frac{\sqrt{2}}{2},\frac{\sqrt{2}}{2},0\right).$$
函数 $f(x,y,z)$ 在这两个点上的值都为 1.

（ⅱ）如果 $1+3\lambda_2=0$，从方程组 (10.7.9) 前三个方程可得
$$x=-\frac{3}{4}\lambda_1, y=-\frac{3}{4}\lambda_1, z=\frac{3}{2}\lambda_1.$$
代入 $x^2+y^2+4z^2=1$ 得 $\lambda_1=\pm\frac{2\sqrt{2}}{9}$. 它对应的 $(x,y,z)$ 的两组解为
$$\left(-\frac{\sqrt{2}}{6},-\frac{\sqrt{2}}{6},\frac{\sqrt{2}}{3}\right), \left(\frac{\sqrt{2}}{6},\frac{\sqrt{2}}{6},-\frac{\sqrt{2}}{3}\right).$$
函数 $f(x,y,z)$ 在这两个点的值都是 $\frac{1}{3}$.

由于椭圆的长轴与短轴存在，因而 $f(x,y,z)$ 在椭圆上的最大值与最小值均存在．由讨论可见，该椭圆的长半轴 $a$ 为 1，短半轴 $b$ 为 $\frac{\sqrt{3}}{3}$，故面积为
$$\pi ab = \frac{\sqrt{3}\pi}{3}.$$

### 10.7.4 最小二乘法

在实际问题中，我们常通过观察或实验得到一组数据:
$$x_1, x_2, \cdots, x_n,$$
$$y_1, y_2, \cdots, y_n.$$
而点列 $(x_1, y_1), (x_2, y_2), \cdots, (x_n, y_n)$ 大体上在一条直线上，即可以近似用一个直线方程 $y=ax+b$ 来反映变量 $x$ 与 $y$ 之间的对应关系（见图 10.7.2）.

为了确定直线 $y=ax+b$，我们求 $a,b$，使得所有观测值 $y_i$ 与函数

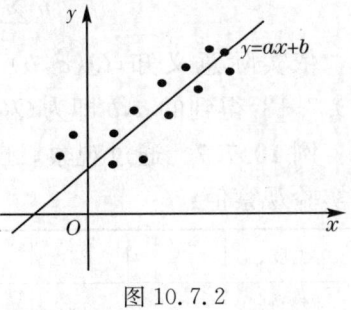

图 10.7.2

值 $ax_i+b$ 之差的平方和

$$Q = \sum_{i=1}^{n}(y_i - ax_i - b)^2 \tag{10.7.11}$$

最小. 这种方法称为**最小二乘法**.

由式(10.7.11)中 $Q$ 最小所确定的 $a,b$, 可得一条直线 $y=ax+b$, 它可以看作变量 $y$ 与 $x$ 之间的近似函数关系, 称之为这组数据在**最小二乘意义下的拟合曲线**(也称为**经验公式**).

显然 $Q$ 为 $a,b$ 的函数, 令

$$\frac{\partial Q}{\partial a} = -2\sum_{i=1}^{n}(y_i - ax_i - b)x_i = 2a\sum_{i=1}^{n}x_i^2 - 2\sum_{i=1}^{n}x_iy_i + 2b\sum_{i=1}^{n}x_i = 0,$$

$$\frac{\partial Q}{\partial b} = -2\sum_{i=1}^{n}(y_i - ax_i - b) = 2a\sum_{i=1}^{n}x_i - 2\sum_{i=1}^{n}y_i + 2nb = 0.$$

解方程组

$$\begin{cases} (\sum_{i=1}^{n}x_i^2)a + (\sum_{i=1}^{n}x_i)b = \sum_{i=1}^{n}x_iy_i, \\ (\sum_{i=1}^{n}x_i)a + nb = \sum_{i=1}^{n}y_i, \end{cases}$$

得

$$a = \frac{n\sum_{i=1}^{n}x_iy_i - \sum_{i=1}^{n}x_i\sum_{i=1}^{n}y_i}{n\sum_{i=1}^{n}x_i^2 - (\sum_{i=1}^{n}x_i)^2}, \tag{10.7.12}$$

$$b = \frac{\sum_{i=1}^{n}x_i^2\sum_{i=1}^{n}y_i - \sum_{i=1}^{n}x_i\sum_{i=1}^{n}x_iy_i}{n\sum_{i=1}^{n}x_i^2 - (\sum_{i=1}^{n}x_i)^2}. \tag{10.7.13}$$

依实际意义知, $Q(a,b)$ 只有最小值, 故由式(10.7.12)和式(10.7.13)得到的 $a,b$ 即为 $Q(a,b)$ 的最小值点.

**例 10.7.7** 通过观察, 红铃虫的产卵数与温度有关, 我们有一组实验观察值:

| 温度 | 21 | 23 | 25 | 27 | 29 | 32 | 35 |
|---|---|---|---|---|---|---|---|
| 产卵数 | 7 | 11 | 21 | 24 | 66 | 105 | 325 |

在以温度为横坐标,产卵数为纵坐标的直角坐标系上描成点,如图 10.7.3 所示.

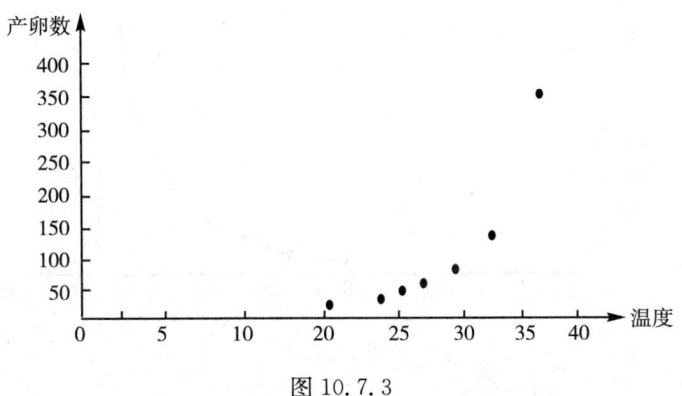

图 10.7.3

从图 10.7.3 上看起来两者呈指数关系,因而将产卵数 $z$ 与温度 $x$ 的关系设为

$$z = \beta e^{\alpha x}.$$

从而确定常数 $\alpha, \beta$.

取对数我们有

$$\ln z = \alpha x + \ln \beta.$$

令 $y = \ln z, a = \alpha, b = \ln \beta$, 则有

$$y = ax + b.$$

只需确定 $a, b$ 即可. 这样原来的数据表格变为:

| $x$ | 21 | 23 | 25 | 27 | 29 | 32 | 35 |
|---|---|---|---|---|---|---|---|
| $y = \ln z$ | 1.945910 | 2.397895 | 3.044522 | 3.178053 | 4.189654 | 4.653960 | 5.78325 |

由这组数据和公式 (10.7.12), (10.7.13) 得

$$a = 0.269210, b = -3.78948.$$

故 $\alpha = a = 0.269210, \beta = e^b = e^{-3.78948} = 0.022710.$ 于是我们有红铃虫产卵数 $z$ 与温度的关系为

$$z = 0.02271 e^{0.26921 x}.$$

相应的拟合线为

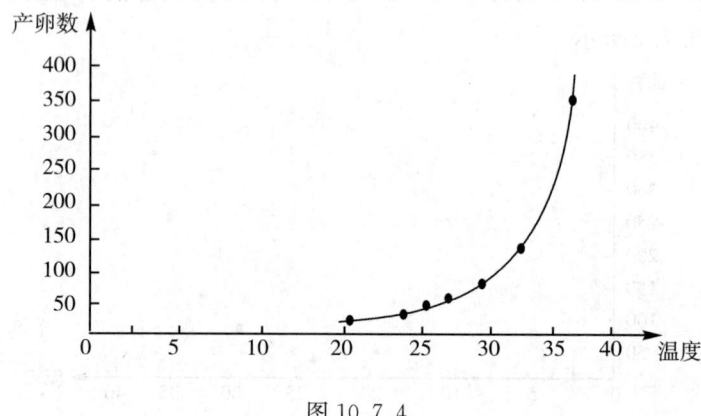

图 10.7.4

## 习题 10.7

1. 求下列函数的极值：

(1) $f(x,y)=x^4+y^4-x^2-2xy-y^2$；

(2) $f(x,y)=x^3-y^3+3x^2+3y^2-9x$；

(3) $f(x,y)=4(x-y)-x^2-y^2$；

(4) $f(x,y)=(6x-x^2)(4y-y^2)$；

(5) $f(x,y)=e^{2x}(x+y^2+2y)$．

2. 求函数 $z=xy$ 在条件 $x+y=1$ 下的极值．

3. 将 12 分成三个正数 $x,y,z$ 之和，并使 $u=x^3y^2z$ 达到最大．

4. 求表面积为 $a^2$ 而体积为最大的长方体的体积．

5. 设 $u=xyz$，求其在条件

$$\frac{1}{x}+\frac{1}{y}+\frac{1}{z}=\frac{1}{a} \quad (x>0,y>0,z>0,a>0)$$

下的极值．

6. 在平面 $3x-2z=0$ 上求一点，使它与点 $(1,1,1)$ 和 $(2,3,4)$ 的距离平方和最小．

7. 求内接于半径为 $R$ 的球且有最大体积的长方体．

8. 抛物面 $z=x^2+y^2$ 与平面 $x+y+z=1$ 的交线为一椭圆，求原点到这椭圆的最长与最短距离．

9. 在平面上有 $n$ 个定点 $(x_1,y_1),(x_2,y_2),\cdots,(x_n,y_n)$，求一点 $(x_0,y_0)$ 使其到这 $n$ 个定点的距离最短．（提示：求到定点距离平方和最小的点即可）

10. 设某种合金的含铅量百分比为 $x$，其溶解温度为 $y$，由实验测得 $x$ 与 $y$ 的数据为

| $x$ | 36.9 | 46.7 | 63.7 | 77.8 | 84.0 | 87.5 |
|---|---|---|---|---|---|---|
| $y$ | 181 | 197 | 235 | 270 | 283 | 292 |

试求其经验公式 $y = ax + b$.

## 第 10 章习题

扫一扫，阅读拓展知识

1. 试求 $z = \sqrt{\ln\dfrac{4}{x^2+y^2}} + \arcsin\dfrac{1}{x^2+y^2}$ 的定义域.

2. 求二元函数
$$f(x,y) = \dfrac{\sqrt{4x-y^2}}{\ln(1-x^2-y^2)}$$
的定义域，并求极限 $\lim\limits_{\substack{x\to\frac{1}{2}\\y\to 0}} f(x,y)$.

3. 设 $\varphi$ 为可微函数，且 $x^2 + z^2 = y\varphi\left(\dfrac{z}{y}\right)$，求 $\dfrac{\partial z}{\partial y}$.

4. 设 $u = f(x,y,z), y = \varphi(x,t), t = \psi(x,z)$，求 $\dfrac{\partial u}{\partial x}$.

5. 设 $z = f(xz, z-y)$，求 $\mathrm{d}z$.

6. 设 $u = x^y, x = \varphi(t), y = \psi(t)$，其中 $\varphi(t), \psi(t)$ 均为可微函数，求 $\dfrac{\mathrm{d}u}{\mathrm{d}t}$.

7. 设 $z = x^3 f\left(xy, \dfrac{y}{x}\right)$，$f$ 具有二阶连续偏导数，求 $\dfrac{\partial z}{\partial y}, \dfrac{\partial^2 z}{\partial y^2}, \dfrac{\partial^2 z}{\partial x \partial y}$.

8. 设函数 $u(x)$ 是由方程组
$$\begin{cases} u = f(x,y), \\ g(x,y,z) = 0, \\ h(x,z) = 0, \end{cases}$$
所确定的，且 $\dfrac{\partial g}{\partial y} \neq 0, \dfrac{\partial h}{\partial z} \neq 0$，求 $\dfrac{\mathrm{d}u}{\mathrm{d}x}$.

9. 试求曲面 $xyz = a^3 (a>0)$ 的切平面与三个坐标面所围成的四面体的体积.

10. 求曲线 $x = a\cos\theta, y = a\sin\theta, z = b\theta$ 在点 $(a,0,0)$ 处的切线及法平面方程.

11. 由方程 $z + \sqrt{x^2+y^2+z^2} = x^3 f\left(\dfrac{y}{x}\right)$ 确定了 $z = z(x,y)$，其中 $f(u)$ 可微. 证明：曲面 $z = z(x,y)$ 上任一点 $M(x,y,z)$ 处的切平面在 $z$ 轴上的截距与切点到原点的距离之比为常数，并求此常数.

12. 设方程 $2x^2 + 2y^2 + z^2 + 8xz - z + 8 = 0$ 确定了隐函数 $z = z(x,y)$，求 $z = z(x,y)$ 的极值.

13. 求原点到曲面 $(x-y)^2-z^2=1$ 的最短距离.

14. 在第一卦限内作椭球面 $\dfrac{x^2}{a^2}+\dfrac{y^2}{b^2}+\dfrac{z^2}{c^2}=1$ 的切平面,使该切平面与三坐标面所围成的四面体的体积最小. 求该切平面的切点,并求此最小体积.

15. 求 $a,b$ 的值,使得椭圆 $\dfrac{x^2}{a^2}+\dfrac{y^2}{b^2}=1$ 包含圆 $(x-1)^2+y^2=1$,且面积最小.

扫一扫,获取参考答案

# 第11章

# 重 积 分

在一元函数积分学中,定积分是某种确定形式的和的极限,这种和的极限的概念推广到定义在区域、曲线和曲面上的多元函数的情形,便得到重积分、曲线积分和曲面积分的概念.本章将介绍重积分的概念、计算以及它们的应用.

## §11.1 二重积分的概念与性质

### 11.1.1 二重积分的概念

先看两个实例.

**例 11.1.1** 曲顶柱体的体积:设 $D$ 是一个有界的平面闭区域,$z=f(x,y)$ 是 $D$ 上的非负连续函数,以 $D$ 为底,$D$ 的边界 $\partial D$ 为准线而母线平行于 $z$ 轴的柱面为侧面,曲面 $z=f(x,y)$ 为顶所围成的空间立体 $V$ 称为**曲顶柱体**,如图 11.1.1 所示.

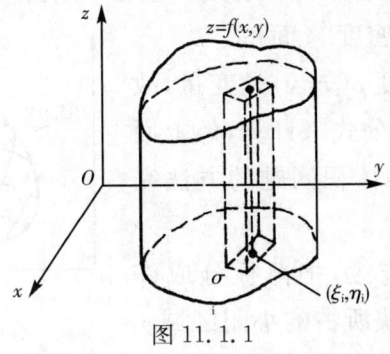

图 11.1.1

平顶柱体的体积等于高与底面积的乘积.而曲顶柱体的高是变化的,故它不能直接利用上述公式计算.但由第 6 章中求曲边梯形面积的问题不难想到,那里所采用的解决方法,原则上可以用来解决目前的问题.

用一组曲线网把 $D$ 分割成 $n$ 个小闭区域 $\sigma_1, \sigma_2, \cdots, \sigma_n$,分别以每个小闭区域 $\sigma_i$ 的边界 $\partial \sigma_i$ 为准线,作母线平行于 $z$ 轴的柱面,这些柱面将曲顶柱体 $V$ 分割成 $n$ 个小曲顶柱体 $V_1, V_2, \cdots, V_n$.由于 $f(x,y)$ 连续,当 $\sigma_i$ 很小时,$f(x,y)$ 在 $\sigma_i$ 上变化也很小.如果记 $\sigma_i$ 的面积为 $\Delta \sigma_i$,那么在 $\sigma_i$ 内任意取一点 $(\xi_i, \eta_i)$,可以用以 $\sigma_i$ 为底,$f(\xi_i, \eta_i)$ 为高的平顶柱体来近似代替小曲顶柱体 $V_i$,因此,小曲顶柱体 $V_i$ 的体积 $\Delta V_i$ 可近似表示为

$$\Delta V_i \approx f(\xi_i, \eta_i) \Delta \sigma_i,$$

于是,曲顶柱体的体积 $V$ 可近似计算为

$$V = \sum_{i=1}^{n} \Delta V_i \approx \sum_{i=1}^{n} f(\xi_i, \eta_i) \Delta \sigma_i.$$

当分割无限加细,即小闭区域的最大直径趋于零时,上面和式的极限就是曲顶柱体的体积,即

$$V = \lim_{\lambda(T) \to 0} \sum_{i=1}^{n} f(\xi_i, \eta_i) \Delta \sigma_i,$$

其中 $\lambda(T) = \max\limits_{1 \leqslant i \leqslant n} \{\sigma_i \text{ 的直径}\}$.

**例 11.1.2** 平面薄板的质量:设有一平面薄板是 $xOy$ 平面上的有界闭区域 $D$,此薄板在点 $(x,y)$ 处的面密度为 $\rho(x,y)$,这里 $\rho(x,y) > 0$,且在 $D$ 上连续,现计算该薄板的质量.

如果薄板是均匀的,那么它的质量可以用公式

质量 = 面密度 × 面积

来计算.现在面密度 $\rho(x,y)$ 是变量,故不能直接利用上述公式来计算,但上面用来处理曲顶柱体体积问题的方法完全适用于本问题.

由于 $\rho(x,y)$ 连续,把薄板分成许多小块后,只要小块所占的小闭区域 $\sigma_i$

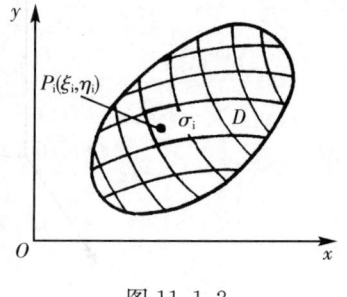

图 11.1.2

的直径很小,这些小块就可以近似看作是均匀薄板,在 $\sigma_i$ 上任取一点 $(\xi_i,\eta_i)$,则
$$\rho(\xi_i,\eta_i)\Delta\sigma_i$$
可近似看作是第 $i$ 个小块的质量,通过求和,取极限,得出
$$m = \lim_{\lambda\to 0}\sum_{i=1}^{n}\rho(\xi_i,\eta_i)\Delta\sigma_i,$$
其中 $\lambda = \max\limits_{1\leqslant i\leqslant n}\{\sigma_i \text{ 的直径}\}$.

上面两个例题的实际意义虽然不同,但所求量都可归为同一形式的和的极限. 这类问题在物理学和工程技术中也经常碰到. 下面,我们把它抽象出来,给出二重积分的定义.

**定义 11.1.1** 设 $f(x,y)$ 是有界闭区域 $D$ 上的有界函数,用一组曲线将 $D$ 分割成 $n$ 个小闭区域 $\sigma_1,\sigma_2,\cdots,\sigma_n$,这些小区域构成 $D$ 的一个分割 $T$,记 $\sigma_i$ 的面积为 $\Delta\sigma_i$,在每一个 $\sigma_i$ 上任取一点 $(\xi_i,\eta_i)$,作和 $\sum_{i=1}^{n}f(\xi_i,\eta_i)\Delta\sigma_i$,称此和为 $f(x,y)$ 在 $D$ 上关于分割 $T$ 的一个积分和,记 $\sigma_i$ 的直径为 $d_i$, $\lambda(T)=\max\limits_{1\leqslant i\leqslant n}\{d_i\}$,如果极限
$$\lim_{\lambda(T)\to 0}\sum_{i=1}^{n}f(\xi_i,\eta_i)\Delta\sigma_i$$
存在且与分割 $T$ 和点 $(\xi_i,\eta_i)$ 的取法无关,则称 $f(x,y)$ 在 $D$ 上**可积**,并称此极限为 $f(x,y)$ 在 $D$ 上的**二重积分**,记作
$$\iint_{D}f(x,y)\mathrm{d}\sigma,$$
即
$$\iint_{D}f(x,y)\mathrm{d}\sigma = \lim_{\lambda(T)\to 0}\sum_{i=1}^{n}f(\xi_i,\eta_i)\Delta\sigma_i,$$
其中 $f(x,y)$ 称为**被积函数**,$f(x,y)\mathrm{d}\sigma$ 称为**被积表达式**,$x,y$ 称为**积分变量**,$D$ 称为**积分区域**,$\mathrm{d}\sigma$ 称为**面积元素**.

与定积分的定义一样,可用"$\varepsilon-\delta$"语言叙述如下:

对于任意 $\varepsilon>0$,存在 $\delta>0$,对 $D$ 的任意分割 $T$,当 $\lambda(T)<\delta$ 时,无论 $(\xi_i,\eta_i)$ 在 $D_i$ 上如何选取,都有
$$\left|\sum_{i=1}^{n}f(\xi_i,\eta_i)\Delta\sigma_i - \iint_{D}f(x,y)\mathrm{d}\sigma\right|<\varepsilon.$$

由二重积分的定义可知,曲顶柱体的体积是函数 $f(x,y)$ 在底 $D$ 上的二重积分

$$V = \iint_D f(x,y)\,d\sigma;$$

平面薄板的质量是它的面密度 $\rho(x,y)$ 在薄板所在闭区域 $D$ 上的二重积分

$$M = \iint_D \rho(x,y)\,d\sigma.$$

可以证明:若被积函数 $f(x,y)$ 在积分区域 $D$ 上连续或分片连续,则 $f(x,y)$ 在 $D$ 上是可积的.

### 11.1.2 二重积分的性质

二重积分与定积分有类似的性质,其证明方法也相似,现叙述如下.

(1) 积分的线性性质:若 $f(x,y)$ 和 $g(x,y)$ 在 $D$ 上可积,$a,b$ 是常数,则 $af(x,y)+bg(x,y)$ 在 $D$ 上也可积,且

$$\iint_D [af(x,y)+bg(x,y)]\,d\sigma = a\iint_D f(x,y)\,d\sigma + b\iint_D g(x,y)\,d\sigma.$$

(2) 积分的区域可加性:设 $D_1, D_2$ 是两个内部不交的区域,若 $f(x,y)$ 在 $D_1$ 和 $D_2$ 上都可积,则 $f(x,y)$ 在 $D_1 \cup D_2$ 上也可积,且

$$\iint_{D_1 \cup D_2} f(x,y)\,d\sigma = \iint_{D_1} f(x,y)\,d\sigma + \iint_{D_2} f(x,y)\,d\sigma.$$

(3) 如果在 $D$ 上,$f(x,y) \equiv 1$,$\Delta D$ 为 $D$ 的面积,则

$$\iint_D d\sigma = \iint_D 1 \cdot d\sigma = \Delta D.$$

(4) 积分的保序性:若 $f(x,y)$ 和 $g(x,y)$ 在 $D$ 上都可积,且有 $f(x,y) \leqslant g(x,y)$,则

$$\iint_D f(x,y)\,d\sigma \leqslant \iint_D g(x,y)\,d\sigma.$$

(5) 绝对可积性:若 $f(x,y)$ 在 $D$ 上可积,则 $|f(x,y)|$ 在 $D$ 上也可积,且有

$$\left| \iint_D f(x,y)\,d\sigma \right| \leqslant \iint_D |f(x,y)|\,d\sigma.$$

(6) 积分中值定理:若 $f(x,y)$ 在有界闭区域 $D$ 上连续,则至少存在一点 $(\xi,\eta)\in D$,使得
$$\iint\limits_{D} f(x,y)\mathrm{d}\sigma = f(\xi,\eta)\Delta D,$$
其中 $\Delta D$ 为 $D$ 的面积.

(7) 估值定理:若 $f(x,y)$ 在有界闭区域 $D$ 上连续,$M,m$ 分别为 $f(x,y)$ 在 $D$ 上的最大、最小值,则有
$$m\Delta D \leqslant \iint\limits_{D} f(x,y)\mathrm{d}\sigma \leqslant M\Delta D,$$
其中 $\Delta D$ 为 $D$ 的面积.

## 习题 11.1

1. 利用二重积分的定义证明:

(1) $\iint\limits_{D} \mathrm{d}\sigma = \Delta D$(其中 $\Delta D$ 为 $D$ 的面积);

(2) $\iint\limits_{D} kf(x,y)\mathrm{d}\sigma = k\iint\limits_{D} f(x,y)\mathrm{d}\sigma$(其中 $k$ 为常数);

(3) $\iint\limits_{D} f(x,y)\mathrm{d}\sigma = \iint\limits_{D_1} f(x,y)\mathrm{d}\sigma + \iint\limits_{D_2} f(x,y)\mathrm{d}\sigma,$

其中 $D = D_1 \cup D_2$, $D_1,D_2$ 为两个无公共内点的闭区域.

2. 根据二重积分的性质,比较下列积分的大小:

(1) $\iint\limits_{D}(x+y)^2\mathrm{d}\sigma$ 与 $\iint\limits_{D}(x+y)^3\mathrm{d}\sigma$,其中 $D$ 是由 $x$ 轴、$y$ 轴与直线 $x+y=1$ 所围成;

(2) $\iint\limits_{D}(x+y)^2\mathrm{d}\sigma$ 与 $\iint\limits_{D}(x+y)^3\mathrm{d}\sigma$,其中 $D$ 是由圆周 $(x-2)^2+(y-1)^2=2$ 所围成;

(3) $\iint\limits_{D}\ln(x+y)\mathrm{d}\sigma$ 与 $\iint\limits_{D}[\ln(x+y)]^2\mathrm{d}\sigma$,其中 $D$ 是三角形闭区域,三顶点分别为 $(1,0),(1,1),(2,0)$;

(4) $\iint\limits_{D}\ln(x+y)\mathrm{d}\sigma$ 与 $\iint\limits_{D}[\ln(x+y)]^2\mathrm{d}\sigma$,其中 $D = \{(x,y) \mid 3\leqslant x\leqslant 5, 0\leqslant y\leqslant 1\}$.

3. 利用二重积分的性质估计下列积分的值:

(1) $I = \iint\limits_{D} xy(x+y)\mathrm{d}\sigma$,其中 $D = \{(x,y) \mid 0\leqslant x\leqslant 1, 0\leqslant y\leqslant 1\}$;

(2) $I = \iint\limits_{D} \sin^2 x \sin^2 y \mathrm{d}\sigma$,其中 $D = \{(x,y) \mid 0\leqslant x\leqslant \pi, 0\leqslant y\leqslant \pi\}$;

(3) $I = \iint\limits_{D}(x+y+1)\mathrm{d}\sigma$,其中 $D = \{(x,y) \mid 0\leqslant x\leqslant 1, 0\leqslant y\leqslant 2\}$;

(4) $I = \iint\limits_{D}(x^2+4y^2+9)\mathrm{d}\sigma$,其中 $D = \{(x,y) \mid x^2+y^2\leqslant 4\}$.

4. 设 $D$ 是平面有界闭区域，$f(x,y)$ 在 $D$ 上连续，证明：

(1) 若 $f(x,y)$ 在 $D$ 上非负，且 $\iint\limits_{D} f(x,y)\mathrm{d}x\mathrm{d}y = 0$，则在 $D$ 上，$f(x,y) \equiv 0$；

(2) 若对 $D$ 的任一部分闭区域 $D'$，都有 $\iint\limits_{D'} f(x,y)\mathrm{d}x\mathrm{d}y = 0$，则在 $D$ 上 $f(x,y) \equiv 0$.

## §11.2 二重积分的计算

二重积分按定义来计算相当复杂，本节介绍一种计算二重积分的方法，其基本原则是将它转化为定积分．

### 11.2.1 利用直角坐标计算二重积分

由于积分存在时，对积分区域的划分可以是任意的，因此在直角坐标系中常用平行于坐标轴的直线来进行划分，此时一般的区域是矩形区域，面积元素 $\mathrm{d}\sigma = \mathrm{d}x\mathrm{d}y$，二重积分可记为

$$\iint\limits_{D} f(x,y)\mathrm{d}x\mathrm{d}y.$$

下面按积分区域 $D$ 的三种情况分别来讨论．

(1) $X$-型区域．

设平面区域 $D$ 是由 $y = \varphi_1(x)$，$y = \varphi_2(x)$（$\varphi_1(x) \leqslant \varphi_2(x)$）及直线 $x = a$，$x = b$ 所围成（见图 11.2.1）的，这样的区域称为 $X$-型区域．

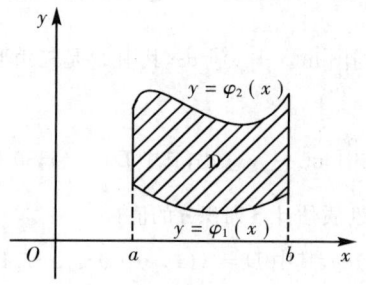

图 11.2.1

$X$-型区域 $D$ 可表示成不等式组

$$D: \begin{cases} a \leqslant x \leqslant b, \\ \varphi_1(x) \leqslant y \leqslant \varphi_2(x), \end{cases}$$

其特点是:平行于 $y$ 轴的直线 $x=x_0(a<x_0<b)$ 与 $D$ 的边界至多相交于两点.

设函数 $f(x,y)$ 在 $D$ 上是非负的连续函数,$\varphi_1(x),\varphi_2(x)$ 在 $[a,b]$ 上连续,则二重积分的值是以 $D$ 为底,以曲面 $z=f(x,y)$ 为顶的曲顶柱体的体积,而这个体积又可用平行截面面积为已知的立体体积的定积分来计算,这样可将二重积分的计算转化为累次定积分的计算.在区间 $[a,b]$ 上取定一点 $x_0$,过点 $x_0$ 作平行于 $yOz$ 面的平面,该平面截曲顶柱体所得截面面积记为 $A(x_0)$,而该截面是一个以区间 $[\varphi_1(x_0),\varphi_2(x_0)]$ 为底边,曲线 $z=f(x_0,y)$ 为曲边的曲边梯形(见图 11.2.2 中阴影部分),所以

$$A(x_0)=\int_{\varphi_1(x_0)}^{\varphi_2(x_0)}f(x_0,y)\mathrm{d}y.$$

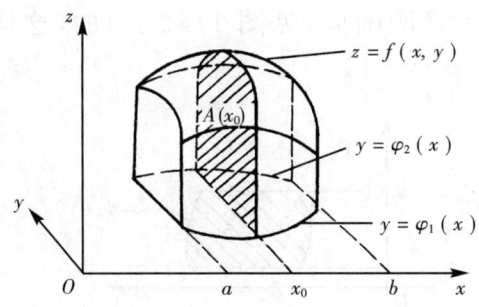

图 11.2.2

一般地,过区间 $[a,b]$ 上任一点 $x$ 且平行于 $yOz$ 面的平面截曲顶柱体所得截面积

$$A(x)=\int_{\varphi_1(x)}^{\varphi_2(x)}f(x,y)\mathrm{d}y,$$

于是,曲顶柱体的体积为

$$V=\int_a^b A(x)\mathrm{d}x=\int_a^b\left[\int_{\varphi_1(x)}^{\varphi_2(x)}f(x,y)\mathrm{d}y\right]\mathrm{d}x,$$

这个体积也就是二重积分的值,即

$$\iint_D f(x,y)\mathrm{d}\sigma=\int_a^b\left[\int_{\varphi_1(x)}^{\varphi_2(x)}f(x,y)\mathrm{d}y\right]\mathrm{d}x. \qquad(11.2.1)$$

式(11.2.1)右端称为先对 $y$,后对 $x$ 的二次积分,也就是先把 $x$ 看作常数,对 $y$ 积分;然后,把对 $y$ 积分的结果(是 $x$ 的函数)再对 $x$ 计算

在 $[a,b]$ 上的定积分,式(11.2.1)也可记为

$$\iint\limits_{D} f(x,y)\mathrm{d}\sigma = \int_a^b \mathrm{d}x \int_{\varphi_1(x)}^{\varphi_2(x)} f(x,y)\mathrm{d}y. \tag{11.2.2}$$

二重积分通过式(11.2.1)或式(11.2.2)化为累次定积分来计算,关键是要确定积分限,而积分限可由表示区域 $D$ 的不等式组确定,积分变量 $y$ 的上、下限分别是 $y$ 满足的不等式的右端与左端,积分变量 $x$ 的上、下限分别是 $x$ 满足的不等式的右端与左端.因此,计算二重积分需要准确、熟练地用不等式组表示积分区域.

公式(11.2.1)或式(11.2.2)对于 $f(x,y) \geqslant 0$ 之外的其他情况同样成立.

(2) Y-型区域.

设平面区域 $D$ 是由曲线 $x=\psi_1(y), x=\psi_2(y)$ ($\psi_1(y) \leqslant \psi_2(y)$) 及直线 $y=c, y=d$ 所围成(见图 11.2.3)的,这样的区域称为 Y-型区域.

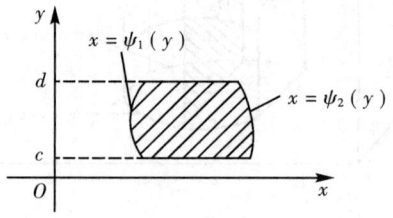

图 11.2.3

Y-型区域 $D$ 可表示成不等式组

$$D: \begin{cases} \psi_1(y) \leqslant x \leqslant \psi_2(y), \\ c \leqslant y \leqslant d, \end{cases}$$

其特点是:平行于 $x$ 轴的直线 $y=y_0$ ($c<y_0<d$) 与 $D$ 的边界至多相交于两点.

同 X-型区域相类似,可得在 Y-型区域上的二重积分的计算公式为

$$\iint\limits_{D} f(x,y)\mathrm{d}\sigma = \int_c^d \left[ \int_{\psi_1(y)}^{\psi_2(y)} f(x,y)\mathrm{d}x \right] \mathrm{d}y \tag{11.2.3}$$

或

$$\iint\limits_{D} f(x,y)\mathrm{d}\sigma = \int_c^d \mathrm{d}y \int_{\psi_1(y)}^{\psi_2(y)} f(x,y)\mathrm{d}x. \tag{11.2.4}$$

(3) 既非 $X$-型,又非 $Y$-型区域.

如果 $D$ 既不能看成 $X$-型,又不能看成 $Y$-型,那么可以把 $D$ 分成几个小区域,使得每个小区域分别是 $X$-型或 $Y$-型区域(见图 11.2.4).

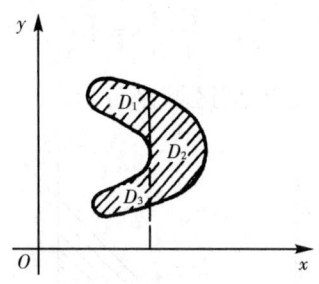

图 11.2.4

由图 11.2.4 可知 $D=D_1 \bigcup D_2 \bigcup D_3$,所以

$$\iint_D f(x,y)\mathrm{d}\sigma = \iint_{D_1} f(x,y)\mathrm{d}\sigma + \iint_{D_2} f(x,y)\mathrm{d}\sigma + \iint_{D_3} f(x,y)\mathrm{d}\sigma,$$

而 $D_1,D_2,D_3$ 可分别看成 $X$-型或 $Y$-型区域,因此,上述二重积分就可以计算了.

一般地,在 $D$ 上连续的函数 $f(x,y)$ 的二重积分都可用以上方法化二重积分为累次积分.

在直角坐标系下,求二重积分可按以下步骤:

第一步 画出积分区域 $D$;

第二步 确定 $D$ 是否为 $X$-型或 $Y$-型区域,如既不是 $X$-型,又不是 $Y$-型区域,则要将 $D$ 划分成几个 $X$-型或 $Y$-型区域,并用不等式组表示每个 $X$-型,$Y$-型区域;

第三步 用公式(11.2.1)或(11.2.3)化二重积分为累次积分;

第四步 计算累次积分的值.

**例 11.2.1** 计算 $\iint_D xy\mathrm{d}x\mathrm{d}y$,其中 $D$ 是由直线 $x=2,y=1$ 和 $y=x$ 所围成的区域.

**解** 作出积分区域 $D$ 的图形(图 11.2.5),将 $D$ 表示成 $X$-型区域

$$D:\begin{cases}1\leqslant x\leqslant 2,\\ 1\leqslant y\leqslant x,\end{cases}$$

其中 $y_1(x)=1, y_2(x)=x$ 在 $[1,2]$ 上都连续,故

$$\iint\limits_{D} xy\,\mathrm{d}x\mathrm{d}y = \int_1^2 \mathrm{d}x \int_1^x xy\,\mathrm{d}y = \int_1^2 \left(\frac{x^3}{2} - \frac{x}{2}\right)\mathrm{d}x =$$

$$\left[\frac{x^4}{8} - \frac{x^2}{4}\right]_1^2 = 1\frac{1}{8}.$$

也可以把 $D$ 表示成 $Y$-型区域来计算.

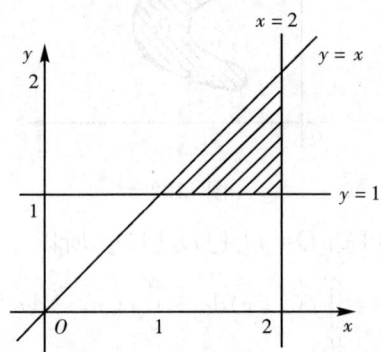

图 11.2.5

**例 11.2.2** 计算 $\iint\limits_{D} xy\,\mathrm{d}x\mathrm{d}y$,其中 $D$ 是由抛物线 $y^2 = x$ 和直线 $y = x - 2$ 所围成的区域.

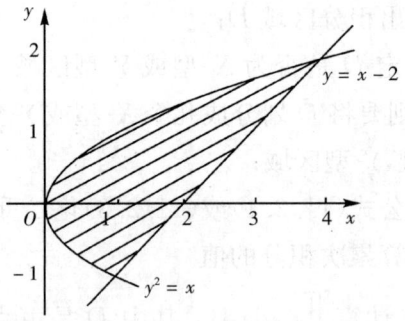

图 11.2.6

**解** 将 $D$ 表示成 $Y$-型区域

$$D: \begin{cases} y^2 \leqslant x \leqslant y+2, \\ -1 \leqslant y \leqslant 2, \end{cases}$$

则
$$\iint_D xy\,dx\,dy = \int_{-1}^2 dy \int_{y^2}^{y+2} xy\,dx = \int_{-1}^2 \left[\frac{x^2}{2}y\right]_{y^2}^{y+2} dy =$$
$$\frac{1}{2}\int_{-1}^2 \left[y(y+2)^2 - y^5\right]dy =$$
$$\frac{1}{2}\left[\frac{y^4}{4} + \frac{4}{3}y^3 + 2y^2 - \frac{y^6}{6}\right]_{-1}^2 = 5\frac{5}{8}.$$

若将 $D$ 表示为 $X$-型区域，则需将 $D$ 分成两个部分，这样计算要麻烦一些.

**例 11.2.3** 计算 $\iint_D x^2 e^{-y^2}\,dx\,dy$，其中 $D$ 是由直线 $x=0, y=1$ 及 $y=x$ 所围成的区域.

**解** 将 $D$ 表示为 $Y$-型区域
$$D:\begin{cases} 0 \leqslant x \leqslant y, \\ 0 \leqslant y \leqslant 1, \end{cases}$$

则
$$\iint_D x^2 e^{-y^2}\,dx\,dy = \int_0^1 dy \int_0^y x^2 e^{-y^2}\,dx =$$
$$\frac{1}{3}\int_0^1 y^3 e^{-y^2}\,dy =$$
$$\frac{1}{6} - \frac{1}{3e}.$$

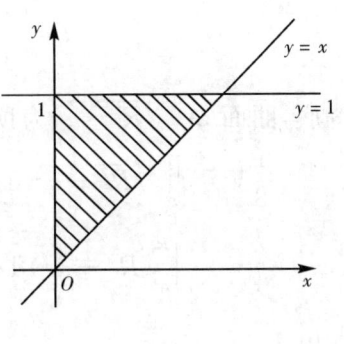

图 11.2.7

若将 $D$ 表示成 $X$-型区域，则有
$$\iint_D x^2 e^{-y^2}\,dx\,dy = \int_0^1 dx \int_x^1 x^2 e^{-y^2}\,dy.$$

由于 $e^{-y^2}$ 的原函数不能表为初等函数形式，因此我们无法由此求得二重积分的值.

由上面例子可见，在将二重积分化为累次积分时，积分次序的选择非常重要，不仅要考虑积分区域的形状，还要考虑被积函数的特点. 只有这样，才能使二重积分的计算简便有效.

**例 11.2.4** 求两个底面半径相同的直交圆柱面所围立体的体积.

**解** 设圆柱底面半径为 $R$，且两个圆柱面的方程为 $x^2+y^2=R^2$，$x^2+z^2=R^2$，利用对称性，只要求出它在第一卦限部分（见图11.2.8）

的体积,然后再乘以 8 即得所求的体积.

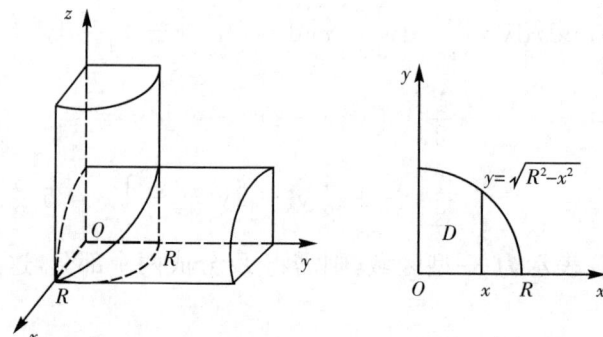

图 11.2.8

第一卦限部分的立体是以区域
$$D:\begin{cases} 0 \leqslant x \leqslant R, \\ 0 \leqslant y \leqslant \sqrt{R^2-x^2} \end{cases}$$
为底,曲面 $z=\sqrt{R^2-x^2}$ 为顶的曲顶柱体. 于是
$$\frac{1}{8}V = \iint_D \sqrt{R^2-x^2}\,dxdy = \int_0^R dx \int_0^{\sqrt{R^2-x^2}} \sqrt{R^2-x^2}\,dy =$$
$$\int_0^R (R^2-x^2)\,dx = \frac{2}{3}R^3,$$

所以
$$V = \frac{16}{3}R^3.$$

### 10.2.2 利用极坐标计算二重积分

有些二重积分,如 $\iint_D x^2 d\sigma$,其中 $D$ 为 $1 \leqslant x^2+y^2 \leqslant 4$ 所表示的圆环形区域,如果采用直角坐标系下的计算方法,则要将 $D$ 分成多个区域. 若采用极坐标系,区域 $D$ 将不必划分. 又如,在概率统计中有重要应用的二重积分 $\iint_D e^{-(x^2+y^2)} d\sigma$,$D$ 为由 $x^2+y^2=R^2$ 围成的圆域,采用直角坐标系来计算,就涉及求函数 $e^{-x^2}$ 的原函数,但 $e^{-x^2}$ 的原函数不是初等函数,这样在直角坐标系下就求不出 $\iint_D e^{-(x^2+y^2)} d\sigma$. 下面会看到,采用极坐标,可以很方便地求得该二重积分的值.

考虑极坐标变换
$$\begin{cases} x = r\cos\theta, & 0 \leqslant r < +\infty, \\ y = r\sin\theta, & 0 \leqslant \theta \leqslant 2\pi, \end{cases}$$
代入被积函数,得
$$f(x,y) = f(r\cos\theta, r\sin\theta).$$

对极坐标系下的积分区域,用圆心在极点 $O$,半径 $r$ 为常数的同心圆族及极角 $\theta$ 为常数的射线族划分积分区域. 一般小区域 $\Delta\sigma$ (见图 11.2.9) 可近似看作长为 $r\mathrm{d}\theta$,宽为 $\mathrm{d}r$ 的小矩形,即面积元素 $\mathrm{d}\sigma = r\mathrm{d}r\mathrm{d}\theta$.

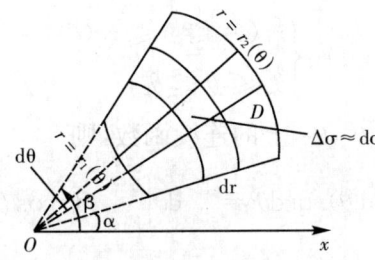

图 11.2.9

于是,二重积分在极坐标系下可表示成
$$\iint\limits_{D} f(x,y)\mathrm{d}\sigma = \iint\limits_{D'} f(r\cos\theta, r\sin\theta) r\mathrm{d}r\mathrm{d}\theta,$$
其中 $D'$ 是区域 $D$ 在极坐标系下的表示.

与上段讨论类似,按积分区域 $D$ 的几种情况,在极坐标系下将二重积分化为累次积分.

(1) $r$-型区域 (见图 11.2.10).

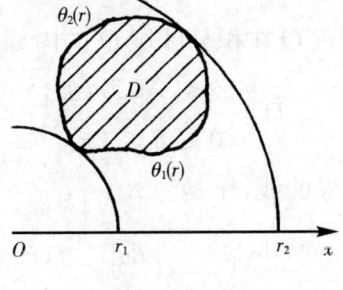

图 11.2.10

如果
$$D': \begin{cases} r_1 \leqslant r \leqslant r_2, \\ \theta_1(r) \leqslant \theta \leqslant \theta_2(r), \end{cases}$$

其中 $\theta_1(r), \theta_2(r)$ 为 $[r_1, r_2]$ 上的连续函数,则

$$\iint\limits_{D'} f(r\cos\theta, r\sin\theta) r \mathrm{d}r\mathrm{d}\theta = \int_{r_1}^{r_2} \mathrm{d}r \int_{\theta_1(r)}^{\theta_2(r)} f(r\cos\theta, r\sin\theta) r \mathrm{d}\theta,$$

$$(11.2.5)$$

(2) $\theta$-型区域(见图 11.2.11).

如果
$$D': \begin{cases} r_1(\theta) \leqslant r \leqslant r_2(\theta), \\ \theta_1 \leqslant \theta \leqslant \theta_2, \end{cases}$$

其中 $r_1(\theta), r_2(\theta)$ 为 $[\theta_1, \theta_2]$ 上的连续函数,则

$$\iint\limits_{D'} f(r\cos\theta, r\sin\theta) r \mathrm{d}r\mathrm{d}\theta = \int_{\theta_1}^{\theta_2} \mathrm{d}\theta \int_{r_1(\theta)}^{r_2(\theta)} f(r\cos\theta, r\sin\theta) r \mathrm{d}r.$$

$$(11.2.6)$$

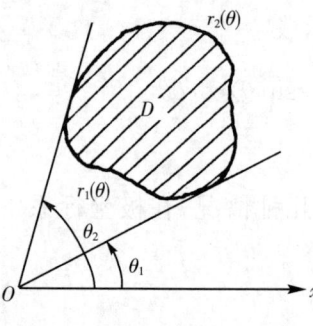

图 11.2.11

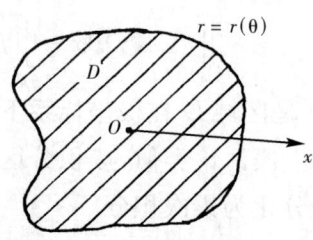

图 11.2.12

特别地,如果极点 $O$ 在积分区域 $D$ 的内部(见图 11.2.12),则

$$D': \begin{cases} 0 \leqslant r \leqslant r(\theta), \\ 0 \leqslant \theta \leqslant 2\pi, \end{cases}$$

其中 $r(\theta)$ 是 $D'$ 的边界曲线,于是

$$\iint\limits_{D'} f(r\cos\theta, r\sin\theta) r \mathrm{d}r\mathrm{d}\theta = \int_0^{2\pi} \mathrm{d}\theta \int_0^{r(\theta)} f(r\cos\theta, r\sin\theta) r \mathrm{d}r.$$

$$(11.2.7)$$

式(11.2.5)—式(11.2.7)分别给出了二重积分在极坐标系下化为累次积分的计算公式.

**例 11.2.5** 计算 $\iint\limits_{D} x^2 \mathrm{d}\sigma$，其中 $D=\{(x,y)|1\leqslant x^2+y^2\leqslant 4\}$.

**解** 区域 $D$ 如图 11.2.13 所示，$D$ 可表示为
$$\begin{cases} 1\leqslant r\leqslant 2, \\ 0\leqslant \theta\leqslant 2\pi, \end{cases}$$
于是
$$\iint\limits_{D} x^2 \mathrm{d}\sigma = \int_0^{2\pi} \mathrm{d}\theta \int_1^2 r^2\cos^2\theta \cdot r\mathrm{d}r =$$
$$\int_0^{2\pi} \frac{1+\cos 2\theta}{2} \cdot \left[\frac{1}{4}r^4\right]_1^2 \mathrm{d}\theta =$$
$$\frac{15}{8}\int_0^{2\pi}(1+\cos 2\theta)\mathrm{d}\theta =$$
$$\frac{15}{8}\left[\theta+\frac{1}{2}\sin 2\theta\right]_0^{2\pi} =$$
$$\frac{15}{4}\pi.$$

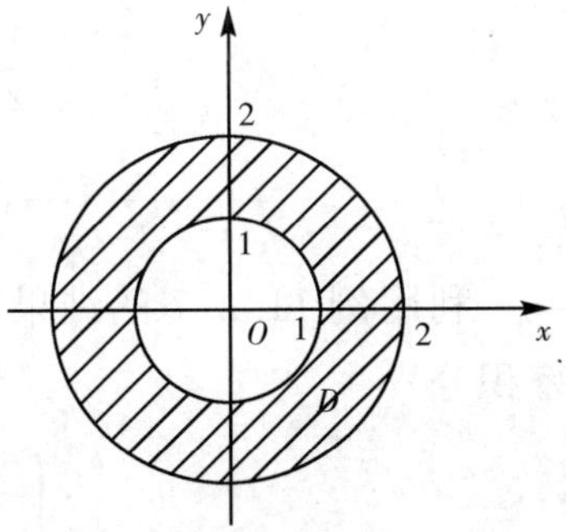

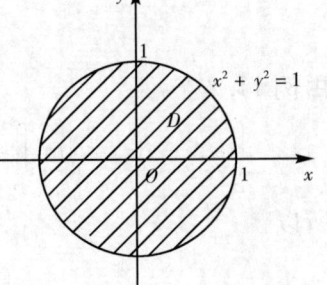

图 11.2.13

**例 11.2.6** 计算二重积分 $\iint\limits_{D}\sqrt{x^2+y^2}\mathrm{d}x\mathrm{d}y$，其中
$$D=\{(x,y)|x^2+y^2\leqslant 1\}.$$

**解** 区域 $D$ 如图 11.2.14 所示，$D$ 可表示为
$$\begin{cases} 0\leqslant r\leqslant 1, \\ 0\leqslant \theta\leqslant 2\pi, \end{cases}$$
于是
$$\iint\limits_{D}\sqrt{x^2+y^2}\mathrm{d}x\mathrm{d}y = \int_0^{2\pi}\mathrm{d}\theta\int_0^1 r\cdot r\mathrm{d}r =$$
$$\int_0^{2\pi}\left[\frac{1}{3}r^3\right]_0^1 \mathrm{d}\theta = \frac{2\pi}{3}.$$

**例 11.2.7** 计算 $\iint\limits_{D}\mathrm{e}^{-x^2-y^2}\mathrm{d}\sigma$，其中 $D$ 是四分之一圆域：$x^2+y^2\leqslant R^2(R>0)$，$x\geqslant 0$，$y\geqslant 0$.

图 11.2.14

**解** 区域 $D$ 如图 11.2.15 所示，$D$ 可表示为
$$\begin{cases} 0 \leqslant r \leqslant R, \\ 0 \leqslant \theta \leqslant \dfrac{\pi}{2}, \end{cases}$$

于是

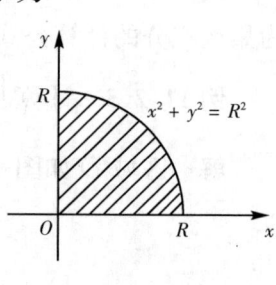

图 11.2.15

$$\iint\limits_{D} e^{-x^2-y^2} d\sigma = \int_0^{\frac{\pi}{2}} d\theta \int_0^R e^{-r^2} \cdot r dr =$$

$$\int_0^{\frac{\pi}{2}} \left[ -\frac{1}{2} e^{-r^2} \right]_0^R d\theta =$$

$$\frac{\pi}{4}(1 - e^{-R^2}).$$

利用例 11.2.7 的结果可以导出在概率统计中有重要应用的概率积分

$$\int_0^{+\infty} e^{-x^2} dx = \frac{\sqrt{\pi}}{2}.$$

记 $D_1$ 为 $xOy$ 平面上第一象限的区域，则

$$D_1 : \begin{cases} 0 \leqslant r < +\infty, \\ 0 \leqslant \theta \leqslant \dfrac{\pi}{2}, \end{cases}$$

且

$$\left( \int_0^{+\infty} e^{-x^2} dx \right)^2 = \int_0^{+\infty} e^{-x^2} dx \cdot \int_0^{+\infty} e^{-y^2} dy =$$

$$\int_0^{+\infty} dx \int_0^{+\infty} e^{-x^2-y^2} dy.$$

由例 11.2.7

$$\iint\limits_{D_1} e^{-x^2-y^2} d\sigma = \lim_{R \to +\infty} \iint\limits_{D} e^{-x^2-y^2} d\sigma = \lim_{R \to +\infty} \frac{\pi}{4}(1-e^{-R^2}) = \frac{\pi}{4},$$

所以

$$\int_0^{+\infty} e^{-x^2} dx = \frac{\sqrt{\pi}}{2}.$$

由以上三个例子可以看出，二重积分对被积函数为 $f(x^2 + y^2)$ 或积分区域是某些圆域、环域、扇形区域时，可以考虑将二重积分在极坐标系下化为累次积分来计算.

### 11.2.3 二重积分的变量变换

由上段的讨论,我们得到在极坐标变换
$$\begin{cases} x = r\cos\theta \\ y = r\sin\theta \end{cases}$$
之下,有如下的二重积分的变换公式:
$$\iint\limits_{D} f(x,y)\mathrm{d}x\mathrm{d}y = \iint\limits_{D'} f(r\cos\theta, r\sin\theta) r \mathrm{d}r\mathrm{d}\theta. \qquad (11.2.8)$$
对于一般的变量变换,我们有如下的定理.

**定理 11.2.1** 设变量变换
$$\begin{cases} x = x(u,v), \\ y = y(u,v), \end{cases} \qquad (11.2.9)$$
将 $uOv$ 平面上的闭区域 $D'$ 一对一地映到 $xOy$ 平面上的区域 $D$, $x(u,v), y(u,v)$ 在 $D'$ 上具有连续偏导数,且
$$\frac{\partial(x,y)}{\partial(u,v)} \neq 0.$$
若 $f(x,y)$ 在 $D$ 上连续,则有
$$\iint\limits_{D} f(x,y)\mathrm{d}x\mathrm{d}y = \iint\limits_{D'} f(x(u,v),y(u,v)) \left| \frac{\partial(x,y)}{\partial(u,v)} \right| \mathrm{d}u\mathrm{d}v.$$
$$(11.2.10)$$

**证明** 为证明公式(11.2.10),用两族直线 $u=$ 常数,$v=$ 常数,分割 $D'$,得到小矩形 $\Delta D'$,其四个顶点分别为
$$P_1(u,v), P_2(u+\Delta u, v), P_3(u+\Delta u, v+\Delta v), P_4(u, v+\Delta v).$$

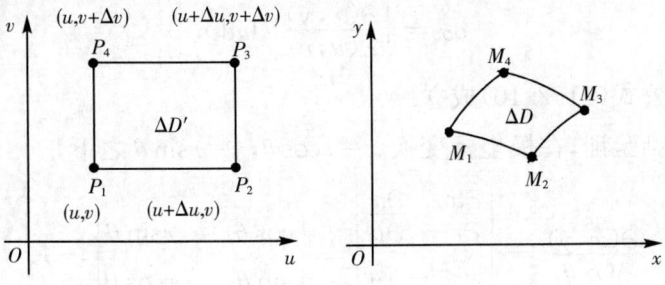

图 11.2.16

如图 11.2.16 所示,假定在变换(11.2.7)之下,点 $P_i$ 变为 $xOy$ 平面上的点 $M_i(x_i,y_i)$,则 $uOv$ 平面上小区域 $\Delta D'$ 变为 $xOy$ 平面上小区域 $\Delta D$,它是以 $M_1,M_2,M_3,M_4$ 为顶点的曲边四边形.当分割很细,即 $\Delta u,\Delta v$ 很小时,这个曲边四边形可近似看作平行四边形,因此其面积 $\Delta \sigma$ 为

$$\Delta\sigma \approx |\overrightarrow{M_1M_2} \times \overrightarrow{M_1M_4}| = \left| \begin{matrix} x_2-x_1 & y_2-y_1 \\ x_4-x_1 & y_4-y_1 \end{matrix} \right|.$$

(11.2.11)

由微分中值定理及 $x(u,v),y(u,v)$ 偏导数的连续性,有

$$x_2 - x_1 = x(u+\Delta u, v) - x(u,v) = \frac{\partial x}{\partial u}\Delta u + o(\Delta u),$$

$$x_4 - x_1 = x(u, v+\Delta v) - x(u,v) = \frac{\partial x}{\partial v}\Delta v + o(\Delta v),$$

$$y_2 - y_1 = y(u+\Delta u, v) - y(u,v) = \frac{\partial y}{\partial u}\Delta u + o(\Delta u),$$

$$y_4 - y_1 = y(u, v+\Delta v) - y(u,v) = \frac{\partial y}{\partial v}\Delta v + o(\Delta v).$$

略去高阶无穷小项并代入式(11.2.11),得到小曲边四边形的面积

$$\Delta\sigma \approx \left| \begin{matrix} \dfrac{\partial x}{\partial u} & \dfrac{\partial y}{\partial u} \\ \dfrac{\partial x}{\partial v} & \dfrac{\partial y}{\partial v} \end{matrix} \right| \Delta u \Delta v.$$

所以在变换(11.2.9)之下,面积元素

$$d\sigma = \left| \frac{\partial(x,y)}{\partial(u,v)} \right| dudv,$$

于是有公式(11.2.10)成立.

不难验证,在极坐标变换 $x = r\cos\theta, y = r\sin\theta$ 之下,

$$\frac{\partial(x,y)}{\partial(r,\theta)} = \left| \begin{matrix} \dfrac{\partial x}{\partial r} & \dfrac{\partial x}{\partial \theta} \\ \dfrac{\partial y}{\partial r} & \dfrac{\partial y}{\partial \theta} \end{matrix} \right| = \left| \begin{matrix} \cos\theta & -r\sin\theta \\ \sin\theta & r\cos\theta \end{matrix} \right| = r,$$

因而由式(11.2.10)立刻得到公式(11.2.8).

**例 11.2.8** 计算 $\iint\limits_{D} e^{\frac{x-y}{x+y}} dxdy$,其中 $D$ 是由直线 $x=0, y=0$ 和 $x+y=1$ 所围成的区域(见图 11.2.17(a)).

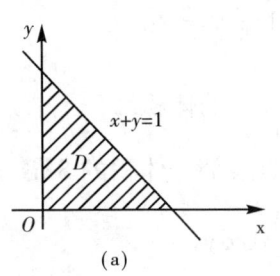 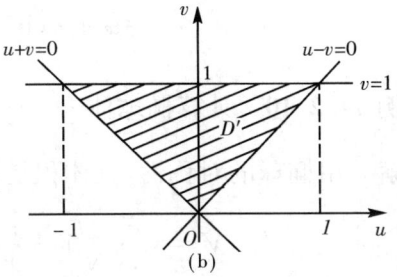

图 11.2.17

**解** 令 $u=x-y, v=x+y$,作变换
$$x=\frac{u+v}{2}, y=\frac{v-u}{2},$$
则 $D$ 在此变换下的原像 $D'$ 由 $u+v=0, u-v=0$ 和 $v=1$ 所围成(见图 11.2.17(b)),且

$$\left|\frac{\partial(x,y)}{\partial(u,v)}\right| = \begin{vmatrix} \frac{1}{2} & \frac{1}{2} \\ -\frac{1}{2} & \frac{1}{2} \end{vmatrix} = \frac{1}{2},$$

所以

$$\iint\limits_{D} e^{\frac{x-y}{x+y}} dxdy = \iint\limits_{D'} e^{\frac{u}{v}} \cdot \frac{1}{2} dudv = \frac{1}{2}\int_0^1 dv \int_{-v}^{v} e^{\frac{u}{v}} du =$$
$$\frac{1}{2}\int_0^1 v(e-e^{-1})dv = \frac{e-e^{-1}}{4}.$$

**例 11.2.9** 求由曲线 $xy=4, xy=8, xy^3=5, xy^3=15$ 所围成的位于第一象限的闭区域 $D$ 的面积.

**解** 令 $xy=u, xy^3=v$,则
$$x=u\sqrt{\frac{u}{v}}, y=\sqrt{\frac{v}{u}}.$$

$D$ 变为 $D': \{(u,v) | 4 \leqslant u \leqslant 8, 5 \leqslant v \leqslant 15\}$,而

$$\frac{\partial(x,y)}{\partial(u,v)} = \begin{vmatrix} \frac{3}{2}\sqrt{\frac{u}{v}} & -\frac{u}{2v}\sqrt{\frac{u}{v}} \\ -\frac{1}{2u}\sqrt{\frac{v}{u}} & \frac{1}{2}\sqrt{\frac{1}{uv}} \end{vmatrix} = \frac{1}{2} \cdot \frac{1}{v},$$

故
$$\iint\limits_{D} dxdy = \iint\limits_{D'} \frac{1}{2v} dudv = \int_{4}^{8} du \int_{5}^{15} \frac{1}{2v} dv =$$
$$\frac{1}{2} \cdot 4 \cdot (\ln 15 - \ln 5) = 2\ln 3.$$

**例 11.2.10** 计算椭球体 $\frac{x^2}{a^2} + \frac{y^2}{b^2} + \frac{z^2}{c^2} \leqslant 1$ 的体积.

**解** 由椭球的对称性,其体积是第一卦限部分体积的 8 倍,故
$$V = 8\iint\limits_{D} c\sqrt{1 - \frac{x^2}{a^2} - \frac{y^2}{b^2}} dxdy,$$

其中 $D = \left\{(x,y) \,\middle|\, 0 \leqslant x \leqslant a, 0 \leqslant y \leqslant b\sqrt{1 - \frac{x^2}{a^2}}\right\}.$

作广义极坐标变换
$$\begin{cases} x = ar\cos\theta, \\ y = br\sin\theta, \end{cases}$$

则 $D$ 在此变换下的原像为
$$D' = \left\{(r,\theta) \,\middle|\, 0 \leqslant r \leqslant 1, 0 \leqslant \theta \leqslant \frac{\pi}{2}\right\},$$

而且有
$$\left|\frac{\partial(x,y)}{\partial(r,\theta)}\right| = \left|\begin{matrix} a\cos\theta & -ar\sin\theta \\ b\sin\theta & br\cos\theta \end{matrix}\right| = abr,$$

所以
$$V = 8\iint\limits_{D'} c\sqrt{1-r^2} \cdot abr \, drd\theta =$$
$$8abc \int_{0}^{\frac{\pi}{2}} d\theta \int_{0}^{1} r\sqrt{1-r^2} \, dr = \frac{4\pi}{3} abc.$$

当 $a = b = c = R$ 时,得到球体积为 $\frac{4\pi}{3} R^3$.

### 习题 11.2

1. 计算下列二重积分:

(1) $\iint\limits_{D} (x^2 + y^2) d\sigma$,其中 $D$ 是矩形区域:$|x| \leqslant 1, |y| \leqslant 1$;

(2) $\iint\limits_{D}(3x+2y)\mathrm{d}\sigma$,其中 $D$ 是由 $x=0, y=0$ 及直线 $x+y=2$ 所围成的区域;

(3) $\iint\limits_{D}x\cos(x+y)\mathrm{d}\sigma$,其中 $D$ 是顶点分别为 $(0,0),(\pi,0)$ 和 $(\pi,\pi)$ 的三角形区域.

2. 化二重积分 $I=\iint\limits_{D}f(x,y)\mathrm{d}\sigma$ 为二次积分(在直角坐标系下,用两种不同次序),其中积分区域 $D$ 是:

(1) 由 $x=a, x=b, y=c, y=c+x$ 所围成的区域,其中 $0<a<b, c>0$;
(2) 由不等式 $x^2+y^2 \leqslant a^2$ 和 $x+y \geqslant a$ $(a>0)$ 所确定的区域;
(3) 由 $y=2x, 2y=x, xy=2$ 所围成的第一象限部分;
(4) $D=\{(x,y) \mid |x|+|y| \leqslant 1\}$.

3. 画出下列二次积分所表示的二重积分的积分区域,并交换积分次序:

(1) $\int_0^2 \mathrm{d}y \int_{y^2}^{2y} f(x,y)\mathrm{d}x$;

(2) $\int_1^e \mathrm{d}x \int_0^{\ln x} f(x,y)\mathrm{d}y$;

(3) $\int_0^1 \mathrm{d}x \int_0^{x^2} f(x,y)\mathrm{d}y + \int_1^2 \mathrm{d}x \int_0^{\sqrt{1-(x-1)^2}} f(x,y)\mathrm{d}y$.

4. 设 $f(x,y)$ 在 $D$ 上连续,其中 $D$ 是由直线 $y=x, y=a$ 及 $x=b$ $(b>a)$ 所围成的闭区域,证明

$$\int_a^b \mathrm{d}x \int_a^x f(x,y)\mathrm{d}y = \int_a^b \mathrm{d}y \int_y^b f(x,y)\mathrm{d}x.$$

5. 将下列积分化为极坐标形式,并计算积分值:

(1) $\int_0^{2a} \mathrm{d}x \int_0^{\sqrt{2ax-x^2}} (x^2+y^2)\mathrm{d}y$;

(2) $\int_0^1 \mathrm{d}x \int_{x^2}^x (x^2+y^2)^{-\frac{1}{2}} \mathrm{d}y$;

(3) $\int_0^a \mathrm{d}y \int_0^{\sqrt{a^2-y^2}} (x^2+y^2)\mathrm{d}x$.

6. 利用极坐标计算下列各题:

(1) $\iint\limits_{D} \sin\sqrt{x^2+y^2}\,\mathrm{d}x\mathrm{d}y$,其中 $D=\{(x,y) \mid \pi^2 \leqslant x^2+y^2 \leqslant 4\pi^2\}$;

(2) $\iint\limits_{D}(x+y)\mathrm{d}x\mathrm{d}y$,其中 $D=\{(x,y) \mid x^2+y^2 \leqslant x+y\}$;

(3) $\iint\limits_{D}\sqrt{\dfrac{x^2}{a^2}+\dfrac{y^2}{b^2}}\,\mathrm{d}x\mathrm{d}y$,其中 $D$ 是由椭圆 $\dfrac{x^2}{a^2}+\dfrac{y^2}{b^2}=4$ 和直线 $y=0, y=x$ 所围成的第一象限部分;

(4) $\iint\limits_{x^2+y^2 \leqslant x} \dfrac{x^2}{x^2+y^2}\mathrm{d}x\mathrm{d}y$.

7. 选择适当的变量变换，计算下列二重积分：

(1) $\iint\limits_{D}(x^2+y^2)\mathrm{d}x\mathrm{d}y$，其中 $D$ 由 $xy=1, xy=2, y=x, y=2x$ 所围成的第一象限部分；

(2) $\iint\limits_{D}e^{\frac{y-x}{y+x}}\mathrm{d}x\mathrm{d}y$，其中 $D$ 是由 $x$ 轴，$y$ 轴和直线 $x+y=1$ 所围成的闭区域；

(3) $\iint\limits_{D}\mathrm{d}x\mathrm{d}y$，其中 $D$ 由直线 $x+y=c, x+y=d, y=ax, y=bx$ $(0<c<d, 0<a<b)$ 所围成的闭区域；

(4) $\iint\limits_{D}xy\mathrm{d}x\mathrm{d}y$，其中 $D$ 由 $xy=a, xy=b, y^2=cx, y^2=dx$ 所围成的第一象限部分 $(0<a<b, 0<c<d)$.

8. 选取适当的变量变换，证明
$$\iint\limits_{D}f(x+y)\mathrm{d}x\mathrm{d}y=\int_{-1}^{1}f(u)\mathrm{d}u,$$
其中闭区域 $D=\{(x,y)\mid |x|+|y|\leqslant 1\}$.

## §11.3　三重积分

### 11.3.1　三重积分的概念与性质

考虑空间立体质量的计算问题.

设 $V$ 是一个空间的立体，其密度分布函数为 $\rho(x,y,z)$，求立体 $V$ 的质量.

将 $V$ 分割成 $n$ 个小块 $V_1, V_2, \cdots, V_n$，假定 $\rho(x,y,z)$ 在 $V$ 上是连续的，则当小块 $V_i$ 很小时，可以用 $V_i$ 中任意一点 $(\xi_i, \eta_i, \zeta_i)$ 处的密度 $\rho(\xi_i, \eta_i, \zeta_i)$ 近似代替 $V_i$ 上各点的密度，因此，小块 $V_i$ 的质量
$$\Delta m_i \approx \rho(\xi_i, \eta_i, \zeta_i)\Delta V_i,$$
其中 $\Delta V_i$ 表示 $V_i$ 的体积，于是整个立体的质量为
$$m=\sum_{i=1}^{n}\Delta m_i \approx \sum_{i=1}^{n}\rho(\xi_i, \eta_i, \zeta_i)\Delta V_i.$$

当分割无限加细，即小块的最大直径趋于零时，上面和式的极限就是该空间立体 $V$ 的质量，即
$$m=\lim_{\lambda(T)\to 0}\sum_{i=1}^{n}\rho(\xi_i, \eta_i, \zeta_i)\Delta V_i,$$
其中 $\lambda(T)=\max\limits_{1\leqslant i\leqslant n}\{V_i\text{ 的直径}\}$.

于是引出三重积分的定义.

**定义 11.3.1** 设 $f(x,y,z)$ 是空间有界闭区域 $V$ 上的有界函数,用一组曲面将 $V$ 任意分成 $n$ 个两两没有公共内点的小区域 $V_1,V_2,\cdots,V_n$,这些小区域构成 $V$ 的一个分割 $T$,记 $V_i$ 的体积为 $\Delta V_i$,在每个 $V_i$ 上任取一点 $(\xi_i,\eta_i,\zeta_i)$,作和 $\sum_{i=1}^{n}f(\xi_i,\eta_i,\zeta_i)\Delta V_i$,称为 $f(x,y,z)$ 在 $V$ 上关于分割 $T$ 的一个积分和,记 $V_i$ 的直径为 $d_i$,$\lambda(T)=\max_{1\leqslant i\leqslant n}\{d_i\}$.如果极限

$$\lim_{\lambda(T)\to 0}\sum_{i=1}^{n}f(\xi_i,\eta_i,\zeta_i)\Delta V_i$$

存在且与分割 $T$ 和点 $(\xi_i,\eta_i,\zeta_i)$ 的取法无关,则称 $f(x,y,z)$ 在 $V$ 上可积,且称此极限为 $f(x,y,z)$ 在 $V$ 上的**三重积分**,记作

$$\iiint_{V}f(x,y,z)\mathrm{d}V,$$

即

$$\iiint_{V}f(x,y,z)\mathrm{d}V=\lim_{\lambda(T)\to 0}\sum_{i=1}^{n}f(\xi_i,\eta_i,\zeta_i)\Delta V_i,$$

其中 $f(x,y,z)$ 称为被积函数,$f(x,y,z)\mathrm{d}V$ 称为被积表达式,$x,y,z$ 称为积分变量,$V$ 称为积分区域,$\mathrm{d}V$ 称为**体积元素**.

由上述定义知,空间立体 $V$ 的质量就是其密度函数 $\rho(x,y,z)$ 在 $V$ 上的三重积分,即

$$m=\iiint_{V}\rho(x,y,z)\mathrm{d}V.$$

与二重积分类似,若函数 $f(x,y,z)$ 在有界闭区域 $V$ 上连续,则函数 $f(x,y,z)$ 在 $V$ 上是可积的.

同样,三重积分也有与二重积分相应的性质,这里不再一一叙述了.

### 11.3.2 三重积分的计算

计算三重积分的基本方法是将三重积分化为累次定积分来计算.

(1) 利用直角坐标计算三重积分.

在直角坐标系中,用平行于坐标平面的三族平面分割积分区域

$V$,除去边上那些不规则的小区域之外,其余的小区域 $V_i$ 均是长方体,设其边长分别为 $\Delta x_i, \Delta y_i, \Delta z_i$,则 $V_i$ 的体积

$$\Delta V_i = \Delta x_i \Delta y_i \Delta z_i.$$

因此,三重积分体积元素为 $\mathrm{d}V = \mathrm{d}x\mathrm{d}y\mathrm{d}z$,于是三重积分可表示为

$$\iiint\limits_V f(x,y,z)\mathrm{d}V = \iiint\limits_V f(x,y,z)\mathrm{d}x\mathrm{d}y\mathrm{d}z.$$

下面给出三重积分 $\iiint\limits_V f(x,y,z)\mathrm{d}V$ 在空间直角坐标系下化成累次积分的计算公式.

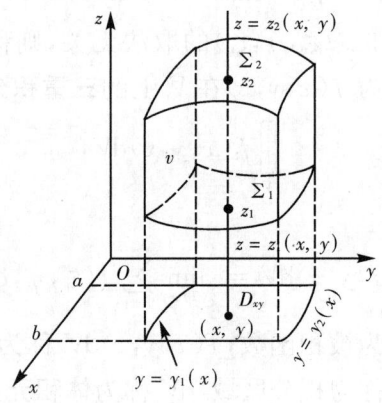

图 11.3.1

设积分域 $V$ 是如图 11.3.1 所示的立体,满足以下条件,用平行于 $z$ 轴的直线与 $V$ 的边界曲面 $\Sigma$ 相交不多于两点,$V$ 在 $xOy$ 平面上的投影区域为 $D_{xy}$,上表面 $\Sigma_2$ 的方程为 $z = z_2(x,y)$,下表面 $\Sigma_1$ 的方程为 $z = z_1(x,y)$,$z_1(x,y)$ 和 $z_2(x,y)$ 在区域 $D_{xy}$ 上连续,且 $z_1(x,y) \leqslant z_2(x,y)$(任意 $(x,y) \in D_{xy}$),又 $f(x,y,z)$ 在 $V$ 上连续,则

$$\iiint\limits_V f(x,y,z)\mathrm{d}V = \iint\limits_{D_{xy}} \Big[\int_{z_1(x,y)}^{z_2(x,y)} f(x,y,z)\mathrm{d}z\Big]\mathrm{d}\sigma.$$

在积分 $\int_{z_1(x,y)}^{z_2(x,y)} f(x,y,z)\mathrm{d}z$ 中,$z$ 是积分变量,$x,y$ 视作常数,于是 $\int_{z_1(x,y)}^{z_2(x,y)} f(x,y,z)\mathrm{d}z$ 是 $x,y$ 的函数,它是区域 $D_{xy}$ 上的二重积分的被积函数.

若 $D_{xy}$ 为 X-型区域,则积分区域 $V$ 可表示为

$$V:\begin{cases}a\leqslant x\leqslant b,\\ y_1(x)\leqslant y\leqslant y_2(x),\\ z_1(x,y)\leqslant z\leqslant z_2(x,y),\end{cases}$$

因此

$$\iiint\limits_V f(x,y,z)\mathrm{d}V=\int_a^b\mathrm{d}x\int_{y_1(x)}^{y_2(x)}\mathrm{d}y\int_{z_1(x,y)}^{z_2(x,y)}f(x,y,z)\mathrm{d}z. \quad (11.3.1)$$

若 $D_{xy}$ 为 Y—型区域,则积分区域 $V$ 可表示为

$$V:\begin{cases}c\leqslant y\leqslant d,\\ x_1(y)\leqslant x\leqslant x_2(y),\\ z_1(x,y)\leqslant z\leqslant z_2(x,y),\end{cases}$$

因此

$$\iiint\limits_V f(x,y,z)\mathrm{d}V=\int_c^d\mathrm{d}y\int_{x_1(y)}^{x_2(y)}\mathrm{d}x\int_{z_1(x,y)}^{z_2(x,y)}f(x,y,z)\mathrm{d}z. \quad (11.3.2)$$

同样的,当把区域 $V$ 投影到 $zOx$ 平面或 $yOz$ 平面时,也可写出相应的三次积分公式.

对于一般区域上的三重积分总可以把它分解成有限个简单区域上的积分之和来计算.

**例 11.3.1** 计算三重积分 $\iiint\limits_V y\mathrm{d}x\mathrm{d}y\mathrm{d}z$,其中 $V$ 是三个坐标平面与平面 $x+y+z=1$ 所围的区域.

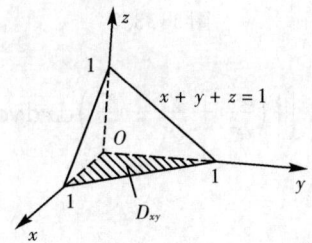

图 11.3.2

**解** 积分区域 $V$ 如图 11.3.2 所示,$V$ 的上表面 $z=1-x-y$,下表面 $z=0$,$V$ 在 $Oxy$ 平面上的投影区域为 $D_{xy}$,那么 $V$ 可表示为

$$V:\begin{cases}0\leqslant x\leqslant 1,\\ 0\leqslant y\leqslant 1-x,\\ 0\leqslant z\leqslant 1-x-y,\end{cases}$$

则
$$\iiint_V y\mathrm{d}x\mathrm{d}y\mathrm{d}z = \int_0^1 \mathrm{d}x \int_0^{1-x} \mathrm{d}y \int_0^{1-x-y} y\mathrm{d}z = \int_0^1 \mathrm{d}x \int_0^{1-x} y(1-x-y)\mathrm{d}y =$$
$$\int_0^1 \left[\frac{y^2}{2}(1-x) - \frac{y^3}{3}\right]_0^{1-x} \mathrm{d}x = \int_0^1 \frac{(1-x)^3}{6}\mathrm{d}x = \frac{1}{24}.$$

有时,我们计算一个三重积分也可以化为先计算一个二重积分,再计算一个定积分,即有下面的计算公式.

设空间闭区域
$$V = \{(x,y,z) \mid (x,y) \in D_z, c_1 \leqslant z \leqslant c_2\},$$
其中 $D_z$ 是用平面 $z = z_0$ 去截闭区域 $V$ 所得到的一个平面闭区域 (见图 11.3.3),则有
$$\iiint_V f(x,y,z)\mathrm{d}V = \int_{c_1}^{c_2} \mathrm{d}z \iint_{D_z} f(x,y,z)\mathrm{d}x\mathrm{d}y.$$

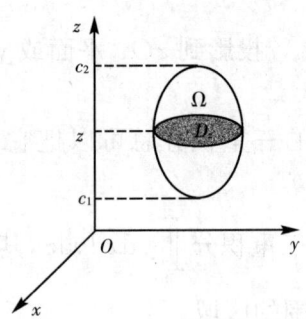

图 11.3.3

**例 11.3.2** 计算 $\iiint_V \left(\dfrac{x^2}{a^2} + \dfrac{y^2}{b^2} + \dfrac{z^2}{c^2}\right)\mathrm{d}x\mathrm{d}y\mathrm{d}z$,其中 $V$ 是椭球体 $\dfrac{x^2}{a^2} + \dfrac{y^2}{b^2} + \dfrac{z^2}{c^2} \leqslant 1$.

**解** 将椭球体表示为
$$V = \left\{(x,y,z) \,\bigg|\, \frac{x^2}{a^2} + \frac{y^2}{b^2} \leqslant 1 - \frac{z^2}{c^2}, -c \leqslant z \leqslant c\right\}.$$
于是
$$\iiint_V \frac{z^2}{c^2}\mathrm{d}x\mathrm{d}y\mathrm{d}z = \int_{-c}^{c} \frac{z^2}{c^2}\mathrm{d}z \iint_{D_z} \mathrm{d}x\mathrm{d}y,$$

其中 $D_z$ 为椭圆 $\dfrac{x^2}{a^2}+\dfrac{y^2}{b^2}\leqslant 1-\dfrac{z^2}{c^2}$ 或 $\dfrac{x^2}{a^2\left(1-\dfrac{z^2}{c^2}\right)}+\dfrac{y^2}{b^2\left(1-\dfrac{z^2}{c^2}\right)}\leqslant 1$,

它的面积为 $\pi\cdot a\sqrt{1-\dfrac{z^2}{c^2}}\cdot b\sqrt{1-\dfrac{z^2}{c^2}}=\pi ab\left(1-\dfrac{z^2}{c^2}\right)$,所以

$$\iiint_V \dfrac{z^2}{c^2}dxdydz = \dfrac{\pi ab}{c^2}\int_{-c}^{c}z^2\left(1-\dfrac{z^2}{c^2}\right)dz = \dfrac{4}{15}\pi abc.$$

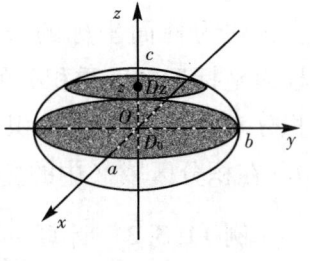

图 11.3.4

同理 $\iiint_V \dfrac{y^2}{b^2}dxdydz = \dfrac{4}{15}\pi abc$,

$\iiint_V \dfrac{x^2}{a^2}dxdydz = \dfrac{4}{15}\pi abc$.

因此 $\iiint_V \left(\dfrac{x^2}{a^2}+\dfrac{y^2}{b^2}+\dfrac{z^2}{c^2}\right)dxdydz =$

$\iiint_V \dfrac{x^2}{a^2}dxdydz + \iiint_V \dfrac{y^2}{b^2}dxdydz + \iiint_V \dfrac{z^2}{c^2}dxdydz =$

$\dfrac{4}{5}\pi abc.$

(2) 利用柱坐标计算三重积分.

设 $M(x,y,z)$ 为空间中一点,在 $xOy$ 平面上的投影点为 $P$,且点 $P(x,y)$ 在极坐标系下为 $P(r,\theta)$,则三元有序数组 $(r,\theta,z)$ 为点 $M$ 的**柱面坐标**(见图 11.3.5).

在柱面坐标系下,$r$ 取任意非负实

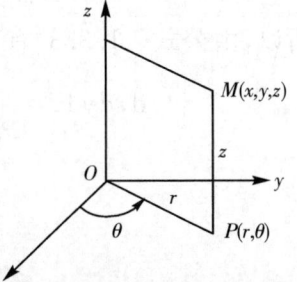

图 11.3.5

数,其图形是以 $z$ 轴为轴的圆柱面族;$\theta\in[0,2\pi]$,其图形是以 $z$ 轴为棱的半平面族;$z$ 取任意常数,其图形是平行于 $xOy$ 平面的平面族.

显然,点 $M$ 的直角坐标与柱面坐标的关系为

$$\begin{cases} x = r\cos\theta, \\ y = r\sin\theta, \\ z = z. \end{cases}$$

由 $r=r_0,r=r_0+dr,\theta=\theta_0,\theta=\theta_0+d\theta,z=z_0,z=z_0+dz$ 围成的小区域,如图 11.3.6 所示,当 $dr,d\theta,dz$ 都很小时,该小区域近似一

个长方体,从而可取体积元素 $dV=d\sigma_\theta dz=rdrd\theta dz$,故

$$\iiint_V f(x,y,z)dV = \iiint_{V'} f(r\cos\theta, r\sin\theta, z)rdrd\theta dz, \quad (11.3.3)$$

其中 $V'$ 是 $V$ 在柱面坐标变换下的原像.

公式(11.3.3)为三重积分的变量从直角坐标化为柱面坐标的公式.至于变量变换为柱面坐标后的三重积分的计算,则可化为累次积分来进行.化为累次积分时积分限是根据 $r$, $\theta, z$ 在积分区域 $V$ 中的变化范围来确定的.

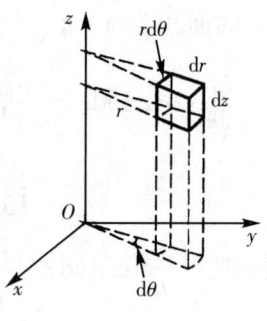

图 11.3.6

**例 11.3.3** 计算 $\iiint_V z dx dy dz$,其中 $V$ 是由曲面 $z=x^2+y^2$ 与平面 $z=4$ 所围成的区域.

**解** 区域 $V$ 在 $Oxy$ 平面上投影区域为 $x^2+y^2 \leqslant 4$,根据柱面坐标变换,$V$ 可表示为

$$V' = \{(r,\theta,z) \mid r^2 \leqslant z \leqslant 4, 0 \leqslant r \leqslant 2, 0 \leqslant \theta \leqslant 2\pi\}.$$

所以,由公式(11.3.3)有

$$\iiint_V z dx dy dz = \iiint_{V'} zr dr d\theta dz = \int_0^{2\pi} d\theta \int_0^2 r dr \int_{r^2}^4 z dz =$$

$$\frac{1}{2}\int_0^{2\pi} d\theta \int_0^2 r(16-r^4)dr =$$

$$\frac{1}{2} \cdot 2\pi \left[8r^2 - \frac{1}{6}r^6\right]_0^2 = \frac{64}{3}\pi.$$

当积分区域 $V$ 在 $xOy$ 平面上的投影是圆环、圆、扇形,被积函数为 $x^2+y^2$(或 $xy$)与 $z$ 的复合函数时,用柱面坐标计算三重积分可能较方便.

(3)利用球坐标计算三重积分.

如果三重积分区域为球面,顶点在原点的圆锥面等曲面所围成时,用直角坐标系或柱面坐标系计算三重积分往往都比较繁琐,下面介绍球面坐标系下的三重积分的计算.

设 $M(x,y,z)$ 为空间一点,在 $xOy$ 平面上的投影点为 $P$,称三元有序数组 $(r,\theta,\varphi)$ 为点 $M$ 的**球面坐标**,如图 11.3.7 所示,其中 $r$ 为

点 $M$ 到原点的距离，$\varphi$ 为有向线段 $\overrightarrow{OM}$ 与 $z$ 轴正方向的夹角，$\theta$ 与柱面坐标系下的含义相同．$r,\theta,\varphi$ 的取值范围为 $0\leqslant r<+\infty, 0\leqslant\theta\leqslant 2\pi$，$0\leqslant\varphi\leqslant\pi$．

在球面坐标系下，$r$ 取不同的常数时，其图像是以原点 $O$ 为球心的同心球面族；$\varphi$ 取不同常数时，其图像是以原点 $O$ 为锥顶的半圆锥面族；$\theta$ 取不同的常数时，其图像是以 $z$ 轴为棱的半平面族．

由图 11.3.7 可知，同一点的直角坐标与球面坐标之间的关系为
$$\begin{cases} x = r\sin\varphi\cos\theta, \\ y = r\sin\varphi\sin\theta, \\ z = r\cos\varphi. \end{cases}$$

如图 11.3.8 所示，由球面 $r=r_0, r=r_0+\mathrm{d}r$，半圆锥面 $\varphi=\varphi_0$，$\varphi=\varphi_0+\mathrm{d}\varphi$，半平面 $\theta=\theta_0, \theta=\theta_0+\mathrm{d}r$ 围成的小区域，当 $\mathrm{d}r, \mathrm{d}\varphi, \mathrm{d}\theta$ 都很小时，该小区域近似于一个长方体，三条棱长分别近似于 $\mathrm{d}r, r_0\sin\varphi_0\mathrm{d}\theta$，$r_0\mathrm{d}\varphi$，所以，用 $r=$ 常数，$\theta=$ 常数，$\varphi=$ 常数的曲面族分割立体 $V$ 时，可取体积元素
$$\mathrm{d}V = r^2\sin\varphi\mathrm{d}r\mathrm{d}\varphi\mathrm{d}\theta,$$

从而
$$\iiint\limits_V f(x,y,z)\mathrm{d}V = \iiint\limits_{V'} f(r\sin\varphi\cos\theta, r\sin\varphi\sin\theta, r\cos\varphi)r^2\sin\varphi\mathrm{d}r\mathrm{d}\varphi\mathrm{d}\theta,$$
(11.3.4)

其中 $V'$ 是 $V$ 在球面坐标变换下的原像．

公式 (11.3.4) 就是把三重积分的变量从直角坐标变换为球面坐标的公式．

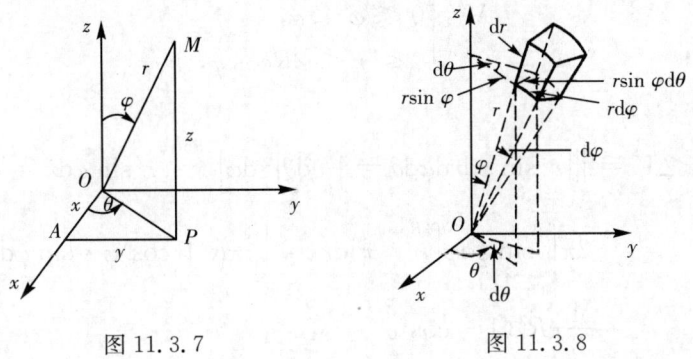

图 11.3.7  图 11.3.8

要计算变量变换为球面坐标后的三重积分,可把它化为对 $r$,对 $\varphi$ 及对 $\theta$ 的累次定积分.

若积分区域 $V$ 的边界曲面是一个包围原点在内的闭曲面,其球面坐标方程为 $r=r(\varphi,\theta)$,则

$$I = \iiint_V f(r\sin\varphi\cos\theta, r\sin\varphi\sin\theta, r\cos\varphi) r^2 \sin\varphi \mathrm{d}r\mathrm{d}\varphi\mathrm{d}\theta =$$
$$\int_0^{2\pi} \mathrm{d}\theta \int_0^{\pi} \mathrm{d}\varphi \int_0^{r(\varphi,\theta)} f(r\sin\varphi\cos\theta, r\sin\varphi\sin\theta, r\cos\varphi) r^2 \sin\varphi \mathrm{d}r.$$

当积分区域 $V$ 为球面 $r=a$ 所围成时,则

$$I = \int_0^{2\pi} \mathrm{d}\theta \int_0^{\pi} \mathrm{d}\varphi \int_0^{a} f(r\sin\varphi\cos\theta, r\sin\varphi\sin\theta, r\cos\varphi) r^2 \sin\varphi \mathrm{d}r.$$

特别地,当 $f(r\sin\varphi\cos\theta, r\sin\varphi\sin\theta, r\cos\varphi)=1$ 时,由上式即得球的体积 $V = \int_0^{2\pi} \mathrm{d}\theta \int_0^{\pi} \mathrm{d}\varphi \int_0^{a} r^2 \sin\varphi \mathrm{d}r = 2\pi \cdot 2 \cdot \dfrac{a^3}{3} = \dfrac{4}{3}\pi a^3$,这就是我们所熟知的结论.

**例 11.3.4** 某几何体由球面 $x^2+y^2+(z-R)^2=R^2$ 和半顶角为 $\alpha$,以 $z$ 轴为轴的圆锥面所围成(见图 11.3.9),求该几何体的体积 $\Delta V$.

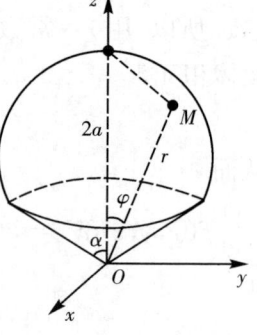

图 11.3.9

**解** 为了求几何体 $V$ 的球面坐标表示式,先把 $V$ 的表面用球面坐标的方程表示,其中球面的球坐标方程为 $r=2R\cos\varphi$;圆锥面的球面坐标方程为 $\varphi=\alpha$;然后考察 $V$ 在 $xOy$ 平面上的投影,由图 11.3.9 可得,$V$ 的球面坐标表示式为

$$V': \begin{cases} 0 \leqslant \theta \leqslant 2\pi, \\ 0 \leqslant \varphi \leqslant \alpha, \\ 0 \leqslant r \leqslant 2R\cos\varphi, \end{cases}$$

所以

$$\Delta V = \iiint_{V'} r^2 \sin\varphi \mathrm{d}r\mathrm{d}\varphi\mathrm{d}\theta = \int_0^{2\pi} \mathrm{d}\theta \int_0^{\alpha} \mathrm{d}\varphi \int_0^{2R\cos\varphi} r^2 \sin\varphi \mathrm{d}r =$$
$$2\pi \int_0^{\alpha} \sin\varphi \mathrm{d}\varphi \int_0^{2R\cos\varphi} r^2 \mathrm{d}r = \dfrac{16}{3}\pi R^3 \int_0^{\alpha} \cos^3\varphi \cdot \sin\varphi \mathrm{d}\varphi =$$
$$\dfrac{4}{3}\pi R^3 (1-\cos^4\alpha).$$

*(4) 三重积分的变量变换.

类似于二重积分的变量变换,对于三重积分也有变量变换.

设有变换
$$x = x(u,v,w), y = y(u,v,w), z = z(u,v,w),$$
其中函数 $x(u,v,w), y(u,v,w), z(u,v,w)$ 在 $uvw$ 空间的某区域 $V'$ 上有一阶连续偏导数,且 $\dfrac{\partial(x,y,z)}{\partial(u,v,w)} \neq 0$. 因此,这个变换将区域 $V'$ 一一对应地变换成 $xyz$ 空间的区域 $V$.

类似于上段的方法可得体积元素
$$\mathrm{d}V = \left| \frac{\partial(x,y,z)}{\partial(u,v,w)} \right| \mathrm{d}u\mathrm{d}v\mathrm{d}w,$$

于是有三重积分的变换公式
$$\iiint\limits_V f(x,y,z)\mathrm{d}V =$$
$$\iiint\limits_{V'} f(x(u,v,w), y(u,v,w), z(u,v,w)) \cdot \left| \frac{\partial(x,y,z)}{\partial(u,v,w)} \right| \mathrm{d}u\mathrm{d}v\mathrm{d}w.$$

在球面坐标变换下,由于 $x = r\sin\varphi\cos\theta, y = r\sin\varphi\sin\theta, z = r\cos\varphi$,故可算出

$$\frac{\partial(x,y,z)}{\partial(r,\varphi,\theta)} = \begin{vmatrix} \dfrac{\partial x}{\partial r} & \dfrac{\partial x}{\partial \varphi} & \dfrac{\partial x}{\partial \theta} \\ \dfrac{\partial y}{\partial r} & \dfrac{\partial y}{\partial \varphi} & \dfrac{\partial y}{\partial \theta} \\ \dfrac{\partial z}{\partial r} & \dfrac{\partial z}{\partial \varphi} & \dfrac{\partial z}{\partial \theta} \end{vmatrix} = r^2\sin\varphi,$$

即得前面导出的球面坐标系中体积元素
$$\mathrm{d}V = \frac{\partial(x,y,z)}{\partial(r,\varphi,\theta)} \mathrm{d}r\mathrm{d}\varphi\mathrm{d}\theta = r^2\sin\varphi\mathrm{d}r\mathrm{d}\varphi\mathrm{d}\theta.$$

**例 11.3.5** 计算 $\iiint\limits_V z\mathrm{d}x\mathrm{d}y\mathrm{d}z$,其中 $V$ 为椭球体 $\dfrac{x^2}{a^2} + \dfrac{y^2}{b^2} + \dfrac{z^2}{c^2} \leqslant 1$ 与 $z \geqslant 0$ 所围成的区域.

**解** 作广义球面坐标变换
$$\begin{cases} x = ar\sin\varphi\cos\theta, \\ y = br\sin\varphi\sin\theta, \\ z = cr\cos\varphi, \end{cases}$$

于是
$$\frac{\partial(x,y,z)}{\partial(r,\varphi,\theta)}=abcr^2\sin\varphi.$$

$V$ 在广义球面坐标系中表示为
$$V'=\{(r,\varphi,\theta)\mid 0\leqslant\theta\leqslant 2\pi, 0\leqslant\varphi\leqslant\frac{\pi}{2}, 0\leqslant r\leqslant 1\},$$

所以
$$\iiint\limits_{V}z\,\mathrm{d}x\mathrm{d}y\mathrm{d}z=\iiint\limits_{V'}abc^2r^3\sin\varphi\cos\varphi\,\mathrm{d}r\mathrm{d}\varphi\mathrm{d}\theta=$$
$$\int_0^{2\pi}\mathrm{d}\theta\int_0^{\frac{\pi}{2}}\mathrm{d}\varphi\int_0^1 abc^2r^3\sin\varphi\cos\varphi\,\mathrm{d}r=\frac{\pi abc^2}{4}.$$

## 习题 11.3

1. 计算下列三重积分：

(1) $\iiint\limits_{V}x\cos y\cos z\,\mathrm{d}x\mathrm{d}y\mathrm{d}z$，其中
$$V=\left\{(x,y,z)\,\Big|\,0\leqslant x\leqslant 1, 0\leqslant y\leqslant\frac{\pi}{2}, 0\leqslant z\leqslant\frac{\pi}{2}\right\};$$

(2) $\iiint\limits_{V}xy^2z^3\,\mathrm{d}x\mathrm{d}y\mathrm{d}z$，其中 $V$ 由 $z=xy, y=x, x=1$ 和 $z=0$ 所围成；

(3) $\iiint\limits_{V}y\cos(x+z)\,\mathrm{d}x\mathrm{d}y\mathrm{d}z$，其中 $V$ 由 $y=\sqrt{x}, y=0, z=0$ 和 $x+z=\frac{\pi}{2}$ 所围成；

(4) $\iiint\limits_{V}\frac{\mathrm{d}x\mathrm{d}y\mathrm{d}z}{(1+x+y+z)^3}$，其中 $V$ 由 $x=0, y=0, z=0$ 和 $x+y+z=1$ 所围成；

(5) $\iiint\limits_{V}xz\,\mathrm{d}x\mathrm{d}y\mathrm{d}z$，其中 $V$ 由平面 $z=0, z=y, y=1$ 和抛物柱面 $y=x^2$ 所围成；

(6) $\iiint\limits_{V}z\,\mathrm{d}x\mathrm{d}y\mathrm{d}z$，其中 $V$ 由锥面 $z=\frac{h}{R}\sqrt{x^2+y^2}$ 与平面 $z=h$ $(R>0, h>0)$所围成.

2. 利用柱坐标计算下列积分：

(1) $\iiint\limits_{V}z\,\mathrm{d}V$，其中 $V$ 是由曲面 $z=\sqrt{2-x^2-y^2}$ 及 $z=x^2+y^2$ 所围成的闭区域；

(2) $\iiint\limits_{V}(x^2+y^2)\,\mathrm{d}V$，其中 $V$ 是由曲面 $2z=x^2+y^2$ 及平面 $z=2$ 所围成的闭区域.

3. 利用球坐标计算下列积分.

(1) $\iiint\limits_{V}(x^2+y^2+z^2)\,\mathrm{d}V$，其中 $V$ 是由球面 $x^2+y^2+z^2=1$ 所围成的闭区域；

(2) $\iiint\limits_{V}z\,\mathrm{d}V$，其中 $V$ 由 $x^2+y^2+(z-a)^2\leqslant a^2$ 及 $x^2+y^2\leqslant z^2$ 所围成的闭区域.

4. 用适当的坐标变换,计算下列积分:

(1) $\iiint\limits_{V} xy \, dV$,其中 $V$ 为柱面 $x^2+y^2=1$ 及平面 $z=1, z=0, x=0, y=0$ 所围成的在第一卦限内的闭区域;

(2) $\iiint\limits_{V} (x^2+y^2) \, dV$,其中 $V$ 由 $r^2 \leqslant x^2+y^2+z^2 \leqslant R^2$ 及 $z \geqslant 0$ 所确定;

(3) $\iiint\limits_{V} \sqrt{1-\dfrac{x^2}{a^2}-\dfrac{y^2}{b^2}-\dfrac{z^2}{c^2}} \, dV$,其中 $V$ 为椭球体 $\dfrac{x^2}{a^2}+\dfrac{y^2}{b^2}+\dfrac{z^2}{c^2} \leqslant 1$;

(4) $\iiint\limits_{V} (x+y+z) \, dV$,其中 $V: (x-a)^2+(y-b)^2+(z-c)^2 \leqslant R^2$.

## §11.4 重积分的应用

由前面的讨论可知,曲顶柱体的体积、平面薄片的质量可用二重积分计算,空间物体的质量可用三重积分计算. 本节我们将把定积分应用中的微元法推广到重积分的应用中,利用重积分的微元法来讨论重积分在几何、物理上的一些其他应用.

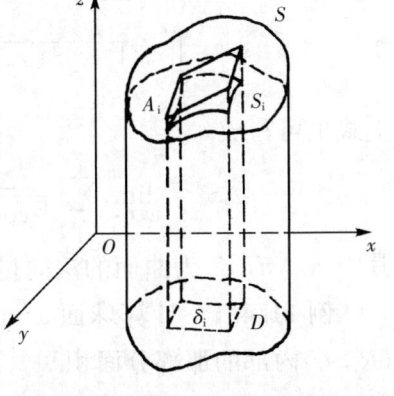

图 11.4.1

### 11.4.1 曲面的面积

设曲面 $S$ 的方程为 $z=f(x,y)$,它在 $xOy$ 面上的投影为 $D_{xy}$(见图 11.4.1),函数 $f(x,y)$ 在 $D_{xy}$ 上具有连续偏导数. 下面计算曲面 $S$ 的面积 $\Delta S$.

对闭区域 $D_{xy}$ 作分割 $T$,它把 $D_{xy}$ 分成 $n$ 个小区域 $\sigma_1, \sigma_2, \cdots, \sigma_n$,相应地将曲面 $S$ 也分成 $n$ 个小曲面块 $S_1, S_2, \cdots, S_n$. 在每个 $S_i$ 上任取一点 $P_i$,作曲面在这点的切平面 $\pi_i$,并在 $\pi_i$ 上取一小块 $A_i$,使得 $A_i$ 与 $S_i$ 在 $xOy$ 平面上的投影都是 $\sigma_i$,用小切平面块 $A_i$ 代替小曲面块 $S_i$,当分割 $T$ 很细时,有

$$\Delta S = \sum_{i=1}^{n} \Delta S_i \approx \sum_{i=1}^{n} \Delta A_i,$$

其中 $\Delta S, \Delta S_i, \Delta A_i$ 分别表示曲面 $S$,小曲面块 $S_i$ 和小切平面块 $A_i$ 的面积.因此,当分割无限加细时,和式 $\sum_{i=1}^{n} \Delta A_i$ 的极限就是曲面 $S$ 的面积.

由于切平面 $\pi_i$ 的法向量就是曲面 $S$ 在点 $P_i(\xi_i, \eta_i, \zeta_i)$ 处的法向量,设它与 $z$ 轴的夹角为 $\gamma_i$,则

$$|\cos \gamma_i| = \frac{1}{\sqrt{1+f_x^2(\xi_i,\eta_i)+f_y^2(\xi_i,\eta_i)}}.$$

因为 $A_i$ 在 $xOy$ 平面上的投影为 $\sigma_i$,所以

$$\Delta A_i = \frac{\Delta \sigma_i}{|\cos \gamma_i|} = \sqrt{1+f_x^2(\xi_i,\eta_i)+f_y^2(\xi_i,\eta_i)}\Delta\sigma_i,$$

于是

$$\Delta S = \lim_{\lambda(T)\to 0}\sum_{i=1}^{n}\sqrt{1+f_x^2(\xi_i,\eta_i)+f_y^2(\xi_i,\eta_i)}\Delta\sigma_i = \iint_{D_{xy}}\sqrt{1+f_x^2(x,y)+f_y^2(x,y)}\mathrm{d}\sigma.$$

上式也可写成

$$\Delta S = \lim_{\lambda(T)\to 0}\sum_{i=1}^{n}\frac{\Delta\sigma_i}{|\cos\gamma_i|} = \iint_{D}\frac{\mathrm{d}\sigma}{|\cos\langle\vec{n},\vec{z}\rangle|}, \quad (11.4.1)$$

其中 $\cos\langle\vec{n},\vec{z}\rangle$ 为曲面的法向量与 $z$ 轴夹角的余弦.

**例 11.4.1** 计算球面 $x^2+y^2+z^2=R^2$ 含在柱面 $x^2+y^2=Rx$ $(R>0)$ 内部的那部分面积.

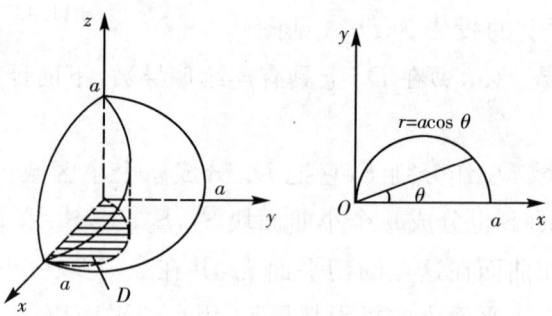

图 11.4.2

**解** 设含在柱面内部的那部分在第一卦限的曲面(见图 11.4.2) 的面积为 $\Delta S_1$,所求面积为 $\Delta S$,由球面与柱面的对称性可知

$\Delta S = 4\Delta S_1$. 于是

$$\Delta S_1 = \iint\limits_{D} \sqrt{1+(\frac{\partial z}{\partial x})^2+(\frac{\partial z}{\partial y})^2}\,dxdy = \iint\limits_{D} \frac{R}{\sqrt{R^2-x^2-y^2}}\,dxdy =$$

$$\int_0^{\frac{\pi}{2}} d\theta \int_0^{R\cos\theta} \frac{Rr}{\sqrt{R^2-r^2}}\,dr = R\int_0^{\frac{\pi}{2}}(R-R\sin\theta)\,d\theta =$$

$$\left(\frac{\pi}{2}-1\right)R^2,$$

所以 $\Delta S = 4\Delta S_1 = (2\pi-4)R^2.$

如果曲面由参数方程

$$S: x=x(u,v), y=y(u,v), z=z(u,v), (u,v)\in D$$

给出，其中 $x(u,v), y(u,v), z(u,v)$ 在 $D$ 上有连续的偏导数，且 $\frac{\partial(x,y)}{\partial(u,v)}, \frac{\partial(y,z)}{\partial(u,v)}, \frac{\partial(z,x)}{\partial(u,v)}$ 不全为零，则曲面 $S$ 在点 $(x,y,z)$ 的法向量为

$$\vec{n} = \left\{\frac{\partial(y,z)}{\partial(u,v)}, \frac{\partial(z,x)}{\partial(u,v)}, \frac{\partial(x,y)}{\partial(u,v)}\right\}.$$

所以

$$|\cos\langle \vec{n},\vec{z}\rangle| = \left|\frac{\frac{\partial(x,y)}{\partial(u,v)}}{\sqrt{\left(\frac{\partial(y,z)}{\partial(u,v)}\right)^2+\left(\frac{\partial(z,x)}{\partial(u,v)}\right)^2+\left(\frac{\partial(x,y)}{\partial(u,v)}\right)^2}}\right| =$$

$$\left|\frac{\frac{\partial(x,y)}{\partial(u,v)}}{\sqrt{(x_u^2+y_u^2+z_u^2)(x_v^2+y_v^2+z_v^2)-(x_ux_v+y_uy_v+z_nz_v)^2}}\right| =$$

$$\left|\frac{\partial(x,y)}{\partial(u,v)}\right|\frac{1}{\sqrt{EG-F^2}},$$

其中 $E=x_u^2+y_u^2+z_u^2, F=x_ux_v+y_uy_v+z_uz_v, G=x_v^2+y_v^2+z_v^2$，当 $\frac{\partial(x,y)}{\partial(u,v)}\neq 0$ 时，对(5)式作变换 $x=x(u,v), y=y(u,v)$，并记 $D_{xy}$ 为 $D$ 在此变换下的像，则有

$$\Delta S = \iint\limits_{D_{xy}} \frac{1}{|\cos\langle\vec{n},\vec{z}\rangle|}\,dxdy =$$

$$\iint\limits_{D} \frac{1}{|\cos\langle\vec{n},\vec{z}\rangle|}\left|\frac{\partial(x,y)}{\partial(u,v)}\right|\,dudv = \iint\limits_{D}\sqrt{EG-F^2}\,dudv.$$

**例 11.4.2** 求半径为 $R$ 的球面的面积 $\Delta S$.

**解** 由于球面的参数方程为
$$x = R\sin\varphi\cos\theta, y = R\sin\varphi\sin\theta, z = R\cos\varphi$$
$$(0 \leqslant \theta \leqslant 2\pi, 0 \leqslant \varphi \leqslant \pi),$$

所以
$$E = R^2, F = 0, G = R^2\sin^2\varphi.$$

于是
$$\Delta S = \iint_D R^2\sin\varphi\,\mathrm{d}\varphi\,\mathrm{d}\theta = R^2\int_0^{2\pi}\mathrm{d}\theta\int_0^{\pi}\sin\varphi\,\mathrm{d}\varphi = 4\pi R^2.$$

### 11.4.2 质心

设 $xOy$ 平面上有 $n$ 个质点,它们分别位于点 $(x_1, y_1), (x_2, y_2), \cdots, (x_n, y_n)$ 处,质量分别为 $m_1, m_2, \cdots, m_n$,由力学知道,该质点系的质心坐标为

$$\bar{x} = \frac{M_y}{M} = \frac{\sum_{i=1}^n m_i x_i}{\sum_{i=1}^n m_i}, \bar{y} = \frac{M_x}{M} = \frac{\sum_{i=1}^n m_i y_i}{\sum_{i=1}^n m_i},$$

其中 $M$ 为该质点系的总质量;
$$M_y = \sum_{i=1}^n m_i x_i, M_x = \sum_{i=1}^n m_i y_i$$

分别称为该质点系对 $y$ 轴和 $x$ 轴的静力矩.

设有一平面薄板,占有 $xOy$ 平面上的闭区域 $D$,在点 $(x, y)$ 处有面密度为 $\rho(x, y)$. 假定 $\rho(x, y)$ 在 $D$ 上连续,在 $D$ 上任取一个面积元素 $\mathrm{d}\sigma$,取 $(x, y) \in \sigma$,则该小薄片的质量元素为 $\mathrm{d}m = \rho(x, y)\mathrm{d}\sigma$,这部分质量可近似看作集中在点 $(x, y)$ 上,于是可写出静力矩元素 $\mathrm{d}M_y$ 及 $\mathrm{d}M_x$:
$$\mathrm{d}M_y = x\rho(x, y)\mathrm{d}\sigma, \mathrm{d}M_x = y\rho(x, y)\mathrm{d}\sigma.$$

以这些元素为被积表达式,在闭区域 $D$ 上积分,得
$$M_y = \iint_D x\rho(x, y)\mathrm{d}\sigma, M_x = \iint_D y\rho(x, y)\mathrm{d}\sigma,$$

又薄片的质量为 $M=\iint\limits_{D}\rho(x,y)\mathrm{d}\sigma$,所以薄片的质心坐标为

$$\overline{x}=\frac{M_y}{M}=\frac{\iint\limits_{D}x\rho(x,y)\mathrm{d}\sigma}{\iint\limits_{D}\rho(x,y)\mathrm{d}\sigma},\overline{y}=\frac{M_x}{M}=\frac{\iint\limits_{D}y\rho(x,y)\mathrm{d}\sigma}{\iint\limits_{D}\rho(x,y)\mathrm{d}\sigma}.$$

特别地,若薄片是均匀的,面积为 $S$,则

$$\overline{x}=\frac{1}{S}\iint\limits_{D}x\mathrm{d}\sigma,\overline{y}=\frac{1}{S}\iint\limits_{D}y\mathrm{d}\sigma.$$

此时 $(\overline{x},\overline{y})$ 即为平面图形的形心.

**例 11.4.3** 求位于两圆周 $x^2+(y-2)^2=4$ 和 $x^2+(y-1)^2=1$ 之间的均匀薄板的质心.

**解** 均匀薄板如图 11.4.3 所示,它的质心必在 $y$ 轴上,即 $\overline{x}=0$,该薄板 $D$ 的面积 $S=\pi\cdot 2^2-\pi\cdot 1^2=3\pi$,$D$ 在极坐标系下可表示为

$$D:\begin{cases}0\leqslant\theta\leqslant\pi,\\ 2\sin\theta\leqslant r\leqslant 4\sin\theta.\end{cases}$$

因此

$$\overline{y}=\frac{1}{S}\iint\limits_{D}y\mathrm{d}\sigma=\frac{1}{3\pi}\int_{0}^{\pi}\mathrm{d}\theta\int_{2\sin\theta}^{4\sin\theta}r\sin\theta\,r\mathrm{d}r=$$

$$\frac{1}{3\pi}\int_{0}^{\pi}\frac{56}{3}\sin^4\theta\mathrm{d}\theta=\frac{112}{9\pi}\int_{0}^{\frac{\pi}{2}}\sin^4\theta\mathrm{d}\theta=$$

$$\frac{112}{9\pi}\cdot\frac{3}{4}\cdot\frac{1}{2}\cdot\frac{\pi}{2}=\frac{7}{3},$$

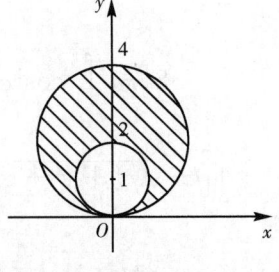

图 11.4.3

即薄板的质心为 $(0,\frac{7}{3})$.

类似地,若一物体占有空间有界闭区域 $V$,在 $(x,y,z)$ 处的密度为 $\rho(x,y,z)$,且在 $V$ 上连续,则物体的质心坐标为

$$\overline{x}=\frac{1}{M}\iiint\limits_{V}x\rho(x,y,z)\mathrm{d}v,$$

$$\overline{y}=\frac{1}{M}\iiint\limits_{V}y\rho(x,y,z)\mathrm{d}v,$$

$$\overline{z}=\frac{1}{M}\iiint\limits_{V}z\rho(x,y,z)\mathrm{d}v,$$

其中 $M=\iiint\limits_{V}\rho(x,y,z)\mathrm{d}v$.

**例 11.4.4** 设球体 $V: x^2+y^2+z^2 \leqslant 2az$ 中任一点的密度与该点到原点的距离成正比,求此球体的质心.

**解** 由于所给球体的质量分布对称于 $z$ 轴,所以它的质心位于 $z$ 轴上,而密度为 $\rho = k\sqrt{x^2+y^2+z^2}$($k$ 为常量),所以有

$$\overline{x}=0, \overline{y}=0, \overline{z}=\frac{\iiint\limits_{V} kz\sqrt{x^2+y^2+z^2}\,dxdydz}{\iiint\limits_{V} k\sqrt{x^2+y^2+z^2}\,dxdydz}.$$

为计算三重积分,利用球面坐标变换

$$x=r\sin\varphi\cos\theta, y=r\sin\varphi\sin\theta, z=r\cos\varphi,$$

则球体可表示为

$$V'=\left\{(r,\varphi,\theta)\,\bigg|\,0\leqslant r\leqslant 2a\cos\varphi, 0\leqslant\varphi\leqslant\frac{\pi}{2}, 0\leqslant\theta\leqslant 2\pi\right\}.$$

于是

$$\iiint\limits_{V} k\sqrt{x^2+y^2+z^2}\,dxdydz = \int_0^{2\pi}d\theta\int_0^{\frac{\pi}{2}}d\varphi\int_0^{2a\cos\varphi} kr\cdot r^2\sin\varphi\,dr =$$

$$8k\pi a^4\int_0^{\frac{\pi}{2}}\cos^4\varphi\sin\varphi\,d\varphi = \frac{8}{5}k\pi a^4,$$

$$\iiint\limits_{V} kz\sqrt{x^2+y^2+z^2}\,dxdydz = \int_0^{2\pi}d\theta\int_0^{\frac{\pi}{2}}d\varphi\int_0^{2a\cos\varphi} kr^2\cos\varphi\cdot r^2\sin\varphi\,dr =$$

$$\frac{64}{5}k\pi a^5\int_0^{\frac{\pi}{2}}\cos^6\varphi\cdot\sin\varphi\,d\varphi = \frac{64}{35}k\pi a^5.$$

故球体的质心坐标为

$$\overline{x}=\overline{y}=0, \overline{z}=\frac{\frac{64}{35}k\pi a^5}{\frac{8}{5}k\pi a^4}=\frac{8}{7}a.$$

### 11.4.3 转动惯量

设质量为 $m$ 的质点 $P$ 位于 $xOy$ 平面上的 $(x,y)$ 处(见图 11.4.4),由静力学知识(即质点 $A$ 对于轴 $l$ 的转动惯量 $I$ 是质点 $A$ 的质量 $m$ 和 $A$ 与转动轴 $l$ 的距离 $r$ 的平方的乘积,也就是 $I=mr^2$),则该质点

关于 $x$ 轴，$y$ 轴和原点 $O$ 的转动惯量分别为
$$I_x = my^2, I_y = mx^2, I_O = m(x^2+y^2).$$

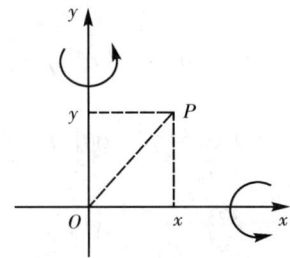

图 11.4.4

设有一平面薄板占有 $Oxy$ 平面上的闭区域 $D$（见图 11.4.5），密度函数为 $\rho(x,y)$，且 $\rho(x,y)$ 在 $D$ 上连续. 在 $D$ 上任取一面积元素 $\mathrm{d}\sigma$，取 $(x,y) \in \sigma$，则该小平面薄板的质量元素 $\mathrm{d}m = \rho(x,y)\mathrm{d}\sigma$，把质量元素的质量看作集中在点 $(x,y)$ 处，则关于 $x$ 轴，$y$ 轴和原点 $O$ 的转动惯量元素分别为
$$\mathrm{d}I_x = y^2 \rho(x,y) \mathrm{d}\sigma,$$
$$\mathrm{d}I_y = x^2 \rho(x,y) \mathrm{d}\sigma,$$
$$\mathrm{d}I_O = (x^2+y^2) \rho(x,y) \mathrm{d}\sigma.$$

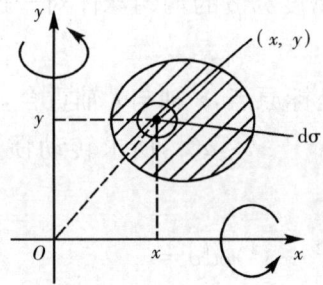

图 11.4.5

**例 11.4.5** 求圆心在原点，半径为 $a$ 的均匀薄板分别对坐标轴和原点的转动惯量.

**解** 设薄板的面密度为 $\rho$（常量），则薄板的质量 $M = \pi \rho a^2$，又由对称性知，$I_x = I_y$. 在极坐标系下，$D$ 可表示为
$$D: \begin{cases} 0 \leqslant \theta \leqslant 2\pi, \\ 0 \leqslant r \leqslant a, \end{cases}$$

则
$$I_x = I_y = \iint_D \rho y^2 \mathrm{d}\sigma = \rho \int_0^{2\pi} \mathrm{d}\theta \int_0^a r^2 \sin^2\theta \cdot r \mathrm{d}r =$$
$$\rho \int_0^{2\pi} \sin^2\theta \mathrm{d}\theta \int_0^a r^3 \mathrm{d}r = \frac{\pi\rho}{4} a^4 = \frac{1}{4} M a^2,$$
$$I_O = \iint_D \rho(x^2 + y^2) \mathrm{d}\sigma = \rho \int_0^{2\pi} \mathrm{d}\theta \int_0^a r^2 \cdot r \mathrm{d}r =$$
$$2\pi\rho \cdot \frac{a^4}{4} = \frac{\pi\rho}{2} a^4 = \frac{1}{2} M a^2.$$

类似地,若物体占有空间有界闭区域 $V$,在点 $(x,y,z)$ 处的密度为 $\rho(x,y,z)$,且在 $V$ 上连续,则物体对于 $x,y,z$ 轴及原点的转动惯量为
$$I_x = \iiint_V (y^2 + z^2) \rho(x,y,z) \mathrm{d}v,$$
$$I_y = \iiint_V (x^2 + z^2) \rho(x,y,z) \mathrm{d}v,$$
$$I_z = \iiint_V (x^2 + y^2) \rho(x,y,z) \mathrm{d}v,$$
$$I_O = \iiint_V (x^2 + y^2 + z^2) \rho(x,y,z) \mathrm{d}v.$$

**例 11.4.6** 求密度为 $\rho$ 的均匀球体对于过球心的一条轴 $l$ 的转动惯量.

**解** 取球心为坐标原点,$z$ 轴与 $l$ 轴重合,设球半径为 $a$,则球体 $V = \{(x,y,z) \mid x^2 + y^2 + z^2 \leqslant a^2\}$,所求转动惯量即球体对 $z$ 轴的转动惯量为
$$I_z = \iiint_V (x^2 + y^2) \rho \mathrm{d}v =$$
$$\rho \iiint_V (r^2 \sin^2\varphi \cos^2\theta + r^2 \sin^2\varphi \sin^2\theta) r^2 \sin\varphi \mathrm{d}r \mathrm{d}\varphi \mathrm{d}\theta =$$
$$\rho \iiint_V r^4 \sin^3\varphi \mathrm{d}r \mathrm{d}\varphi \mathrm{d}\theta = \rho \int_0^{2\pi} \mathrm{d}\theta \int_0^\pi \sin^3\varphi \mathrm{d}\varphi \int_0^a r^4 \mathrm{d}r =$$
$$\rho \cdot 2\pi \cdot \frac{a^5}{5} \int_0^\pi \sin^3\varphi \mathrm{d}\varphi = \frac{2}{5} \pi \rho a^5 \cdot \frac{4}{3} = \frac{2}{5} a^2 M,$$

其中 $M = \frac{4}{3} \pi a^3 \rho$ 为球体的质量.

### 11.4.4 引力

设薄板位于 $xOy$ 平面的区域 $D$,其面密度为 $\rho=\rho(x,y)$,在 $xOy$ 面的点 $P_0(x_0,y_0)$ 处有一质量为 $m$ 的质点,求薄板对该质点的引力.

考虑位于薄板内任一点 $P(x,y)$ 的面积元素 $d\sigma$,$d\sigma$ 极其微小,可看作质点,质量为 $\rho d\sigma$,则它对质量为 $m$ 的质点的引力近似为

$$d\boldsymbol{F}=(dF_x,dF_y)=$$
$$\left(km\frac{\rho(x,y)(x-x_0)}{r^3}\right)d\sigma,km\frac{\rho(x,y)(y-y_0)}{r^3}d\sigma\right),$$

其中 $dF_x$,$dF_y$ 为引力微元 $d\boldsymbol{F}$ 在 $x$ 轴,$y$ 轴上的投影,$r$ 为 $P$ 与 $P_0$ 的距离,即 $r=\sqrt{(x-x_0)^2+(y-y_0)^2}$,$k$ 为引力常数. 于是薄板对质点的引力在 $x$ 轴,$y$ 轴的投影分别为

$$F_x=km\iint\limits_{D}\frac{x-x_0}{r^3}\rho(x,y)d\sigma,$$

$$F_y=km\iint\limits_{D}\frac{y-y_0}{r^3}\rho(x,y)d\sigma,$$

所以 $\boldsymbol{F}=F_x\boldsymbol{i}+F_y\boldsymbol{j}.$

类似地,若一物体占有空间有界闭区域 $V$,在点 $(x,y,z)$ 处的密度为 $\rho(x,y,z)$,且在 $V$ 上连续,物体外一点 $P_0(x_0,y_0,z_0)$ 处有一质量为 $m$ 的质点,则该物体对质点的引力 $\boldsymbol{F}$ 在三个坐标轴上的投影分别为

$$F_x=km\iiint\limits_{V}\frac{x-x_0}{r^3}\rho(x,y,z)dv,$$

$$F_y=km\iiint\limits_{V}\frac{y-y_0}{r^3}\rho(x,y,z)dv,$$

$$F_z=km\iiint\limits_{V}\frac{z-z_0}{r^3}\rho(x,y,z)dv,$$

其中 $k$ 为引力常数,$r=\sqrt{(x-x_0)^2+(y-y_0)^2+(z-z_0)^2}$,于是

$$\boldsymbol{F}=F_x\boldsymbol{i}+F_y\boldsymbol{j}+F_z\boldsymbol{k}.$$

**例 11.4.7** 设 $V$ 是半径为 $R$ 的球体,具有均匀密度 $\rho$,求 $V$ 对球外一单位质点 $A$ 的引力.

**解** 取球心为坐标原点，$z$ 轴过点 $A$，则质点 $A$ 的坐标为 $(0,0,a)$ $(R<a)$，设引力常数为 $k$，显然有 $F_x = F_y = 0$，

$$F_z = k\iiint_V \frac{\rho(z-a)}{[x^2+y^2+(z-a)^2]^{3/2}}\mathrm{d}x\mathrm{d}y\mathrm{d}z =$$

$$k\rho\int_{-R}^{R}(z-a)\mathrm{d}z\iint_D \frac{\mathrm{d}x\mathrm{d}y}{[x^2+y^2+(z-a)^2]^{3/2}},$$

其中 $D = \{(x,y) \mid x^2+y^2 \leqslant R^2-z^2\}$. 用柱面坐标计算得

$$F_z = k\rho\int_{-R}^{R}(z-a)\mathrm{d}z\int_0^{2\pi}\mathrm{d}\theta\int_0^{\sqrt{R^2-z^2}}\frac{r\mathrm{d}r}{[r^2+(z-a)^2]^{3/2}} =$$

$$2\pi k\rho\int_{-R}^{R}(z-a)\left(\frac{1}{a-z} - \frac{1}{\sqrt{R^2-2az+a^2}}\right)\mathrm{d}z =$$

$$2\pi k\rho \cdot \left[-2R + \frac{1}{a}\int_{-R}^{R}(z-a)\mathrm{d}\sqrt{R^2-2az+a^2}\right] =$$

$$2\pi k\rho\left(-2R + 2R - \frac{2R^3}{3a^2}\right) = -\frac{4\pi k}{3a^2}\rho R^3,$$

因此 $\boldsymbol{F} = F_z \boldsymbol{k}$.

## 习题 11.4

1. 求锥面 $z = \sqrt{x^2+y^2}$ 被柱面 $z^2 = 2x$ 所割下部分的曲面面积.

2. 求圆柱面 $x^2+y^2 = ax$ 被球面 $x^2+y^2+z^2 = a^2$ 所截下的那部分面积.

3. 求两直交圆柱面 $x^2+y^2 = R^2$ 及 $x^2+z^2 = R^2$ 所围立体的表面积.

4. 求顶角为 $2\alpha$，半径为 $a$ 的均匀扇形的质心(可设扇形顶点在原点且对称于 $x$ 轴).

5. 某平面薄板放置于 $xOy$ 平面上，刚好是由抛物线 $y = x^2$ 及直线 $y = x$ 所围成，它在点 $(x,y)$ 处的面密度为 $\rho(x,y) = x^2 y$，求该薄板的质心.

6. 球体 $x^2+y^2+z^2 \leqslant 2Rz$ 内，各点处的密度大小等于该点到坐标原点的距离的平方，试求该球体的质心.

7. 某长、宽分别为 $a$ 和 $b$ 的均匀矩形薄板(面密度为 $\rho$)，求通过其质心且分别与两边平行的两轴的转动惯量.

8. 一均匀物体(密度 $\rho$ 为常量)占有的闭区域 $V$ 是由曲面 $z = x^2+y^2$ 和平面 $z = 0, |x| = a, |y| = a$ 所围成的.

(1)求物体的体积；

(2)求物体的质心；

(3)求物体关于 $z$ 轴的转动惯量.

9. 求半径为 $a$,高为 $h$ 的均匀圆柱体对于过中心而平行于母线的轴的转动惯量.

10. 求均匀柱体 $x^2+y^2 \leqslant a^2, 0 \leqslant z \leqslant h$,对于 $P(0,0,c)$ $(c>h)$ 处的单位质量的引力.

## 第 11 章习题

1. 设 $f(x,y)$ 在区域 $D$ 上连续,$(x_0,y_0)$ 是 $D$ 的一个内点,$D_r$ 是以 $(x_0,y_0)$ 为中心,以 $r$ 为半径的闭圆盘,试求极限 $\lim\limits_{r \to 0^+} \dfrac{1}{\pi r^2} \iint\limits_{D_r} f(x,y) \mathrm{d}x \mathrm{d}y.$

扫一扫,阅读拓展知识

2. 计算 $\iint\limits_{D} xy \mathrm{d}x \mathrm{d}y$,其中 $D$ 为由下列双纽线所围成:

(1) $(x^2+y^2)^2 = 2(x^2-y^2)$;

(2) $(x^2+y^2)^2 = 2xy$.

3. 计算 $\lim\limits_{a \to +\infty} \iint\limits_{D} \min\{x,y\} \cdot \mathrm{e}^{-(x^2+y^2)} \mathrm{d}x \mathrm{d}y$,其中 $D$ 为正方形 $[-a,a] \times [-a,a]$.

4. 交换积分次序,计算 $\int_0^1 \mathrm{d}y \int_{\arcsin y}^{\frac{\pi}{2}} \cos x \sqrt{1+\cos^2 x} \mathrm{d}x.$

5. 求由抛物面 $z = x^2+2y^2$ 和 $z = 6-2x^2-y^2$ 所围立体的体积.

6. 证明 $\int_0^a \mathrm{d}y \int_0^y \mathrm{e}^{m(a-x)} f(x) \mathrm{d}x = \int_0^a (a-x) \mathrm{e}^{m(a-x)} f(x) \mathrm{d}x.$

7. 将三重积分 $I = \iiint\limits_{V} (x^2+y^2+z^2) \mathrm{d}v$ 用三种坐标化为三次积分,并选择简单方法计算它,其中 $V$ 是由 $x^2+y^2+z^2 = R^2$ 和 $x^2+y^2 = z^2 (z \geqslant 0)$ 所围成的区域.

8. 计算下列三重积分:

(1) $\iiint\limits_{V} \mathrm{e}^{x+y+z} \mathrm{d}v$,$V$ 由 $y=1, y=-x, x=0, z=0$ 及 $z=-x$ 所围成;

(2) $\iiint\limits_{V} xy \mathrm{d}v$,$V$ 由 $z=xy, x+y=1$ 及 $z=0$ 所围成;

(3) $\iiint\limits_{V} \dfrac{z \ln(x^2+y^2+z^2+1)}{x^2+y^2+z^2+1} \mathrm{d}v$,$V$ 由 $x^2+y^2+z^2=1$ 所围成.

9. 设半径为 $r$ 的球的球心在半径为 $a$ 的定球面上,试求 $r$ 值,使得半径为 $r$ 的球表面位于定球内部的那一部分的表面积取最大值.

10. 在均匀的半径为 $R$ 的半圆形薄片的直径上,要接上一个一边与直径等长的同样材料的均匀矩形薄片,为了使整个均匀薄片的质心恰好在圆心上,问接上去的均匀矩形薄片另一边的长度应是多少?

11. 求心脏线 $r = a(1+\cos \theta)$ 所围图形对于极点的转动惯量.

12. 设有一密度均匀的球锥体,球的半径为 $R$,锥顶角为 $\dfrac{\pi}{3}$,求该球锥体对位于其顶点处的单位质点的引力.

扫一扫,获取参考答案

# 第 12 章

# 曲线积分与曲面积分

在上一章中,我们已经将一元函数的定积分推广到了多元函数的重积分. 在本章中,我们将把定积分概念推广到积分范围为一段曲线弧或一片曲面的情形,分别介绍曲线积分与曲面积分的概念及计算方法. 另外,本章还将重点研究三个重要公式: Green 公式、Gauss 公式和 Stokes 公式. 最后还介绍具有广泛应用背景的场论知识.

## §12.1 第一类曲线积分

### 12.1.1 第一类曲线积分的概念

工程技术中,经常需要设计曲线形细长构件,这就需要计算它们的质量. 众所周知,构件的线密度(单位长度的质量)却是因点而异. 工程技术人员常常用这样的方法来计算一个曲线形构件的质量:首先将细线形构件设想为空间中具有质量的曲线 $L$,再假设 $L$ 上任一点 $(x,y,z)$ 处的线密度为 $\rho(x,y,z)$,这样就能将实际问题定量化,然后利用定积分微元法思想来计算该构件的质量.

如图 12.1.1 所示,将 $L$ 分成 $n$ 个小曲线段,设分点分别为
$$A = P_0, P_1, P_2, \cdots, P_{n-1}, P_n = B,$$
各小弧段 $\overparen{P_{i-1}P_i}$ 的弧长记为 $\Delta s_i (i=1,2,\cdots,n)$. 在 $\overparen{P_{i-1}P_i}$ 上任取一

点 $(\xi_i, \eta_i, \zeta_i)$，那么当 $\Delta s_i$ 都很小时，每一小弧段 $\overparen{P_{i-1}P_i}$ 的质量就可以近似地等于 $\rho(\xi_i, \eta_i, \zeta_i)\Delta s_i$，于是整个曲线 $L$ 的质量就近似地等于

$$\sum_{i=1}^{n}\rho(\xi_i, \eta_i, \zeta_i)\Delta s_i.$$

令 $\lambda = \max\{\Delta s_1, \Delta s_2, \cdots, \Delta s_n\}$。那么当 $\lambda \to 0^+$ 时，上述近似值的极限就是所求构件的质量，亦即 $L$ 的质量

$$m = \lim_{\lambda \to 0^+}\sum_{i=1}^{n}\rho(\xi_i, \eta_i, \zeta_i)\Delta s_i,$$

这就解决了所提出的问题.

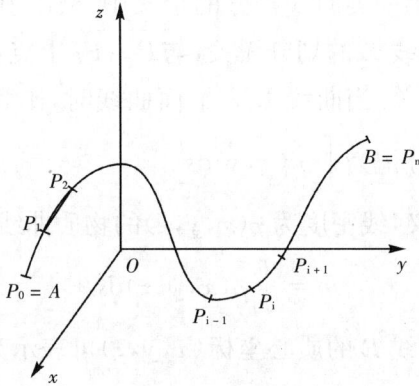

图 12.1.1

求这种和式的极限还会在许多问题（如求质量分布不均匀的曲线弧的质心和转动惯量等）中遇到. 现在，我们引进第一类曲线积分的概念.

**定义 12.1.1** 设 $L$ 是空间 $\mathbb{R}^3$ 上可求长的连续曲线，其端点分别为 $A$ 和 $B$，函数 $f(x,y,z)$ 在曲线 $L$ 上有定义且有界. 对曲线 $L$ 作任意划分，设分点分别为

$$A = P_0, P_1, P_2, \cdots, P_{n-1}, P_n = B.$$

分别在每个小弧段 $\overparen{P_{i-1}P_i}$ 上任取一点 $(\xi_i, \eta_i, \zeta_i)$，并记第 $i$ 个小弧段 $\overparen{P_{i-1}P_i}$ 的长度为 $\Delta s_i$ $(i=1,2,\cdots,n)$，作和式

$$\sum_{i=1}^{n}f(\xi_i, \eta_i, \zeta_i)\Delta s_i.$$

令 $\lambda = \max\{\Delta s_1, \Delta s_2, \cdots, \Delta s_n\}$。如果 $\lambda \to 0^+$ 时，上述和式的极限存在

(记为 $I$)且与分点 $\{P_i : i=1,2,\cdots,n\}$ 的取法及 $\overparen{P_{i-1}P_i}$ 上点 $(\xi_i, \eta_i, \zeta_i)$ 的选取无关,则称这个极限值为函数 $f(x,y,z)$ 在曲线 $L$ 上的**第一类曲线积分**,记为

$$\int_L f(x,y,z)\mathrm{d}s \text{ 或 } \int_L f(P)\mathrm{d}s.$$

亦即

$$\int_L f(x,y,z)\mathrm{d}s = \lim_{\lambda \to 0^+} \sum_{i=1}^n f(\xi_i, \eta_i, \zeta_i)\Delta s_i = I,$$

其中 $f(x,y,z)$ 称为被积函数,$L$ 称为**积分路径**,$\mathrm{d}s$ 称为**弧微分**.

**注意** 上述第一类曲线积分的定义中,极限值 $I$ 是预先存在的一个数,它与对曲线 $L$ 的划分无关,与 $\overparen{P_{i-1}P_i}$ 上点 $(\xi_i, \eta_i, \zeta_i)$ $(i=1,2,\cdots,n)$ 的选取无关. 当曲线 $L$ 为平面曲线时,函数 $f(x,y)$ 在 $L$ 上的第一类曲线积分记为 $\int_L f(x,y)\mathrm{d}s$.

根据以上定义,线密度为 $\rho(x,y,z)$ 的物质曲线 $L$ 的质量为

$$m = \int_L \rho(x,y,z)\mathrm{d}s.$$

另外,易知上述曲线 $L$ 的质心坐标 $(\overline{x}, \overline{y}, \overline{z})$ 可表示为

$$\overline{x} = \frac{1}{m}\int_L x\rho(x,y,z)\mathrm{d}s,$$

$$\overline{y} = \frac{1}{m}\int_L y\rho(x,y,z)\mathrm{d}s,$$

$$\overline{z} = \frac{1}{m}\int_L z\rho(x,y,z)\mathrm{d}s,$$

其中 $m = \int_L \rho(x,y,z)\mathrm{d}s$ 为 $L$ 的质量.

若第一类曲线积分 $\int_L f(x,y,z)\mathrm{d}s$ 存在,则亦称函数 $f(x,y,z)$ 在曲线 $L$ 上可积.

若曲线 $L$ 是由有限多条光滑曲线段组成的,则称曲线 $L$ 为分段光滑的. 下面,我们不加证明地引用下列定理,它们陈述了函数 $f(x,y,z)$ 在曲线 $L$ 上可积的充分性条件.

**定理 12.1.1** 若曲线 $L$ 分段光滑,函数 $f(x,y,z)$ 在曲线 $L$ 上连续,则 $f(x,y,z)$ 在 $L$ 上可积.

**定理 12.1.2**　若曲线 $L$ 分段光滑,函数 $f(x,y,z)$ 在曲线 $L$ 上只有有限个间断点,并且有界,则 $f(x,y,z)$ 在 $L$ 上可积.

### 12.1.2　第一类曲线积分的性质

由第一类曲线积分的定义容易证明以下性质.

**性质 12.1.1（线性性质）**　如果函数 $f_1(x,y,z)$ 与 $f_2(x,y,z)$ 在 $L$ 上均可积,则对任意的实数 $\alpha_1$ 和 $\alpha_2$,函数 $\alpha_1 f_1(x,y,z)+\alpha_2 f_2(x,y,z)$ 在 $L$ 上也可积,并且有

$$\int_L [\alpha_1 f_1(x,y,z)+\alpha_2 f_2(x,y,z)]\mathrm{d}s = \alpha_1 \int_L f_1(x,y,z)\mathrm{d}s+\alpha_2 \int_L f_2(x,y,z)\mathrm{d}s.$$

**性质 12.1.2（路径可加性）**　设曲线 $L$ 分成两段 $L_1$ 和 $L_2$,如果 $f(x,y,z)$ 在 $L$ 上可积,则 $f(x,y,z)$ 在 $L_1$ 与 $L_2$ 上均可积. 反之,如果 $f(x,y,z)$ 在 $L_1$ 与 $L_2$ 上均可积,则 $f(x,y,z)$ 在 $L$ 上也可积,并且有

$$\int_L f(x,y,z)\mathrm{d}s = \int_{L_1} f(x,y,z)\mathrm{d}s + \int_{L_2} f(x,y,z)\mathrm{d}s.$$

**性质 12.1.3（中值定理）**　若 $f(x,y,z)$ 在曲线 $L$ 上连续,则在 $L$ 上至少存在一点 $(\xi,\eta,\zeta)$,使得

$$\int_L f(x,y,z)\mathrm{d}s = f(\xi,\eta,\zeta)S,$$

其中 $S$ 为曲线 $L$ 的弧长.

**性质 12.1.4（保序性）**　若 $f_1(x,y,z)$ 与 $f_2(x,y,z)$ 在曲线 $L$ 上均可积,且满足

$$f_1(x,y,z) \leqslant f_2(x,y,z), \forall (x,y,z) \in L,$$

则有

$$\int_L f_1(x,y,z)\mathrm{d}s \leqslant \int_L f_2(x,y,z)\mathrm{d}s.$$

**性质 12.1.5（绝对可积性）**　若函数 $f(x,y,z)$ 在曲线 $L$ 上可积,则 $|f(x,y,z)|$ 在 $L$ 上也可积,且有

$$\left| \int_L f(x,y,z)\mathrm{d}s \right| \leqslant \int_L |f(x,y,z)|\mathrm{d}s.$$

**性质 12.1.6**　第一类曲线积分与曲线的指向无关,即若曲线的

两个端点为 $A, B$，则
$$\int_{\widehat{AB}} f(x,y,z)\mathrm{d}s = \int_{\widehat{BA}} f(x,y,z)\mathrm{d}s.$$

这是因为和式 $\sum_{i=1}^{n} f(\xi_i, \eta_i, \zeta_i)\Delta s_i$ 中的 $\Delta s_i$ 为小段弧的弧长($i=1,2,\cdots,n$)，它恒大于零，与曲线的指向无关.

由以上性质可知，第一类曲线积分与定积分、重积分有完全类似的性质(包括用等式表示的性质，用不等式表示的性质以及中值定理)，这些性质为我们日后计算第一类曲线积分和估计第一类曲线积分的值提供了很大的方便. 但是值得注意的是，对定积分而言，若改变上、下限顺序，则定积分的值变号，而对第一类曲线积分来说，其积分值与曲线的指向无关.

### 12.1.3 第一类曲线积分的计算

现在，我们来讨论如何计算第一类曲线积分. 设空间曲线 $L$ 的方程为
$$x = x(t), y = y(t), z = z(t), t \in [\alpha, \beta],$$
其中 $x(t), y(t), z(t)$ 具有连续导数，且 $x'(t), y'(t), z'(t)$ 不同时为零(即 $L$ 为光滑曲线)，那么 $L$ 是可求长的，且曲线的弧长为
$$S = \int_{\alpha}^{\beta} \sqrt{[x'(t)]^2 + [y'(t)]^2 + [z'(t)]^2}\mathrm{d}t.$$

**定理 12.1.3** 设函数 $f(x,y,z)$ 在空间曲线 $L$ 上连续，则 $f(x,y,z)$ 在 $L$ 上的第一类曲线积分存在，且有
$$\int_{L} f(x,y,z)\mathrm{d}s = \int_{\alpha}^{\beta} f(x(t), y(t), z(t)) \cdot$$
$$\sqrt{[x'(t)]^2 + [y'(t)]^2 + [z'(t)]^2}\mathrm{d}t.$$
(12.1.1)

在上式右端的定积分中，总是下限小于上限，即 $\alpha < \beta$.

**证明** 设
$$\alpha = t_0 < t_1 < \cdots < t_n = \beta$$
为区间 $[\alpha, \beta]$ 的一个分割，相应地得到曲线 $L$ 上的一个分割，记对应于参数 $t_{i-1}$ 到 $t_i$ 这一段曲线的弧长为 $\Delta s_i$，并记 $\Delta t_i = t_i - t_{i-1}$，则由弧

长计算公式知
$$\Delta s_i = \int_{t_{i-1}}^{t_i} \sqrt{[x'(t)]^2 + [y'(t)]^2 + [z'(t)]^2}\, dt, i=1,2,\cdots,n.$$

再由积分中值定理知
$$\Delta s_i = \sqrt{[x'(t_i^*)]^2 + [y'(t_i^*)]^2 + [z'(t_i^*)]^2}\, \Delta t_i,$$

其中 $t_i^* \in [t_{i-1}, t_i], i=1,2,\cdots,n.$ 记
$$\mu = \max\{\Delta t_1, \Delta t_2, \cdots, \Delta t_n\}, \lambda = \max\{\Delta s_1, \Delta s_2, \cdots, \Delta s_n\}.$$

显然,当 $\mu \to 0^+$ 时,有 $\lambda \to 0^+$. 再由定理 12.1.1 知,此时函数 $f(x,y,z)$ 在曲线 $L$ 上是可积的,于是有

$$\int_L f(x,y,z)\, ds = \lim_{\lambda \to 0^+} \sum_{i=1}^{n} f(x(t_i^*), y(t_i^*), z(t_i^*)) \Delta s_i =$$
$$\lim_{\mu \to 0^+} \sum_{i=1}^{n} f(x(t_i^*), y(t_i^*), z(t_i^*)) \cdot \sqrt{[x'(t_i^*)]^2 + [y'(t_i^*)]^2 + [z'(t_i^*)]^2}\, \Delta t_i =$$
$$\int_\alpha^\beta f(x(t), y(t), z(t))\sqrt{[x'(t)]^2 + [y'(t)]^2 + [z'(t)]^2}\, dt.$$

类似地,如果平面上的光滑曲线 $L$ 的方程为
$$x = x(t),\ y = y(t),\ t \in [\alpha, \beta],$$

且 $f(x,y)$ 在 $L$ 上连续,则
$$\int_L f(x,y)\, ds = \int_\alpha^\beta f(x(t), y(t))\sqrt{[x'(t)]^2 + [y'(t)]^2}\, dt. \quad (12.1.2)$$

特别地,如果光滑平面曲线 $L$ 的方程为
$$y = y(x),\quad a \leqslant x \leqslant b,$$
则
$$\int_L f(x,y)\, ds = \int_a^b f(x, y(x))\sqrt{1 + [y'(x)]^2}\, dx. \quad (12.1.3)$$

**例 12.1.1** 已知一条非均匀金属线 $L$ 的方程为
$$x = e^t \cos t,\ y = e^t \sin t,\ z = e^t,\ t \in [0,1],$$
它在每点的线密度与该点到原点的距离平方成反比,而且在点 $(1,0,1)$ 处的线密度为 1,求该金属线的质量 $m$.

**解** 由题意知,线密度
$$\rho(x,y,z) = \frac{k}{x^2+y^2+z^2} = \frac{k}{2e^{2t}}.$$

再由 $L$ 的参数方程知,对应点 $(1,0,1)$ 的参数 $t=0$,将之代入上式有
$$\rho(1,0,1)=\frac{k}{2\mathrm{e}^{2\cdot 0}}=1,$$
由此解得 $k=2$,从而 $\rho(x,y,z)=\mathrm{e}^{-2t}$,因此由公式(12.1.1)知
$$m=\int_L \rho(x,y,z)\mathrm{d}s=\int_0^1 \mathrm{e}^{-2t}\sqrt{3}\mathrm{e}^t\mathrm{d}t=\sqrt{3}\int_0^1 \mathrm{e}^{-t}\mathrm{d}t=\sqrt{3}(1-\mathrm{e}^{-1}).$$

**例 12.1.2** 设 $L$ 是椭圆 $\dfrac{x^2}{a^2}+\dfrac{y^2}{b^2}=1\ (a>b>0)$,计算 $\int_L |y|\mathrm{d}s$.

**解** 曲线 $L$ 的参数方程可写为
$$x=a\cos t,\ y=b\sin t,\ t\in[0,2\pi],$$
令 $c=\sqrt{a^2-b^2}/a$,则由公式(12.1.2)可知
$$\int_L |y|\mathrm{d}s=\int_0^{2\pi}|b\sin t|a\sqrt{1-c^2\cos^2 t}\mathrm{d}t=$$
$$\int_0^{\pi}ab\sin t\sqrt{1-c^2\cos^2 t}\mathrm{d}t+\int_{\pi}^{2\pi}a(-b\sin t)\sqrt{1-c^2\cos^2 t}\mathrm{d}t=$$
$$-ab\int_0^{\pi}\sqrt{1-c^2\cos^2 t}\mathrm{d}(\cos t)+ab\int_{\pi}^{2\pi}\sqrt{1-c^2\cos^2 t}\mathrm{d}(\cos t)=$$
$$ab\int_{-1}^1 \sqrt{1-c^2 u^2}\mathrm{d}u+ab\int_{-1}^1 \sqrt{1-c^2 u^2}\mathrm{d}u=$$
$$4ab\int_0^1 \sqrt{1-c^2 u^2}\mathrm{d}u=4abc\int_0^1 \sqrt{\left(\frac{1}{c}\right)^2-u^2}\mathrm{d}u=$$
$$\frac{4ab}{c}\left[\frac{1}{2}cu\sqrt{1-c^2 u^2}+\frac{1}{2}\arcsin(cu)\right]\bigg|_{u=0}^{u=1}=$$
$$2b^2+\frac{2ab}{c}\arcsin c.$$

请读者注意 $b>a>0$ 和 $b=a>0$ 的情形.

**例 12.1.3** 计算第一类曲线积分 $I=\int_L \mathrm{e}^{\sqrt{x^2+y^2}}\mathrm{d}s$,其中曲线 $L$ 为圆周 $x^2+y^2=a^2$,直线 $y=x$ 及 $x$ 轴在第一象限所围图形的边界.

**解** 如图 12.1.2 所示,
$$I=\int_{\overline{OA}}\mathrm{e}^{\sqrt{x^2+y^2}}\mathrm{d}s+\int_{\widehat{AB}}\mathrm{e}^{\sqrt{x^2+y^2}}\mathrm{d}s+\int_{\overline{OB}}\mathrm{e}^{\sqrt{x^2+y^2}}\mathrm{d}s.$$

线段 $\overline{OA}$ 的方程为
$$y=0,\ x\in[0,a],$$

从而由公式(12.1.3)知
$$\int_{\overline{OA}} e^{\sqrt{x^2+y^2}} ds = \int_0^a e^x dx = e^a - 1.$$

圆弧$\widehat{AB}$的参数方程为
$$x = a\cos t,\ y = a\sin t,\ t \in \left[0, \frac{\pi}{4}\right],$$

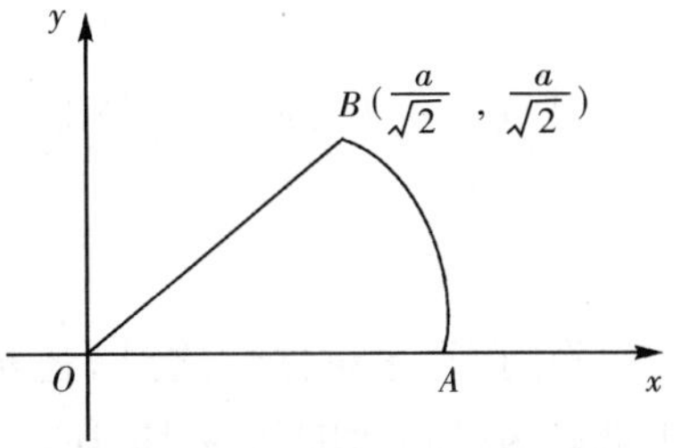

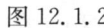

图 12.1.2

从而由公式(12.1.2)知
$$\int_{\widehat{AB}} e^{\sqrt{x^2+y^2}} ds = \int_0^{\pi/4} a e^a dt = \frac{\pi}{4} a e^a.$$

线段$\overline{OB}$的方程为
$$y = x,\ x \in [0, a/\sqrt{2}],$$

从而由公式(12.1.3)知
$$\int_{\overline{OB}} e^{\sqrt{x^2+y^2}} ds = \int_0^{a/\sqrt{2}} e^{\sqrt{2}x} \sqrt{2} dx = e^a - 1.$$

最后得
$$I = 2(e^a - 1) + \frac{\pi}{4} a e^a.$$

**注意** 由第一类曲线积分的定义知,当积分曲线 $L$ 与被积函数 $f(x,y,z)$ 二者都具有对称性时,曲线积分 $\int_L f(x,y,z) ds$ 的计算可以简化.具体地说,当 $L$ 可以划分为二对称的部分 $L_1$ 与 $L_2$ 时,若在对称点上 $f(x,y,z)$ 的大小相等,符号相反,则
$$\int_L f(x,y,z) ds = 0;$$
若在对称点上 $f(x,y,z)$ 的大小相等,符号相同,则
$$\int_L f(x,y,z) ds = 2 \int_{L_1} f(x,y,z) ds.$$

**例 12.1.4** 设 $L$ 为椭圆 $\dfrac{x^2}{4} + \dfrac{y^2}{3} = 1$,其周长记为 $a$,计算
$$\int_L (5xy + 3x^2 + 4y^2) ds.$$

**解** 因为 $L$ 关于 $y$ 轴对称,被积函数中 $5xy$ 关于 $x$ 为奇函数,故
$$\int_L 5xy ds = 0,$$

从而

$$\int_L (5xy + 3x^2 + 4y^2)\mathrm{d}s = \int_L 5xy\mathrm{d}s + \int_L (3x^2 + 4y^2)\mathrm{d}s =$$
$$\int_L (3x^2 + 4y^2)\mathrm{d}s = \int_L 12\mathrm{d}s = 12a.$$

除了上述对称性之外,还可以利用轮换对称性技巧来计算第一类曲线积分,亦即将 $x$ 换为 $y$,$y$ 换为 $z$,$z$ 换为 $x$ 后,若积分曲线 $L$ 不变,则将被积函数中的变量作同样变换后所获得的积分值与原积分的值相等.

**例 12.1.5** 计算积分 $I = \int_L x^2 \mathrm{d}s$,其中 $L$ 为球面 $x^2 + y^2 + z^2 = a^2$ 与平面 $x + y + z = 0$ 的交线.

**解** 积分曲线 $L$ 关于 $x$,$y$,$z$ 有轮换对称性,因此

$$I = \int_L x^2 \mathrm{d}s = \int_L y^2 \mathrm{d}s = \int_L z^2 \mathrm{d}s.$$

注意到曲线 $L$ 的弧长为 $2\pi a$,从而由上式知

$$I = \frac{1}{3}\int_L (x^2 + y^2 + z^2)\mathrm{d}s = \frac{1}{3}\int_L a^2 \mathrm{d}s = \frac{2}{3}\pi a^3.$$

## 习题 12.1

1. 计算下列第一类曲线积分:

(1) $\int_L (x^2 + y^2 + z^2)\mathrm{d}s$,其中

$L: x = a\cos t, y = a\sin t, z = bt, t \in [0, 2\pi]$;

(2) $\int_L \sqrt{\frac{2y}{a}}\mathrm{d}s\,(a > 0)$,其中

$L: x = at, y = \frac{1}{2}at^2, z = \frac{1}{3}at^3, t \in [0, 1]$.

2. 计算下列第一类曲线积分:

(1) $\int_L (x^2 + y^2)\mathrm{d}s$,其中

$L: x = a(\cos t + t\sin t), y = a(\sin t - t\cos t), t \in [0, 2\pi]$;

(2) $\int_L \sqrt{x^2 + y^2}\mathrm{d}s$,其中 $L$ 为圆周 $x^2 + y^2 = ax$;

(3) $\int_L y^2 \mathrm{d}s$,其中

$L: x = a(t - \sin t), y = a(1 - \cos t), t \in [0, 2\pi]$.

3. 计算 $\int_L (x + y)\mathrm{d}s$,其中 $L$ 为以 $(0, 0)$,$(1, 0)$ 和 $(0, 1)$ 三点为顶点的三角形围线.

4. 计算 $\int_L x|y|\mathrm{d}s$,其中 $L$ 是 $\dfrac{x^2}{a^2}+\dfrac{y^2}{b^2}=1\,(a>b>0)$ 上 $x\geqslant 0$ 的部分.

5. 若曲线 $L$ 的极坐标方程为 $r=r(\theta),\theta\in[\theta_1,\theta_2]$,且 $r'(\theta)$ 连续. 试求出第一类曲线积分 $I=\int_L f(x,y)\mathrm{d}s$ 的计算公式.

6. 利用轮换对称性计算 $\int_L (x^2+y-z)\mathrm{d}s$,其中 $L$ 为球面 $x^2+y^2+z^2=a^2$ 与平面 $x+y+z=0$ 的交线.

## §12.2 第二类曲线积分

### 12.2.1 第二类曲线积分的概念

首先让我们来考虑一个变力做功问题.

设 $L$ 为空间中的一条曲线,起点为 $A$,终点为 $B$(此时称曲线 $L$ 为定向的). 设有一质点在变力 $\boldsymbol{F}(M)$ 的作用下沿曲线 $L$ 从点 $A$ 运动到点 $B$,欲求变力 $\boldsymbol{F}(M)$ 对质点所做的功 $W$.

众所周知,若质点在常力 $\boldsymbol{F}$ 作用下有一个直线位移 $\Delta\boldsymbol{r}$,则力 $\boldsymbol{F}$ 对该质点所做的功为

$$\boldsymbol{F}\cdot\Delta\boldsymbol{r}=|\boldsymbol{F}||\Delta\boldsymbol{r}|\cos\langle\boldsymbol{F},\Delta\boldsymbol{r}\rangle,$$

其中 $\langle\boldsymbol{F},\Delta\boldsymbol{r}\rangle$ 表示两向量 $\boldsymbol{F}$ 与 $\Delta\boldsymbol{r}$ 之间的夹角. 对于变力 $\boldsymbol{F}(M)$ 和曲线位移的情况,我们仍用微元法思想来求功 $W$. 为此,对曲线 $L$ 作如下分划,分点分别为

$$A=A_0,A_1,A_2,\cdots,A_{n-1},A_n=B,$$

并且这些分点是从 $A$ 到 $B$ 依次排列的,如图 12.2.1 所示. 这样一来,$L$ 被这些分点分成 $n$ 个小弧段 $\overparen{A_{i-1}A_i}\,(i=1,2,\cdots,n)$.

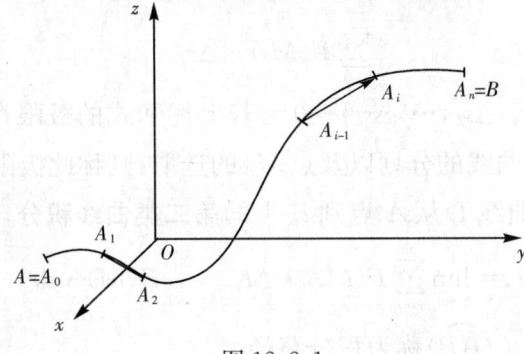

图 12.2.1

记小弧段 $\overparen{A_{i-1}A_i}$ 的长度为 $\Delta s_i$，向量 $\overrightarrow{A_{i-1}A_i}=\Delta \boldsymbol{r}_i(i=1,2,\cdots,n)$.当分划充分细密时，可近似地认为在小弧段上质点做直线运动，变力 $\boldsymbol{F}(M)$ 也近似地看作常力，因此力 $\boldsymbol{F}(M)$ 在小弧段 $\overparen{A_{i-1}A_i}$ 上所做的功 $\Delta W_i$ 可近似表示为

$$\Delta W_i \approx \boldsymbol{F}(M_i) \cdot \Delta \boldsymbol{r}_i, i=1,2,\cdots,n,$$

其中 $M_i$ 为小弧段 $\overparen{A_{i-1}A_i}$ 上任一点.对上式求和，那么所求的功可近似地表示为

$$W=\sum_{i=1}^n \Delta W_i \approx \sum_{i=1}^n \boldsymbol{F}(M_i) \cdot \Delta \boldsymbol{r}_i.$$

当分割无限细密，即 $\lambda=\max\{\Delta s_1, \Delta s_2, \cdots, \Delta s_n\} \to 0^+$ 时，就得到

$$W=\lim_{\lambda \to 0^+}\sum_{i=1}^n \boldsymbol{F}(M_i) \cdot \Delta \boldsymbol{r}_i.$$

许多实际问题都要求这种和式的极限，为此我们引入如下第二类曲线积分的定义.

**定义12.2.1** 设 $L$ 是一条从 $A$ 点到 $B$ 点的光滑空间曲线（或分段光滑曲线），向量函数 $\boldsymbol{F}(M)$ 在 $L$ 上有定义，用分点

$$A=A_0, A_1, A_2, \cdots, A_{n-1}, A_n=B$$

将曲线 $L$ 按照从 $A$ 到 $B$ 的方向任意分成 $n$ 个小弧段 $\overparen{A_{i-1}A_i}(i=1, 2,\cdots,n)$，记小弧段 $\overparen{A_{i-1}A_i}$ 的长度为 $\Delta s_i$，并记向量 $\overrightarrow{A_{i-1}A_i}=\Delta \boldsymbol{r}_i$.在小弧段 $\overparen{A_{i-1}A_i}$ 上任取一点 $M_i$，作数量积

$$\boldsymbol{F}(M_i) \cdot \Delta \boldsymbol{r}_i, i=1,2,\cdots,n.$$

对上述 $n$ 个数量积作和，得到

$$\sum_{i=1}^n \boldsymbol{F}(M_i) \cdot \Delta \boldsymbol{r}_i.$$

令 $\lambda=\max\{\Delta s_1, \Delta s_2, \cdots, \Delta s_n\} \to 0^+$，若上述和式的极限存在，记为 $I$，且 $I$ 不依赖于曲线的分划以及点 $M_i$ 的选取，则称此极限值 $I$ 为向量函数 $\boldsymbol{F}(M)$ 沿曲线 $L$ 从 $A$ 点到 $B$ 点的**第二类曲线积分**，记作

$$I=\lim_{\lambda \to 0^+}\sum_{i=1}^n \boldsymbol{F}(M_i) \cdot \Delta \boldsymbol{r}_i = \int_L \boldsymbol{F}(M) \cdot \mathrm{d}\boldsymbol{r}, \quad (12.2.1)$$

其中有向曲线 $L(\overparen{AB})$ 称为积分路径.

由上述定义知,本节开头提出的变力 $F(M)$ 所做的功可表示为
$$W = \int_L F(M) \cdot dr.$$

可以证明:若曲线 $L$ 光滑或分段光滑,且向量函数 $F(M)$ 的各个分量函数在 $L$ 上连续或在 $L$ 上只有有限个间断点并且有界,则 $F(M)$ 沿曲线 $L$ 的第二类积分存在(证明从略).

上述定义式(12.2.1)是用向量形式表示的,它表达简明,物理意义清楚,但是这种形式不便于计算.为了方便计算第二类曲线积分,下面我们给出它的坐标形式.

由于 $F(M)$ 是向量,其大小和方向都是点 $M$ 的函数,若记点 $M$ 的坐标为 $(x,y,z)$,则 $F(M)$ 可用分量表示为
$$F(M) = F(x,y,z) = P(x,y,z)\boldsymbol{i} + Q(x,y,z)\boldsymbol{j} + R(x,y,z)\boldsymbol{k} = \{P(x,y,z), Q(x,y,z), R(x,y,z)\},$$
此处 $\boldsymbol{i},\boldsymbol{j},\boldsymbol{k}$ 分别表示 $x,y,z$ 轴正向的单位向量.假设点 $A_{i-1}, A_i, M_i$ 的坐标分别为
$$A_{i-1}(x_{i-1}, y_{i-1}, z_{i-1}),\ A_i(x_i, y_i, z_i),\ M_i(\xi_i, \eta_i, \zeta_i),$$
那么向量
$$\Delta \boldsymbol{r}_i = \overrightarrow{A_{i-1}A_i} = \{x_i - x_{i-1}, y_i - y_{i-1}, z_i - z_{i-1}\} = \{\Delta x_i, \Delta y_i, \Delta z_i\},$$
积分和为
$$\sum_{i=1}^n F(M_i) \cdot \Delta \boldsymbol{r}_i = \sum_{i=1}^n [P(\xi_i, \eta_i, \zeta_i)\Delta x_i + Q(\xi_i, \eta_i, \zeta_i)\Delta y_i + R(\xi_i, \eta_i, \zeta_i)\Delta z_i].$$
若上式某一端在 $\lambda \to 0^+$ 时的极限存在,则另一端的极限也存在,我们将之记作
$$\int_L F(x,y,z) \cdot dr = \int_L P(x,y,z)dx + Q(x,y,z)dy + R(x,y,z)dz, \quad (12.2.2)$$
式(12.2.2)右端称为**第二类曲线积分的坐标形式**.

**注意** 单独的积分 $\int_L P(x,y,z)dx, \int_L Q(x,y,z)dy, \int_L R(x,y,z)dz$

也是第二类曲线积分,它们分别相当于向量函数 $\boldsymbol{F}(x,y,z)$ 的第二、三分量为零,第一、三分量为零,第一、二分量为零的情形.

特别地,如果 $L$ 为 $xOy$ 平面上的定向光滑(或分段光滑)曲线段,向量函数
$$\boldsymbol{F}(x,y) = \{P(x,y),Q(x,y)\},$$
那么相应的第二类曲线积分的坐标形式为
$$\int_L \boldsymbol{F}(x,y) \cdot \mathrm{d}\boldsymbol{r} = \int_L P(x,y)\mathrm{d}x + Q(x,y)\mathrm{d}y.$$

### 12.2.2 第二类曲线积分的性质

第二类曲线积分有以下基本性质,它为以后计算第二类曲线积分提供了许多方便.

设空间有向曲线 $L(\widehat{AB})$ 分段光滑,向量函数 $\boldsymbol{F}(M),\boldsymbol{G}(M)$ 的各个分量函数在 $L$ 上连续(或只有有限个间断点并且有界),我们不加证明地引用下列性质.

**性质 12.2.1(线性性质)** 对任意常数 $\alpha,\beta$,
$$\int_L [\alpha \boldsymbol{F}(M) + \beta \boldsymbol{G}(M)] \cdot \mathrm{d}\boldsymbol{r} = \alpha \int_L \boldsymbol{F}(M) \cdot \mathrm{d}\boldsymbol{r} + \beta \int_L \boldsymbol{G}(M) \cdot \mathrm{d}\boldsymbol{r}.$$

**性质 12.2.2(路径可加性)** 若曲线 $L=\widehat{AB}$ 是由 $\widehat{AC}$ 与 $\widehat{CB}$ 组成,则
$$\int_{\widehat{AB}} \boldsymbol{F}(M) \cdot \mathrm{d}\boldsymbol{r} = \int_{\widehat{AC}} \boldsymbol{F}(M) \cdot \mathrm{d}\boldsymbol{r} + \int_{\widehat{CB}} \boldsymbol{F}(M) \cdot \mathrm{d}\boldsymbol{r}.$$

**性质 12.2.3(方向性)** 记 $L^-$ 是定向曲线 $L$ 的反向曲线,则
$$\int_L \boldsymbol{F}(M) \cdot \mathrm{d}\boldsymbol{r} = -\int_{L^-} \boldsymbol{F}(M) \cdot \mathrm{d}\boldsymbol{r}.$$
事实上
$$\int_{L^-} \boldsymbol{F}(M) \cdot \mathrm{d}\boldsymbol{r} = \int_{\widehat{BA}} \boldsymbol{F}(M) \cdot \mathrm{d}\boldsymbol{r} = \lim_{\lambda \to 0^+}\sum_{i=1}^n \boldsymbol{F}(M_i) \cdot \overrightarrow{A_i A_{i-1}} =$$
$$\lim_{\lambda \to 0^+}\sum_{i=1}^n \boldsymbol{F}(M_i) \cdot (-\overrightarrow{A_{i-1} A_i}) =$$
$$-\lim_{\lambda \to 0^+}\sum_{i=1}^n \boldsymbol{F}(M_i) \cdot \overrightarrow{A_{i-1} A_i} =$$
$$-\int_{\widehat{AB}} \boldsymbol{F}(M) \cdot \mathrm{d}\boldsymbol{r} = -\int_L \boldsymbol{F}(M) \cdot \mathrm{d}\boldsymbol{r}.$$

从物理意义上看,若 $\int_L \boldsymbol{F}(M) \cdot \mathrm{d}\boldsymbol{r}$ 是质点沿曲线 $L(\widehat{AB})$ 从点 $A$ 运动到点 $B$ 时力 $\boldsymbol{F}(M)$ 对质点所做的功,则 $\int_{L^-} \boldsymbol{F}(M) \cdot \mathrm{d}\boldsymbol{r}$ 表示质点沿曲线 $L$ 从点 $B$ 运动到点 $A$ 时力 $\boldsymbol{F}(M)$ 对质点所做的功,它们正好差一个负号.

第二类曲线积分的方向性是两类曲线积分相区别的一个重要特征. 另外,第一类曲线积分具有积分中值定理性质,但一般地,对第二类曲线积分,类似的积分中值定理性质就不成立了(见下文例 12.2.5).

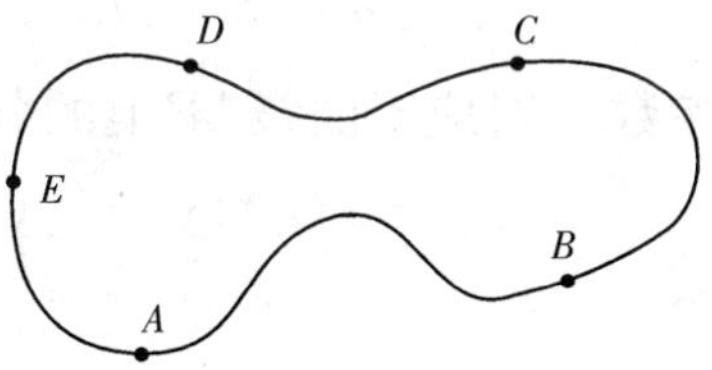

由第二类曲线积分的路径可加性可知,当闭曲线 $L$ 的方向确定以后,$L$ 上第二类曲线积分的值与起点(此时也是终点)的位置无关. 例如,对图 12.2.2 所示的闭曲线 $L$,我们有

图 12.2.2

$$\int_{\widehat{ABCDEA}} \boldsymbol{F}(M) \cdot \mathrm{d}\boldsymbol{r} = \int_{\widehat{BCDEAB}} \boldsymbol{F}(M) \cdot \mathrm{d}\boldsymbol{r}.$$

如果曲线 $L$ 的绕行方向确定了,那么按指定方向沿闭曲线 $L$ 的第二类曲线积分有时记为 $\oint_L \boldsymbol{F}(M) \cdot \mathrm{d}\boldsymbol{r}$.

### 12.2.3 第二类曲线积分的计算

现在讨论如何计算第二类曲线积分. 设空间光滑曲线 $L$ 的方程为

$$x = x(t), y = y(t), z = z(t), t \in [\alpha,\beta] \text{ 或 } t \in [\beta,\alpha],$$

当参数 $t$ 单调递增或单调递减地从 $\alpha$ 变到 $\beta$ 时,点 $M(x,y,z)$ 从点 $L$ 的起点 $A$ 沿 $L$ 变到终点 $B$,那么我们有

**定理 12.2.1** 如果空间曲线 $L(\widehat{AB})$ 如上所定义,且函数 $P(x,y,z), Q(x,y,z), R(x,y,z)$ 在 $L$ 上连续,则第二类曲线积分

$$\int_{\widehat{AB}} P(x,y,z)\mathrm{d}x + Q(x,y,z)\mathrm{d}y + R(x,y,z)\mathrm{d}z$$

存在,且有如下计算公式

$$\int_{\widehat{AB}} P(x,y,z)\mathrm{d}x + Q(x,y,z)\mathrm{d}y + R(x,y,z)\mathrm{d}z =$$
$$\int_\alpha^\beta [P(x(t),y(t),z(t))x'(t) + Q(x(t),y(t),z(t))y'(t)$$
$$+ R(x(t),y(t),z(t))z'(t)]\mathrm{d}t. \qquad (12.2.3)$$

**证明** 为确定起见,设 $\alpha < \beta$,并设区间 $[\alpha,\beta]$ 的任一分划为

$$\alpha = t_0 < t_1 < t_2 < \cdots < t_{n-1} < t_n = \beta,$$

参数 $t_i$ 对应于曲线 $\widehat{AB}$ 上的分点 $A_i(x_i,y_i,z_i)$,其中

$$x_i = x(t_i), y_i = y(t_i), z_i = z(t_i), i = 1,2,\cdots,n.$$

令

$$\mu = \max\{\Delta t_1, \Delta t_2, \cdots, \Delta t_n\}, \lambda = \max\{\Delta s_1, \Delta s_2, \cdots, \Delta s_n\},$$

其中 $\Delta s_i$ 为 $\widehat{A_{i-1}A_i}$ 的弧长,由于曲线 $L(\widehat{AB})$ 是光滑的,从而弧长微分

$$\mathrm{d}s = \sqrt{[x'(t)]^2 + [y'(t)]^2 + [z'(t)]^2}\,\mathrm{d}t$$

是 $t \in [\alpha,\beta]$ 的连续函数,因此当 $\mu \to 0^+$ 时必有 $\lambda \to 0^+$. 由微分学中值定理知,存在 $\tau_i \in (t_{i-1},t_i)$,使得

$$\Delta x_i = x_i - x_{i-1} = x(t_i) - x(t_{i-1}) = x'(\tau_i)\Delta t_i, i = 1,2,\cdots,n.$$

设参数 $\tau_i$ 对应于 $L(\widehat{AB})$ 上的点 $M_i$,显然 $M_i \in \widehat{A_{i-1}A_i}(i=1,2,\cdots,n)$. 再由定理的条件知,函数 $P(x(t),y(t),z(t))x'(t)$ 在 $[\alpha,\beta]$ 上可积(定积分),且向量函数 $\{P(x,y,z),0,0\}$ 沿有向曲线 $L(\widehat{AB})$ 从点 $A$ 到点 $B$ 的第二类曲线积分存在,所以有

$$\int_\alpha^\beta P(x(t),y(t),z(t))x'(t)\mathrm{d}t = \lim_{\mu \to 0^+}\sum_{i=1}^n P(x(\tau_i),y(\tau_i),z(\tau_i))x'(\tau_i)\Delta t_i =$$
$$\lim_{\lambda \to 0^+}\sum_{i=1}^n P(M_i)\Delta x_i = \int_{\widehat{AB}} P(x,y,z)\mathrm{d}x.$$

同理可证

$$\int_\alpha^\beta Q(x(t),y(t),z(t))y'(t)\mathrm{d}t = \int_{\widehat{AB}} Q(x,y,z)\mathrm{d}y,$$
$$\int_\alpha^\beta R(x(t),y(t),z(t))z'(t)\mathrm{d}t = \int_{\widehat{AB}} R(x,y,z)\mathrm{d}z.$$

将以上三式相加即得公式(12.2.3).

**注意** 在以上证明中,我们用了 $\alpha<\beta$. 不难看出,如果 $\alpha>\beta$,参数 $t$ 从 $\alpha$ 单调下降变到 $\beta$ 时,对应于曲线 $L(\overparen{AB})$ 上的点从 $A$ 变到 $B$,公式(12.2.3)仍然成立.

定理 12.2.1 本质上将第二类曲线积分化为一个定积分来计算,形式上只需将被积表达式中的 $x,y,z$ 分别换为 $x(t),y(t),z(t)$,将 $\mathrm{d}x,\mathrm{d}y,\mathrm{d}z$ 分别换为 $x'(t)\mathrm{d}t,y'(t)\mathrm{d}t,z'(t)\mathrm{d}t$,并让定积分的下限对应于曲线的起点,上限对应于曲线的终点. 另外注意,这里的下限有可能大于上限.

特别地,如果 $L$ 的方程为
$$y=y(x),\ z=z(x),\ x\in[a,b],$$
则
$$\int_L P(x,y,z)\mathrm{d}x+Q(x,y,z)\mathrm{d}y+R(x,y,z)\mathrm{d}z=$$
$$\int_a^b [P(x,y(x),z(x))+Q(x,y(x),z(x))y'(x)$$
$$+R(x,y(x),z(x))z'(x)]\mathrm{d}x. \quad (12.2.4)$$

如果 $L$ 为 $xOy$ 平面上的光滑曲线,其方程为
$$x=x(t),\ y=y(t),\ t\in[\alpha,\beta],$$
则
$$\int_L P(x,y)\mathrm{d}x+Q(x,y)\mathrm{d}y=$$
$$\int_\alpha^\beta [P(x(t),y(t))x'(t)+Q(x(t),y(t))y'(t)]\mathrm{d}t. \quad (12.2.5)$$

因此,如果 $L$ 是方程为
$$y=y(x),\ x\in[a,b]$$
的 $xOy$ 平面上的光滑曲线,则
$$\int_L P(x,y)\mathrm{d}x+Q(x,y)\mathrm{d}y=$$
$$\int_a^b [P(x,y(x))+Q(x,y(x))y'(x)]\mathrm{d}x. \quad (12.2.6)$$

**例 12.2.1** 计算 $I=\oint_L (y^2-z^2)\mathrm{d}x+(z^2-x^2)\mathrm{d}y+(x^2-y^2)\mathrm{d}z$,其中 $L$ 为球面 $x^2+y^2+z^2=1$ 在第一卦限部分的边界,当从球面外

面看时为顺时针方向.

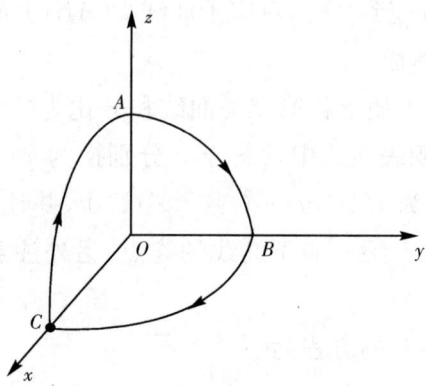

图 12.2.3

**解** 如图 12.2.3 所示,曲线 $L$ 是由圆弧段 $\widehat{AB}, \widehat{BC}, \widehat{CA}$ 三段组成. 设

$$I_{\widehat{AB}} = \int_{\widehat{AB}} (y^2 - z^2)dx + (z^2 - x^2)dy + (x^2 - y^2)dz,$$

$$I_{\widehat{BC}} = \int_{\widehat{BC}} (y^2 - z^2)dx + (z^2 - x^2)dy + (x^2 - y^2)dz,$$

$$I_{\widehat{CA}} = \int_{\widehat{CA}} (y^2 - z^2)dx + (z^2 - x^2)dy + (x^2 - y^2)dz,$$

由第二类曲线积分对路径的可加性知

$$I = I_{\widehat{AB}} + I_{\widehat{BC}} + I_{\widehat{CA}}.$$

现在先计算 $I_{\widehat{AB}}$,注意到 $\widehat{AB}$ 的参数方程为

$$x = 0, y = \cos t, z = \sin t, \quad t: \frac{\pi}{2} \to 0.$$

因此,由公式(12.2.3)知

$$I_{\widehat{AB}} = \int_{\frac{\pi}{2}}^{0} [(\sin t)^2(-\sin t) - (\cos t)^2(\cos t)]dt =$$

$$\int_{0}^{\frac{\pi}{2}} (\sin^3 t + \cos^3 t)dt = \frac{4}{3}.$$

再由对称性(或同理可计算)得到

$$I = 3I_{\widehat{AB}} = 4.$$

**例 12.2.2** 求空间中一质量为 $m$ 的物体沿某一条光滑曲线 $L$ 从 $A$ 点移动到 $B$ 点时,重力所做的功.

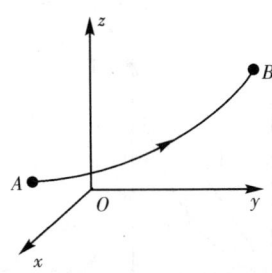

图 12.2.4

**解** 作直角坐标系,使 $z$ 轴铅直向上,在这个坐标系下,设 $A=(x_1,y_1,z_1)$,$B=(x_2,y_2,z_2)$,如图 12.2.4 所示. 设 $L$ 的方程为
$$x=x(t), y=y(t), z=z(t), t\in[\alpha,\beta],$$
则
$$A=(x(\alpha),y(\alpha),z(\alpha)),$$
$$B=(x(\beta),y(\beta),z(\beta)).$$
显然重力 $\boldsymbol{F}=\{0,0,-mg\}$,这里 $g$ 为重力加速度,则由公式(12.2.2)知,重力所做的功为
$$W=\int_L(-mg)\mathrm{d}z=-mg\int_\alpha^\beta z'(t)\mathrm{d}t=mg(z_1-z_2).$$

**例 12.2.3** 计算第二类曲线积分
$$I=\int_{OA}x\mathrm{d}y-y\mathrm{d}x,$$
其中 $O$ 为 $xOy$ 坐标系的原点,$A$ 点的坐标为 $(1,2)$. 并设

(1) $OA$ 为直线段;

(2) $OA$ 为抛物线 $y=2x^2$;

(3) $OA$ 为由 $x$ 轴上的线段 $OB$ 和平行于 $y$ 轴的线段 $BA$ 所组成的折线.

**解** 如图 12.2.5 所示. (1)直线段 $OA$ 的方程为 $y=2x$,于是由公式(12.2.6)知
$$I=\int_0^1(2x-2x)\mathrm{d}x=0;$$

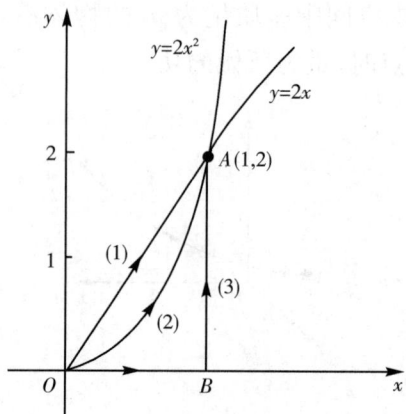

图 12.2.5

(2) 由公式(12.2.6)直接可得

$$I = \int_0^1 (4x^2 - 2x^2) dx = \frac{2}{3};$$

(3) 线段 $OB$ 的方程为 $y=0$ ($0 \leqslant x \leqslant 1$),由公式(12.2.6)知

$$I_1 = \int_{OB} x dy - y dx = 0,$$

另外,线段 $BA$ 的方程为 $x=1$,从而有(选 $y$ 为参数)

$$I_2 = \int_{BA} x dy - y dx = \int_0^2 1 \cdot dy - y d(1) = \int_0^2 dy = 2.$$

**例 12.2.4** 求第二类曲线积分 $I = \int_{OA} x dy + y dx$,其中路径 $OA$ 分别为上例中的三种情况.

**解** (1) $I = \int_0^1 (2x + 2x) dx = 2$;

(2) $I = \int_0^1 (4x^2 + 2x^2) dx = 2$;

(3) $I = \int_0^1 (x d(0) + 0 \cdot dx) + \int_0^2 (1 \cdot dy + y d(2)) = \int_0^2 dy = 2.$

**注意** 例 12.2.2、例 12.2.3 和例 12.2.4 表明,第二类曲线积分既可能与路径有关,也可能与路径无关.

### 12.2.4 两类曲线积分的关系

第一类曲线积分与第二类曲线积分有着本质的区别.形式上,

第一类曲线积分 $\int_L f(x,y,z)\mathrm{d}s$ 是数量函数 $f(x,y,z)$ 对弧长 $s$ 的积分；而第二类曲线积分 $\int_L P(x,y,z)\mathrm{d}x + Q(x,y,z)\mathrm{d}y + R(x,y,z)\mathrm{d}z$ 则是向量函数
$$F(x,y,z) = \{P(x,y,z), Q(x,y,z), R(x,y,z)\}$$
的各个分量函数对坐标的积分之和. 本质上, 第一类曲线积分与路径的方向无关, 在化为定积分来计算时, 下限总是小于上限, 而第二类曲线积分与积分路径的方向有关（方向相反时, 积分值变号）, 在化为定积分来计算时, 下限未必小于上限. 不过, 这两类曲线积分并不是彼此孤立的, 它们有着密切的联系, 在一定条件下还可以相互转化.

设向量函数 $F=\{P,Q,R\}$ 在有向光滑曲线 $L=\widehat{AB}$ 上连续, 记向量 $\mathrm{d}r=\{\mathrm{d}x,\mathrm{d}y,\mathrm{d}z\}$, 则由关系式
$$\int_{\widehat{AB}} F \cdot \mathrm{d}r = \int_{\widehat{AB}} P\mathrm{d}x + Q\mathrm{d}y + R\mathrm{d}z$$
知, 可将左端积分的被积表达式 $F \cdot \mathrm{d}r$ 看成向量 $F$ 与 $\mathrm{d}r$ 的数量积. 由第 10 章 §10.5 的结果可知, 曲线 $L=\widehat{AB}$ 的切向量为 $\{x',y',z'\}$, 从而 $\mathrm{d}r=\{\mathrm{d}x,\mathrm{d}y,\mathrm{d}z\}$ 也是切向量. 我们规定 $\mathrm{d}r$ 的方向与积分路径的方向一致. 由于
$$|\mathrm{d}r| = \sqrt{(\mathrm{d}x)^2 + (\mathrm{d}y)^2 + (\mathrm{d}z)^2} = \mathrm{d}s,$$
因此, 若记 $T_0$ 为 $L$ 的单位切向量, 则
$$\mathrm{d}r = |\mathrm{d}r| T_0 = T_0 \mathrm{d}s.$$
再记 $\mathrm{d}r$ 的方向余弦为 $\{\cos\alpha, \cos\beta, \cos\gamma\}$, 那么
$$T_0 = \{\cos\alpha, \cos\beta, \cos\gamma\},$$
从而第二类曲线积分
$$\int_{\widehat{AB}} F \cdot \mathrm{d}r = \int_{\widehat{AB}} F \cdot T_0 \mathrm{d}s =$$
$$\int_{\widehat{AB}} \{P,Q,R\} \cdot \{\cos\alpha, \cos\beta, \cos\gamma\} \mathrm{d}s =$$
$$\int_{\widehat{AB}} (P\cos\alpha + Q\cos\beta + R\cos\gamma)\mathrm{d}s,$$
亦即
$$\int_{\widehat{AB}} P\mathrm{d}x + Q\mathrm{d}y + R\mathrm{d}z = \int_{\widehat{AB}} (P\cos\alpha + Q\cos\beta + R\cos\gamma)\mathrm{d}s.$$
$$(12.2.7)$$

当第二型曲线积分的路径$\overset{\frown}{AB}$换向时，方向余弦也变号，此时式(12.2.7)仍然成立. 式(12.2.7)右端为数量函数$(P\cos\alpha+Q\cos\beta+R\cos\gamma)$的第一类曲线积分. 由

$$T_0 = \frac{\mathrm{d}\boldsymbol{r}}{|\mathrm{d}\boldsymbol{r}|} = \left\{\frac{\mathrm{d}x}{\mathrm{d}s}, \frac{\mathrm{d}y}{\mathrm{d}s}, \frac{\mathrm{d}z}{\mathrm{d}s}\right\} = \{\cos\alpha, \cos\beta, \cos\gamma\}$$

知

$$\mathrm{d}x = \cos\alpha\,\mathrm{d}s, \mathrm{d}y = \cos\beta\,\mathrm{d}s, \mathrm{d}z = \cos\gamma\,\mathrm{d}s.$$

公式(12.2.7)就是**两类曲线积分之间的转化公式**.

类似地，对于平面曲线情形，其转化公式为

$$\int_{\overset{\frown}{AB}} P\,\mathrm{d}x + Q\,\mathrm{d}y = \int_{\overset{\frown}{AB}} (P\cos\alpha + Q\cos\beta)\,\mathrm{d}s.$$

**例 12.2.5** 设 $P,Q,R$ 在光滑曲线 $L$ 上连续，其弧长为 $l$，试证

$$\left|\int_L P\,\mathrm{d}x + Q\,\mathrm{d}y + R\,\mathrm{d}z\right| \leqslant Ml,$$

其中 $M = \max\{\sqrt{P^2+Q^2+R^2} : (x,y,z) \in L\}$.

**证明** 由公式(12.2.7)和上节中的性质 12.1.5 知

$$\left|\int_L P\,\mathrm{d}x + Q\,\mathrm{d}y + R\,\mathrm{d}z\right| = \left|\int_L (P\cos\alpha + Q\cos\beta + R\cos\gamma)\,\mathrm{d}s\right| \leqslant$$

$$\int_L |P\cos\alpha + Q\cos\beta + R\cos\gamma|\,\mathrm{d}s.$$

应用 Cauchy 不等式，我们有

$$|P\cos\alpha + Q\cos\beta + R\cos\gamma| \leqslant$$

$$\sqrt{P^2+Q^2+R^2}\sqrt{\cos^2\alpha+\cos^2\beta+\cos^2\gamma} =$$

$$\sqrt{P^2+Q^2+R^2} \leqslant M,$$

从而

$$\left|\int_L P\,\mathrm{d}x + Q\,\mathrm{d}y + R\,\mathrm{d}z\right| \leqslant \int_L M\,\mathrm{d}s = Ml.$$

### 习题 12.2

1. 求下列第二类曲线积分 $\int_L \boldsymbol{F} \cdot \mathrm{d}\boldsymbol{r}$：

(1) $\boldsymbol{F} = \{\frac{1}{3}y, -x, (x+y+z)\}$，$L$ 是从 $A(1,0,0)$ 到点 $B(3,3,4)$ 的直线；

(2) $\boldsymbol{F} = \{y, z, x\}$，$L$ 为依参数增加方向进行的纽形螺线

$$x = a\cos t, y = a\sin t, z = bt, t \in [0, 2\pi].$$

2. 计算 $\int_L y^2 \mathrm{d}x + x^2 \mathrm{d}y$,其中 $L$ 为

(1) 圆周 $x^2 + y^2 = R^2$ 的上半部分,方向为逆时针方向;

(2) 从点 $M(R,0)$ 到点 $N(-R,0)$ 的直线段.

3. 计算曲线积分 $\int_L (x^2 + y^2)\mathrm{d}x + (x^2 - y^2)\mathrm{d}y$,其中 $L$ 为折线 $y = 1 - |1-x|$ $(0 \leqslant x \leqslant 2)$,且设从原点经过点 $P(1,1)$ 到点 $B(2,0)$ 是积分所沿的方向.

4. 计算沿有向闭回路 $ABCDA$ 的第二类曲线积分

$$\oint_{\overline{ABCDA}} (x^2 - 2xy)\mathrm{d}x + (y^2 - 2xy)\mathrm{d}y,$$

其中 $A(1,-1), B(1,1), C(-1,1), D(-1,-1)$.

5. 计算第二类曲线积分

$$\oint_L \frac{(x+y)\mathrm{d}x - (x-y)\mathrm{d}y}{x^2 + y^2},$$

其中 $L$ 为圆周 $x^2 + y^2 = a^2$,方向为逆时针方向.

6. 弹性力 $\boldsymbol{F}$ 的方向指向坐标原点,力的大小与质点到坐标原点的距离成正比,设质点在力 $\boldsymbol{F}$ 的作用下沿椭圆 $\frac{x^2}{a^2} + \frac{y^2}{b^2} = 1$ 逆时针方向运动一周,求弹性力 $\boldsymbol{F}$ 做的功.

7. 设 $P(x,y)$ 和 $Q(x,y)$ 在光滑曲线 $L$ 上连续,试证明

$$\left| \int_L P(x,y)\mathrm{d}x + Q(x,y)\mathrm{d}y \right| \leqslant Ml,$$

其中 $l$ 是 $L$ 的长度,$M = \max\{\sqrt{P^2(x,y) + Q^2(x,y)} : (x,y) \in L\}$.

## §12.3  Green 公式

### 12.3.1  Green 公式

平面闭曲线上的第二类曲线积分与该闭曲线所围平面区域上某个函数的二重积分之间有着密切的关系,在一定条件下,它们之间可以互相转化. 揭示这种关系的公式就是下文中所说的 Green 公式.

首先让我们引入若干重要概念. 设 $L$ 为平面上的一条曲线,它的方程为

$$\boldsymbol{r}(t) = x(t)\boldsymbol{i} + y(t)\boldsymbol{j}, t \in [\alpha, \beta].$$

如果 $\boldsymbol{r}(\alpha) = \boldsymbol{r}(\beta)$,而且有

$$\boldsymbol{r}(t_1) \neq \boldsymbol{r}(t_2), \forall t_1, t_2 \in (\alpha, \beta), t_1 \neq t_2,$$

则称 $L$ 为**简单闭曲线**(或 **Jordan 曲线**). 这就是说,简单闭曲线除两

端点重合外,曲线自身不相交.

设 $D$ 为平面上的一个区域.如果 $D$ 内的任何简单闭曲线所围的区域全部在 $D$ 内,则称 $D$ 为**单连通区域**,否则称之为**复(多)连通区域**.例如,图 12.3.1 所示的三个区域(阴影部分)均为单连通区域,图 12.3.2 所示的三个区域(阴影部分)均为多连通区域.通俗地说,单连通区域之中不含有"洞",而复连通区域之中含有"洞".

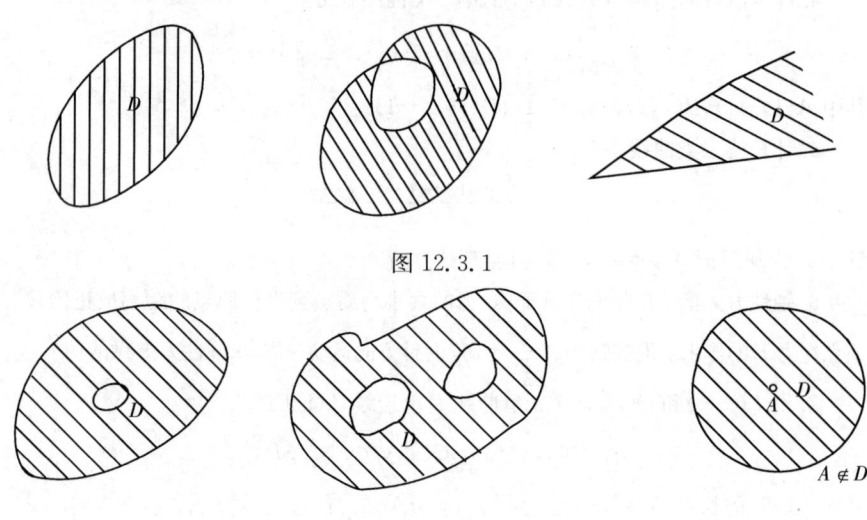

图 12.3.1

图 12.3.2

对于平面有界区域 $D$,我们给它的边界 $\partial D$ 规定一个正向.设 $\partial D$ 是由一条或几条曲线围成,$\partial D$ 的正向是这样规定的,沿着这个方向前进时,区域 $D$ 总在其左边.例如,$D=\{(x,y):1<x^2+y^2<4\}$,则
$$\partial D = \{(x,y):x^2+y^2=1\} \bigcup \{(x,y):x^2+y^2=4\},$$
亦即 $\partial D$ 为两个同心圆周,其正方向如图 12.3.3 所示.

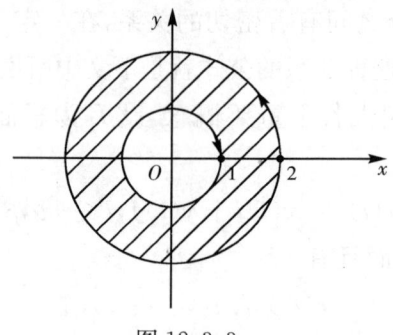

图 12.3.3

**定理 12.3.1(Green 公式)** 设 $D$ 为平面上由光滑或分段光滑的简单闭曲线所围的单连通区域. 如果函数 $P(x,y), Q(x,y)$ 在 $D$ 上具有连续偏导数,那么

$$\oint_{L^+} P(x,y)\mathrm{d}x + Q(x,y)\mathrm{d}y = \iint_D \left[\frac{\partial Q(x,y)}{\partial x} - \frac{\partial P(x,y)}{\partial y}\right]\mathrm{d}x\mathrm{d}y,$$

(12.3.1)

其中 $L^+$ 表示沿 $D$ 的边界的正方向.

**证明** 情形 1:如果 $D$ 可同时表示为下列两种形式

$$D = \{(x,y): y_1(x) \leqslant y \leqslant y_2(x), a \leqslant x \leqslant b\} =$$
$$\{(x,y): x_1(y) \leqslant x \leqslant x_2(y), c \leqslant y \leqslant d\}.$$

此时,平行于 $x$ 轴或 $y$ 轴的直线与区域 $D$ 的边界至多交两点,这种区域称为**标准区域**,如图 12.3.4 所示.

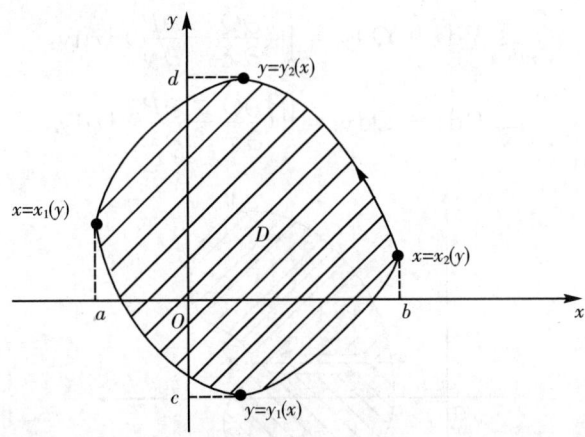

图 12.3.4

在此情形下

$$\iint_D \frac{\partial P(x,y)}{\partial y}\mathrm{d}x\mathrm{d}y = \int_a^b \mathrm{d}x \int_{y_1(x)}^{y_2(x)} \frac{\partial P(x,y)}{\partial y}\mathrm{d}y =$$

$$\int_a^b [P(x, y_2(x)) - P(x, y_1(x))]\mathrm{d}x =$$

$$-\int_a^b P(x, y_1(x))\mathrm{d}x - \int_b^a P(x, y_2(x))\mathrm{d}x =$$

$$-\oint_{L^+} P(x,y)\mathrm{d}x,$$

(12.3.2)

其中上式最后一步是利用上节公式(12.3.6). 同理

$$\iint_D \frac{\partial Q(x,y)}{\partial x} \mathrm{d}x\mathrm{d}y = \int_c^d \mathrm{d}y \int_{x_1(y)}^{x_2(y)} \frac{\partial Q(x,y)}{\partial x} \mathrm{d}x =$$

$$\int_c^d [Q(x_2(y),y) - Q(x_1(y),y)] \mathrm{d}y =$$

$$\int_c^d Q(x_2(y),y) \mathrm{d}y + \int_d^c Q(x_1(y),y) \mathrm{d}y =$$

$$\oint_{L^+} Q(x,y) \mathrm{d}y, \tag{12.3.3}$$

将式(12.3.2),(12.3.3)合并就得到式(12.3.1).

**情形 2**：如果 $D$ 可分成有限块标准区域的情形. 如图 12.3.5 所示，用光滑曲线 $AB$ 将 $D$ 分成 $D_1$ 与 $D_2$ 两个区域，且 $D_1$ 与 $D_2$ 均是标准区域. 因此，对 $D_1,D_2$ 分别应用 Green 公式便有

$$\oint_{\widehat{ABMA}} P\mathrm{d}x + Q\mathrm{d}y = \iint_{D_1} \left(\frac{\partial Q}{\partial x} - \frac{\partial P}{\partial y}\right) \mathrm{d}x\mathrm{d}y,$$

$$\oint_{\widehat{BANB}} P\mathrm{d}x + Q\mathrm{d}y = \iint_{D_2} \left(\frac{\partial Q}{\partial x} - \frac{\partial P}{\partial y}\right) \mathrm{d}x\mathrm{d}y.$$

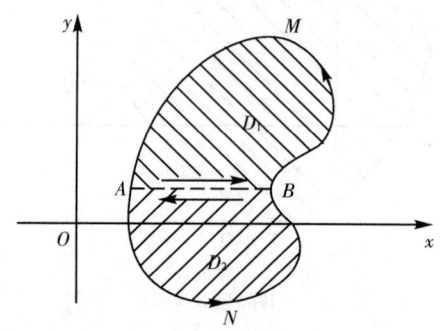

图 12.3.5

**注意** $D_1$ 与 $D_2$ 的公共边界均为 $AB$，其方向相对于 $D_1$ 而言是从 $A$ 到 $B$，相对于 $D_2$ 而言是从 $B$ 到 $A$，两者方向正好相反，所以将上面的两式相加便得

$$\oint_{L^+} P\mathrm{d}x + Q\mathrm{d}y = \iint_D \left(\frac{\partial Q}{\partial x} - \frac{\partial P}{\partial y}\right) \mathrm{d}x\mathrm{d}y.$$

**情形 3**：对更一般情形的 $D$，Green 公式的证明比较复杂，在此从略.

Green 公式表明,在一定的条件下,平面闭曲线上的第二类曲线积分与其所围平面区域上的二重积分之间存在着密切的联系. 下面我们对 Green 公式再作进一步讨论.

首先,注意到定理 1 是针对平面单连通区域给出的. 事实上,如果 $D$ 为有限个"洞"的复连通区域,那么在一定条件下,Green 公式也是成立的.

**定理 12.3.2(Green 公式)** 假设 $D$ 为平面上只有有限个"洞"的复连通有界区域,其边界是由有限条光滑或分段光滑的简单闭曲线组成. 如果函数 $P(x,y),Q(x,y)$ 在 $D$ 上具有连续偏导数,那么

$$\oint_{L^+} P(x,y)\mathrm{d}x + Q(x,y)\mathrm{d}y = \iint_D \left[\frac{\partial Q(x,y)}{\partial x} - \frac{\partial P(x,y)}{\partial y}\right]\mathrm{d}x\mathrm{d}y,$$

其中 $L^+$ 为复连通区域 $D$ 的边界的正方向.

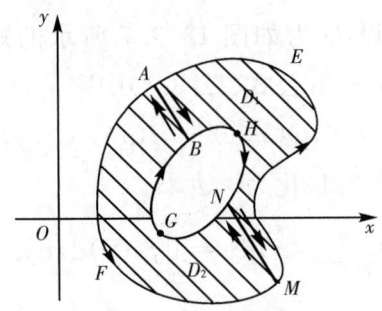

图 12.3.6

**证明** 不失一般性,假设 $D$ 内只有一个"洞",如图 12.3.6 所示. $D$ 的边界曲线 $L$ 的正向 $L^+$ 应为

$$L^+ = \overparen{AFMEA} + \overparen{BHNGB}.$$

现在用光滑曲线 $AB, MN$ 将 $D$ 的内外边界连结起来,把 $D$ 分成两个单连通区域 $D_1$ 和 $D_2$,那么 $D_1, D_2$ 的边界正向曲线分别为

$$L_1^+ = \overparen{ABHNMEA}, \quad L_2^+ = \overparen{AFMNGBA}.$$

在 $D_1$ 与 $D_2$ 上分别应用定理 12.3.1,得

$$\oint_{L_1^+} P\mathrm{d}x + Q\mathrm{d}y = \iint_{D_1} \left(\frac{\partial Q}{\partial x} - \frac{\partial P}{\partial y}\right)\mathrm{d}x\mathrm{d}y,$$

$$\oint_{L_2^+} P\mathrm{d}x + Q\mathrm{d}y = \iint_{D_2} \left(\frac{\partial Q}{\partial x} - \frac{\partial P}{\partial y}\right)\mathrm{d}x\mathrm{d}y.$$

将上述两式相加,有

$$\left(\int_{L_1^+}+\int_{L_2^+}\right)(P\mathrm{d}x+Q\mathrm{d}y)=\iint_D\left(\frac{\partial Q}{\partial x}-\frac{\partial P}{\partial y}\right)\mathrm{d}x\mathrm{d}y. \quad (12.3.4)$$

注意到式(12.3.4)左边恰为向量函数$\{P(x,y),Q(x,y)\}$在$D$的边界正向上的第二类曲线积分,从而知结论成立.

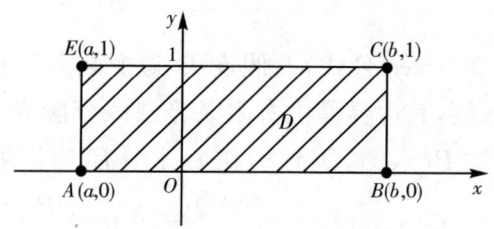

图 12.3.7

其次,可以认为 Green 公式是 Newton-Leibniz 公式在二维情形的推广.事实上,假设$D$为如图 12.3.7 所示的矩形区域,$f(x)$在$[a,b]$上可导.如在 Green 公式(12.3.1)中取

$$P(x,y)=0, Q(x,y)=f(x), (x,y)\in D,$$

那么 Green 公式(12.3.1)化为

$$\oint_{\overline{ABCEA}}f(x)\mathrm{d}y=\iint_D f'(x)\mathrm{d}x\mathrm{d}y. \quad (12.3.5)$$

利用化累次积分的方法可知,式(12.3.5)右边就是$\int_a^b f'(x)\mathrm{d}x$,而式(12.3.5)左边等于

$$\left(\int_{\overline{AB}}+\int_{\overline{BC}}+\int_{\overline{CE}}+\int_{\overline{EA}}\right)f(x)\mathrm{d}y=$$

$$\left(\int_{\overline{BC}}+\int_{\overline{EA}}\right)f(x)\mathrm{d}y=\int_0^1 f(b)\mathrm{d}y+\int_1^0 f(a)\mathrm{d}y=$$

$$f(b)-f(a).$$

这就得到了 Newton-Leibniz 公式

$$\int_a^b f'(x)\mathrm{d}x=f(b)-f(a).$$

最后,我们注意到,若在 Green 公式中取

$$P(x,y)=-y, Q(x,y)=x, (x,y)\in D,$$

则由 Green 公式知

$$\oint_{L^+} -y\mathrm{d}x + x\mathrm{d}y = \iint_D 2\mathrm{d}x\mathrm{d}y = 2A,$$

其中 $A$ 为 $D$（单连通或复连通）的面积，$L^+$ 为 $D$ 的边界正向曲线. 由上可知

$$A = \frac{1}{2}\oint_{L^+} x\mathrm{d}y - y\mathrm{d}x. \qquad (12.3.6)$$

**例 12.3.1** 设 $L$ 为取正向的圆周 $x^2 + y^2 = a^2$，求第二类曲线积分

$$I = \oint_L (2xy - 2y)\mathrm{d}x + (x^2 - 4x)\mathrm{d}y.$$

**解** 本例可用上节的公式（12.3.5）来做，只要令 $L$ 的参数方程为

$$L: x = a\cos t, y = a\sin t, t \in [0, 2\pi].$$

在此，我们用 Green 公式（12.3.1）得

$$I = \iint_D [(2x - 4) - (2x - 2)]\mathrm{d}x\mathrm{d}y = -2\iint_D \mathrm{d}x\mathrm{d}y = -2\pi a^2,$$

其中 $D = \{(x,y): x^2 + y^2 \leqslant a^2\}$.

**例 12.3.2** 求第二类曲线积分

$$I = \int_L [\mathrm{e}^x \sin y - b(x+y)]\mathrm{d}x + (\mathrm{e}^x \cos y - ax)\mathrm{d}y,$$

其中 $a, b$ 为正常数，$L$ 为从点 $A(2a, 0)$ 沿曲线 $y = \sqrt{2ax - x^2}$ 到点 $O(0,0)$ 的弧.

**解** 如图 12.3.8 所示，$L$ 为半圆周，方向为逆时针. 现在，我们

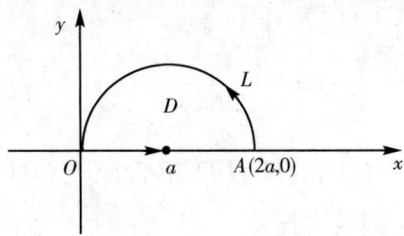

图 12.3.8

添加 $\overline{OA}$ 线段，这样 $L$ 与 $\overline{OA}$ 刚好围成一个平面区域 $D$. 然后在 $D$ 上应用 Green 公式便有

$$I = \left(\int_L + \int_{\overline{OA}} - \int_{\overline{OA}}\right)[e^x\sin y - b(x+y)]dx + (e^x\cos y - ax)dy =$$

$$\oint_{L+\overline{OA}}[e^x\sin y - b(x+y)]dx + (e^x\cos y - ax)dy -$$

$$\int_{\overline{OA}}[e^x\sin y - b(x+y)]dx + (e^x\cos y - ax)dy =$$

$$\iint_D\left\{\frac{\partial}{\partial x}(e^x\cos y - ax) - \frac{\partial}{\partial y}[e^x\sin y - b(x+y)]\right\}dxdy -$$

$$\int_0^{2a}[e^x\sin 0 - b(x+0)]dx + (e^x\cos 0 - ax)d(0) =$$

$$\iint_D(b-a)dxdy + \int_0^{2a}bx\,dx = (b-a)\frac{\pi}{2}a^2 + 2ba^2.$$

**例 12.3.3** 计算第二类曲线积分

$$I = \oint_{L^+}\frac{y\,dx - x\,dy}{x^2 + y^2},$$

其中 $L$ 为任意不经过原点的光滑闭曲线.

**解** 令 $P(x,y) = \dfrac{y}{x^2+y^2}$, $Q(x,y) = -\dfrac{x}{x^2+y^2}$, 则 $P(x,y)$ 和 $Q(x,y)$ 在 $O(0,0)$ 点处不连续. 下面分两种情形来计算这个积分.

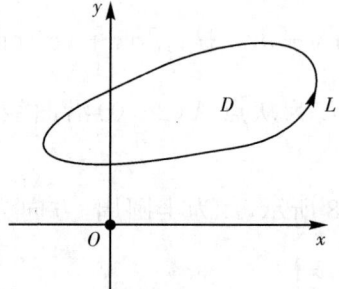

图 12.3.9

情形 1：设 $L$ 所包围的区域 $D$ 不含原点 $O(0,0)$, 如图 12.3.9 所示, 由于 $O(0,0) \notin D$, 故有

$$\frac{\partial Q(x,y)}{\partial x} - \frac{\partial P(x,y)}{\partial y} = \frac{x^2 - y^2}{(x^2+y^2)^2} - \frac{x^2 - y^2}{(x^2+y^2)^2} = 0,$$

$$(x,y) \in D,$$

因此,

$$I = \oint_{L^+} P(x,y)\mathrm{d}x + Q(x,y)\mathrm{d}y =$$
$$\iint_D \left[\frac{\partial Q(x,y)}{\partial x} - \frac{\partial P(x,y)}{\partial y}\right]\mathrm{d}x\mathrm{d}y = \iint_D 0\mathrm{d}x\mathrm{d}y = 0.$$

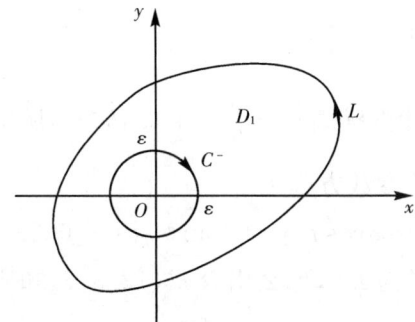

图 12.3.10

情形 2：设 $L$ 所包围的区域 $D$ 包含了原点 $O(0,0)$，如图 12.3.10 所示. 由于 $O(0,0) \in D$，而 $P(x,y), Q(x,y)$ 在 $O(0,0)$ 点不连续，当然它们的偏导数在 $O(0,0)$ 不连续，从而不能应用 Green 公式. 为了能应用 Green 公式，需要将原点 $O(0,0)$ "挖去". 为此，以 $O(0,0)$ 为中心，以 $\varepsilon(>0)$ 为半径作一个小圆周 $C$，使 $C$ 整个在以 $L$ 为边界的有界闭区域 $D$ 内，于是在挖去这个小圆域之后的区域 $D_1$ 上，$P(x,y)$ 和 $Q(x,y)$ 的偏导数均连续了，从而可应用复连通域的 Green 公式. 这时，有

$$\frac{\partial Q(x,y)}{\partial x} - \frac{\partial P(x,y)}{\partial y} = 0, (x,y) \in D,$$

且有

$$I = \oint_{L^+} P(x,y)\mathrm{d}x + Q(x,y)\mathrm{d}y =$$
$$\left(\oint_{L^+} + \oint_{C^-}\right)[P(x,y)\mathrm{d}x + Q(x,y)\mathrm{d}y] - \oint_{C^-} P(x,y)\mathrm{d}x + Q(x,y)\mathrm{d}y =$$
$$\iint_{D_1}\left[\frac{\partial Q(x,y)}{\partial x} - \frac{\partial P(x,y)}{\partial y}\right]\mathrm{d}x\mathrm{d}y - \oint_{C^-} P(x,y)\mathrm{d}x + Q(x,y)\mathrm{d}y =$$
$$-\oint_{C^-} P(x,y)\mathrm{d}x + Q(x,y)\mathrm{d}y = \oint_{C^+} P(x,y)\mathrm{d}x + Q(x,y)\mathrm{d}y,$$

注意到，$C^+$ 的参数方程为

$$x = \varepsilon\cos t, y = \varepsilon\sin t, t \in [0, 2\pi],$$

从而有

$$I = \int_0^{2\pi} \frac{1}{\varepsilon^2}[(\varepsilon\sin t)(-\varepsilon\sin t) - (\varepsilon\cos t)(\varepsilon\cos t)]dt =$$

$$-\int_0^{2\pi} dt = -2\pi.$$

**例 12.3.4** 计算椭圆 $\dfrac{x^2}{a^2} + \dfrac{y^2}{b^2} = 1$ $(a, b > 0)$ 所围图形的面积.

**解** 设椭圆的参数方程为

$$x = a\cos t, y = b\sin t, t \in [0, 2\pi],$$

记椭圆的正向边界为 $L^+$,那么由公式(12.3.6)知所求面积为

$$A = \frac{1}{2}\oint_{L^+} x\,dy - y\,dx = \frac{1}{2}\int_0^{2\pi}(ab\cos^2 t + ab\sin^2 t)dt =$$

$$\frac{1}{2}ab\int_0^{2\pi} dt = \pi ab.$$

### 12.3.2 平面曲线积分与路径无关的条件

可以想象,若一个向量函数沿着连接 $A, B$ 两个端点的一条路径 $L$ 积分,一般说来,这个第二类曲线积分值不仅与端点有关,而且还会与路径有关.

但由上节例 12.2.2 和例 12.2.4 知,某些第二类曲线积分仅与端点有关,而与路径无关. 于是提出一个问题:在什么条件下,曲线积分与路径无关呢?下面就来探讨曲线积分与路径无关的条件,先给出积分与路径无关的定义.

**定义 12.3.1** 设 $D$ 为平面区域,$P(x, y)$ 和 $Q(x, y)$ 为 $D$ 上的连续函数,如果对于 $D$ 内任意两点 $A, B$,积分值

$$\int_L P(x, y)dx + Q(x, y)dy$$

只与 $A, B$ 两点有关,而与从 $A$ 到 $B$ 的路径 $L$(这里只考虑光滑或分段光滑曲线)无关,此时就称曲线积分 $\int_L P(x, y)dx + Q(x, y)dy$ 与路径无关,否则称为与路径有关.

下面给出平面曲线积分与路径无关的条件.

**定理 12.3.3** 设 $D$ 为平面上的单连通区域，$P(x,y)$ 和 $Q(x,y)$ 在 $D$ 上具有连续的一阶偏导数，则下列四个命题是等价的.

（ⅰ）对 $D$ 内任意一条光滑（或分段光滑）闭曲线 $L$，
$$\oint_L P(x,y)\mathrm{d}x + Q(x,y)\mathrm{d}y = 0.$$

（ⅱ）对 $D$ 内任意光滑（或分段光滑）曲线 $\overset{\frown}{AB}$，曲线积分
$$\int_{\overset{\frown}{AB}} P(x,y)\mathrm{d}x + Q(x,y)\mathrm{d}y$$
只与起点 $A$ 及终点 $B$ 有关，而与积分路径无关.

（ⅲ）存在 $D$ 上的可微函数 $U(x,y)$，使得
$$\mathrm{d}U(x,y) = P(x,y)\mathrm{d}x + Q(x,y)\mathrm{d}y,$$
亦即 $P(x,y)\mathrm{d}x + Q(x,y)\mathrm{d}y$ 是 $U(x,y)$ 的全微分.

（ⅳ）在 $D$ 内成立等式
$$\frac{\partial P(x,y)}{\partial y} = \frac{\partial Q(x,y)}{\partial x}, \forall (x,y) \in D.$$

**证明** （ⅰ）$\Rightarrow$（ⅱ）：如图 12.3.11 所示，设 $\overset{\frown}{ACB}$ 与 $\overset{\frown}{AEB}$ 为区域

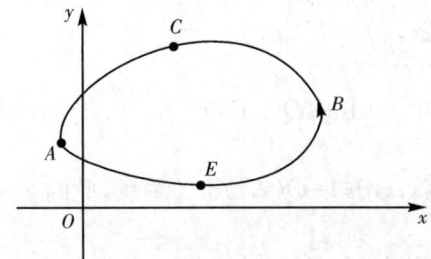

图 12.3.11

$D$ 内从点 $A$ 到点 $B$ 的任意两条路径，则由（ⅰ）知
$$\oint_{\overset{\frown}{ACBEA}} P(x,y)\mathrm{d}x + Q(x,y)\mathrm{d}y = 0.$$
上式左端拆成两个积分后便有
$$0 = \int_{\overset{\frown}{ACB}} P(x,y)\mathrm{d}x + Q(x,y)\mathrm{d}y + \int_{\overset{\frown}{BEA}} P(x,y)\mathrm{d}x + Q(x,y)\mathrm{d}y =$$
$$\int_{\overset{\frown}{ACB}} P(x,y)\mathrm{d}x + Q(x,y)\mathrm{d}y - \int_{\overset{\frown}{AEB}} P(x,y)\mathrm{d}x + Q(x,y)\mathrm{d}y,$$
从而有

$$\int_{\widehat{ACB}} P(x,y)\mathrm{d}x + Q(x,y)\mathrm{d}y = \int_{\widehat{AEB}} P(x,y)\mathrm{d}x + Q(x,y)\mathrm{d}y,$$

亦即（ⅱ）成立.

（ⅱ）$\Rightarrow$（ⅲ）：设定点$(x_0, y_0) \in D$，作函数

$$U(x,y) = \int_{(x_0,y_0)}^{(x,y)} P(s,t)\mathrm{d}s + Q(s,t)\mathrm{d}t, (x,y) \in D, \quad(12.3.7)$$

这里积分沿从$(x_0, y_0)$到$(x,y)$的任意路径. 由于曲线积分与路径无关，因此$U(x,y)$是有确定意义的.

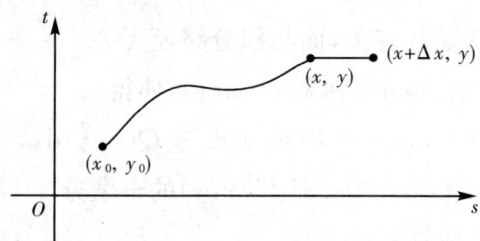

图 12.3.12

现在，取如图 12.3.12 所示的积分路径时，则成立（$\Delta x$ 充分小，使得$(x+\Delta x, y) \in D$）

$$\frac{1}{\Delta x}[U(x+\Delta x, y) - U(x,y)] =$$

$$\frac{1}{\Delta x}\left[\int_{(x_0,y_0)}^{(x+\Delta x,y)} P(s,t)\mathrm{d}s + Q(s,t)\mathrm{d}t - \int_{(x_0,y_0)}^{(x,y)} P(s,t)\mathrm{d}s + Q(s,t)\mathrm{d}t\right] =$$

$$\frac{1}{\Delta x}\int_{(x,y)}^{(x+\Delta x,y)} P(s,t)\mathrm{d}s + Q(s,t)\mathrm{d}t \text{（注意，此时} t=y, \mathrm{d}t = 0\text{）} =$$

$$\frac{1}{\Delta x}\int_{x}^{x+\Delta x} P(s,y)\mathrm{d}s = P(\xi, y),$$

其中$\xi$在$x$与$x+\Delta x$之间，这里最后一步使用了定积分的中值定理. 因此

$$\frac{\partial U(x,y)}{\partial x} = \lim_{\Delta x \to 0}\frac{1}{\Delta x}[U(x+\Delta x, y) - U(x,y)] =$$

$$\lim_{\Delta x \to 0} P(\xi, y) = P(x,y).$$

同理可证$\dfrac{\partial U(x,y)}{\partial y} = Q(x,y)$. 所以在$D$内成立

$$\mathrm{d}U(x,y) = P(x,y)\mathrm{d}x + Q(x,y)\mathrm{d}y.$$

（ⅲ）$\Rightarrow$（ⅳ）：由于存在$D$上的连续可微函数$U$，使得

$$dU(x,y) = P(x,y)dx + Q(x,y)dy,$$

所以有

$$\frac{\partial U(x,y)}{\partial x} = P(x,y), \frac{\partial U(x,y)}{\partial y} = Q(x,y).$$

又由于 $P(x,y)$ 和 $Q(x,y)$ 在 $D$ 内具有连续偏导数,因此

$$\frac{\partial P(x,y)}{\partial y} = \frac{\partial^2 U(x,y)}{\partial x \partial y} = \frac{\partial^2 U(x,y)}{\partial y \partial x} = \frac{\partial Q(x,y)}{\partial x}.$$

(iv)⇒( i ):对于包含在 $D$ 内的光滑(或分段光滑)闭曲线 $L$, 设它包围的区域为 $D_1$,那么由 Green 公式知

$$\int_{L^+} P(x,y)dx + Q(x,y)dy = \iint_{D_1} \left[\frac{\partial Q(x,y)}{\partial x} - \frac{\partial P(x,y)}{\partial y}\right]dxdy = 0.$$

上面的证明还给出了当曲线积分与路径无关时,

$$P(x,y)dx + Q(x,y)dy$$

在 $D$ 内的原函数的构造方法,由式(12.3.7)定义的函数

$$U(x,y) = \int_{(x_0,y_0)}^{(x,y)} P(s,t)ds + Q(s,t)dt$$

称为是 $P(x,y)dx + Q(x,y)dy$ 的一个原函数. 利用原函数,可得到类似于微积分基本公式的公式:

$$\int_{\widehat{AB}} P(x,y)dx + Q(x,y)dy = U(x_B, y_B) - U(x_A, y_A) =$$

$$U(x,y)\bigg|_{(x_A, y_A)}^{(x_B, y_B)}. \tag{12.3.8}$$

事实上,沿图 12.3.13 所示的积分路径,有

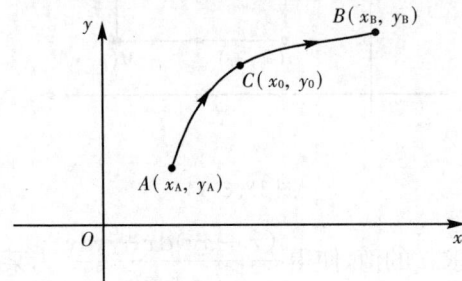

图 12.3.13

$$\int_{\widehat{AB}} P(x,y)\mathrm{d}x + Q(x,y)\mathrm{d}y = \left(\int_{\widehat{AC}} + \int_{\widehat{CB}}\right)[P(x,y)\mathrm{d}x + Q(x,y)\mathrm{d}y] =$$

$$-\int_{\widehat{CA}} P(x,y)\mathrm{d}x + Q(x,y)\mathrm{d}y + \int_{\widehat{CB}} P(x,y)\mathrm{d}x + Q(x,y)\mathrm{d}y =$$

$$-U(x_A, y_A) + U(x_B, y_B) = U(x,y)\bigg|_{(x_A, y_A)}^{(x_B, y_B)}.$$

公式(12.3.8)为某些曲线积分的计算提供了方便. 如果被积表达式 $P(x,y)\mathrm{d}x + Q(x,y)\mathrm{d}y$ 是某个函数 $U(x,y)$ 的全微分,即

$$\mathrm{d}U(x,y) = P(x,y)\mathrm{d}x + Q(x,y)\mathrm{d}y,$$

那么函数 $U(x,y)$ 在积分路径终点与起点处的值的差,就是曲线积分的值,这与 Newton-Leibniz 公式很类似.

如果 $P(x,y)\mathrm{d}x + Q(x,y)\mathrm{d}y$ 是某个函数 $U(x,y)$ 的全微分,则常用图 12.3.14 所示的两个积分路径来求 $U(x,y)$. 例如,

$$U(x,y) = \int_{(x_0, y_0)}^{(x,y)} P(s,t)\mathrm{d}s + Q(s,t)\mathrm{d}t =$$

$$\int_{\overline{AM}} P(s,t)\mathrm{d}s + Q(s,t)\mathrm{d}t + \int_{\overline{MB}} P(s,t)\mathrm{d}s + Q(s,t)\mathrm{d}t =$$

$$\int_{x_0}^{x} P(s, y_0)\mathrm{d}s + \int_{y_0}^{y} Q(x,t)\mathrm{d}t, (x,y) \in D, \quad (12.3.9)$$

其中 $(x_0, y_0)$ 为 $D$ 内任意一点. 当然,若 $U(x,y)$ 为 $P(x,y)\mathrm{d}x + Q(x,y)\mathrm{d}y$ 的一个原函数,则 $U(x,y) + C$($C$ 为任意常数)也是 $P(x,y)\mathrm{d}x + Q(x,y)\mathrm{d}y$ 的原函数.

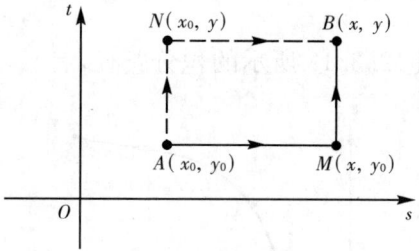

图 12.3.14

**例 12.3.5** 求 $a$ 的值,使得 $\dfrac{(x+ay)\mathrm{d}x + y\mathrm{d}y}{(x+y)^2}$ 为某函数的全微分.

**解** 令

$$P(x,y) = \frac{x+ay}{(x+y)^2}, \quad Q(x,y) = \frac{y}{(x+y)^2},$$

直接计算,可得
$$\frac{\partial Q}{\partial x} = \frac{-2y}{(x+y)^3}, \quad \frac{\partial P}{\partial y} = \frac{(a-2)x - ay}{(x+y)^3}.$$
令 $\frac{\partial Q}{\partial x} = \frac{\partial P}{\partial y}$,从中可得 $a=2$.

**例 12.3.6** 设函数 $Q(x,y)$ 在 $xOy$ 平面上具有一阶连续偏导数,曲线积分
$$\int_L 2xy\,dx + Q(x,y)\,dy$$
与路径无关,并且对任意 $t$ 恒有
$$\int_{(0,0)}^{(t,1)} 2xy\,dx + Q(x,y)\,dy = \int_{(0,0)}^{(1,t)} 2xy\,dx + Q(x,y)\,dy, \quad (12.3.10)$$
求 $Q(x,y)$.

**解** 由于曲线积分 $\int_L 2xy\,dx + Q(x,y)\,dy$ 与积分路径无关,故有
$$\frac{\partial Q(x,y)}{\partial x} = \frac{\partial(2xy)}{\partial y} = 2x,$$
因为是对 $x$ 积分,故积分"常数"可能含有 $y$,故写成 $C(y)$,
$$Q(x,y) = \int 2x\,dx + C(y) = x^2 + C(y),$$
其中 $C(y)$ 为待定函数. 将 $Q(x,y)$ 的表示式代入式(12.3.10),有
$$\int_{(0,0)}^{(t,1)} 2xy\,dx + (x^2 + C(y))\,dy = \int_{(0,0)}^{(1,t)} 2xy\,dx + (x^2 + C(y))\,dy.$$
对上式左、右两边分别计算,并注意到积分与路径无关,故可用折线计算,便有
$$\int_{(0,0)}^{(t,1)} 2xy\,dx + (x^2 + C(y))\,dy = \int_0^1 (t^2 + C(y))\,dy = t^2 + \int_0^1 C(y)\,dy;$$
$$\int_{(0,0)}^{(1,t)} 2xy\,dx + (x^2 + C(y))\,dy = \int_0^t (1^2 + C(y))\,dy = t + \int_0^t C(y)\,dy.$$
从而由式(12.3.10)知
$$t^2 + \int_0^1 C(y)\,dy = t + \int_0^t C(y)\,dy.$$
两边对 $t$ 求导,便可得 $C(t) = 2t - 1$,从而
$$Q(x,y) = x^2 + C(y) = x^2 + 2y - 1.$$

**例 12.3.7** 求 $\dfrac{x\mathrm{d}y-y\mathrm{d}x}{x^2+y^2}$ 在右半平面 $(x>0)$ 上的一个原函数.

**解** 令
$$P(x,y)=\dfrac{-y}{x^2+y^2},\quad Q(x,y)=\dfrac{x}{x^2+y^2},$$

因此有
$$\dfrac{\partial P(x,y)}{\partial y}=\dfrac{y^2-x^2}{x^2+y^2}=\dfrac{\partial Q(x,y)}{\partial x},\quad x>0,$$

故 $\dfrac{x\mathrm{d}y-y\mathrm{d}x}{x^2+y^2}$ 必是某个函数的全微分. 取如图 12.3.15 所示的积分路径,利用公式(12.3.9)便有

$$U(x,y)=\int_1^x 0\mathrm{d}s+\int_0^y \dfrac{x}{x^2+t^2}\mathrm{d}t=\arctan\dfrac{y}{x}.$$

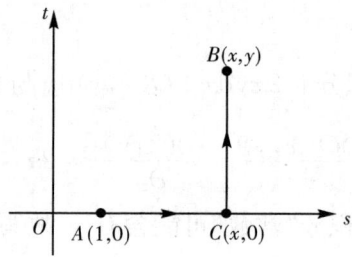

图 12.3.15

## 习题 12.3

1. 利用 Green 公式,计算下列曲线积分:

(1) $\oint_{L^+} xy^2\mathrm{d}y-x^2 y\mathrm{d}x$,其中 $L$ 为圆周 $x^2+y^2=R^2$;

(2) $\oint_{L^-}(x+y)\mathrm{d}x-(x-y)\mathrm{d}y$,其中 $L$ 为椭圆周 $\dfrac{x^2}{a^2}+\dfrac{y^2}{b^2}=1$;

(3) $\oint_{L^-}\mathrm{e}^{-(x^2-y^2)}[\cos 2xy\mathrm{d}x+\sin 2xy\mathrm{d}y]$,其中 $L$ 为圆周 $x^2+y^2=a^2$;

(4) $\oint_{L^+}(x+y^2)\mathrm{d}x+(x^2-y^2)\mathrm{d}y$,$L$ 是 $\triangle ABC$ 的边界,其中 $A(1,1)$,$B(3,2)$,$C(3,5)$.

2. 利用闭曲线 $L$ 所围区域的面积公式
$$A=\dfrac{1}{2}\oint_{L^+} x\mathrm{d}y-y\mathrm{d}x,$$
计算下列曲线所围区域的面积:

(1) 椭圆周 $L:x=a\cos t,y=b\sin t,t\in[0,2\pi]$;

(2) 星形线 $L: x=a\cos^3 t, y=b\sin^3 t, t\in[0,2\pi]$;

(3) 双纽线 $L: (x^2+y^2)^2=a^2(x^2-y^2)$. (提示: 利用极坐标)

3. 利用添加辅助线的方法计算下列曲线积分:

(1) $\int_L (e^x\sin y-my)dx+(e^x\cos y-m)dy$, 其中 $L$ 为从 $A(a,0)$ 到 $O(0,0)$ 的上半圆周 $x^2+y^2=ax$;

(2) $\int_L (x^2+2xy-y^2)dx+(x^2-2xy+y^2)dy$, 其中 $L$ 从点 $A(0,-1)$ 沿直线到点 $M(1,0)$, 再从 $M$ 沿圆周 $x^2+y^2=1$ 到点 $B(0,1)$.

4. 计算曲线积分 $\oint_L \dfrac{xdy-ydx}{4x^2+y^2}$, 其中 $L$ 是以点 $(1,0)$ 为中心, $R$ 为半径的圆周 $(R>1)$, 取顺时针方向. (提示: 仿照本节例 3 的情形 2, 挖去一个小椭圆)

5. 曲线积分 $\int_L (e^x+2f(x))ydx-f(x)dy$ 与路径无关, 且 $f(1)=1$, 求
$$I=\int_{(0,0)}^{(1,1)} (e^x+2f(x))ydx-f(x)dy.$$

6. 设变力 $\boldsymbol{F}=\{x^2+y^2, 2xy-8\}$, 证明该力在 $xOy$ 平面内沿任意曲线 $L$ 做功与路径 $L$ 无关.

7. 求下列全微分的一个原函数:

(1) $(x+2y)dx+(2x+y)dy$;

(2) $(2x\cos y+y^2\cos x)dx+(2y\sin x-x^2\sin y)dy$.

# §12.4 第一类曲面积分

我们将在本节和后续两节里讨论曲面积分问题. 曲面积分的积分区域是空间的一张曲面, 我们所讨论的曲面都是光滑或分片光滑的, 这样, 这些曲面本身就可求面积. 所谓**光滑曲面**, 是指在曲面上每点 $P$ 处都有切平面, 并且当点 $P$ 在曲面上连续变动时, 切平面法向量的方向也连续变化. 分片光滑曲面是指由有限多片光滑曲面组成的连续曲面.

## 12.4.1 第一类曲面积分的概念

让我们首先考虑一个实例. 设有一分片光滑的物质曲面 $S$, 其上质量分布不均匀, $S$ 上每点 $P$ 处的面密度为 $\mu(P)$, 试求 $S$ 的质量 $m$. 我们沿用微元法思想, 首先将 $S$ 任意分成 $n$ 小块, 各小块曲面

及其面积都记作
$$\Delta S_1, \Delta S_2, \cdots, \Delta S_n.$$
在每一小块 $\Delta S_i$ 上任取一点 $P_i$，则每小块的质量 $\Delta m_i$ 近似为
$$\Delta m_i \approx \mu(P_i)\Delta S_i, \quad i=1,2,\cdots,n.$$
求和得到
$$m = \sum_{i=1}^{n} \Delta m_i \approx \sum_{i=1}^{n} \mu(P_i)\Delta S_i.$$
令 $\lambda = \max\{d(\Delta S_1), d(\Delta S_2), \cdots, d(\Delta S_n)\}$，其中 $d(\Delta S_i)$ 表示 $\Delta S_i$ 的直径$(i=1,2,\cdots,n)$。最后，让 $\lambda \to 0^+$，就得到
$$m = \lim_{\lambda \to 0^+} \sum_{i=1}^{n} \mu(P_i)\Delta S_i.$$
受此启发，引入第一类曲面积分的概念。

**定义 12.4.1** 设函数 $f(x,y,z)$ 在空间有界光滑（或分片光滑）曲面 $S$ 上有定义且有界，将 $S$ 任意分成 $n$ 小块，每小块及其面积均记为
$$\Delta S_1, \Delta S_2, \cdots, \Delta S_n.$$
在 $\Delta S_i$ 上任取一点 $(\xi_i, \eta_i, \zeta_i)$，作和式
$$\sum_{i=1}^{n} f(\xi_i, \eta_i, \zeta_i)\Delta S_i.$$
如果当所有小曲面 $\Delta S_i$ 的最大直径 $\lambda$ 趋于零时，上述和式的极限存在，记为 $I$，且 $I$ 与曲面的分法和点 $(\xi_i, \eta_i, \zeta_i)$ 的选取无关，则称此极限值 $I$ 为函数 $f(x,y,z)$ 在曲面 $S$ 上的**第一类曲面积分**，记为 $\iint_S f(x,y,z)\mathrm{d}S$，即
$$\iint_S f(x,y,z)\mathrm{d}S = \lim_{\lambda \to 0^+} \sum_{i=1}^{n} f(\xi_i, \eta_i, \zeta_i)\Delta S_i,$$
其中 $f(x,y,z)$ 称为被积函数，$S$ 称为积分曲面。

根据以上定义，本节开头提出的物质曲面 $S$ 的质量应为
$$m = \iint_S \mu(P)\mathrm{d}S = \iint_S \mu(x,y,z)\mathrm{d}S.$$
我们指出，若 $S$ 是分片光滑曲面，函数 $f(x,y,z)$ 在 $S$ 上连续（或除有限条分段光滑曲线外，$f(x,y,z)$ 在 $S$ 上连续，且在 $S$ 上有

界),则 $f(x,y,z)$ 在 $S$ 上的第一类曲面积分存在(证明从略).

由第一类曲面积分与第一类曲线积分的定义可以推断出,第一类曲面积分具有类似于第一类曲线积分的一些性质,此处不再叙述.

### 12.4.2 第一类曲面积分的计算

下面,给出第一类曲面积分的计算方法,其理论证明从略.

假设 $S$ 是一张光滑或分片光滑的有界曲面. 首先将 $S$ 投影到某一坐标面上,这时要注意,$S$ 上任意两点在该坐标面上的投影点必须不重合. 如果不论投到哪一个坐标面,总有投影点重合,则应将 $S$ 分割成若干片小曲面,使得每一片小曲面满足"投影点不重合",对逐块小曲面处理计算,然后相加. 以下设已满足投影点不重合条件.

例如,$S$ 投影到 $xOy$ 面上,其投影区域为 $D_{xy}$,写出 $S$ 在 $D_{xy}$ 上的表达式

$$S: z = z(x,y),\ (x,y) \in D_{xy}.$$

注意到面积元素

$$dS = \sqrt{1 + \left(\frac{\partial z(x,y)}{\partial x}\right)^2 + \left(\frac{\partial z(x,y)}{\partial y}\right)^2}\, dxdy,$$

从而有

$$\iint_S f(x,y,z)dS = \iint_{D_{xy}} f(x,y,z(x,y)) \sqrt{1 + \left(\frac{\partial z(x,y)}{\partial x}\right)^2 + \left(\frac{\partial z(x,y)}{\partial y}\right)^2}\, dxdy,$$

(12.4.1)

这就是第一类曲面积分的计算公式.

如果 $f(x,y,z)=1$,则得到曲面 $S$ 的面积公式

$$A = \iint_S dS = \iint_{D_{xy}} \sqrt{1 + \left(\frac{\partial z(x,y)}{\partial x}\right)^2 + \left(\frac{\partial z(x,y)}{\partial y}\right)^2}\, dxdy.$$

(12.4.2)

至于 $S$ 的方程为 $y=y(z,x)$ 或 $x=x(y,z)$ 的情形,也有类似于式(12.4.1),(12.4.2)的形式,请读者自己写出.

**例 12.4.1** 求 $\iint_S \dfrac{\mathrm{d}S}{x^2+y^2+z^2}$，其中 $S$ 为介于平面 $z=0$ 和 $z=H(H>0)$ 之间的柱面 $x^2+y^2=R^2$.

**解** 由于 $S$ 为柱面 $x^2+y^2=R^2$ 上的一部分，不能将此 $S$ 投影到 $xOy$ 面上，因为如果这样做的话，总是不能满足"投影点不重合"条件. 此处的 $S$ 只能投影到 $yOz$ 面或 $zOx$ 平面上去，但不论投影到哪一个平面上去，总存在两点的投影重合. 经分析，柱面 $x^2+y^2=R^2$ 关于 $yOz$ 面对称，被积函数为 $x$ 的偶函数，所以

$$\iint_S \dfrac{\mathrm{d}S}{x^2+y^2+z^2} = 2\iint_{S_1} \dfrac{\mathrm{d}S}{x^2+y^2+z^2}, \tag{12.4.3}$$

其中 $S_1$ 为 $S$ 在 $x\geqslant 0$ 的部分. 现在将 $S_1$ 投影到 $yOz$ 面，则其投影点就不重合了. 注意 $S_1$ 的方程可写为

$$S_1: x=x(y,z)=\sqrt{R^2-y^2},\ (y,z)\in D_{yz},$$

其中

$$D_{yz}=\{(y,z): -R\leqslant y\leqslant R, 0\leqslant z\leqslant H\}.$$

直接计算有

$$\dfrac{\partial x(y,z)}{\partial y}=-\dfrac{y}{\sqrt{R^2-y^2}},\ \dfrac{\partial x(y,z)}{\partial z}=0,$$

所以

$$\iint_S \dfrac{\mathrm{d}S}{x^2+y^2+z^2} = 2\iint_{S_1} \dfrac{\mathrm{d}S}{x^2+y^2+z^2} =$$

$$2\iint_{D_{yz}} \dfrac{1}{(\sqrt{R^2-y^2})^2+y^2+z^2}\sqrt{1+\left(\dfrac{\partial x(y,z)}{\partial y}\right)^2+\left(\dfrac{\partial x(y,z)}{\partial z}\right)^2}\mathrm{d}y\mathrm{d}z =$$

$$2\iint_{D_{yz}} \dfrac{R\mathrm{d}y\mathrm{d}z}{(R^2+z^2)\sqrt{R^2-y^2}} = 2R\int_0^H \dfrac{\mathrm{d}z}{R^2+z^2}\int_{-R}^R \dfrac{\mathrm{d}y}{\sqrt{R^2-y^2}} =$$

$$2\pi\arctan\dfrac{H}{R}.$$

**注意** 本例中式(12.4.3)是由对称性建立的. 事实上，若将 $S$ 分成 $S_1$ 和 $S_2$ 两片（其中 $S_2$ 为对应于 $x\leqslant 0$ 的那一片），对 $S_2$ 做类似于 $S_1$ 的处理，照样可以求得结果，读者不妨一试.

与第一类曲线积分类似，在计算第一类曲面积分时，我们经常利用对称性技巧来简化计算，再看一例.

**例 12.4.2** 计算曲面积分 $I = \iint\limits_{S}(x+y+z)\mathrm{d}S$,其中 $S$ 为上半球面 $z = \sqrt{R^2 - x^2 - y^2}$.

**解** 由第一类曲面积分的线性性质知
$$I = \iint\limits_{S} x\,\mathrm{d}S + \iint\limits_{S} y\,\mathrm{d}S + \iint\limits_{S} z\,\mathrm{d}S.$$

因为函数 $f_1(x,y,z) = x$ 是 $x$ 的奇函数,而曲面 $S$ 关于 $yOz$ 平面对称,因此,当我们采取某种关于 $yOz$ 平面对称的分割,并且在每一组对称于 $yOz$ 平面的小块上都取对称点作为中间点时,得到的积分和式为
$$\sum_{i=1}^{n}(\xi_i \Delta S_i - \xi_i \Delta S_i) = 0,$$
从而 $\iint\limits_{S} x\,\mathrm{d}S = 0$. 同理可知 $\iint\limits_{S} y\,\mathrm{d}S = 0$. 于是
$$I = \iint\limits_{S} z\,\mathrm{d}S.$$

现在,将 $S$ 投影到 $xOy$ 平面,则
$$S: z = \sqrt{R^2 - x^2 - y^2},\ (x,y) \in D_{xy},$$
$$D_{xy} = \{(x,y): x^2 + y^2 \leqslant R^2\}.$$
于是由公式(12.4.1)得到
$$I = \iint\limits_{D_{xy}} \sqrt{R^2 - x^2 - y^2} \sqrt{1 + \left(\frac{\partial z}{\partial x}\right)^2 + \left(\frac{\partial z}{\partial y}\right)^2}\,\mathrm{d}x\,\mathrm{d}y =$$
$$R\iint\limits_{D_{xy}} \mathrm{d}x\,\mathrm{d}y = \pi R^3.$$

如果曲面 $S$ 由参数方程
$$\begin{cases} x = x(u,v), \\ y = y(u,v), \\ z = z(u,v), \end{cases} (u,v) \in D_1$$
给出时,那么
$$\iint\limits_{S} f(x,y,z)\,\mathrm{d}S =$$
$$\iint\limits_{D_1} f(x(u,v), y(u,v), z(u,v)) \sqrt{EG - F^2}\,\mathrm{d}u\,\mathrm{d}v, \qquad (12.4.4)$$

其中
$$\begin{cases} E = \left(\dfrac{\partial x(u,v)}{\partial u}\right)^2 + \left(\dfrac{\partial y(u,v)}{\partial u}\right)^2 + \left(\dfrac{\partial z(u,v)}{\partial u}\right)^2, \\ F = \dfrac{\partial x(u,v)}{\partial u}\dfrac{\partial x(u,v)}{\partial v} + \dfrac{\partial y(u,v)}{\partial u}\dfrac{\partial y(u,v)}{\partial v} + \dfrac{\partial z(u,v)}{\partial u}\dfrac{\partial z(u,v)}{\partial v}, \\ G = \left(\dfrac{\partial x(u,v)}{\partial v}\right)^2 + \left(\dfrac{\partial y(u,v)}{\partial v}\right)^2 + \left(\dfrac{\partial z(u,v)}{\partial v}\right)^2. \end{cases}$$
(12.4.5)

特别地,当 $f(x,y,z)=1$ 时就得到 $S$ 的面积公式
$$A = \iint_{D_1} \sqrt{EG - F^2}\, du dv, \qquad (12.4.6)$$
其中 $E,F,G$ 如式(12.4.5)定义.

**例 12.4.3** 计算积分 $I = \iint_S \sqrt{\dfrac{x^2}{a^4} + \dfrac{y^2}{b^4} + \dfrac{z^2}{c^4}}\, dS$,其中 $S$ 为椭球面 $\dfrac{x^2}{a^2} + \dfrac{y^2}{b^2} + \dfrac{z^2}{c^2} = 1, a,b,c > 0$.

**解** 椭球面 $S$ 的参数方程可写为(以 $\theta,\varphi$ 为参数)
$$S: \begin{cases} x = a\sin\varphi\cos\theta, \\ y = b\sin\varphi\sin\theta, \qquad (\theta,\varphi) \in [0,2\pi] \times [0,\pi], \\ z = c\cos\varphi, \end{cases}$$

直接计算可得
$$EG - F^2 = \left[\left(\dfrac{\partial x}{\partial\theta}\right)^2 + \left(\dfrac{\partial y}{\partial\theta}\right)^2 + \left(\dfrac{\partial z}{\partial\theta}\right)^2\right] \cdot \left[\left(\dfrac{\partial x}{\partial\varphi}\right)^2 + \left(\dfrac{\partial y}{\partial\varphi}\right)^2 + \left(\dfrac{\partial z}{\partial\varphi}\right)^2\right] - \left[\dfrac{\partial x}{\partial\theta}\dfrac{\partial x}{\partial\varphi} + \dfrac{\partial y}{\partial\theta}\dfrac{\partial y}{\partial\varphi} + \dfrac{\partial z}{\partial\theta}\dfrac{\partial z}{\partial\varphi}\right]^2 =$$
$$(abc)^2 \sin^2\varphi \left[\dfrac{\cos^2\theta\sin^2\varphi}{a^2} + \dfrac{\sin^2\theta\sin^2\varphi}{b^2} + \dfrac{\cos^2\varphi}{c^2}\right],$$
$$\sqrt{\dfrac{x^2}{a^4} + \dfrac{y^2}{b^4} + \dfrac{z^2}{c^4}} = \sqrt{\dfrac{\cos^2\theta\sin^2\varphi}{a^2} + \dfrac{\sin^2\theta\sin^2\varphi}{b^2} + \dfrac{\cos^2\varphi}{c^2}},$$

再由被积函数与积分曲面的对称性,在第一卦限的积分后再乘 8 即为所求,所以
$$I = 8 \iint_{[0,\frac{\pi}{2}] \times [0,\frac{\pi}{2}]} abc \left(\dfrac{\cos^2\theta\sin^2\varphi}{a^2} + \dfrac{\sin^2\theta\sin^2\varphi}{b^2} + \dfrac{\cos^2\varphi}{c^2}\right) \sin\varphi\, d\varphi d\theta = \dfrac{4}{3} abc\pi \left(\dfrac{1}{a^2} + \dfrac{1}{b^2} + \dfrac{1}{c^2}\right).$$

**例 12.4.4** 求面密度为 $\rho$,半径为 $R$ 的物质球面对其一条直径的转动惯量.

**解** 取球心位于坐标原点,其一条直径(即旋转轴)为 $z$ 轴,则转动惯量为
$$J = \iint\limits_{S}(x^2+y^2)\rho \mathrm{d}S,$$
其中 $S$ 为球面 $x^2+y^2+z^2=R^2$. 为了利用公式(12.4.1)来计算上面的积分,需将 $S$ 分为上半球面
$$S_1: z = \sqrt{R^2-x^2-y^2},\ (x,y)\in D_{xy}$$
及下半球面
$$S_2: z = -\sqrt{R^2-x^2-y^2},\ (x,y)\in D_{xy},$$
其中 $D_{xy}$ 为 $S_1, S_2$ 在 $xOy$ 面上的投影区域,可表为
$$D_{xy} = \{(x,y): x^2+y^2 \leqslant R^2\}.$$
利用积分对区域的可加性得
$$J = \rho\iint\limits_{S_1}(x^2+y^2)\mathrm{d}S + \rho\iint\limits_{S_2}(x^2+y^2)\mathrm{d}S.$$
对之作简单分析可知
$$J = 2\rho\iint\limits_{S_1}(x^2+y^2)\mathrm{d}S.$$
直接计算可得
$$\sqrt{1+z_x^2+z_y^2} = R/\sqrt{R^2-x^2-y^2},$$
从而
$$J = 2\rho\iint\limits_{D_{xy}}\frac{R(x^2+y^2)}{\sqrt{R^2-x^2-y^2}}\mathrm{d}x\mathrm{d}y \quad (\text{用极坐标}) =$$
$$2\rho R\int_0^{2\pi}\mathrm{d}\theta\int_0^R \frac{r^3}{\sqrt{R^2-r^2}}\mathrm{d}r =$$
$$4\pi R\rho\int_0^R \frac{r^3}{\sqrt{R^2-r^2}}\mathrm{d}r \quad (\text{令 } r = R\sin t) =$$
$$4\pi R^4\rho\int_0^{\frac{\pi}{2}}\sin^3 t\,\mathrm{d}t = \frac{8}{3}\pi R^4\rho.$$

## 习题 12.4

1. 求下列第一类曲面积分：

   (1) $\iint\limits_S |xyz| \, dS$，其中 $S$ 为曲面 $z = x^2 + y^2$ 被平面 $z = 1$ 所割下的部分(有界的)；

   (2) $\iint\limits_S \dfrac{dS}{(1+x+y)^2}$，其中 $S$ 为四面体 $x+y+z \leqslant 1, x \geqslant 0, y \geqslant 0, z \geqslant 0$ 的边界；

   (3) $\iint\limits_S (xy+yz+zx) \, dS$，其中 $S$ 为圆锥曲面 $z = \sqrt{x^2+y^2}$ 被曲面 $x^2 + y^2 = 2ax$ 所割下的部分。

2. 求下列第一类曲面部分.

   (1) $\iint\limits_S z \, dS$，其中 $S$ 为螺旋面
   $$x = u\cos v, y = u\sin v, z = v$$
   对应于 $0 \leqslant u \leqslant a, 0 \leqslant v \leqslant 2\pi$ 的一部分；

   (2) $\iint\limits_S z^2 \, dS$，其中 $S$ 为圆锥面
   $$x = r\cos\varphi\sin\alpha, y = r\sin\varphi\sin\alpha, z = r\cos\alpha$$
   对应于 $0 \leqslant r \leqslant a, 0 \leqslant \varphi \leqslant 2\pi$ 的一部分，这里 $\alpha$ 为常数 $(0 < \alpha < \dfrac{\pi}{2})$.

3. 求抛物面壳子 $z = \dfrac{1}{2}(x^2+y^2)$ $(0 \leqslant z \leqslant 1)$ 的质量，此壳的密度按规律 $\rho = z$ 而变更.

4. 求密度为 $\rho_0$ 的均匀球壳 $x^2 + y^2 + z^2 = a^2 (z \geqslant 0)$ 对 $z$ 轴的转动惯量.

# §12.5 第二类曲面积分

## 12.5.1 有向曲面的概念

第二类曲线积分与路径的方向有关，与此类似，下文中将要介绍的第二类曲面积分与曲面的"侧"有关.

常见的曲面大多是可以分出两侧的曲面，即双侧曲面. 例如，一般的纸张有正、反两面，长方体火柴盒有里面和外面. 这类曲面就是常说的双侧曲面. 形象地说，对于双侧曲面，可以在不同侧涂上不同的颜色就能使两侧曲面区别开.

然而，并非所有的光滑曲面都可以分出两侧. 例如，把长方形 $ABCD$ 先扭转一次再首尾相粘，即 $A$ 与 $C$ 相粘，$B$ 与 $D$ 相粘，这就做

成了所谓的 Möbius 带(见图 12.5.1). 如果从某一点开始,用刷子在 Möbius 带上连续地涂色(即指定法向量),最后就会涂满整条带子, 但回到起始点时,涂的是反面(即法向量与已选择的反向). 这样的曲面叫作单侧曲面. 我们今后只讨论双侧曲面, 为此, 我们给出双侧曲面的数学定义.

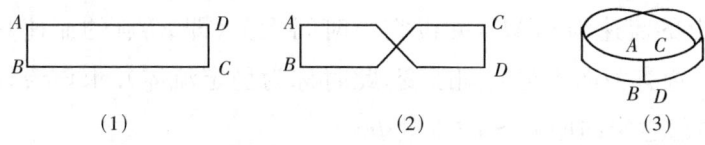

图 12.5.1

**定义 12.5.1** 设 $S$ 为一个光滑曲面, $M$ 为 $S$ 上任意一点. 曲面 $S$ 在点 $M$ 处的法向量有两个指向, 现取定一个指向, 记作 $\boldsymbol{n}$ (见图 12.5.2). 若动点从 $M$ 点出发, 在 $S$ 上不越过边界而任意连续变动, 最后又回到 $M$ 点时, 法向量 $\boldsymbol{n}$ 的方向不改变, 则称 $S$ 为**双侧曲面**, 否则称为**单侧曲面**.

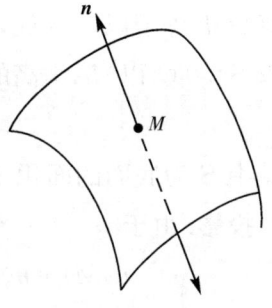

图 12.5.2

这样一来, 在双侧曲面 $S$ 上, 如果选定了一点 $M$ 和曲面 $S$ 在该点的一个法向量, 通过从这点连续地移动法向量就可以唯一地确定 $S$ 上其他点的法向量的方向. 于是曲面 $S$ 就由法向量的方向被分为两侧. 这两侧一般称为正侧和负侧, 分别记作 $S^+$ 和 $S^-$. 规定了正、负侧的双侧曲面称为**有向曲面**.

对于封闭曲面来说, 通常规定其外侧(即外法线方向所指的一侧)为正侧, 内侧(即内法线方向所指的一侧)为负侧.

对于不封闭曲面来说, 通常这样规定其正、负侧: 当曲面分为前后两侧时, 规定其前侧为正侧, 后侧为负侧. 也就是说, 当曲面的方程由

$$x = x(y, z)$$

给出时, 规定其法向量与正 $x$ 轴的夹角为锐角的一侧为正侧, 因此这一侧的法向量应是

$$\boldsymbol{n} = \{1, -x_y, -x_z\}.$$

类似地,当曲面分为上、下两侧时,规定其上侧为正侧,下侧为负侧;当曲面分为左、右两侧时,规定其右侧为正侧,左侧为负侧.

### 12.5.2 第二类曲面积分的概念

首先让我们来看一个实例. 假设不可压缩流体(设其密度为1)在 $M$ 点的流速为 $v(M)$,并设它与时间无关(即 $M$ 点的流速只与点 $M$ 的位置有关而不随时间改变,此时称为稳定流体). 求该流体单位时间内通过定向曲面 $S$ 的流量 $\Phi$.

注意到,如果流速 $v(M)$ 在每一点都相同(即 $v(M)$ 是一个常向量),而且 $S$ 为一平面,那么流量比较容易计算. 由图 12.5.3 知,此时流量 $\Phi$ 等于以 $S$ 为底,以 $|v(M)|$ 为斜高的柱体体积,从而它又等于以 $S$ 为底,以 $\overline{MA}$ 为高的正柱体体积,即

$$\Phi = \overline{MA} \cdot S,$$

其中 $S$ 为底面的面积,$\overline{MA}$ 为向量 $v(M)$ 在 $S$ 的单位法向量 $n(M)$ 上的投影. 由于

$$v(M) \cdot n(M) = |v(M)| |n(M)| \cos\theta = $$
$$|v(M)| \cos\theta = \overline{MA},$$

因此流量为

$$\Phi = v(M) \cdot n(M) S. \tag{12.5.1}$$

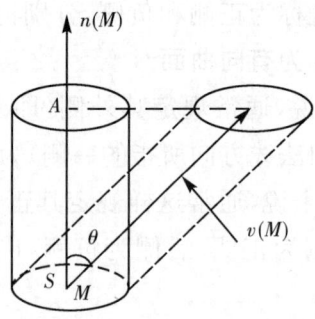

图 12.5.3

然而,现在流速 $v(M)$ 不是常向量,且曲面 $S$ 也不是平面,如图 12.5.4 所示. 为了求出流量,我们仍用微元法思想. 首先,将有向曲

面 $S$ 分割成 $n$ 小块,每小块及其面积都记为
$$\Delta S_1,\ \Delta S_2,\ \cdots,\ \Delta S_n.$$

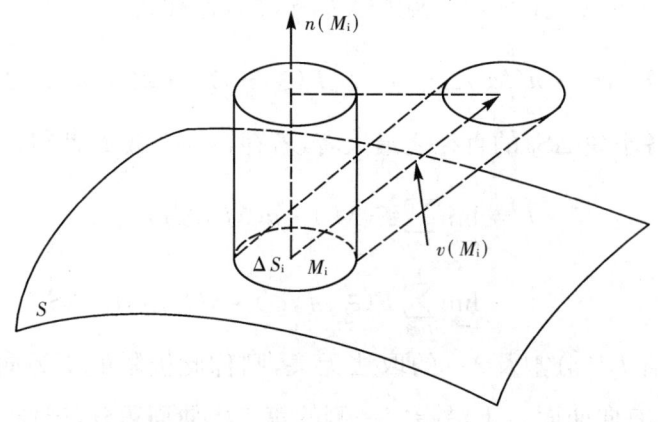

图 12.5.4

然后,在每一小块 $\Delta S_i$ 上任取一点 $M_i$,曲面 $S$ 在 $M_i$ 点的单位法向量为 $\boldsymbol{n}(M_i)$ $(i=1,2,\cdots,n)$. 那么,当分割充分细密时,$\Delta S_i$ 可近似地看作是一小块平面,并可近似地认为小曲面 $\Delta S_i$ 上每点的流速是相同的,都是 $\boldsymbol{v}(M_i)$. 从而由式(12.5.1)知,单位时间内流过 $\Delta S_i$ 的流量近似地为
$$\Delta \Phi_i \approx \boldsymbol{v}(M_i) \cdot \boldsymbol{n}(M_i) \Delta S_i,\ i=1,2,\cdots,n,$$
于是总流量近似为
$$\Phi = \sum_{i=1}^n \Delta \Phi_i \approx \sum_{i=1}^n \boldsymbol{v}(M_i) \cdot \boldsymbol{n}(M_i) \Delta S_i.$$
令 $\lambda = \max\{d(\Delta S_1), d(\Delta S_2), \cdots, d(\Delta S_n)\}$,那么当 $\lambda \to 0$ 时,便得到
$$\Phi = \lim_{\lambda \to 0} \sum_{i=1}^n \boldsymbol{v}(M_i) \cdot \boldsymbol{n}(M_i) \Delta S_i.$$
根据以上思想,我们引入第二类曲面积分的概念.

**定义 12.5.2** 设 $S$ 为光滑或分片光滑的有向曲面,取定其一侧,记这一侧的单位法向量为
$$\boldsymbol{n}(M) = \boldsymbol{n}(x,y,z),\ (x,y,z) \in S.$$
向量函数 $\boldsymbol{F}(M) = \boldsymbol{F}(x,y,z)$ 在 $S$ 上有定义,任意分割 $S$ 为 $n$ 小块,

各小块及其面积都分别记作

$$\Delta S_1, \Delta S_2, \cdots, \Delta S_n.$$

在每一小块 $\Delta S_i$ 上任取一点 $M_i(\xi_i, \eta_i, \zeta_i)$，作和式

$$\sum_{i=1}^{n} \boldsymbol{F}(M_i) \cdot \boldsymbol{n}(M_i) \Delta S_i = \sum_{i=1}^{n} \boldsymbol{F}(\xi_i, \eta_i, \zeta_i) \cdot \boldsymbol{n}(\xi_i, \eta_i, \zeta_i) \Delta S_i.$$

令 $\lambda$ 为各小块 $\Delta S_i$ 的直径之最大者，若存在一个数 $I$，使得

$$I = \lim_{\lambda \to 0^+} \sum_{i=1}^{n} \boldsymbol{F}(M_i) \cdot \boldsymbol{n}(M_i) \Delta S_i =$$

$$\lim_{\lambda \to 0^+} \sum_{i=1}^{n} \boldsymbol{F}(\xi_i, \eta_i, \zeta_i) \cdot \boldsymbol{n}(\xi_i, \eta_i, \zeta_i) \Delta S_i,$$

且极限值 $I$ 与分割及 $M_i$ 的取法无关，则称此极限值 $I$ 为向量函数 $\boldsymbol{F}(M)$ 在有向曲面 $S$ 上沿指定一侧的**第二类曲面积分**，记作

$$\iint_S \boldsymbol{F}(x,y,z) \cdot \boldsymbol{n}(x,y,z) \mathrm{d}S = \lim_{\lambda \to 0^+} \sum_{i=1}^{n} \boldsymbol{F}(\xi_i, \eta_i, \zeta_i) \cdot \boldsymbol{n}(\xi_i, \eta_i, \zeta_i) \Delta S_i,$$

(12.5.2)

简记为

$$\iint_S \boldsymbol{F} \cdot \boldsymbol{n} \mathrm{d}S = \iint_S \boldsymbol{F} \cdot \mathrm{d}\boldsymbol{S}.$$

根据以上定义易知，本节开头所提的问题中，所求的流量 $\Phi$ 便为流速 $\boldsymbol{v}(M)$ 在曲面 $S$ 上的第二类曲面积分，即

$$\Phi = \iint_S \boldsymbol{v}(M) \cdot \boldsymbol{n}(M) \mathrm{d}S.$$

当 $S$ 为封闭曲面时，第二类曲面积分常记作

$$\oiint_S \boldsymbol{F}(M) \cdot \boldsymbol{n}(M) \mathrm{d}S.$$

可以证明，若 $S$ 为有界的光滑或分片光滑有向曲面，向量函数 $\boldsymbol{F}(M)$ 的每个分量函数在 $S$ 上连续，则第二类曲面积分 $\iint_S \boldsymbol{F}(M) \cdot \boldsymbol{n}(M) \mathrm{d}S$ 存在.

上述第二类曲面积分是用向量形式表示的，它表达简明，物理意义清楚，但是，这种形式不便于计算. 为此，我们经常将第二类曲

面积分写成下列坐标形式

$$\iint\limits_{S} \boldsymbol{F}(M) \cdot \boldsymbol{n}(M) \mathrm{d}S =$$
$$\iint\limits_{S} \{P(x,y,z), Q(x,y,z), R(x,y,z)\} \cdot \{\mathrm{d}y\mathrm{d}z, \mathrm{d}z\mathrm{d}x, \mathrm{d}x\mathrm{d}y\} =$$
$$\iint\limits_{S} P(x,y,z)\mathrm{d}y\mathrm{d}z + Q(x,y,z)\mathrm{d}z\mathrm{d}x + R(x,y,z)\mathrm{d}x\mathrm{d}y,$$

(12.5.3)

其中 $\boldsymbol{F}(M) = \{P, Q, R\}$, $\mathrm{d}y\mathrm{d}z, \mathrm{d}z\mathrm{d}x, \mathrm{d}x\mathrm{d}y$ 分别表示有向曲面 $S$ 的面积元素在 $yOz$、$zOx$、$xOy$ 坐标面上的有向投影面积. 因为它们是有向面积元素的投影面积元素,所以它们都带有一定的符号,与二重积分中同样的记号所表示的意义不同. 另外,注意到单独的一项

$$\iint\limits_{S} P(x,y,z)\mathrm{d}y\mathrm{d}z$$

也是第二类曲面积分,它表示向量函数 $\boldsymbol{F}(M) = \{P(x,y,z), 0, 0\}$ 的后两个分量为零的特殊情形.

### 12.5.3 第二类曲面积分的性质

第二类曲面积分定义在有向曲面上,它具有与第二类曲线积分类似的性质,我们不加证明地列示如下.

**性质 12.5.1(方向性)** 记 $S^-$ 为与 $S^+$ 取相反侧的曲面,则

$$\iint\limits_{S^-} \boldsymbol{F} \cdot \boldsymbol{n}\mathrm{d}S = -\iint\limits_{S^+} \boldsymbol{F} \cdot \boldsymbol{n}\mathrm{d}S.$$

**注意** 这个等式两边的 $\boldsymbol{n}$ 是方向相反的.

**性质 12.5.2(线性性质)** 设 $\boldsymbol{F}$ 和 $\boldsymbol{G}$ 在有向曲面 $S$ 上的第二类曲面积分存在,$\alpha, \beta$ 为任意常数,则

$$\iint\limits_{S} (\alpha\boldsymbol{F} + \beta\boldsymbol{G}) \cdot \boldsymbol{n}\mathrm{d}S = \alpha\iint\limits_{S} \boldsymbol{F} \cdot \boldsymbol{n}\mathrm{d}S + \beta\iint\limits_{S} \boldsymbol{G} \cdot \boldsymbol{n}\mathrm{d}S.$$

**性质 12.5.3(曲面可加性)** 设有向光滑曲面 $S$ 分成了 $S_1$ 和 $S_2$ 两片,它们与 $S$ 的取向相同,则 $\boldsymbol{F}$ 在 $S$ 上的第二类曲面积分的存在性等价于 $\boldsymbol{F}$ 在 $S_1$ 和 $S_2$ 上的第二类曲面积分的存在性,且下式成立

$$\iint\limits_{S} \boldsymbol{F} \cdot \boldsymbol{n}\mathrm{d}S = \iint\limits_{S_1} \boldsymbol{F} \cdot \boldsymbol{n}\mathrm{d}S + \iint\limits_{S_2} \boldsymbol{F} \cdot \boldsymbol{n}\mathrm{d}S.$$

两类曲线积分可以相互转化,与此类似,两类曲面积分也可以相互转化.设
$$\boldsymbol{F}(x,y,z) = \{P(x,y,z), Q(x,y,z), R(x,y,z)\},$$
$$\boldsymbol{n}(x,y,z) = \{\cos\alpha, \cos\beta, \cos\gamma\},$$
其中 $\boldsymbol{n}(x,y,z)$ 为有向曲面 $S$ 在指定一侧的点 $(x,y,z)$ 处的单位法向量,$\alpha,\beta,\gamma$ 为 $\boldsymbol{n}$ 的方向角.一般说来,它们都是 $x,y,z$ 的函数,由此知
$$\boldsymbol{F}\cdot\boldsymbol{n} = P\cos\alpha + Q\cos\beta + R\cos\gamma,$$
从而第二类曲面积分
$$\iint_S \boldsymbol{F}\cdot\boldsymbol{n}\,\mathrm{d}S = \iint_S (P\cos\alpha + Q\cos\beta + R\cos\gamma)\,\mathrm{d}S. \quad (12.5.4)$$
公式(12.5.4)的右端是函数 $P\cos\alpha + Q\cos\beta + R\cos\gamma$ 在 $S$ 上的第一类曲面积分,上面的公式(12.5.4)就是两类曲面积分的转化公式.

下面我们用一个例子来说明公式(12.5.4)的应用.

**例 12.5.1** 计算 $\iint_S \boldsymbol{F}\cdot\boldsymbol{n}\,\mathrm{d}S$,其中 $\boldsymbol{F} = \{xy, -x^2, x+z\}$,$S^-$ 是平面 $2x+2y+z=6$ 位于第一卦限的部分,其法向量取为 $\{-2,-2,-1\}$,$\boldsymbol{n}$ 为 $S^-$ 的单位法向量.

**解** 由题设
$$\boldsymbol{n} = \left\{-\frac{2}{3}, -\frac{2}{3}, -\frac{1}{3}\right\},$$
$$\boldsymbol{F}\cdot\boldsymbol{n} = \{xy, -x^2, x+z\}\cdot\left\{-\frac{2}{3}, -\frac{2}{3}, -\frac{1}{3}\right\} =$$
$$-\frac{1}{3}(2xy - 2x^2 + x + z) =$$
$$-\frac{1}{3}(2xy - 2x^2 - x - 2y + 6).$$

由公式(12.5.4)得
$$\iint_S \boldsymbol{F}\cdot\boldsymbol{n}\,\mathrm{d}S = -\frac{1}{3}\iint_S (2xy - 2x^2 - x - 2y + 6)\,\mathrm{d}S =$$
$$-\frac{1}{3}\iint_{D_{xy}} (2xy - 2x^2 - x - 2y + 6)\sqrt{1+z_x^2+z_y^2}\,\mathrm{d}x\mathrm{d}y,$$

其中 $D_{xy}$ 为曲面 $S^-$ 在 $xOy$ 坐标面上的投影区域(见图 12.5.5).

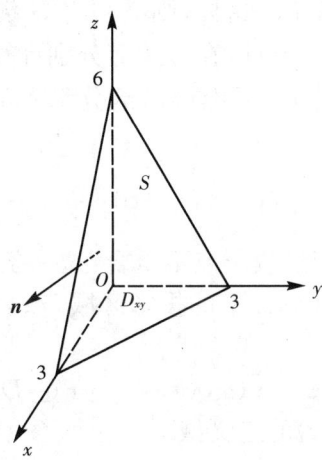

图 12.5.5

由于
$$z = 6 - 2x - 2y, z_x = -2, z_y = -2, \sqrt{1+z_x^2+z_y^2} = 3,$$
因此
$$\iint\limits_{S^-} \boldsymbol{F} \cdot \boldsymbol{n} \mathrm{d}S = -\iint\limits_{D_{xy}} (2xy - 2x^2 - x - 2y + 6)\mathrm{d}x\mathrm{d}y =$$
$$-\int_0^3 \mathrm{d}x \int_0^{3-x} (2xy - 2x^2 - x - 2y + 6)\mathrm{d}y = -\frac{27}{4}.$$

### 12.5.4 第二类曲面积分的计算

例 12.5.1 是利用公式(12.5.4)计算出来的. 事实上, 当曲面 $S$ 在指定一侧的单位法向量 $\boldsymbol{n}$ 容易计算时, 原则上都可以利用式(12.5.4), 将第二类曲面积分化为第一类曲面积分来计算. 但是, 有时 $S$ 的单位法向量不易写出, 或者即使不难写出也比较复杂, 此时我们就要用下列方法将之化为二重积分来计算.

让我们首先来看看所谓的"逐个投影法", 其总的思路是将三个第二类曲面积分
$$\iint\limits_S P(x,y,z)\mathrm{d}y\mathrm{d}z, \iint\limits_S Q(x,y,z)\mathrm{d}z\mathrm{d}x, \iint\limits_S R(x,y,z)\mathrm{d}x\mathrm{d}y$$
分别投影到各自相应的坐标面上化成二重积分来计算. 下面, 我们以 $\iint\limits_S R(x,y,z)\mathrm{d}x\mathrm{d}y$ 为例来说明之.

先将 $S$ 投影到 $xOy$ 坐标平面上去,要求 $S$ 上任意两点在 $xOy$ 面上的投影点不重合. 若不是这样,则必须将 $S$ 剖分成几片,使每片满足"投影点不重合"这一条件,在每片上分别计算然后再叠加. 如果 $S$ 垂直于 $xOy$ 坐标面,此时,无论如何剖分都不满足"投影点不重合"条件,但是此时

$$\iint_S R(x,y,z)\mathrm{d}x\mathrm{d}y = 0.$$

以下总假设曲面 $S$ 满足"投影点不重合"这一条件.

然后,求出 $S$ 在 $xOy$ 面上的投影区域 $D_{xy}$,并写出 $S$ 在 $D_{xy}$ 上的显式方程

$$S: z = z(x,y), \quad (x,y) \in D_{xy},$$

这里 $D_{xy}$ 也就是 $z(x,y)$ 的定义域.

再将 $\iint_S R(x,y,z)\mathrm{d}x\mathrm{d}y$ 化为二重积分

$$\iint_S R(x,y,z)\mathrm{d}x\mathrm{d}y = \pm \iint_{D_{xy}} R(x,y,z(x,y))\mathrm{d}x\mathrm{d}y, \quad (12.5.5)$$

其中"$\pm$"是这样确定的:当有向曲面 $S$ 的法向量 $\boldsymbol{n}$ 与 $z$ 轴正向交角 $\gamma \in \left[0, \frac{\pi}{2}\right]$ 时,式(12.5.5)中取"$+$"号;当 $\gamma \in \left[\frac{\pi}{2}, \pi\right]$ 时,式(12.5.5)中取"$-$"号.

最后计算式(12.5.5)右端的二重积分.

其他两个积分可类似处理之.

逐个投影法思路清晰,但是投影计算量大,还会遇到一些困难. 例如,$S$ 投影到 $xOy$ 面上时,可能不满足"投影不重合"条件,需要将 $S$ 剖分成几片;也可能投影区域 $D_{xy}$ 不易求得;还可能投影得来的二重积分不易计算. 为此,我们再来介绍一种第二类曲面积分的计算方法——转换投影法. 顾名思义,此法是将曲面积分投影到别的坐标平面上去. 例如,设 $S$ 在 $xOy$ 面上的投影满足"投影点不重合"条件,并且投影域 $D_{xy}$ 较容易求得,则有

$$\iint_S P(x,y,z)\mathrm{d}y\mathrm{d}z = \pm \iint_{D_{xy}} P(x,y,z(x,y))\left(-\frac{\partial z}{\partial x}\right)\mathrm{d}x\mathrm{d}y,$$

$$\iint_S Q(x,y,z)\mathrm{d}z\mathrm{d}x = \pm \iint_{D_{xy}} Q(x,y,z(x,y))\left(-\frac{\partial z}{\partial y}\right)\mathrm{d}x\mathrm{d}y,$$

$$\iint_S R(x,y,z)\mathrm{d}x\mathrm{d}y = \pm \iint_{D_{xy}} R(x,y,z(x,y))\mathrm{d}x\mathrm{d}y.$$

以上诸式中"±"是这样确定的:当有向曲面 $S$ 的法向量 $\boldsymbol{n}$ 与 $z$ 轴正向交角 $\gamma\in[0,\frac{\pi}{2}]$ 时,取"+"号;当 $\gamma\in[\frac{\pi}{2},\pi]$ 时,取"-"号. 将上面三式合在一起,便有

$$\iint\limits_{S} P(x,y,z)\mathrm{d}y\mathrm{d}z + Q(x,y,z)\mathrm{d}z\mathrm{d}x + R(x,y,z)\mathrm{d}x\mathrm{d}y =$$
$$\pm\iint\limits_{D_{xy}} \{P(x,y,z(x,y)),Q(x,y,z(x,y)),R(x,y,z(x,y))\}$$
$$\cdot \{-\frac{\partial z}{\partial x},-\frac{\partial z}{\partial y},1\}\mathrm{d}x\mathrm{d}y, \qquad (12.5.6)$$

其中 $z=z(x,y)$ 为曲面 $S$ 的显式表示.

仿上,可以写出投影转换到 $yOz,zOx$ 面上的类似于式(12.5.6)的公式.

**例 12.5.2** 设有一稳定流体,以速度 $\boldsymbol{v}(M)=\{xy,y^2,z^2\}$ 从有向曲面 $S$ 的内侧流向 $S$ 的外侧,求流量 $\Phi$,其中 $S$ 为上半球面 $(x-1)^2+y^2+z^2=1$ $(z\geqslant 0)$ 被锥面 $z=\sqrt{x^2+y^2}$ 所截得部分(满足 $z\geqslant\sqrt{x^2+y^2}$),且指向上.

**解** 以 $\boldsymbol{n}=\{\cos\alpha,\cos\beta,\cos\gamma\}$ 表示 $S$ 的单位法向量,则

$$\Phi = \iint\limits_{S^+} \boldsymbol{v}(M)\cdot\boldsymbol{n}\mathrm{d}S =$$
$$\iint\limits_{S^+} (xy\cos\alpha + y^2\cos\beta + z^2\cos\gamma)\mathrm{d}S =$$
$$\iint\limits_{S^+} xy\mathrm{d}y\mathrm{d}z + y^2\mathrm{d}z\mathrm{d}x + z^2\mathrm{d}x\mathrm{d}y.$$

下面,我们用转换投影法来求上述第二类曲面积分. 为此,先求出 $S$ 在 $xOy$ 面上的投影区域 $D_{xy}$. 从 $(x-1)^2+y^2+z^2=1$ 与 $x^2+y^2=z^2$ 中消去 $z$ 得到 $x^2+y^2=x$,故

$$D_{xy} = \{(x,y):x^2+y^2\leqslant x\},$$

并且 $S$ 到 $xOy$ 上的投影点不重合. $S$ 的方程为

$$z = \sqrt{1-(x-1)^2-y^2} = \sqrt{2x-x^2-y^2}, \quad (x,y)\in D_{xy}.$$

直接计算可知

$$z_x = \frac{1-x}{\sqrt{2x-x^2-y^2}}, z_y = -\frac{y}{\sqrt{2x-x^2-y^2}}.$$

于是,由公式(12.5.6)(此时取"+"号)有

$$\Phi = \iint\limits_{D_{xy}} \left[ xy\frac{x-1}{\sqrt{2x-x^2-y^2}} + \frac{y^3}{\sqrt{2x-x^2-y^2}} + (\sqrt{2x-x^2-y^2})^2 \right] dxdy =$$

$$\iint\limits_{D_{xy}} \left[ \frac{xy(x-1)+y^3}{\sqrt{2x-x^2-y^2}} + (2x-x^2-y^2) \right] dxdy.$$

**注意** 上式被积函数第一项为 $y$ 的奇函数,且 $D_{xy}$ 关于 $x$ 轴对称,所以相应的积分为零,从而

$$\Phi = \iint\limits_{D_{xy}} (2x-x^2-y^2) dxdy (使用极坐标变换) =$$

$$\int_{-\frac{\pi}{2}}^{\frac{\pi}{2}} d\theta \int_0^{\cos\theta} (2r\cos\theta - r^2) r dr =$$

$$\frac{5}{12}\int_{-\frac{\pi}{2}}^{\frac{\pi}{2}} \cos^4\theta d\theta = \frac{5}{6}\int_0^{\frac{\pi}{2}} \cos^4\theta d\theta = \frac{5}{32}\pi.$$

**例 12.5.3** 计算曲面积分 $\iint\limits_S (2x+z) dydz + z dxdy$,其中 $S$ 为有向曲面 $z = x^2 + y^2 (0 \leqslant z \leqslant 1)$,其法向量与 $z$ 轴正向夹角为锐角.

**解** 我们用两种方法来计算这个积分.

方法 1(逐个投影法):先计算 $\iint\limits_S (2x+z) dydz$,将 $S$ 投影到 $yOz$ 平面上,为此应将 $S$ 分成前后两块:

$S_{前}: x = \sqrt{z-y^2}, (y,z) \in D_{yz}$,方向向后;

$S_{后}: x = -\sqrt{z-y^2}, (y,z) \in D_{yz}$,方向向前,

其中

$$D_{yz} = \{(y,z): y^2 \leqslant z \leqslant 1, -1 \leqslant y \leqslant 1\}.$$

所以

$$\iint\limits_S (2x+z) dydz =$$

$$-\iint\limits_{D_{yz}} (2\sqrt{z-y^2}+z) dydz + \iint\limits_{D_{yz}} (-2\sqrt{z-y^2}+z) dydz =$$

$$-4\int_{-1}^1 dy \int_{y^2}^1 \sqrt{z-y^2} dz = -\frac{16}{3}\int_0^1 (1-y^2)^{\frac{3}{2}} dy \xrightarrow{y=\sin t}$$

$$-\frac{16}{3}\int_0^{\frac{\pi}{2}} \cos^4 t dt = -\pi.$$

再计算 $\iint\limits_{S} z\mathrm{d}x\mathrm{d}y$，将 $S$ 投影到 $xOy$ 平面上，投影区域为 $D_{xy} = \{(x,y): x^2 + y^2 \leqslant 1\}$，于是

$$\iint\limits_{S} z\mathrm{d}x\mathrm{d}y = \iint\limits_{D_{xy}} (x^2 + y^2)\mathrm{d}x\mathrm{d}y = \int_0^{2\pi}\mathrm{d}\theta\int_0^1 r^3\mathrm{d}r = \frac{\pi}{2}.$$

到此，我们有

$$\iint\limits_{S} (2x + z)\mathrm{d}y\mathrm{d}z + z\mathrm{d}x\mathrm{d}y = -\pi + \frac{\pi}{2} = -\frac{\pi}{2}.$$

**方法 2**（转换投影法）：将 $S$ 投影到 $xOy$ 平面上去，得到

$$S: z = x^2 + y^2,\ (x,y) \in D_{xy} = \{(x,y): x^2 + y^2 \leqslant 1\},$$

于是由公式(12.5.6)知

$$\iint\limits_{S}(2x+z)\mathrm{d}y\mathrm{d}z + z\mathrm{d}x\mathrm{d}y = \iint\limits_{D_{xy}}[(2x+x^2+y^2)(-2x)+x^2+y^2]\mathrm{d}x\mathrm{d}y =$$

$$\int_0^{2\pi}\mathrm{d}\theta\int_0^1(-4r^2\cos^2\theta + r^2 - 2r^3\cos\theta)r\mathrm{d}r =$$

$$-4\int_0^{\frac{\pi}{2}}\cos^2\theta\mathrm{d}\theta + \frac{1}{2}\pi = -\frac{\pi}{2}.$$

**例 12.5.4** 计算曲面积分 $\oiint\limits_{S}\dfrac{x\mathrm{d}y\mathrm{d}z + z^2\mathrm{d}x\mathrm{d}y}{x^2+y^2+z^2}$，其中 $S$ 是由曲面 $x^2 + y^2 = R^2$ 及两平面 $z = \pm R$（$R > 0$）所围立体表面的外侧.

**解** 我们先求

$$I_1 = \iint\limits_{S}\frac{x\mathrm{d}y\mathrm{d}z}{x^2+y^2+z^2}.$$

注意到 $S$ 是由上底面、下底面及侧面（圆柱面部分）三个部分组成，$S$ 的上底面、下底面均与 $yOz$ 平面垂直，因而相应部分的积分为零. 记 $S$ 的侧面为 $S_1$，应将 $S_1$ 分成前后两块才能用投影法.

$$S_{1前}: x = \sqrt{R^2 - y^2},\ (y,z) \in D_{yz}, 向前,$$
$$S_{1后}: x = -\sqrt{R^2 - y^2},\ (y,z) \in D_{yz}, 向后,$$

其中

$$D_{yz} = \{(y,z): -R \leqslant y \leqslant R, -R \leqslant z \leqslant R\}.$$

于是有

$$I_1 = \iint\limits_{S_{1前}}\frac{x\mathrm{d}y\mathrm{d}z}{x^2+y^2+z^2} + \iint\limits_{S_{1后}}\frac{x\mathrm{d}y\mathrm{d}z}{x^2+y^2+z^2} =$$

$$\iint_{D_{yz}} \frac{\sqrt{R^2-y^2}}{R^2+z^2}\mathrm{d}y\mathrm{d}z - \iint_{D_{yz}} \frac{-\sqrt{R^2-y^2}}{R^2+z^2}\mathrm{d}y\mathrm{d}z =$$

$$2\iint_{D_{yz}} \frac{\sqrt{R^2-y^2}}{R^2+z^2}\mathrm{d}y\mathrm{d}z =$$

$$2\int_{-R}^{R} \sqrt{R^2-y^2}\,\mathrm{d}y \int_{-R}^{R} \frac{\mathrm{d}z}{R^2+z^2} = \frac{1}{2}\pi^2 R.$$

再计算

$$I_2 = \iint_S \frac{z^2 \mathrm{d}x\mathrm{d}y}{x^2+y^2+z^2}.$$

注意到 $S$ 的侧面 $S_1$ 垂直于 $xOy$ 面,相应的上述积分为零. 分别记 $S$ 的上、下底面为 $S_2$ 与 $S_3$,

$$S_2: z=R, (x,y)\in D_{xy}, 向上,$$
$$S_3: z=-R, (x,y)\in D_{xy}, 向下,$$

其中

$$D_{xy}=\{(x,y):x^2+y^2\leqslant R^2\}.$$

于是

$$I_2 = \iint_{S_2} \frac{z^2 \mathrm{d}x\mathrm{d}y}{x^2+y^2+z^2} + \iint_{S_3} \frac{z^2 \mathrm{d}x\mathrm{d}y}{x^2+y^2+z^2} =$$

$$\iint_{D_{xy}} \frac{R^2 \mathrm{d}x\mathrm{d}y}{x^2+y^2+R^2} - \iint_{D_{xy}} \frac{(-R)^2 \mathrm{d}x\mathrm{d}y}{x^2+y^2+R^2} = 0,$$

所以所求第二类曲面积分 $=\frac{1}{2}\pi^2 R + 0 = \frac{1}{2}\pi^2 R.$

## 习题 12.5

1. 计算下列第二类曲面积分:

(1) $\iint_S xyz\,\mathrm{d}y\mathrm{d}z$,其中 $S$ 是球面 $x^2+y^2+z^2=R^2$ 位于第一卦限部分,取上侧;

(2) $\iint_S x^2 z\,\mathrm{d}y\mathrm{d}z + y^2\mathrm{d}z\mathrm{d}x + z\mathrm{d}x\mathrm{d}y$,其中 $S$ 为圆柱面 $x^2+y^2=1$ 的前半个柱面界于平面 $z=0$ 与 $z=3$ 之间的部分,取前侧;

(3) $\iint_S x\mathrm{d}y\mathrm{d}z + y\mathrm{d}z\mathrm{d}x + z\mathrm{d}x\mathrm{d}y$,其中 $S$ 为球面 $x^2+y^2+z^2=R^2$ 的外侧;

(4) $\iint_S \frac{1}{x}\mathrm{d}y\mathrm{d}z + \frac{1}{y}\mathrm{d}z\mathrm{d}x + \frac{1}{z}\mathrm{d}x\mathrm{d}y$,其中 $S$ 为椭球面 $\frac{x^2}{a^2}+\frac{y^2}{b^2}+\frac{z^2}{c^2}=1$ 的外侧.

2. 设有一稳定流体,其流速 $\boldsymbol{v}(M)=\{c,y,z\}$ ($c$ 为常数),一半径为 $R$ 的球面球心在原点,求流体从球面内部流出的流量.

3. 点电荷 $q$ 在真空中产生一个静电场,场中任一点 $P$ 处的电场强度为 $E = \dfrac{q}{4\pi\varepsilon_0} \cdot \dfrac{1}{r^2} r_0$,其中 $r$ 是点 $P$ 到点电荷 $q$ 的距离,$r_0$ 是从 $q$ 指向 $P$ 的单位向量,$\varepsilon_0$ 是常数. 设 $S$ 是以 $q$ 为中心,$R$ 为半径的球面,求 $E$ 通过 $S^+$ 的电通量.

## §12.6  Gauss 公式

由 §12.3 知,Green 公式反映了平面封闭曲线上的第二类曲线积分与所围区域上二重积分的关系. 同样,空间封闭曲面上的第二类曲面积分与所围区域上的三重积分之间也有内在的联系,在一定条件下,它们可以互相转化,转化的公式称为 Gauss 公式.

在叙述并证明 Gauss 公式之前,我们先引入空间中的单连通区域与复连通区域的概念. 设 $\Omega$ 为空间中的一个区域,如果 $\Omega$ 内的任何一张封闭曲面所围的立体仍然属于 $\Omega$,那么就称 $\Omega$ 为二维单连通区域,否则称 $\Omega$ 为二维复连通区域. 通俗地说,二维单连通区域的内部不含有"洞",而二维复连通区域的内部含有"洞",例如
$$\Omega = \{(x,y,z) : x^2 + y^2 + z^2 < R^2\}$$
是二维单连通区域,而
$$\Omega_1 = \{(x,y,z) : 0 < x^2 + y^2 + z^2 < R^2\},$$
$$\Omega_2 = \{(x,y,z) : r^2 < x^2 + y^2 + z^2 < R^2\}$$
均为二维复连通区域.

**定理 12.6.1(Gauss 公式)**  设 $\Omega$ 是 $\mathbb{R}^3$ 中由光滑或分片光滑的封闭曲面 $\partial\Omega$ 所围成的二维单连通闭区域. $P(x,y,z), Q(x,y,z)$ 与 $R(x,y,z)$ 在 $\Omega$ 上具有连续偏导数,则有

$$\iiint_{\Omega} \left( \frac{\partial P}{\partial x} + \frac{\partial Q}{\partial y} + \frac{\partial R}{\partial z} \right) \mathrm{d}x \mathrm{d}y \mathrm{d}z = \oiint_{\partial\Omega^+} P \mathrm{d}y \mathrm{d}z + Q \mathrm{d}z \mathrm{d}x + R \mathrm{d}x \mathrm{d}y,$$

(12.6.1)

其中 $\partial\Omega^+$ 表示有向封闭曲面 $\partial\Omega$ 的外侧.

**证明**  先设 $\Omega$ 可同时表为以下三种形式:
$$\Omega = \{(x,y,z) : z_1(x,y) \leq z \leq z_2(x,y), (x,y) \in D_{xy}\} =$$
$$\{(x,y,z) : y_1(z,x) \leq y \leq y_2(z,x), (z,x) \in D_{zx}\} =$$
$$\{(x,y,z) : x_1(y,z) \leq x \leq x_2(y,z), (y,z) \in D_{yz}\},$$

其中 $D_{xy}, D_{zx}, D_{yz}$ 分别为 $\Omega$ 在 $xOy$ 面, $zOx$ 面, $yOz$ 面上的投影区域, 如图 12.6.1 所示, 这样的区域称为标准区域.

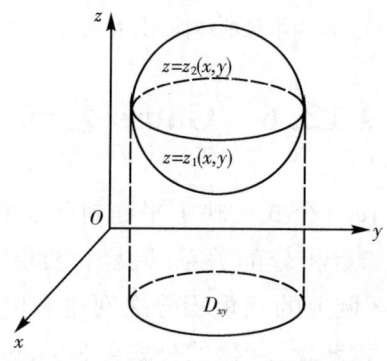

图 12.6.1

设曲面 $S_1, S_2$ 如下, 按规定的定向, $S_1$ 为下侧, $S_2$ 为上侧,
$$S_1: z = z_1(x,y), \; (x,y) \in D_{xy},$$
$$S_2: z = z_2(x,y), \; (x,y) \in D_{xy}.$$

那么, 由 $\Omega$ 的第一种表示就有
$$\iiint_\Omega \frac{\partial R}{\partial z} \mathrm{d}x\mathrm{d}y\mathrm{d}z = \iint_{D_{xy}} \mathrm{d}x\mathrm{d}y \int_{z_1(x,y)}^{z_2(x,y)} \frac{\partial R}{\partial z} \mathrm{d}z =$$
$$\iint_{D_{xy}} [R(x,y,z_2(x,y)) - R(x,y,z_1(x,y))]\mathrm{d}x\mathrm{d}y =$$
$$\iint_{S_2} R(x,y,z)\mathrm{d}x\mathrm{d}y + \iint_{S_1} R(x,y,z)\mathrm{d}x\mathrm{d}y =$$
$$\oiint_{\partial \Omega^+} R(x,y,z)\mathrm{d}x\mathrm{d}y.$$

同理可证(分别利用 $\Omega$ 的第二种表示与第三种表示)
$$\iiint_\Omega \frac{\partial Q}{\partial y} \mathrm{d}x\mathrm{d}y\mathrm{d}z = \oiint_{\partial \Omega^+} Q(x,y,z)\mathrm{d}z\mathrm{d}x,$$
$$\iiint_\Omega \frac{\partial P}{\partial x} \mathrm{d}x\mathrm{d}y\mathrm{d}z = \oiint_{\partial \Omega^+} P(x,y,z)\mathrm{d}y\mathrm{d}z,$$

三式相加就是 Gauss 公式.

如果 $\Omega$ 可分成有限块标准区域时, 可通过添加辅助曲面(见图 12.6.2), 将其分成一块块标准区域. 在每一块标准区域上, Gauss 公式成立, 然后再把它们相加起来. 注意到在辅助曲面上的积分要正反两侧各积分一次, 正好相互抵消, 因而 Gauss 公式(12.6.1)成立.

更一般的情况比较复杂,这里从略.

**注意** Gauss 公式也可以推广到有有限个"洞"的二维复连通区域上去. 如下图 12.6.3 所示的只有一个"洞"的复连通区域,用适当的曲面将它们分割成两个二维单连通区域后再分别应用 Gauss 公式,即可推出 Gauss 公式依然成立. 注意此时区域外面的边界还是外侧,但内部的边界却取内侧,但相对于整个区域,它们事实上都是外侧.

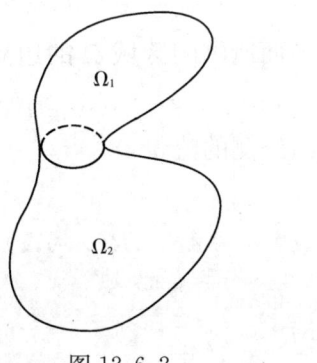
图 12.6.2

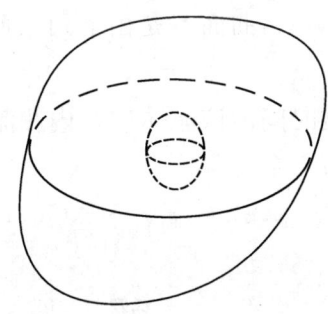
图 12.6.3

特别地,在 Gauss 公式中,若取
$$P(x,y,z) = x, \quad Q(x,y,z) = y, \quad R(x,y,z) = z,$$
则
$$\frac{\partial P}{\partial x} + \frac{\partial Q}{\partial y} + \frac{\partial R}{\partial z} = 3,$$
于是得到空间立体 $\Omega$ 的体积
$$V = \iiint\limits_{\Omega} \mathrm{d}x\mathrm{d}y\mathrm{d}z = \frac{1}{3}\iiint\limits_{\Omega}\left(\frac{\partial x}{\partial x} + \frac{\partial y}{\partial y} + \frac{\partial z}{\partial z}\right)\mathrm{d}x\mathrm{d}y\mathrm{d}z =$$
$$\frac{1}{3}\oiint\limits_{\partial\Omega^+} x\mathrm{d}y\mathrm{d}z + y\mathrm{d}z\mathrm{d}x + z\mathrm{d}x\mathrm{d}y, \tag{12.6.2}$$

其中有向曲面 $\partial\Omega^+$ 为区域 $\Omega$ 的边界曲面外侧.

**例 12.6.1** 求 $\oiint\limits_{S^+} x^3\mathrm{d}y\mathrm{d}z + y^3\mathrm{d}z\mathrm{d}x + z^3\mathrm{d}x\mathrm{d}y$,其中 $S^+$ 为球面 $x^2+y^2+z^2=a^2$ 的外侧.

**解** 令
$$P(x,y,z) = x^3, Q(x,y,z) = y^3, R(x,y,z) = z^3,$$
由于 $P,Q,R$ 在 $S^+$ 所围闭区域上有一阶连续偏导数,故由 Gauss 公

式(12.6.1)知

$$\oiint_{S^+} x^3 \mathrm{d}y\mathrm{d}z + y^3 \mathrm{d}z\mathrm{d}x + z^3 \mathrm{d}x\mathrm{d}y =$$

$$3\iiint_{x^2+y^2+z^2 \leqslant a^2} (x^2+y^2+z^2)\mathrm{d}x\mathrm{d}y\mathrm{d}z =$$

$$3\int_0^{2\pi}\mathrm{d}\theta\int_0^\pi \mathrm{d}\varphi\int_0^a r^2 \cdot r^2 \sin\varphi \mathrm{d}r = \frac{12}{5}\pi a^5.$$

**例 12.6.2** 设有一个稳定流体,其流速 $v(M)=\{x^3-yz, -2x^2y, z\}$,曲面 $S$ 是由下列六个平面所围闭区域 $\Omega$ 的边界,
$$x=0, x=a, y=0, y=a, z=0, z=a\ (a>0),$$
求单位时间内该流体从 $S$ 内侧流向外侧的流量 $\Phi$.

**解** 令
$$P(x,y,z)=x^3-yz, Q(x,y,z)=-2x^2y, R(x,y,z)=z,$$
则
$$\frac{\partial P}{\partial x}+\frac{\partial Q}{\partial y}+\frac{\partial R}{\partial z}=x^2+1,$$
由 Gauss 公式(12.6.1)有
$$\Phi=\oiint_{S^+} v(M) \cdot n \mathrm{d}S = \iint_{S^+}(x^3-yz)\mathrm{d}y\mathrm{d}z-2x^2y\mathrm{d}z\mathrm{d}x+z\mathrm{d}x\mathrm{d}y=$$
$$\iiint_\Omega (x^2+1)\mathrm{d}x\mathrm{d}y\mathrm{d}z = \int_0^a \mathrm{d}x\int_0^a \mathrm{d}y\int_0^a (x^2+1)\mathrm{d}z =$$
$$(1+\frac{1}{3}a^2)a^3.$$

**例 12.6.3** 计算 $I = \iint_{S^-} \frac{ax\mathrm{d}y\mathrm{d}z+(z+a)^2\mathrm{d}x\mathrm{d}y}{\sqrt{x^2+y^2+z^2}}$,其中 $S^-$ 为下半球面 $z=-\sqrt{a^2-x^2-y^2}$ 的上侧,$a>0$ 为常数.

**解** 注意被积表达式中,$(x,y,z)\in S^-$,从而 $x^2+y^2+z^2=a^2$ ($z\leqslant 0$),故有
$$I=\frac{1}{a}\iint_{S^-} ax\mathrm{d}y\mathrm{d}z+(z+a)^2\mathrm{d}x\mathrm{d}y.$$

为了能用 Gauss 公式,我们添一块曲面 $S_1$($xOy$ 面上的一个圆盘)如下
$$S_1: z=0, (x,y)\in D_{xy}=\{(x,y):x^2+y^2\leqslant a^2\}.$$
$S_1^-$ 表示有向曲面 $S_1$ 的下侧,那么 $S^- \cup S_1^-$ 刚好构成一个有向封闭

曲面,其方向为内侧,所围闭区域记为 $\Omega$,从而有

$$I = \oiint_{S^- \cup S_1^-} \frac{1}{a}[ax\mathrm{d}y\mathrm{d}z + (z+a)^2\mathrm{d}x\mathrm{d}y] - \iint_{S_1^-}\frac{1}{a}[ax\mathrm{d}y\mathrm{d}z+(z+a)^2\mathrm{d}x\mathrm{d}y] =$$

$$-\frac{1}{a}\iiint_{\Omega}(3a+2z)\mathrm{d}x\mathrm{d}y\mathrm{d}z - \iint_{S_1^-}\frac{1}{a}[ax\mathrm{d}y\mathrm{d}z+(z+a)^2\mathrm{d}x\mathrm{d}y],$$

直接计算,有

$$\iiint_{\Omega}(3a+2z)\mathrm{d}x\mathrm{d}y\mathrm{d}z = 3a\cdot\frac{1}{2}\cdot\frac{4}{3}\pi a^3 + 2\iiint_{\Omega}z\mathrm{d}x\mathrm{d}y\mathrm{d}z =$$

$$2\pi a^4 + 2\int_0^{2\pi}\mathrm{d}\theta\int_{\frac{\pi}{2}}^{\pi}\mathrm{d}\varphi\int_0^a r\cos\varphi\cdot r^2\sin\varphi\mathrm{d}r = \frac{3}{2}\pi a^4.$$

注意到 $S_1^-$ 垂直于 $yOz$ 面,从而 $\iint_{S_1^-}ax\mathrm{d}y\mathrm{d}z = 0$,故有

$$\iint_{S_1^-}ax\mathrm{d}y\mathrm{d}z+(z+a)^2\mathrm{d}x\mathrm{d}y = \iint_{S_1^-}(z+a)^2\mathrm{d}x\mathrm{d}y =$$

$$\iint_{S_1^-}a^2\mathrm{d}x\mathrm{d}y = -\iint_{D_{xy}}a^2\mathrm{d}x\mathrm{d}y = -a^2\cdot\pi a^2 = -\pi a^4,$$

(上式中倒数第三个等号后的"$-$"号是由于 $S_1^-$ 的方向向下而推知的)综上可得

$$I = -\frac{1}{a}\cdot\frac{3}{2}\pi a^4 - \frac{1}{a}(-\pi a^4) = -\frac{1}{2}\pi a^3.$$

**例 12.6.4** 求第二类曲面积分 $I = \oiint_{S^+}\dfrac{x\mathrm{d}y\mathrm{d}z+y\mathrm{d}z\mathrm{d}x+z\mathrm{d}x\mathrm{d}y}{(x^2+y^2+z^2)^{\frac{3}{2}}}$,

其中 $S^+$ 表示椭球面 $\dfrac{x^2}{a^2}+\dfrac{y^2}{b^2}+\dfrac{z^2}{c^2}=1$ 的外侧.

**解** 令

$$P(x,y,z) = \frac{x}{(x^2+y^2+z^2)^{\frac{3}{2}}},$$

$$Q(x,y,z) = \frac{y}{(x^2+y^2+z^2)^{\frac{3}{2}}},$$

$$R(x,y,z) = \frac{z}{(x^2+y^2+z^2)^{\frac{3}{2}}}.$$

注意到 $P,Q,R$ 在 $(0,0,0)$ 点不连续,且有

$$\frac{\partial P}{\partial x}+\frac{\partial Q}{\partial y}+\frac{\partial R}{\partial z} = 0, \quad (x,y,z)\neq(0,0,0),$$

因而不能直接运用 Gauss 公式,根据被积表达式的分母这种特殊形式,作一小球面
$$S_1: x^2+y^2+z^2=\varepsilon^2, \text{方向为内侧,}$$
其中 $\varepsilon>0$ 充分小,使得 $S_1$ 及其所围区域在 $S$ 的内部. 那么 $S^+ \cup S_1$ 为一个封闭曲面,且方向为外侧. 设它们所围闭区域为 $\Omega$,则 $\Omega$ 为一个二维复连通区域,在 $\Omega$ 上使用 Gauss 公式便有

$$I = \oiint_{S^+} P\mathrm{d}y\mathrm{d}z + Q\mathrm{d}z\mathrm{d}x + R\mathrm{d}x\mathrm{d}y =$$

$$\oiint_{S^+ \cup S_1} P\mathrm{d}y\mathrm{d}z + Q\mathrm{d}z\mathrm{d}x + R\mathrm{d}x\mathrm{d}y - \oiint_{S_1} P\mathrm{d}y\mathrm{d}z + Q\mathrm{d}z\mathrm{d}x + R\mathrm{d}x\mathrm{d}y =$$

$$\iiint_{\Omega} \left(\frac{\partial P}{\partial x} + \frac{\partial Q}{\partial y} + \frac{\partial R}{\partial z}\right)\mathrm{d}x\mathrm{d}y\mathrm{d}z - \oiint_{S_1} P\mathrm{d}y\mathrm{d}z + Q\mathrm{d}z\mathrm{d}x + R\mathrm{d}x\mathrm{d}y =$$

$$-\oiint_{S_1} P\mathrm{d}y\mathrm{d}z + Q\mathrm{d}z\mathrm{d}x + R\mathrm{d}x\mathrm{d}y =$$

$$-\oiint_{S_1} \frac{x\mathrm{d}y\mathrm{d}z + y\mathrm{d}z\mathrm{d}x + z\mathrm{d}x\mathrm{d}y}{(x^2+y^2+z^2)^{\frac{3}{2}}} =$$

$$-\frac{1}{\varepsilon^3}\oiint_{S_1} x\mathrm{d}y\mathrm{d}z + y\mathrm{d}z\mathrm{d}x + z\mathrm{d}x\mathrm{d}y \xrightarrow[\text{注意方向}]{\text{Gauss 公式}}$$

$$\frac{1}{\varepsilon^3}\iiint_{x^2+y^2+z^2\leqslant\varepsilon^2} 3\mathrm{d}x\mathrm{d}y\mathrm{d}z = \frac{1}{\varepsilon^3} \cdot 3 \cdot \frac{4}{3}\pi\varepsilon^3 = 4\pi.$$

### 习题 12.6

1. 计算 $I = \oiint_{S^+} x^2\mathrm{d}y\mathrm{d}z + y^2\mathrm{d}z\mathrm{d}x + z^2\mathrm{d}x\mathrm{d}y$,其中 $S^+$ 是球面
$$(x-a)^2 + (y-b)^2 + (z-c)^2 = R^2$$
的外侧.

2. 计算 $I = \oiint_{S^+} (x+y-z)\mathrm{d}y\mathrm{d}z + [2y+\sin(z+x)]\mathrm{d}z\mathrm{d}x + (3z+e^{x+y})\mathrm{d}x\mathrm{d}y$,其中 $S^+$ 是曲面
$$|x-y+z|+|y-z+x|+|z-x+y| = 1$$
的外侧.

3. 计算 $I = \oiint_{S^+} x^2\mathrm{d}y\mathrm{d}z + y^2\mathrm{d}z\mathrm{d}x + z^2\mathrm{d}x\mathrm{d}y$,其中 $S^+$ 为立方体
$$0 \leqslant x \leqslant a, 0 \leqslant y \leqslant a, 0 \leqslant z \leqslant a$$
的边界的外侧.

4. 计算 $I = \oiint\limits_{S^+} x^3 \mathrm{d}y\mathrm{d}z + y^3 \mathrm{d}z\mathrm{d}x + z^3 \mathrm{d}x\mathrm{d}y$，其中 $S^+$ 为椭球面

$$\frac{x^2}{a^2} + \frac{y^2}{b^2} + \frac{z^2}{c^2} = 1$$

的外侧.

5. 设某种流体的流速 $v(M) = \{x, y, z\}$，求单位时间内流体流过曲面 $S$

$$S: y = x^2 + z^2, \quad 0 \leqslant y \leqslant h^2$$

的流量 $\Phi$，其中 $S$ 取左侧.

## §12.7 Stokes 公式

### 12.7.1 Stokes 公式

Green 公式和 Gauss 公式都是区域(平面区域和空间区域)上的积分与区域边界上的积分之间的联系公式，同样的事实反映在空间曲面上，就是曲面上的面积分与曲面边界上的线积分之间的联系公式——Stokes 公式.

设 $S$ 为具有分段光滑边界的非封闭光滑双侧曲面. 选定曲面的一侧，并且如下规定 $S$ 的边界曲线 $\partial S$ 的一个正向：如果一个人保持与曲面选定一侧的法向量同时站立，当他沿 $\partial S$ 的这个方向行走时，曲面 $S$ 总是在他左边. $\partial S$ 的这个定向称为 $S$ 的**诱导定向**，也称为**正向**，这种定向方法称为**右手定则**.

**定理 12.7.1(Stokes 公式)** 设 $S$ 为光滑或分片光滑的双侧曲面，其边界为光滑或分段光滑闭曲线 $\partial S$. 若 $P(x,y,z), Q(x,y,z), R(x,y,z)$ 在 $S$ 及其边界 $\partial S$ 上具有连续偏导数，则有

$$\oint_{\partial S} P\mathrm{d}x + Q\mathrm{d}y + R\mathrm{d}z =$$
$$\iint\limits_{S} \left(\frac{\partial R}{\partial y} - \frac{\partial Q}{\partial z}\right)\mathrm{d}y\mathrm{d}z + \left(\frac{\partial P}{\partial z} - \frac{\partial R}{\partial x}\right)\mathrm{d}z\mathrm{d}x + \left(\frac{\partial Q}{\partial x} - \frac{\partial P}{\partial y}\right)\mathrm{d}x\mathrm{d}y =$$
$$\iint\limits_{S} \left[\left(\frac{\partial R}{\partial y} - \frac{\partial Q}{\partial z}\right)\cos\alpha + \left(\frac{\partial P}{\partial z} - \frac{\partial R}{\partial x}\right)\cos\beta + \left(\frac{\partial Q}{\partial x} - \frac{\partial P}{\partial y}\right)\cos\gamma\right]\mathrm{d}S,$$

(12.7.1)

其中 $\partial S$ 取 $S$ 的诱导定向.

**证明** 我们只就曲面 $S$ 可同时表示为以下三种形式
$$S=\{(x,y,z):z=z(x,y),(x,y)\in D_{xy}\}=;$$
$$S=\{(x,y,z):y=y(z,x),(z,x)\in D_{zx}\}=;$$
$$S=\{(x,y,z):x=x(y,z),(y,z)\in D_{yz}\}$$

的情形证明 Stokes 公式,其中 $D_{xy},D_{zx},D_{yz}$ 分别为 $S$ 在 $xOy$ 面,$zOx$ 面,$yOz$ 面的投影区域(见图 12.7.1),这样的曲面称为标准曲面,其他较复杂情形的证明从略.

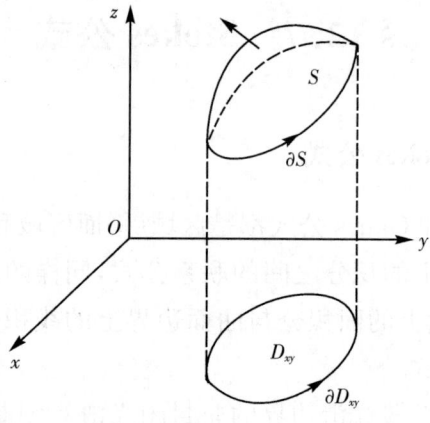

图 12.7.1

不妨设 $S$ 的定向为上侧,由曲线积分的计算公式和 $S$ 的第一种表示可得

$$\int_{\partial S}P(x,y,z)\mathrm{d}x = \int_{\partial D_{xy}}P(x,y,z(x,y))\mathrm{d}x,$$

其中 $\partial D_{xy}$ 为 $D_{xy}$ 的正向边界,再对上式右端使用 Green 公式得

$$\int_{\partial D_{xy}}P(x,y,z(x,y))\mathrm{d}x = -\iint_{D_{xy}}\frac{\partial}{\partial y}P(x,y,z(x,y))\mathrm{d}x\mathrm{d}y =$$
$$-\iint_{D_{xy}}\left[\frac{\partial P(x,y,z(x,y))}{\partial y}+\frac{\partial P(x,y,z(x,y))}{\partial z}\frac{\partial z}{\partial y}\right]\mathrm{d}x\mathrm{d}y.$$

注意到曲面 $S$ 的定向约定为上侧,则 $S$ 的法向量的方向余弦应为

$$\{\cos\alpha,\cos\beta,\cos\gamma\} = \frac{1}{\sqrt{1+\left(\frac{\partial z}{\partial x}\right)^2+\left(\frac{\partial z}{\partial y}\right)^2}}\left\{-\frac{\partial z}{\partial x},-\frac{\partial z}{\partial y},1\right\},$$

因此 $\frac{\partial z}{\partial y}=-\frac{\cos\beta}{\cos\gamma}$,所以

$$\iint_{D_{xy}} \left[ \frac{\partial P(x,y,z(x,y))}{\partial y} + \frac{\partial P(x,y,z(x,y))}{\partial z} \frac{\partial z}{\partial y} \right] \mathrm{d}x\mathrm{d}y =$$

$$\iint_{S} \left[ \frac{\partial P(x,y,z)}{\partial y} + \frac{\partial P(x,y,z)}{\partial z} \frac{\partial z}{\partial y} \right] \mathrm{d}x\mathrm{d}y =$$

$$\iint_{S} \left[ \frac{\partial P(x,y,z)}{\partial y} + \frac{\partial P(x,y,z)}{\partial z} \frac{\partial z}{\partial y} \right] \cos\gamma \mathrm{d}S =$$

$$\iint_{S} \frac{\partial P(x,y,z)}{\partial y} \cos\gamma \mathrm{d}S - \iint_{S} \frac{\partial P(x,y,z)}{\partial z} \frac{\cos\beta}{\cos\gamma} \cos\gamma \mathrm{d}S =$$

$$\iint_{S} \frac{\partial P(x,y,z)}{\partial y} \cos\gamma \mathrm{d}S - \iint_{S} \frac{\partial P(x,y,z)}{\partial z} \cos\beta \mathrm{d}S =$$

$$\iint_{S} \frac{\partial P}{\partial y} \mathrm{d}x\mathrm{d}y - \iint_{S} \frac{\partial P}{\partial z} \mathrm{d}z\mathrm{d}x.$$

综合以上几式便有

$$\int_{\partial S} P(x,y,z)\mathrm{d}x = \iint_{S} \frac{\partial P}{\partial z} \mathrm{d}z\mathrm{d}x - \frac{\partial P}{\partial y} \mathrm{d}x\mathrm{d}y.$$

同理可证

$$\int_{\partial S} Q(x,y,z)\mathrm{d}y = \iint_{S} \frac{\partial Q}{\partial x} \mathrm{d}x\mathrm{d}y - \frac{\partial Q}{\partial z} \mathrm{d}y\mathrm{d}z,$$

$$\int_{\partial S} R(x,y,z)\mathrm{d}z = \iint_{S} \frac{\partial R}{\partial y} \mathrm{d}y\mathrm{d}z - \frac{\partial R}{\partial x} \mathrm{d}z\mathrm{d}x,$$

将上述三式相加即得 Stokes 公式.

为了便于记忆,Stokes 公式可写成如下形式

$$\int_{\partial S} P(x,y,z)\mathrm{d}x + Q(x,y,z)\mathrm{d}y + R(x,y,z)\mathrm{d}z =$$

$$\iint_{S} \begin{vmatrix} \mathrm{d}y\mathrm{d}z & \mathrm{d}z\mathrm{d}x & \mathrm{d}x\mathrm{d}y \\ \dfrac{\partial}{\partial x} & \dfrac{\partial}{\partial y} & \dfrac{\partial}{\partial z} \\ P(x,y,z) & Q(x,y,z) & R(x,y,z) \end{vmatrix} =$$

$$\iint_{S} \begin{vmatrix} \cos\alpha & \cos\beta & \cos\gamma \\ \dfrac{\partial}{\partial x} & \dfrac{\partial}{\partial y} & \dfrac{\partial}{\partial z} \\ P(x,y,z) & Q(x,y,z) & R(x,y,z) \end{vmatrix} \mathrm{d}S.$$

**例 12.7.1** 计算第二类曲线积分

$$I = \oint_{L} (y^2 - z^2)\mathrm{d}x + (z^2 - x^2)\mathrm{d}y + (x^2 - y^2)\mathrm{d}z,$$

其中 $L$ 为平面 $x+y+z=1$ 被三个坐标面所截三角形 $S$ 的边界,若从 $x$ 轴的正向看去,定向为逆时针方向.

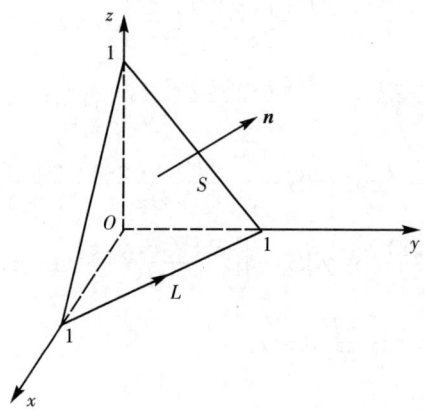

图 12.7.2

**解** 如图 12.7.2 所示,$S$ 的定向应取为上侧,则由 Stokes 公式知

$$I = \iint_S \begin{vmatrix} \cos\alpha & \cos\beta & \cos\gamma \\ \dfrac{\partial}{\partial x} & \dfrac{\partial}{\partial y} & \dfrac{\partial}{\partial z} \\ y^2-z^2 & z^2-x^2 & x^2-y^2 \end{vmatrix} dS =$$

$$-2\iint_S [(y+z)\cos\alpha + (z+x)\cos\beta + (x+y)\cos\gamma] dS.$$

由于 $S$ 的方程为 $x+y+z=1$,定向为上侧,易计算

$$\cos\alpha = \cos\beta = \cos\gamma = \frac{\sqrt{3}}{3},$$

再注意到在 $S$ 上成立 $x+y+z=1$,且 $S$ 的面积为 $\dfrac{\sqrt{3}}{2}$,因此有

$$I = -2\iint_S \frac{\sqrt{3}}{3} \cdot 2(x+y+z) dS = -\frac{4}{\sqrt{3}} \iint_S dS = -2.$$

**例 12.7.2** 计算第二类曲线积分

$$I = \oint_L z^2 dx + xy dy + yz dz,$$

其中 $L$ 为上半球面 $z=\sqrt{a^2-x^2-y^2}$ 与柱面 $x^2+y^2=ay$ 的交线,其

方向与上半球面的下侧组成右手系(见图 12.7.3).

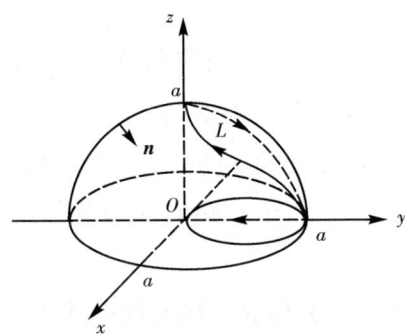

图 12.7.3

**解** 由 Stokes 公式得

$$I = \iint_S \begin{vmatrix} \mathrm{d}y\mathrm{d}z & \mathrm{d}z\mathrm{d}x & \mathrm{d}x\mathrm{d}y \\ \dfrac{\partial}{\partial x} & \dfrac{\partial}{\partial y} & \dfrac{\partial}{\partial z} \\ x^2 & xy & yz \end{vmatrix} = \iint_S z\mathrm{d}y\mathrm{d}z + 2z\mathrm{d}z\mathrm{d}x + y\mathrm{d}x\mathrm{d}y,$$

其中 $S$ 为上半球面被柱面截下的部分,为了计算这个第二类曲面积分,我们采用转换投影法的公式(12.5.6).首先写出 $S$ 的方程为

$$S: z = \sqrt{a^2 - x^2 - y^2}, \ (x,y) \in D_{xy},$$

其中

$$D_{xy} = \{(x,y): x^2 + y^2 \leqslant ay\}.$$

直接计算可得

$$z_x = \frac{-x}{\sqrt{a^2 - x^2 - y^2}}, \quad z_y = \frac{-y}{\sqrt{a^2 - x^2 - y^2}}.$$

又因为 $S$ 为上半球面的下侧,故在应用 §12.5 公式(12.5.6)时,二重积分前应取负号,从而有

$$I = -\iint_{D_{xy}} \left[ \sqrt{a^2 - x^2 - y^2} \cdot (-z_x) + 2\sqrt{a^2 - x^2 - y^2}(-z_y) + y \right] \mathrm{d}x\mathrm{d}y =$$

$$-\iint_{D_{xy}} (x + 3y) \mathrm{d}x\mathrm{d}y \text{ (使用极坐标变换)} =$$

$$-\int_0^\pi \mathrm{d}\theta \int_0^{a\sin\theta} (r\cos\theta + 3r\sin\theta) r \mathrm{d}r =$$

$$-\int_0^\pi (\cos\theta + 3\sin\theta) \frac{r^3}{3} \bigg|_{r=0}^{r=a\sin\theta} \mathrm{d}\theta =$$

$$-a^3 \left( \int_0^\pi \frac{1}{3} \cos\theta \sin^3\theta \mathrm{d}\theta + \int_0^\pi \sin^4\theta \mathrm{d}\theta \right) = -\frac{3}{8}\pi a^3.$$

## 12.7.2 空间曲线积分与路径无关

与平面曲线积分类似,空间曲线积分与积分路径无关也有相应的结论.下面,我们不加证明地列示这些结论.

**定理 12.7.2** 设 $\Omega$ 是空间中的一个二维单连通区域,函数 $P(x,y,z), Q(x,y,z), R(x,y,z)$ 在 $\Omega$ 上有连续的一阶偏导数,则下列四个条件等价.

(ⅰ) 对于 $\Omega$ 中任一分段光滑的封闭曲线 $L$,有

$$\oint_L P(x,y,z)\mathrm{d}x + Q(x,y,z)\mathrm{d}y + R(x,y,z)\mathrm{d}z = 0;$$

(ⅱ) 对于 $\Omega$ 中任一分段光滑的曲线 $L$,曲线积分

$$\int_L P(x,y,z)\mathrm{d}x + Q(x,y,z)\mathrm{d}y + R(x,y,z)\mathrm{d}z$$

与路径无关;

(ⅲ) $P(x,y,z)\mathrm{d}x + Q(x,y,z)\mathrm{d}y + R(x,y,z)\mathrm{d}z$ 是 $\Omega$ 内某个函数 $U(x,y,z)$ 的全微分,即

$$\mathrm{d}U(x,y,z) = P(x,y,z)\mathrm{d}x + Q(x,y,z)\mathrm{d}y + R(x,y,z)\mathrm{d}z;$$

(ⅳ) 在 $\Omega$ 内处处成立

$$\frac{\partial P}{\partial y} = \frac{\partial Q}{\partial x}, \frac{\partial Q}{\partial z} = \frac{\partial R}{\partial y}, \frac{\partial R}{\partial x} = \frac{\partial P}{\partial z}.$$

**例 12.7.3** 验证曲线积分

$$\int_L (y+z)\mathrm{d}x + (z+x)\mathrm{d}y + (x+y)\mathrm{d}z$$

与路径无关,并求其被积表达式的原函数 $U(x,y,z)$.

**解** 令

$$P(x,y,z) = y+z, Q(x,y,z) = z+x, R(x,y,z) = x+y,$$

直接计算可知

$$\frac{\partial P}{\partial y} = \frac{\partial Q}{\partial x} = 1, \frac{\partial Q}{\partial z} = \frac{\partial R}{\partial y} = 1, \frac{\partial R}{\partial x} = \frac{\partial P}{\partial z} = 1,$$

因此曲线积分与路径无关. 由于曲线积分与路径无关,故取积分路径先从 $O(0,0,0)$ 沿 $x$ 轴到 $M_1(x,0,0)$,再沿平行于 $y$ 轴的直线到

$M_2(x,y,0)$，最后再沿平行于 $z$ 轴的直线到 $M(x,y,z)$，于是有

$$u(x,y,z) = \int_{\widehat{M_0M}} (y+z)\mathrm{d}x + (z+x)\mathrm{d}y + (x+y)\mathrm{d}z =$$
$$\int_0^x (0+0)\mathrm{d}x + \int_0^y (0+x)\mathrm{d}y + \int_0^z (x+y)\mathrm{d}z =$$
$$0 + xy + (x+y)z = xy + yz + zx.$$

事实上，对任意常数 $C$，函数 $xy+yz+zx+C$ 均为被积表达式的原函数，上面所求的原函数 $U(x,y,z)$ 仅为其中的一个。

**习题 12.7**

利用 Stokes 公式计算下列第二类曲线积分：

(1) $\oint_L z\mathrm{d}x + x\mathrm{d}y + y\mathrm{d}z$，其中 $L$ 为以 $A(1,0,0), B(0,1,0), C(0,0,1)$ 为顶点的三角形边界，方向为 $ABCA$；

(2) $\oint_L y\mathrm{d}x + z\mathrm{d}y + x\mathrm{d}z$，其中 $L$ 为圆周

$$L: x^2 + y^2 + z^2 = a^2, x + y + z = 0,$$

若从 $x$ 轴的正向看去，这个圆周是依逆时针方向进行的；

(3) $\oint_L (y+z)\mathrm{d}x + (z+x)\mathrm{d}y + (x+y)\mathrm{d}z$，其中 $L$ 为依参数 $t$ 增大的方向通过的椭圆

$$L: x = a\sin^2 t, y = 2a\sin t\cos t, z = a\cos^2 t, t \in [0, 2\pi];$$

(4) $\oint_L (y-z)\mathrm{d}x + (z-x)\mathrm{d}y + (x-y)\mathrm{d}z$，其中 $L$ 为椭圆

$$L: x^2 + y^2 = a^2, \frac{x}{a} + \frac{z}{b} = 1 \ (a > 0, b > 0),$$

若从 $x$ 轴正向看去，$L$ 是依逆时针方向进行的。

## §12.8 场论初步

场是最重要的物理概念之一。简单地说，一个物理量在空间中的分布称为该物理量的场。如物体的温度场，点电荷的电位场，气流的速度场，重物的重力场等。

按照物理量是标量还是矢量分类，场被分为数量场和向量场。如果 $\Omega \subset \mathbb{R}^3$ 是一个区域，若在时刻 $t$，$\Omega$ 中每一点 $(x,y,z)$ 都有一个确定的数值 $f(x,y,z,t)$（或确定的向量值 $\boldsymbol{f}(x,y,z,t)$）与之对应，则

称 $f(x,y,z,t)$（或 $f(x,y,z,t)$）为 $\Omega$ 上的**数量场**（或**向量场**）. 例如，电位场和温度场就是数量场，重力场和速度场就是向量场.

如果一个场不随时间的变化而变化，就称该场为稳定场，否则称为不稳定场. 在本节中除非特别声明，我们只考虑稳定场.

### 12.8.1 数量场的方向导数与梯度

在数量场中，由于空间中的点可以沿着不同的方向移动，所以我们必须研究数量场沿着任意方向的变化率以及在哪个方向上变化最快的问题.

$\mathbb{R}^3$ 中的单位向量 $v$ 总可以表示为 $v=\{\cos\alpha,\cos\beta,\cos\gamma\}$，这里 $\alpha,\beta,\gamma$ 分别为 $v$ 与 $x$ 轴、$y$ 轴、$z$ 轴正向的夹角，因此 $v$ 代表了一个方向，$\cos\alpha,\cos\beta,\cos\gamma$ 就是 $v$ 的方向余弦. 设 $P_0(x_0,y_0,z_0)\in\mathbb{R}^3$，则以 $P_0$ 为起点，方向为 $v$ 的射线的参数方程为

$$x=x_0+t\cos\alpha,\ y=y_0+t\cos\beta,\ z=z_0+t\cos\gamma,\quad t\geqslant 0.$$

**定义 12.8.1**　设 $\Omega\subset\mathbb{R}^3$ 为开集，函数

$$u=f(x,y,z),(x,y,z)\in\Omega$$

是定义在 $\Omega$ 上的三元函数，$P_0(x_0,y_0,z_0)$ 为 $\Omega$ 中一定点，$v=\{\cos\alpha,\cos\beta,\cos\gamma\}$ 为一个方向. 如果极限

$$\lim_{t\to 0^+}\frac{1}{t}[f(x_0+t\cos\alpha,y_0+t\cos\beta,z_0+t\cos\gamma)-f(x_0,y_0,z_0)]$$

存在，则称此极限为函数 $f(x,y,z)$ 在点 $(x_0,y_0,z_0)$ 处沿方向 $v$ 的**方向导数**，记为

$$\left.\frac{\partial u}{\partial v}\right|_{P_0},\ \left.\frac{\partial f}{\partial v}\right|_{P_0},\ f'_v(x_0,y_0,z_0).$$

由方向导数的定义可知，$\left.\frac{\partial u}{\partial v}\right|_{P_0}$ 刻画了函数 $u=f(x,y,z)$ 在点 $P_0$ 处沿方向 $v$ 的变化率. 另外，假设 $x$ 轴，$y$ 轴，$z$ 轴正向的方向向量分别为

$$e_1=\{1,0,0\},\ e_2=\{0,1,0\},\ e_3=\{0,0,1\},$$

由方向导数的定义，我们有下列的定理，它给出了方向导数与偏导数之间的关系.

**定理 12.8.1** 函数 $f(x,y,z)$ 在点 $(x_0,y_0,z_0)$ 处关于 $x$（或 $y$，或 $z$）可偏导的充要条件为 $f(x,y,z)$ 在 $P_0$ 点沿方向 $e_1$ 和 $-e_1$（或方向 $e_2$ 和 $-e_2$，或方向 $e_3$ 和 $-e_3$）的方向导数都存在且互为相反数.

对于二元函数 $u=f(x,y),(x,y)\in D\subset \mathbb{R}^2$，可以类似地定义它在点 $P_0(x_0,y_0)$ 处沿方向 $v=\{\cos\alpha,\sin\alpha\}$ 的方向导数，且上面的定理 12.8.1 同样适用.

**例 12.8.1** 求函数
$$f(x,y)=\begin{cases}\sqrt{|x^2-y^2|}, & (x,y)\neq(0,0)\\ 0, & (x,y)=(0,0)\end{cases}$$
在原点 $O(0,0)$ 处的方向导数，并问 $f(x,y)$ 在 $(0,0)$ 点的偏导数是否存在？

**解** 设 $v=\{\cos\alpha,\sin\alpha\}$ 为任一方向，则有
$$\frac{1}{t}[f(0+t\cos\alpha,0+t\sin\alpha)-f(0,0)]=$$
$$\frac{|t|}{t}\sqrt{|\cos^2\alpha-\sin^2\alpha|}=\sqrt{|\cos^2\alpha-\sin^2\alpha|}, t>0.$$

由此知
$$\frac{\partial f}{\partial v}\bigg|_{(0,0)}=\sqrt{|\cos^2\alpha-\sin^2\alpha|}.$$

同理可知，$f(x,y)$ 在 $(0,0)$ 点沿方向 $-v=\{-\cos\alpha,-\sin\alpha\}$ 的方向导数也是 $\sqrt{|\cos^2\alpha-\sin^2\alpha|}$.

特别地，$f(x,y)$ 在 $(0,0)$ 点沿方向 $e_1=\{1,0\}$ 和 $-e_1=\{-1,0\}$ 的方向导数均为 1，因此 $f(x,y)$ 在 $(0,0)$ 点关于 $x$ 的偏导数 $f'_x(0,0)$ 不存在. 类似可知，$f'_y(0,0)$ 也不存在.

下面的定理给出了在 $f(x,y,z)$ 可微情形下，方向导数的计算公式.

**定理 12.8.2** 设函数 $u=f(x,y,z)$ 在点 $(x_0,y_0,z_0)$ 处可微，那么，对于任一方向 $v=\{\cos\alpha,\cos\beta,\cos\gamma\}$，$f(x,y,z)$ 在点 $(x_0,y_0,z_0)$ 处沿方向 $v$ 的方向导数存在，且有
$$\frac{\partial f}{\partial v}\bigg|_{(x_0,y_0,z_0)}=f'_x(x_0,y_0,z_0)\cos\alpha+f'_y(x_0,y_0,z_0)\cos\beta+$$
$$f'_z(x_0,y_0,z_0)\cos\gamma. \tag{12.8.1}$$

**证明** 由定义及全微分公式,我们有

$$\frac{\partial f}{\partial l}\bigg|_{(x_0,y_0,z_0)} = \lim_{t\to 0^+}\frac{f(x_0+t\cos\alpha,y_0+t\cos\beta,z_0+t\cos\gamma)-f(x_0,y_0,z_0)}{t} =$$

$$\lim_{t\to 0^+}\frac{1}{t}[f'_x(x_0,y_0,z_0)t\cos\alpha + f'_y(x_0,y_0,z_0)t\cos\beta +$$

$$f'_z(x_0,y_0,z_0)t\cos\gamma + o(t)] =$$

$$f'_x(x_0,y_0,z_0)\cos\alpha + f'_y(x_0,y_0,z_0)\cos\beta + f'_z(x_0,y_0,z_0)\cos\gamma.$$

**例 12.8.2** 求函数 $u=\ln(x+y^2+z^3)$ 在点 $P_0(0,-1,2)$ 处沿方向 $\boldsymbol{l}=\{3,-1,-1\}$ 的方向导数.

**解** 直接计算可知

$$\frac{\partial u}{\partial x}\bigg|_{P_0} = \frac{1}{9}, \quad \frac{\partial u}{\partial y}\bigg|_{P_0} = -\frac{2}{9}, \quad \frac{\partial u}{\partial z}\bigg|_{P_0} = \frac{12}{9},$$

又由于向量 $\boldsymbol{l}$ 的模为 $|\boldsymbol{l}|=\sqrt{3^2+(-1)^2+(-1)^2}=\sqrt{11}$,故 $\boldsymbol{l}$ 方向上的单位向量

$$\boldsymbol{v} = \frac{\boldsymbol{l}}{|\boldsymbol{l}|} = \left\{\frac{3}{\sqrt{11}}, -\frac{1}{\sqrt{11}}, -\frac{1}{\sqrt{11}}\right\},$$

亦即

$$\cos\alpha = \frac{3}{\sqrt{11}}, \quad \cos\beta = -\frac{1}{\sqrt{11}}, \quad \cos\gamma = -\frac{1}{\sqrt{11}},$$

于是由公式(12.8.1)可得所求方向导数

$$\frac{\partial u}{\partial l}\bigg|_{P_0} = \frac{1}{9}\frac{3}{\sqrt{11}} - \frac{2}{9}\left(-\frac{1}{\sqrt{11}}\right) + \frac{12}{9}\left(-\frac{1}{\sqrt{11}}\right) = -\frac{7}{9\sqrt{11}}.$$

为了讨论函数 $u=f(x,y,z)$ 在点 $P_0$ 处究竟沿哪一个方向变化最快,我们引入函数梯度的概念.

**定义 12.8.2** 设 $\Omega\subset\mathbb{R}^3$ 为开集,$P_0(x_0,y_0,z_0)\in\Omega$,如果函数 $u=f(x,y,z)$ 在 $P_0$ 点可偏导,则称向量 $\{f'_x(x_0,y_0,z_0),f'_y(x_0,y_0,z_0),f'_z(x_0,y_0,z_0)\}$ 为函数 $f(x,y,z)$ 在点 $P_0$ 的**梯度**,记作 **grad** $f(P_0)$,即

$$\mathbf{grad}f(P_0) = \{f'_x(x_0,y_0,z_0),f'_y(x_0,y_0,z_0),f'_z(x_0,y_0,z_0)\}. \tag{12.8.2}$$

梯度 **grad**$f(P_0)$ 有时也记作 $\boldsymbol{\nabla}f(P_0)$,其中"$\boldsymbol{\nabla}$"称为 Hamilton 算符.

如果函数 $f(x,y,z)$ 在 $P_0$ 点可微,$\boldsymbol{v}=\{\cos\alpha,\cos\beta,\cos\gamma\}$,那么

由公式(12.8.1)及 $|v|=1$ 可得到方向导数 $\left.\dfrac{\partial f}{\partial}\right|_{P_0}$ 的另一种表达式

$$\left.\frac{\partial f}{\partial}\right|_{P_0} = \mathbf{grad}\,f(P_0) \cdot v = |\,\mathbf{grad}\,f(P_0)\,|\cos\langle \mathbf{grad}\,f(P_0), v\rangle,$$
(12.8.3)

其中 $\langle \mathbf{grad}\,f(P_0), v\rangle$ 表示两个向量 $\mathbf{grad}\,f(P_0)$ 与 $v$ 的夹角.

由公式(12.8.3)可知,函数 $f(x,y,z)$ 在任何一点 $P_0$ 沿任何方向 $v$ 的方向导数的绝对值不会超过它在该点的梯度的模,亦即

$$\left|\left.\frac{\partial f}{\partial}\right|_{P_0}\right| \leqslant |\,\mathbf{grad}\,f(P_0)\,|,$$
(12.8.4)

且最大值 $|\mathbf{grad}\,f(P_0)|$ 在梯度方向达到. 这就是说,沿着梯度方向函数值增加最快;同样, $f(x,y,z)$ 的方向导数的最小值 $-|\mathbf{grad}\,f(P_0)|$ 在梯度的反方向(负梯度方向)达到,亦即沿着梯度相反方向函数值减少最快.

不难证明梯度有下列基本性质:

（ⅰ）若 $f(x,y,z)\equiv C$（常数）,则 $\mathbf{grad}\,f(P)=\{0,0,0\}$;

（ⅱ）若 $\alpha,\beta\in R$,则 $\mathbf{grad}[\alpha f_1(P)+\beta f_2(P)]=\alpha \cdot \mathbf{grad}\,f(P)+\beta \cdot \mathbf{grad}\,f_2(P)$;

（ⅲ） $\mathbf{grad}[f_1(P)f_2(P)]=f_1(P)\mathbf{grad}\,f_2(P)+f_2(P)\mathbf{grad}\,f_1(P)$;

（ⅳ） $\mathbf{grad}\,\dfrac{f_1(P)}{f_2(P)}=\dfrac{f_2(P)\mathbf{grad}\,f_1(P)-f_1(P)\mathbf{grad}\,f_2(P)}{[f_2(P)]^2}$

$(f_2(P)\neq 0)$.

**例 12.8.3** 设点电荷 $q$ 位于坐标原点 $O$,对空间 $\mathbb{R}^3$ 中的任意一点 $P(x,y,z)$,令 $r$ 表示 $OM$ 的长度,则 $r=\sqrt{x^2+y^2+z^2}$. 由物理学知,点电荷 $q$ 产生的静电场在点 $P$ 处的电位为

$$V=\frac{q}{4\pi\varepsilon r},$$

求电位 $V$ 的梯度,其中 $\varepsilon$ 为真空介电常数.

**解** $\dfrac{\partial v}{\partial x}=\dfrac{q}{4\pi\varepsilon}\dfrac{\partial}{\partial x}\left(\dfrac{1}{r}\right)=-\dfrac{q}{4\pi\varepsilon}\dfrac{x}{r^3}$. 同理

$$\frac{\partial v}{\partial y}=-\frac{q}{4\pi\varepsilon}\frac{y}{r^3}, \qquad \frac{\partial v}{\partial z}=-\frac{q}{4\pi\varepsilon}\frac{z}{r^3}.$$

于是
$$\mathbf{grad}V(P) = \left\{-\frac{q}{4\pi\varepsilon}\frac{x}{r^3}, -\frac{q}{4\pi\varepsilon}\frac{y}{r^3}, -\frac{q}{4\pi\varepsilon}\frac{z}{r^3}\right\} =$$
$$-\frac{q}{4\pi\varepsilon}\left\{\frac{x}{r^3}, \frac{y}{r^3}, \frac{z}{r^3}\right\} = -\frac{q}{4\pi\varepsilon r^2} \cdot \frac{\mathbf{r}}{r},$$

其中 $\mathbf{r} = \{x, y, z\}$. 由物理学可知, 除去负号, 这正是点电荷 $q$ 在点 $P(x, y, z)$ 处的电场强度 $\mathbf{E}(P)$, 因此

$$\mathbf{E}(P) = -\mathbf{grad}V(P),$$

即电场强度为电位的负梯度. 由此可知, 梯度的概念有很强的物理背景.

以上我们是以 $\mathbb{R}^3$ 中的场为例的, 事实上, 对 $\mathbb{R}^n (n \geqslant 2)$ 中的场也可作类似讨论, 在此从略.

### 12.8.2 数量场的等值面和向量场的向量线

先讨论数量场的等值面(或等值线), 它是数量场的一种直观表示.

设有数量场 $u = u(x, y, z)$, 使数量场取相同数值的点 $(x, y, z)$ 所组成的曲面称为该数量场的**等值面**. 例如, 温度场、气压场、电位场都是数量场, 它们的等值面分别是等温面、等压面、等位面.

数量场的等值面是一族不相交的曲面. 事实上, 等值面可用方程

$$u(x, y, z) = C \ (C \text{ 为常数})$$

来表示, 常数 $C$ 不同, 等值面就不同. 任意两个不同的等值面彼此不会相交. 这是因为, 若两个不同等值面

$$u(x, y, z) = C_1, \quad u(x, y, z) = C_2$$

有交点 $(x_0, y_0, z_0)$, 其中 $C_1 \neq C_2$, 那么由

$$u(x_0, y_0, z_0) = C_1, u(x_0, y_0, z_0) = C_2$$

推出 $C_1 = C_2$, 这是矛盾的.

对于平面数量场 $u = u(x, y)$, 类似地有等值线的概念. 使平面数量场取相同数值的点 $(x, y)$ 所组成的曲线

$$u(x, y) = C \ (C \text{ 为常数})$$

称为等值线. 等值线是平面曲线, 当 $u$ 表示高度时, 等值线就是等高线,

例如,在地图上,常用等高线来表示地形的高度,如图 12.8.1 所示.

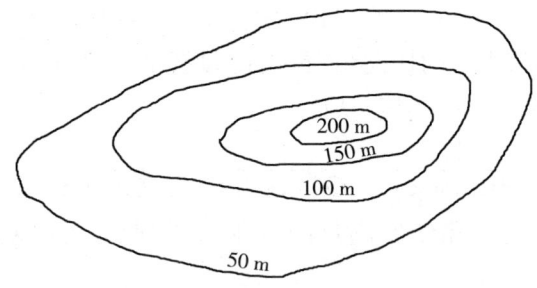

图 12.8.1

如果数量场 $u=u(x,y,z)$ 分布在 $\Omega\subset\mathbb{R}^3$ 中,且三个偏导数 $u'_x,u'_y,u'_z$ 存在且不同时为 0,那么等值面
$$u(x,y,z)=C \text{ 或 } u(x,y,z)-C=0$$
上每一点的法向量便为
$$\{u'_x,u'_y,u'_z\},$$
它恰好为函数 $u=u(x,y,z)$ 的梯度 **grad**$u(x,y,z)$. 从而可知,数量场 $u=u(x,y,z)$ 的梯度 **grad**$u(x,y,z)$ 垂直于等值面,这是梯度的一个重要性质.

下面,我们再来讨论向量场的向量线,通常用它来直观地表示向量场.

设有向量场
$$\boldsymbol{F}=\{P(x,y,z),Q(x,y,z),R(x,y,z)\},$$
若存在一条曲线 $L$,其上各点处的切线恰好与向量场在该点处的向量 $\boldsymbol{F}$ 重合,那么称此曲线 $L$ 为该向量场的**向量线**. 例如,流速场中的流线,磁场中的磁力线,静电场中的电力线等都是向量线. 若能画出向量线,就可大致看出向量场的情况,如图 12.8.2 所示.

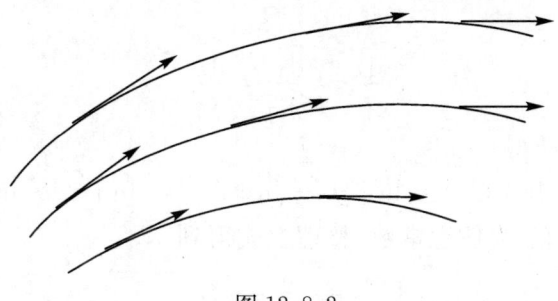

图 12.8.2

设 $L$ 为向量场 $\boldsymbol{F}=\{P(x,y,z),Q(x,y,z),R(x,y,z)\}$ 的一条向量线,$M(x,y,z)\in L$,点 $M$ 的向径 $\boldsymbol{r}=\{x,y,z\}$,那么 $\mathrm{d}\boldsymbol{r}=\{\mathrm{d}x,\mathrm{d}y,\mathrm{d}z\}$ 为曲线 $L$ 在点 $M$ 处的切向量.再由向量线的定义知,$\{\mathrm{d}x,\mathrm{d}y,\mathrm{d}z\}$ 应与向量 $\boldsymbol{F}=\{P,Q,R\}$ 共线,从而有

$$\frac{\mathrm{d}x}{P(x,y,z)}=\frac{\mathrm{d}y}{Q(x,y,z)}=\frac{\mathrm{d}z}{R(x,y,z)}. \qquad (12.8.5)$$

式(12.8.5)就是向量线所满足的方程组,解此方程组便可得到向量线族.

**例 12.8.4** 设有数量场

$$u=\frac{z}{\sqrt{x^2+y^2+z^2}},$$

求该数量场的等值面.

**解** 令 $c=\dfrac{z}{\sqrt{x^2+y^2+z^2}}$,化简整理得到

$$x^2+y^2+\frac{c^2-1}{c^2}z^2=0.$$

显然 $0<|c|<1$,由此可知,等值面是一族以原点为顶点,$z$ 轴为旋转轴的圆锥,但要去掉原点 $O(0,0,0)$,因此,等值面是一族圆锥孔.

**例 12.8.5** 设点电荷 $q$ 位于坐标原点,它所产生的电场强度为

$$\boldsymbol{E}=\frac{q}{4\pi\varepsilon}\left\{\frac{x}{r^3},\frac{y}{r^3},\frac{z}{r^3}\right\},$$

其中 $r=\sqrt{x^2+y^2+z^2}$,求电力线(族).

**解** 根据公式(12.8.5),电力线(族)应满足方程组

$$\frac{\mathrm{d}x}{\dfrac{qx}{4\pi\varepsilon r^3}}=\frac{\mathrm{d}y}{\dfrac{qy}{4\pi\varepsilon r^3}}=\frac{\mathrm{d}z}{\dfrac{qz}{4\pi\varepsilon r^3}},$$

亦即

$$\frac{\mathrm{d}x}{x}=\frac{\mathrm{d}y}{y}=\frac{\mathrm{d}z}{z}.$$

求不定积分便得

$$\ln|x|-\ln|C_1|=\ln|y|-\ln|C_2|=\ln|z|-\ln|C_3|,$$

其中 $C_1,C_2,C_3$ 为任意常数,整理上式得到

$$\frac{x}{C_1}=\frac{y}{C_2}=\frac{z}{C_3}.$$

由此可知,电力线是过原点 $O(0,0,0)$,以任意向量 $\{C_1,C_2,C_3\}$ 为方向向量的直线族,如图 12.8.3 所示.

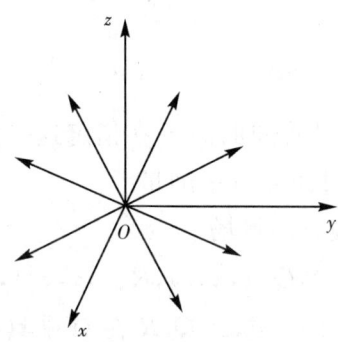

图 12.8.3

### 12.8.3 向量场的通量与散度

设 $\Omega \subset \mathbb{R}^3$,$\Omega$ 中稳定流动的流体流速 $v(M)$ 为
$$v(M) = \{P(x,y,z), Q(x,y,z), R(x,y,z)\}.$$
设 $S$ 是 $\Omega$ 中的一片有向曲面,则单位时间内通过 $S$ 流向指定侧的流量为
$$\Phi = \iint_S P(x,y,z)\mathrm{d}y\mathrm{d}z + Q(x,y,z)\mathrm{d}z\mathrm{d}x + R(x,y,z)\mathrm{d}x\mathrm{d}y = \iint_S v(M) \cdot n(M)\mathrm{d}S = \iint_S v(M) \cdot \mathrm{d}\boldsymbol{S},$$
其中 $n(M) = \{\cos\alpha, \cos\beta, \cos\gamma\}$ 为 $S$ 在点 $M(x,y,z)$ 处的指定侧的单位法向量.

显然,$\Phi > 0$ 说明向指定侧穿过曲面 $S$ 的流量多于向相反方向穿过曲面 $S$ 的流量;反之,$\Phi < 0$ 或 $\Phi = 0$ 说明了向指定侧穿过曲面 $S$ 的流量少于或等于向相反方向穿过 $S$ 的流量.如果 $S$ 为一张封闭曲面,定向为外侧,那么,当 $\Phi > 0$ 时,说明从曲面内的流出量大于流入量,此时,在 $S$ 内必有产生流体的源头(源);当 $\Phi < 0$ 时,说明从曲面内的流出量小于流入量,此时,在 $S$ 内必有排泄流体的漏洞(汇).

根据以上背景,我们引入通量的一般性概念.

**定义 12.8.3** 设有向量场 $F(M) = \{P(x,y,z), Q(x,y,z), R(x,y,z)\}$,$S$ 为光滑或分片光滑的有向曲面,取定一侧,$n$ 为这侧的

单位法向量,则 $F(M)$ 在 $S$ 上指定这一侧的第二类曲面积分

$$\iint_S F(M) \cdot n \mathrm{d}S = \iint_S F(M) \cdot \mathrm{d}S =$$

$$\iint_S P(x,y,z)\mathrm{d}y\mathrm{d}z + Q(x,y,z)\mathrm{d}z\mathrm{d}x + R(x,y,z)\mathrm{d}x\mathrm{d}y \quad (12.8.6)$$

称为向量场 $F(M)$ 穿过有向曲面 $S$ 在指定这一侧的**通量**,也称向量场 $F(M)$ 沿指定侧通过曲面 $S$ 的通量.

**定义 12.8.4** 设有向量场

$$F(M) = \{P(x,y,z), Q(x,y,z), R(x,y,z)\}, M(x,y,z) \in \Omega,$$

其中 $\Omega$ 是 $\mathbb{R}^3$ 中的一个区域,$P,Q,R$ 在 $\Omega$ 中具有一阶连续偏导数. 称数量函数

$$\frac{\partial P(x,y,z)}{\partial x} + \frac{\partial Q(x,y,z)}{\partial y} + \frac{\partial R(x,y,z)}{\partial z}, \ (x,y,z) \in \Omega$$

为向量场 $F(M)$ 的**散度**,记为 $\mathrm{div} F(M)$,亦即

$$\mathrm{div} F(M) =$$

$$\frac{\partial P(x,y,z)}{\partial x} + \frac{\partial Q(x,y,z)}{\partial y} + \frac{\partial R(x,y,z)}{\partial z}, M(x,y,z) \in \Omega.$$

$$(12.8.7)$$

由以上定义可知,Gauss 公式可写成

$$\oiint_{S^+} P\mathrm{d}y\mathrm{d}z + Q\mathrm{d}z\mathrm{d}x + R\mathrm{d}x\mathrm{d}y = \iiint_\Omega \mathrm{div} F(M)\mathrm{d}x\mathrm{d}y\mathrm{d}z.$$

$$(12.8.8)$$

公式(12.8.8)有明确的物理意义,它表明,对有向封闭曲面 $S$,若 $F(M)$ 表示流速场,那么 $\mathrm{div} F(M)$ 就是每一点 $M(x,y,z)$ 散发流体的强度,并且 $\iiint_\Omega \mathrm{div} F(M)\mathrm{d}x\mathrm{d}y\mathrm{d}z$ 就是区域 $\Omega$ 内散发流体的总和,它恰好为从 $\Omega$ 的边界 $S$ 流出去的流量 $\oiint_{S^+} F(M) \cdot n \mathrm{d}S = \oiint_{S^+} P\mathrm{d}y\mathrm{d}z + Q\mathrm{d}z\mathrm{d}x + R\mathrm{d}x\mathrm{d}y.$ 这正反映了物质不灭定律.

若向量场 $F(M)$ 在每一点 $M$ 处的散度 $\mathrm{div} F(M)$ 都存在,则散度构成一个新的数量场,称之为**散度场**. 当 $\mathrm{div} F(M) \equiv 0$ 时,称 $F(M)$ 为**无源场**.

**例 12.8.6** 由电磁学中的 Coulomb 定律知,位于原点的点电荷 $q$ 所产生的静电场的电场强度

$$E(M) = \frac{q}{4\pi\varepsilon r^3}\{x,y,z\} = \{P(x,y,z), Q(x,y,z), R(x,y,z)\},$$

其中 $M$ 的坐标为 $(x,y,z)$, $r = \sqrt{x^2+y^2+z^2}$, $\varepsilon$ 为真空介电常数. 对以上向量场,我们有

(ⅰ) 对任意点 $M(x,y,z)(M \neq 0)$,直接计算可知

$$\text{div}\boldsymbol{E}(M) = \frac{\partial P}{\partial x} + \frac{\partial Q}{\partial y} + \frac{\partial R}{\partial z} \equiv 0.$$

(ⅱ) 若 $S = \{(x,y,z): x^2+y^2+z^2 = R^2\}$,定向为外侧. 从 $S$ 内部穿出球面 $S$ 的电通量为

$$\Phi = \oiint_S \boldsymbol{E}(M) \cdot \boldsymbol{n}(M) \mathrm{d}S,$$

其中 $S$ 的外法向量(单位向量) $\boldsymbol{n}(M)$ 与 $\boldsymbol{E}(M)$ 的方向相同,因此有

$$\boldsymbol{n}(M) = \frac{1}{r}\{x,y,z\}.$$

从而

$$\Phi = \oiint_S \frac{q}{4\pi\varepsilon} \frac{1}{r^3}\{x,y,z\} \cdot \frac{1}{r}\{x,y,z\} \mathrm{d}S =$$

$$\oiint_S \frac{q}{4\pi\varepsilon r^2} \mathrm{d}S = \oiint_S \frac{q}{4\pi\varepsilon R^2} \mathrm{d}S = \frac{q}{4\pi\varepsilon R^2} \cdot 4\pi R^2 = \frac{q}{\varepsilon}.$$

(ⅲ) 如果 $\Sigma$ 为任意一张光滑或分片光滑的封闭曲面,且 $\Sigma$ 所包围的区域 $\Omega$ 不含原点,则由 Gauss 公式知

$$\oiint_{\Sigma^+} \boldsymbol{E}(M) \cdot \boldsymbol{n}(M) \mathrm{d}S = \iiint_{\Omega} \text{div}\boldsymbol{E}(M) \mathrm{d}x\mathrm{d}y\mathrm{d}z = 0,$$

其中 $\Sigma^+$ 表示有向曲面的外侧.

(ⅳ) 如果 $\Sigma$ 为任意一张光滑或分片光滑的封闭曲面,且 $\Sigma$ 所包围的区域 $\Omega$ 内有原点,那么不能直接用 Gauss 公式. 为此,在曲面 $\Sigma$ 所包围的区域 $\Omega$ 内取一个以原点为中心的小球面 $S_0$,定向取为内侧,记 $\Omega_1$ 为 $S_0$ 与 $\Sigma$ 之间的区域. 由 Gauss 公式知

$$\oiint_{\Sigma^+} \boldsymbol{E}(M) \cdot \boldsymbol{n}(M) \mathrm{d}S + \oiint_{S_0} \boldsymbol{E}(M) \cdot \boldsymbol{n}(M) \mathrm{d}S = \iiint_{\Omega_1} \text{div}\boldsymbol{E}(M) \mathrm{d}x\mathrm{d}y\mathrm{d}z = 0,$$

因此从内部穿出曲面 $\Sigma$ 的电通量

$$\Phi = \oiint_{\Sigma^+} E(M) \cdot n(M) dS = -\oiint_{S_0^-} E(M) \cdot n(M) dS =$$

$$\oiint_{S_0^+} E(M) \cdot n(M) dS = \frac{q}{\varepsilon}.$$

### 12.8.4　向量场的环量与旋度

让我们先来看这样的物理背景. 设稳定流体的速度场为

$$v(M) = \{P(x,y,z), Q(x,y,z), R(x,y,z)\},$$

其中三个分量函数 $P, Q, R$ 均具有连续偏导数.
设 $M_0(x_0, y_0, z_0)$ 是场中的一点. 如果在点 $M_0$ 处有旋涡,流体以角速度 $\omega$ 旋转,这里 $\omega$ 在旋涡的轴线上,且方向与旋涡的旋转方向符合右手螺旋定则. 如图 12.8.4 所示,$M_0$ 附近的任一点 $M(x,y,z)$ 的速度 $v$ 可以表示为

$$v = v_0 + \omega \times r,$$

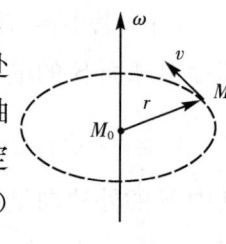

图 12.8.4

其中 $v_0$ 表示在点 $M_0$ 的速度,$r$ 表示向量 $\overrightarrow{M_0 M}$.

记 $\omega = \{\omega_1, \omega_2, \omega_3\}, v_0 = \{P_0, Q_0, R_0\}$,则 $M$ 点的速度 $v = \{P, Q, R\}$ 为

$$P = P_0 + \omega_2(z - z_0) - \omega_3(y - y_0),$$
$$Q = Q_0 + \omega_3(x - x_0) - \omega_1(z - z_0),$$
$$R = R_0 + \omega_1(y - y_0) - \omega_2(x - x_0).$$

于是在 $M$ 点成立

$$\frac{\partial R}{\partial y} - \frac{\partial Q}{\partial z} = 2\omega_1, \quad \frac{\partial P}{\partial z} - \frac{\partial R}{\partial x} = 2\omega_2, \quad \frac{\partial Q}{\partial x} - \frac{\partial P}{\partial y} = 2\omega_3,$$

从而

$$2\boldsymbol{\omega} = \left\{ \frac{\partial R}{\partial y} - \frac{\partial Q}{\partial z}, \frac{\partial P}{\partial z} - \frac{\partial R}{\partial x}, \frac{\partial Q}{\partial x} - \frac{\partial P}{\partial y} \right\} \stackrel{\Delta}{=\!=} \boldsymbol{B},$$

则向量 $\boldsymbol{B}$ 可以描述旋涡的强度和方向($\boldsymbol{B} = 2\boldsymbol{\omega}$),然而 $\boldsymbol{B}$ 是由速度场 $v(M) = \{P, Q, R\}$ 本身决定的,不用真正测量出角速度 $\boldsymbol{\omega}$.

设 $L$ 为场中的有向闭曲线,由 Stokes 公式知

$$\oint_L \boldsymbol{v} \cdot d\boldsymbol{r} = \oint_L P dx + Q dy + R dz = \iint_S \boldsymbol{B} \cdot d\boldsymbol{S},$$

其中 $S$ 是任意以 $L$ 为边界的曲面,其定向与 $L$ 符合右手定则. 由上式可知, 第二型曲线积分 $\oint_L \boldsymbol{v} \cdot \mathrm{d}\boldsymbol{r}$ 与流体的旋转状态有着密切的关系. 于是, 我们作如下定义.

**定义 12.8.5** 设有一个向量场

$$\boldsymbol{F}(M) = \{P(x,y,z), Q(x,y,z), R(x,y,z)\}, M(x,y,z) \in \Omega,$$

其中函数 $P(x,y,z), Q(x,y,z), R(x,y,z)$ 具有连续偏导数, 再设 $L$ 为场中的有向曲线, 称曲线积分

$$\int_L \boldsymbol{F}(M) \cdot \mathrm{d}\boldsymbol{r}$$

为向量场 $\boldsymbol{F}(M)$ 沿定向曲线 $L$ 的**环量**. 对任意点 $M(x,y,z) \in \Omega$, 称向量函数

$$\left\{ \frac{\partial R}{\partial y} - \frac{\partial Q}{\partial z}, \frac{\partial P}{\partial z} - \frac{\partial R}{\partial x}, \frac{\partial Q}{\partial x} - \frac{\partial P}{\partial y} \right\}\bigg|_M$$

为向量场 $\boldsymbol{F}(M)$ 的**旋度**, 记为 $\mathrm{rot}\boldsymbol{F}(M)$, 即

$$\mathrm{rot}\boldsymbol{F}(M) = \left\{ \frac{\partial R}{\partial y} - \frac{\partial Q}{\partial z}, \frac{\partial P}{\partial z} - \frac{\partial R}{\partial x}, \frac{\partial Q}{\partial x} - \frac{\partial P}{\partial y} \right\}\bigg|_M.$$

为了便于记忆, 我们将上式写成行列式形式

$$\mathrm{rot}\boldsymbol{F}(M) = \begin{vmatrix} \boldsymbol{i} & \boldsymbol{j} & \boldsymbol{k} \\ \frac{\partial}{\partial x} & \frac{\partial}{\partial y} & \frac{\partial}{\partial z} \\ P & Q & R \end{vmatrix}_M,$$

其中 $\boldsymbol{i}, \boldsymbol{j}, \boldsymbol{k}$ 分别表示单位向量 $\{1,0,0\}, \{0,1,0\}, \{0,0,1\}$.

如果在场中每一点 $M$ 都有

$$\mathrm{rot}\boldsymbol{F}(M) = \{0,0,0\},$$

那么称向量场 $\boldsymbol{F}(M)$ 为**无旋场**.

根据以上定义, Stokes 公式可以写成

$$\iint_S \mathrm{rot}\boldsymbol{F}(M) \cdot \boldsymbol{n}(M) \mathrm{d}S = \oint_{\partial S} \boldsymbol{F}(M) \cdot \mathrm{d}\boldsymbol{r}.$$

**例 12.8.7** 设 $u = u(x,y,z)$ 为一数量场, 它具有二阶连续偏导数, 求 $\mathrm{rot}(\mathbf{grad}\, u)$.

**解** 由于 $u = u(x,y,z)$ 具有二阶连续偏导数, 直接计算得

$$\mathbf{grad}\,u = \{u'_x, u'_y, u'_z\} = \left\{\frac{\partial u}{\partial x}, \frac{\partial u}{\partial y}, \frac{\partial u}{\partial z}\right\},$$

$$\operatorname{rot}(\mathbf{grad}\,u) = \begin{vmatrix} \boldsymbol{i} & \boldsymbol{j} & \boldsymbol{k} \\ \dfrac{\partial}{\partial x} & \dfrac{\partial}{\partial y} & \dfrac{\partial}{\partial z} \\ \dfrac{\partial u}{\partial x} & \dfrac{\partial u}{\partial y} & \dfrac{\partial u}{\partial z} \end{vmatrix} = \{0, 0, 0\}.$$

**例 12.8.8** 设 $\boldsymbol{u} = \{P(x,y,z), Q(x,y,z), R(x,y,z)\}, (x,y,z) \in \mathbb{R}^3$，其中 $P, Q, R$ 具有二阶连续偏导数，求 $\operatorname{div}(\operatorname{rot}\boldsymbol{u})$.

**解** $\operatorname{rot}\boldsymbol{u} = \begin{vmatrix} \boldsymbol{i} & \boldsymbol{j} & \boldsymbol{k} \\ \dfrac{\partial}{\partial x} & \dfrac{\partial}{\partial y} & \dfrac{\partial}{\partial z} \\ P & Q & R \end{vmatrix} =$

$$\left\{\frac{\partial R}{\partial y} - \frac{\partial Q}{\partial z}, \frac{\partial P}{\partial z} - \frac{\partial R}{\partial x}, \frac{\partial Q}{\partial x} - \frac{\partial P}{\partial y}\right\},$$

$$\operatorname{div}(\operatorname{rot}\boldsymbol{u}) = \frac{\partial}{\partial x}\left(\frac{\partial R}{\partial y} - \frac{\partial Q}{\partial z}\right) + \frac{\partial}{\partial y}\left(\frac{\partial P}{\partial z} - \frac{\partial R}{\partial x}\right) + \frac{\partial}{\partial z}\left(\frac{\partial Q}{\partial x} - \frac{\partial P}{\partial y}\right) = 0.$$

**例 12.8.9** 设一刚体以匀角速度 $\boldsymbol{\omega} = \{0, 0, \omega\}$ 绕 $z$ 轴旋转（见图 12.8.5）. 刚体上每一点都具有线速度，于是构成一个线速度场 $\boldsymbol{v}$. 求线速度场 $\boldsymbol{v}$ 的旋度.

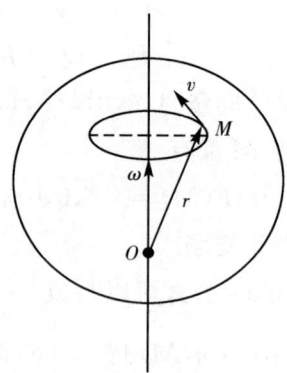

图 12.8.5

**解** 设刚体上点 $M(x,y,z)$ 处的向径为
$$\boldsymbol{r} = \{x, y, z\}.$$

由运动学知，$M$ 点的线速度为

$$v = \boldsymbol{\omega} \times \boldsymbol{r} = \begin{vmatrix} \boldsymbol{i} & \boldsymbol{j} & \boldsymbol{k} \\ 0 & 0 & \omega \\ x & y & z \end{vmatrix} = \{-\omega y, \omega x, 0\},$$

于是

$$\operatorname{rot} \boldsymbol{v} = \begin{vmatrix} \boldsymbol{i} & \boldsymbol{j} & \boldsymbol{k} \\ \dfrac{\partial}{\partial x} & \dfrac{\partial}{\partial y} & \dfrac{\partial}{\partial z} \\ -\omega y & \omega x & 0 \end{vmatrix} = \{0, 0, 2\omega\} = 2\boldsymbol{\omega},$$

即 $\operatorname{rot} \boldsymbol{v}$ 是角速度 $\boldsymbol{\omega}$ 的两倍. 也就是说，在刚体绕固定轴旋转的线速度场中，任一点处的旋度，除去一个常数因子(在此处为 2)外，正好等于刚体的旋转角速度."旋度"的名称即由此得来.

### 12.8.5 保守场和势函数

在物理学中，存在着一种十分重要的向量场，我们称之为保守场. 在这种保守场中，第二类曲线积分与积分路径无关，即只依赖于路径的起点和终点. 关于平面保守场、空间保守场的一些特征，我们已在 §12.3，§12.7 中分别讨论过了. 下面我们给出若干定义.

**定义 12.8.6** 设有一向量场

$$\boldsymbol{F}(M) = \{P(x,y,z), Q(x,y,z), R(x,y,z)\}, M(x,y,z) \in \Omega,$$

其中 $P(x,y,z), Q(x,y,z), R(x,y,z)$ 在区域 $\Omega \subset \mathbb{R}^3$ 上连续. 若存在函数 $u(x,y,z)$ 满足

$$\boldsymbol{F}(M) = \mathbf{grad}\, u(M),$$

则称向量场 $\boldsymbol{F}(M)$ 为**有势场**，并称函数 $v(x,y,z) = -u(x,y,z)$ 为**势函数**.

注意到，有势场是梯度场，有势场的势函数有无穷多个，且它们之间只相差一个常数. 有势场是一个特殊的向量场，并非任意向量都是有势场.

**定义 12.8.7** 如果在向量场

$$\boldsymbol{F}(M) = \{P(x,y,z), Q(x,y,z), R(x,y,z)\}, M(x,y,z) \in \Omega$$

中曲线积分与路径无关，则称 $\boldsymbol{F}(M)$ 为**保守场**.

有关曲线积分与路径无关的等价性命题见§12.3 的定理 12.3.3 和§12.7 的定理 12.7.2,为了陈述保守场和有势场的关系,我们先了解一维单连通区域的概念.

若对区域 $\Omega \subset \mathbb{R}^3$ 中的任何简单闭曲线 $L$,都存在完全在 $\Omega$ 中的曲面片,它以 $L$ 为边界,则称区域 $\Omega$ 是一维单连通的.

**定理 12.8.3** 设 $\Omega \subset \mathbb{R}^3$ 为一维单连通区域,在 $\Omega$ 上定义了向量场

$$\boldsymbol{F}(M)=\{P(x,y,z),Q(x,y,z),R(x,y,z)\}, M(x,y,z) \in \Omega,$$

且函数 $P(x,y,z), Q(x,y,z), R(x,y,z)$ 在 $\Omega$ 上具有连续偏导数,则以下四个命题等价:

( i ) $\boldsymbol{F}(M)$ 是保守场;

( ii ) $\boldsymbol{F}(M)$ 是有势场;

( iii ) $\boldsymbol{F}(M)$ 是无旋场;

( iv ) 沿 $\Omega$ 内任意简单光滑闭曲线的积分为零.

事实上,如上定理就是§12.7 中的定理 12.7.2 的另一种表现形式,证明从略.

**定理 12.8.4** 设 $P(x,y,z), Q(x,y,z), R(x,y,z)$ 在区域 $\Omega \subset \mathbb{R}^3$ 上连续,若存在函数 $u=u(x,y,z)$,使得

$$\mathrm{d}u = P(x,y,z)\mathrm{d}x + Q(x,y,z)\mathrm{d}y + R(x,y,z)\mathrm{d}z, (x,y,z) \in \Omega,$$

(此时称 $u=u(x,y,z)$ 为 $P\mathrm{d}x+Q\mathrm{d}y+R\mathrm{d}z$ 的一个原函数)则对 $\Omega$ 内任意两点 $A(x_A, y_A, z_A), B(x_B, y_B, z_B)$ 成立

$$\int_{\widehat{AB}} P\mathrm{d}x + Q\mathrm{d}y + R\mathrm{d}z = u(x_A, y_A, z_A) - u(x_B, y_B, z_B),$$

其中 $\widehat{AB}$ 为从 $A$ 到 $B$ 的任意路径.

**例 12.8.10** 试验证静电场 $\boldsymbol{E}(M) = \dfrac{q}{4\pi\varepsilon r^3}\{x,y,z\}$ 和重力场 $\boldsymbol{F}(M)=\{0,0,-mg\}$ 都是无旋场.

**证明** 利用定义,直接计算可知结论正确.

**例 12.8.11** 试验证 $\boldsymbol{F}(M)=\{2xyz^2, x^2z^2+z\cos(yz), 2x^2yz+y\cos(yz)\}$ 为有势场,并求其一个势函数.

**证明** 记
$$P = 2xyz^2, Q = x^2y^2 + z\cos(yz), R = 2x^2yz + y\cos(yz),$$
容易计算出
$$\text{rot}\mathbf{F}(M) = \begin{vmatrix} \mathbf{i} & \mathbf{j} & \mathbf{k} \\ \dfrac{\partial}{\partial x} & \dfrac{\partial}{\partial y} & \dfrac{\partial}{\partial z} \\ P & Q & R \end{vmatrix} = \{0, 0, 0\}.$$

于是 $\mathbf{F}(M)$ 是无旋场,从而由定理 12.8.3 知 $\mathbf{F}(M)$ 是有势场.

由以上结果知,势函数为
$$v(x,y,z) = -\int_{M_0}^{M} \mathbf{F}(M) \cdot d\mathbf{r}.$$

取 $M_0$ 为原点 $(0,0,0)$,并将积分路径取为逐段与坐标轴平行的折线 $OABM$,其中 $A, B, M$ 的坐标分别为 $A(x,0,0), B(x,y,0), M(x,y,z)$,如图 12.8.6 所示,于是
$$v(x,y,z) = -\left[\int_0^x 0 dx + \int_0^y 0 dy + \int_0^z (2x^2yz + y\cos(yz)) dz\right] = -x^2yz^2 - \sin(yz).$$

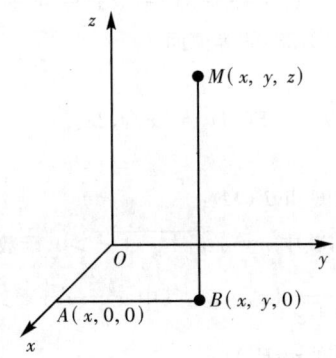

图 12.8.6

## 习题 12.8

1. 求下列数量场 $u = f(M)$ 在指定点 $M_0$ 处沿方向 $\mathbf{v}$ 的方向导数 $\dfrac{\partial f}{\partial \mathbf{v}}\bigg|_{M_0}$.

(1) $f(x,y) = x^2 - y^2, M_0(1,1), \mathbf{v} = \left\{\dfrac{1}{2}, \dfrac{\sqrt{3}}{2}\right\}$;

(2) $f(x,y)=1-\left(\dfrac{x^2}{a^2}+\dfrac{y^2}{b^2}\right)$, $M_0\left(\dfrac{a}{\sqrt{2}},\dfrac{b}{\sqrt{2}}\right)$, $\boldsymbol{v}$ 为曲线 $\dfrac{x^2}{a^2}+\dfrac{y^2}{b^2}=1$ 上点 $M_0$ 处的内法向量;

(3) $f(x,y,z)=xyz$, $M_0(1,1,1)$, $\boldsymbol{v}=\left\{\dfrac{2}{3},\dfrac{2}{3},\dfrac{1}{3}\right\}$;

(4) $f(x,y,z)=x^2+y^2+z^2$, $M_0(1,1,1)$, $\boldsymbol{v}=\left\{-\dfrac{2}{3},-\dfrac{2}{3},-\dfrac{1}{3}\right\}$.

2. 求下列数量场 $u=f(M)$ 在指定点 $M_0$ 处的梯度 $\mathbf{grad}\,f(M_0)$.

(1) $f(x,y,z)=\dfrac{1}{\sqrt{x^2+y^2+z^2}}$, $M_0(1,1,1)$;

(2) $f(x,y,z)=x^2+y^2-z^2$, $M_0(1,1,1)$;

(3) $f(x,y,z)=x+y+z$, $M_0(\pi,\sqrt{2},1)$;

(4) $f(x,y,z)=e^{x+y+z}$, $M_0(0,0,0)$.

3. 已知数量场 $u=f(M)$ 为
$$f(x,y,z)=x^2+2y^2+3z^2+xy+3x-2y-6z,$$
试在场中求一点 $M_0(x_0,y_0,z_0)$, 使得 $\mathbf{grad}\,f(M_0)=\{0,0,0\}$.

4. 求下列数量场 $u=u(x,y)$ 的等值线:

(1) $u(x,y)=x^2+y^2$; (2) $u(x,y)=\dfrac{x^2}{a^2}+\dfrac{y^2}{b^2}$.

5. 求数量场
$$u=\sqrt{x^2+y^2+(z+8)^2}+\sqrt{x^2+y^2+(z-8)^2}$$
的等值面, 并求过点 $P(9,12,28)$ 的等值面.

6. 确定向量场
$$\boldsymbol{F}(M)=\{x,y,2z\}$$
的向量线.

7. 求下列向量场的散度 $\mathrm{div}\boldsymbol{F}(M)$:

(1) $\boldsymbol{F}(M)=\mathbf{grad}\,f(r)$, 其中 $r=\sqrt{x^2+y^2+z^2}>0$, 函数 $f(r)$ 二阶可微;

(2) $\boldsymbol{F}(M)=\dfrac{1}{\sqrt{x^2+y^2+z^2}}\{x,y,z\}$, 其中 $x^2+y^2+z^2>0$.

8. 求下列向量场的旋度 $\mathrm{rot}\boldsymbol{F}(M)$.

(1) $\boldsymbol{F}(M)=f(\sqrt{x^2+y^2+z^2})\{x,y,z\}$, 其中 $f(r)$ 可微, $x^2+y^2+z^2>0$;

(2) $\boldsymbol{F}(M)=\{y^2,z^2,x^2\}$.

9. 求向量场 $\boldsymbol{F}(M)=\{x,y,z\}$ 的流量, 其中

(1) 穿过圆锥形 $x^2+y^2\leqslant z^2(0\leqslant z\leqslant h)$ 的侧表面;

(2) 穿过此圆锥形的底.

10. 求向量场 $\boldsymbol{F}(M)=\{yz,zx,xy\}$ 的流量, 其中

(1) 穿过圆柱 $x^2+y^2\leqslant a^2(0\leqslant z\leqslant h)$ 的侧表面;

(2) 穿过此圆柱的全表面.

11. 求向量场 $\boldsymbol{F}(M)=\{x,y,z\}$ 穿过曲面
$$z=1-\sqrt{x^2+y^2} \quad (0\leqslant z\leqslant 1)$$
的流量.

12. 求向量场
$$\boldsymbol{F}(M)=\{-y,x,c\}$$
(其中 $c$ 为常数)的环量,其中

(1) 沿着圆周: $x^2+y^2=1, z=0$,从 $z$ 轴正向看为逆时针;

(2) 沿着圆周: $(x-2)^2+y^2=1, z=0$,从 $z$ 轴正向看为逆时针.

13. 证明下列向量场是有势场:

(1) $\boldsymbol{F}(M)=\{yz(2x+y+z),xz(x+2y+z),xy(x+y+2z)\}$;

(2) $\boldsymbol{F}(M)=\{y\cos(xy),x\cos(xy),\sin z\}$.

14. 计算曲面积分 $\iint\limits_{S}\mathrm{rot}\boldsymbol{F}(M)\cdot\boldsymbol{n}(M)\mathrm{d}S$,其中 $\boldsymbol{F}(M)=\{x-y,x^3-yz,-3xy^2\}$, $S$ 为半球面 $z=\sqrt{4-x^2-y^2}$, $\boldsymbol{n}(M)$ 为 $S$ 上侧的单位向量.

# 第 12 章习题

扫一扫,阅读拓展知识

1. 求下列第一类曲线积分:

(1) $\int_L y^2 \mathrm{d}s$,其中 $L$ 为平面曲线 $x=a(t-\sin t)$, $y=a(1-\cos t), 0\leqslant t\leqslant 2\pi$.

(2) $\int_L (x+y)\mathrm{d}s$,其中 $L$ 为双曲线 $(x^2+y^2)^2=a^2(x^2-y^2)$ 的右面部分;

(3) $\oint_L (x^2+y^2+2x-z-4)\mathrm{d}s$,其中 $L$ 为封闭曲线
$$z=2y+1, z=\sqrt{x^2+5y^2}.$$

2. 求下列第二类曲线积分:

(1) $\int_L \dfrac{(x-y)\mathrm{d}x+(x+y)\mathrm{d}y}{x^2+y^2}$,其中 $L$ 为从点 $A(-\dfrac{\pi}{2},0)$ 沿曲线 $y=\cos x$ 到点 $B(\dfrac{\pi}{2},0)$;

(2) $\int_L \dfrac{(xe^x+5y^3x^2+x-4)\mathrm{d}x-(3x^5+\sin y)\mathrm{d}y}{x^2+y^2}$,其中 $L$ 为从点 $A(-1,0)$ 沿曲线 $y=\sqrt{1-x^2}$ 到点 $B(1,0)$;

(3) $\oint_L \dfrac{(x+y)\mathrm{d}x+(4y-x)\mathrm{d}y}{x^2+4y^2}$,其中 $L$ 为椭圆 $4x^2+y^2=1$ 正向一周.

3. 求下列第一类曲面积分:

(1) $\iint\limits_{S} z\mathrm{d}S$,其中 $S$ 为锥面 $z=\sqrt{x^2+y^2}$ 在柱体 $x^2+y^2\leqslant 2x$ 内部分;

(2) $\iint\limits_{S} (x^2+y^2)\mathrm{d}S$,其中 $S$ 为球面 $x^2+y^2+z^2=a^2$ 的上半部分;

(3) $\oiint_S x^2 \mathrm{d}S$,其中 $S$ 为锥面 $z=\sqrt{x^2+y^2}$ 与平面 $z=1$ 所围区域的全部界面.

4. 求下列第二类曲面积分:

(1) $\oiint_S x^3 \mathrm{d}y\mathrm{d}z + y^3 \mathrm{d}z\mathrm{d}x + z^3 \mathrm{d}x\mathrm{d}y$,其中 $S$ 为球面 $x^2+y^2+z^2=1$ 的外侧;

(2) $\iint_S yz\mathrm{d}z\mathrm{d}x + 2\mathrm{d}x\mathrm{d}y$,其中 $S$ 是球面 $x^2+y^2+z^2=4$ 外侧在 $z\geqslant 0$ 的部分;

(3) $\oiint_S 2xz\mathrm{d}y\mathrm{d}z + yz\mathrm{d}z\mathrm{d}x - z^2\mathrm{d}x\mathrm{d}y$,其中 $S$ 是由曲面 $z=\sqrt{x^2+y^2}$ 与 $z=\sqrt{2-x^2-y^2}$ 所围立体的表面的外侧.

5. 设 $L$ 为不经过原点的光滑封闭曲线,正向一周. 计算第二类曲线积分
$$I = \oint_L \frac{xy[x\mathrm{d}y - y\mathrm{d}x]}{x^4+y^4}.$$

6. 确定常数 $a$ 与 $b$,使得
$$(ay^2-2xy)\mathrm{d}x + (bx^2+2xy)\mathrm{d}y$$
为某个二元函数 $u(x,y)$ 的全微分,并求出 $u(x,y)$.

7. 设 $f(x)$ 与 $g(x)$ 具有二阶连续导数,$f(0)=-2, g(0)=-2$,并设对于任意一条封闭曲线 $L$,积分
$$\oint_L [y^2 g(x)+2x^2y-2yf(x)]\mathrm{d}x + 2[yf(x)+g(x)]\mathrm{d}y = 0,$$
求 $f(x)$ 与 $g(x)$.

8. 计算第二类曲线积分 $\oint_L \frac{y\mathrm{d}x - x\mathrm{d}y}{3x^2-2xy+3y^2}$,其中 $L$ 为 $|x|+|y|=1$ 正向一周.

9. 计算 $\oint_L x^2 y\mathrm{d}x + (x^2+y^2)\mathrm{d}y + (x+y+z)\mathrm{d}z$,其中 $L$ 为 $x^2+y^2+z^2=11$ 与 $z=x^2+y^2+1$ 的交线,从 $z$ 轴正向往负向看,$L$ 是逆时针的.

10. 计算 $\oint_L (y^2-z^2)\mathrm{d}x + (z^2-x^2)\mathrm{d}y + (x^2-y^2)\mathrm{d}z$,其中 $L$ 为平面 $x+y+z=\frac{3}{2}$ 截立方体 $0\leqslant x\leqslant 1, 0\leqslant y\leqslant 1, 0\leqslant z\leqslant 1$ 的表面所得的截痕,从 $x$ 轴正向看去,$L$ 为逆时针.

11. 计算 $\oint_L (y+1)\mathrm{d}x + (z+2)\mathrm{d}y + (x+3)\mathrm{d}z$,$L$ 为圆周 $x^2+y^2+z^2=a^2$,$x+y+z=0$,从 $x$ 轴正向看去 $L$ 是逆时针的.

12. 试证:若 $S$ 为封闭的光滑曲面,$l$ 为任意固定的已知方向,则
$$\oiint_S \cos\langle \boldsymbol{n}, \boldsymbol{l}\rangle \mathrm{d}S = 0,$$
其中 $\boldsymbol{n}$ 为曲面 $S$ 的外法线向量.

13. 记 $r=r(\theta,\varphi)$ 为分片光滑封闭曲面 $S$ 的球坐标方程,试证明 $S$ 所围的有界区域 $\Omega$ 的体积为
$$V = \frac{1}{3}\oiint_S r\cos\phi \mathrm{d}S,$$
其中 $\psi$ 为曲面 $S$ 在动点的外法线方向与向径所成的夹角.

14. 设 $f(x)$ 连续,证明
$$\int_0^{2\pi}\mathrm{d}\theta\int_0^{\pi} f(a\sin\varphi\cos\theta+b\sin\varphi\sin\theta+c\cos\varphi)\sin\varphi\mathrm{d}\varphi=2\pi\int_{-1}^{1}f(kz)\mathrm{d}z,$$
其中 $k=\sqrt{a^2+b^2+c^2}$.

15. 计算曲面积分 $F(t)=\iint\limits_{x+y+z=t}f(x,y,z)\mathrm{d}S$,其中
$$f(x,y,z)=\begin{cases}1-x^2-y^2-z^2, & x^2+y^2+z^2\leqslant 1,\\ 0, & x^2+y^2+z^2>1.\end{cases}$$

扫一扫,获取参考答案

# 第 13 章

# 无穷级数

在数学上,从有限向无限发展是一种自然趋势,无穷级数就是这一趋势的产物. 无穷级数是高等数学的一个重要组成部分,它在表达函数、研究函数的性质、计算函数值以及求解微分方程等方面都是非常有用的工具. 本章先讨论常数项级数,这是无穷级数理论的基础;然后讨论函数项级数,着重讨论在应用上有重要意义的幂级数和 Fourier 级数.

## §13.1 数项级数的概念与性质

### 13.1.1 数项级数的基本概念

设有一数列 $u_1, u_2, \cdots, u_n, \cdots$,则无穷和式

$$u_1 + u_2 + \cdots + u_n + \cdots \qquad (13.1.1)$$

或简写为 $\sum\limits_{n=1}^{\infty} u_n$,称为(常)**数项无穷级数**,简称(常)**数项级数**,其中 $u_n$ 称为级数(13.1.1)的第 $n$ 项或**通项**.

级数(13.1.1)的前 $n$ 项相加得到它的前 $n$ 项和,记作 $s_n$,即

$$s_n = u_1 + u_2 + \cdots + u_n = \sum_{i=1}^{n} u_i.$$

显然,对于给定的级数(13.1.1),其任意前 $n$ 项和 $s_n$ 都是已知的. 于

是，级数(13.1.1)对应着一个部分和数列$\{s_n\}$，即
$$s_1 = u_1, s_2 = u_1 + u_2, \cdots, s_n = u_1 + u_2 + \cdots + u_n, \cdots. \quad (13.1.2)$$
例如，级数
$$\frac{1}{1 \cdot 2} + \frac{1}{2 \cdot 3} + \frac{1}{3 \cdot 4} + \cdots$$
的通项为
$$u_n = \frac{1}{n(n+1)},$$
它的前 $n$ 项和为
$$s_n = \frac{1}{1 \cdot 2} + \frac{1}{2 \cdot 3} + \cdots + \frac{1}{n(n+1)}.$$
由于 $\frac{1}{n(n+1)} = \frac{1}{n} - \frac{1}{n+1}$，所以
$$s_n = \left(1 - \frac{1}{2}\right) + \left(\frac{1}{2} - \frac{1}{3}\right) + \cdots + \left(\frac{1}{n} - \frac{1}{n+1}\right) = 1 - \frac{1}{n+1}.$$
根据数列(13.1.2)的敛散性，引进如下的概念.

**定义 13.1.1** 若级数 $\sum\limits_{i=1}^{\infty} u_i$ 的部分和数列$\{s_n\}$收敛，设其极限值为 $s$，即
$$\lim_{n \to \infty} s_n = \lim_{n \to \infty} \sum_{i=1}^{n} u_i = s,$$
则称**级数**(13.1.1)**收敛**，并称 $s$ 为**级数**(13.1.1)**的和**，记作
$$\sum_{n=1}^{\infty} u_n = s.$$
若当 $n \to \infty$ 时，$s_n$ 的极限不存在，则称**级数**(13.1.1)**发散**.

如果级数(13.1.1)收敛，其和为 $s$，则称
$$r_n = s - s_n = u_{n+1} + u_{n+2} + \cdots$$
为**级数**(13.1.1)**的余项**.

**例 13.1.1** 判定级数
$$\sum_{n=1}^{\infty} \frac{1}{n(n+1)} = \frac{1}{1 \cdot 2} + \frac{1}{2 \cdot 3} + \cdots + \frac{1}{n(n+1)} + \cdots$$
的敛散性.

**解** 因为已知级数的前 $n$ 项和是
$$s_n = \frac{1}{1 \cdot 2} + \frac{1}{2 \cdot 3} + \cdots + \frac{1}{n(n+1)} = 1 - \frac{1}{n+1},$$

又 $\lim\limits_{n\to\infty}s_n=\lim\limits_{n\to\infty}(1-\dfrac{1}{n+1})=1$,所以这个级数收敛,且其和是 1.

**例 13.1.2** 无穷级数

$$\sum_{n=1}^{\infty}aq^{n-1}=a+aq+aq^2+\cdots+aq^{n-1}+\cdots \qquad (13.1.3)$$

称为**等比级数**(也称**几何级数**),其中 $a\neq 0$. 试讨论级数(13.1.3)的敛散性.

**解** 如果 $|q|\neq 1$,则部分和

$$s_n=a+aq+aq^2+\cdots+aq^{n-1}=\dfrac{a(1-q^n)}{1-q}.$$

当 $|q|<1$ 时,$\lim\limits_{n\to\infty}q^n=0$,于是 $\lim\limits_{n\to\infty}s_n=\dfrac{a}{1-q}$,所以级数(13.1.3)收敛,其和为 $\dfrac{a}{1-q}$. 当 $|q|>1$ 时,$\lim\limits_{n\to\infty}q^n=\infty$,于是 $\lim\limits_{n\to\infty}s_n=\infty$,所以级数(13.1.3)发散.

如果 $|q|=1$,则当 $q=1$ 时,$s_n=na$,从而 $\lim\limits_{n\to\infty}s_n=\infty$,所以级数(13.1.3)发散;当 $q=-1$ 时,级数(13.1.3)为

$$\sum_{n=1}^{\infty}(-1)^{n-1}a=a-a+a-a+\cdots,$$

显然 $s_n$ 随着 $n$ 为奇数或为偶数而等于 $a$ 或 $0$,从而数列 $\{s_n\}$ 没有极限,因此级数(13.1.3)发散.

综上所述,我们得到:等比级数(13.1.3)当公比 $q$ 的绝对值 $|q|<1$ 时收敛;$|q|\geq 1$ 时发散.

### 13.1.2 数项级数的性质

根据无穷级数收敛、发散以及和的概念,可以得出以下几个基本性质.

**性质 13.1.1** 如果级数 $\sum\limits_{n=1}^{\infty}u_n$ 收敛,其和为 $s$,$k$ 为常数,则级数 $\sum\limits_{n=1}^{\infty}ku_n$ 也收敛,其和为 $ks$.

**证明** 设级数 $\sum\limits_{n=1}^{\infty}u_n$ 与 $\sum\limits_{n=1}^{\infty}ku_n$ 的前 $n$ 项和分别为 $s_n$ 与 $\sigma_n$,则

$$\sigma_n=ku_1+ku_2+\cdots+ku_n=ks_n,$$

于是
$$\lim_{n\to\infty}\sigma_n = \lim_{n\to\infty}ks_n = k\lim_{n\to\infty}s_n = ks.$$

因此级数 $\sum_{n=1}^{\infty}ku_n$ 收敛,且和为 $ks$.

容易看出,当常数 $k\neq 0$ 时,由 $\sigma_n=ks_n$ 可知,如果 $\{s_n\}$ 没有极限,则 $\sigma_n$ 也没有极限.因此可以得到这样的结论:级数的每一项同乘以一个不为零的常数后,其敛散性不变.

**性质 13.1.2** 收敛级数可以逐项相加或逐项相减.也就是说,如果级数 $\sum_{n=1}^{\infty}u_n$ 与 $\sum_{n=1}^{\infty}v_n$ 分别收敛于和 $s$ 与 $\sigma$,则级数 $\sum_{n=1}^{\infty}(u_n\pm v_n)$ 也收敛,且其和为 $s\pm\sigma$.

**证明** 设级数 $\sum_{n=1}^{\infty}u_n$ 与 $\sum_{n=1}^{\infty}v_n$ 的前 $n$ 项和分别为 $s_n$ 与 $\sigma_n$,则级数 $\sum_{n=1}^{\infty}(u_n\pm v_n)$ 的前 $n$ 项和为
$$\tau_n = (u_1\pm v_1)+(u_2\pm v_2)+\cdots+(u_n\pm v_n) =$$
$$(u_1+u_2+\cdots+u_n)\pm(v_1+v_2+\cdots+v_n) = s_n\pm\sigma_n.$$

因此
$$\lim_{n\to\infty}\tau_n = \lim_{n\to\infty}(s_n\pm\sigma_n) = \lim_{n\to\infty}s_n \pm \lim_{n\to\infty}\sigma_n = s\pm\sigma.$$

即级数 $\sum_{n=1}^{\infty}(u_n\pm v_n)$ 收敛,且其和为 $s\pm\sigma$.

**性质 13.1.3** 在级数前面加上或去掉有限项,不影响级数的敛散性.只是当级数收敛时,加上或去掉有限项一般会改变级数的和.

**证明** 设将级数
$$\sum_{n=1}^{\infty}u_n = u_1+u_2+\cdots+u_n+\cdots$$
的前 $k$ 项去掉,则得级数
$$\sum_{n=k+1}^{\infty}u_n = u_{k+1}+u_{k+2}+\cdots+u_{k+n}+\cdots.$$
上式的前 $n$ 项和为
$$\sigma_n = u_{k+1}+u_{k+2}+\cdots+u_{k+n} = s_{k+n}-s_k,$$
其中 $s_{k+n}$ 是原来级数的前 $k+n$ 项的和.因为 $s_k$ 是常数,所以当 $n\to\infty$ 时,$\sigma_n$ 与 $s_{k+n}$ 或者同时具有极限,或者同时没有极限.因此级数前面

加上或去掉有限项,其敛散性不变.

一般来说,当级数收敛时,即有 $\lim\limits_{n\to\infty}s_{k+n}=s$,所以

$$\lim_{n\to\infty}\sigma_n=\lim_{n\to\infty}(s_{k+n}-s_k)=\lim_{n\to\infty}s_{k+n}-s_k=s-s_k.$$

这就是说,收敛级数前面去掉有限项所得级数仍收敛,但其和改变了.

### 13.1.3 数项级数收敛的必要条件

**定理 13.1.1（级数收敛的必要条件）** 如果级数 $\sum\limits_{n=1}^{\infty}u_n$ 收敛,则它的通项 $u_n$ 趋于零,即

$$\lim_{n\to\infty}u_n=0.$$

**证明** 设级数 $\sum\limits_{n=1}^{\infty}u_n$ 的前 $n$ 项和为 $s_n$,且 $s_n\to s(n\to\infty)$,则

$$\lim_{n\to\infty}u_n=\lim_{n\to\infty}(s_n-s_{n-1})=\lim_{n\to\infty}s_n-\lim_{n\to\infty}s_{n-1}=s-s=0.$$

由定理 13.1.1 知,如果级数的通项不趋于零,则该级数必定发散. 例如,级数 $\sum\limits_{n=1}^{\infty}(-1)^{n-1}\dfrac{n}{n+1}$,$\sum\limits_{n=1}^{\infty}n\sin\dfrac{1}{n}$ 都是发散的.

**注意** $\lim\limits_{n\to\infty}u_n=0$ 是级数 $\sum\limits_{n=1}^{\infty}u_n$ 收敛的必要条件而不是充分条件. 例如,级数

$$\sum_{n=1}^{\infty}\frac{1}{\sqrt{n}}=\frac{1}{\sqrt{1}}+\frac{1}{\sqrt{2}}+\cdots+\frac{1}{\sqrt{n}}+\cdots,\qquad(13.1.4)$$

虽然有 $\lim\limits_{n\to\infty}\dfrac{1}{\sqrt{n}}=0$,但它是发散的. 事实上,由于

$$\frac{1}{\sqrt{k}}=\frac{2}{2\sqrt{k}}>\frac{2}{\sqrt{k+1}+\sqrt{k}}=2(\sqrt{k+1}-\sqrt{k}),$$

所以

$$s_n=\sum_{k=1}^{n}\frac{1}{\sqrt{k}}>2\sum_{k=1}^{n}(\sqrt{k+1}-\sqrt{k})=2\sqrt{n+1}-2\sqrt{1}.$$

而 $\lim\limits_{n\to\infty}s_n=\infty$,所以级数(13.1.4)发散.

### 13.1.4* Cauchy 收敛准则

由于级数 $\sum\limits_{n=1}^{\infty}u_n$ 的敛散性是用级数 $\sum\limits_{n=1}^{\infty}u_n$ 的部分和数列 $\{s_n\}$ 的

敛散性来定义的，而 $\{s_n\}$ 的敛散性可用数列的 Cauchy 收敛准则来判别. 因此，把数列的 Cauchy 收敛准则转移到级数上来就有判别级数敛散性的 Cauchy 收敛准则.

**定理 13.1.2（Cauchy 收敛准则）** 级数 $\sum\limits_{n=1}^{\infty} u_n$ 收敛的充分必要条件是：对于任意给定的正数 $\varepsilon$，存在自然数 $N$，使得当 $n>N$ 时，对于任意的自然数 $p$，都有
$$|u_{n+1}+u_{n+2}+\cdots+u_{n+p}|<\varepsilon.$$

**证明** 设级数 $\sum\limits_{n=1}^{\infty} u_n$ 的前 $n$ 项和为 $s_n$. 因为
$$|u_{n+1}+u_{n+2}+\cdots+u_{n+p}|=|s_{n+p}-s_n|,$$
所以由数列的 Cauchy 收敛准则即得本定理结论.

该准则表明，级数 $\sum\limits_{n=1}^{\infty} u_n$ 收敛的充分必要条件是：它的充分远的任意片断 $\sum\limits_{k=n+1}^{n+p} u_k$ 的绝对值可以任意小.

**例 13.1.3** 利用 Cauchy 收敛准则判别级数 $\sum\limits_{n=1}^{\infty} \dfrac{\cos nx}{2^n}$ 的敛散性.

**解** 对于任意给定的自然数 $p$，有
$$\left|\frac{\cos(n+1)x}{2^{n+1}}+\frac{\cos(n+2)x}{2^{n+2}}+\cdots+\frac{\cos(n+p)x}{2^{n+p}}\right|\leqslant$$
$$\left|\frac{\cos(n+1)x}{2^{n+1}}\right|+\left|\frac{\cos(n+2)x}{2^{n+2}}\right|+\cdots+\left|\frac{\cos(n+p)x}{2^{n+p}}\right|\leqslant$$
$$\frac{1}{2^{n+1}}+\frac{1}{2^{n+2}}+\cdots+\frac{1}{2^{n+p}}=\frac{\dfrac{1}{2^{n+1}}-\dfrac{1}{2^{n+p+1}}}{1-\dfrac{1}{2}}<\frac{1}{2^n}.$$

所以对于任意给定的正数 $\varepsilon$，取自然数 $N=\left[\dfrac{\ln\dfrac{1}{\varepsilon}}{\ln 2}\right]$，则当 $n>N$ 时，对于任意自然数 $p$，都有
$$\left|\frac{\cos(n+1)x}{2^{n+1}}+\frac{\cos(n+2)x}{2^{n+2}}+\cdots+\frac{\cos(n+p)x}{2^{n+p}}\right|<\varepsilon.$$

根据 Cauchy 收敛准则,级数 $\sum_{n=1}^{\infty} \dfrac{\cos nx}{2^n}$ 收敛.

**例 13.1.4**  利用 Cauchy 收敛准则证明级数 $\sum_{n=1}^{\infty} \dfrac{1}{n}$ 发散.

**证明**  取 $\varepsilon_0 = \dfrac{1}{4} > 0$,对于任意的自然数 $N$,存在 $n_0 > N$ 和某个 $p = n_0$,有

$$\dfrac{1}{n_0+1} + \dfrac{1}{n_0+2} + \cdots + \dfrac{1}{n_0+n_0} > \underbrace{\dfrac{1}{2n_0} + \dfrac{1}{2n_0} + \cdots + \dfrac{1}{2n_0}}_{n_0 \text{项}} = \dfrac{1}{2} > \dfrac{1}{4} = \varepsilon_0.$$

因此级数 $\sum_{n=1}^{\infty} \dfrac{1}{n}$ 发散.

## 习题 13.1

1. 写出下列级数的前五项:

(1) $\sum_{n=1}^{\infty} \dfrac{1}{n^2(n+1)}$;

(2) $\sum_{n=1}^{\infty} \dfrac{n!}{n^n}$;

(3) $\sum_{n=1}^{\infty} \dfrac{(-1)^{n-1}}{\sqrt{n(n+1)}}$;

(4) $\sum_{n=1}^{\infty} \dfrac{1 \cdot 3 \cdot \cdots \cdot (2n-1)}{2 \cdot 4 \cdot \cdots \cdot (2n)}$.

2. 写出下列级数的通项:

(1) $1 + \dfrac{1}{3} + \dfrac{1}{5} + \dfrac{1}{7} + \cdots$;

(2) $\dfrac{2}{1} - \dfrac{3}{2} + \dfrac{4}{3} - \dfrac{5}{4} + \dfrac{6}{5} - \cdots$;

(3) $\dfrac{1}{1 \cdot 3} + \dfrac{1}{3 \cdot 5} + \dfrac{1}{5 \cdot 7} + \dfrac{1}{7 \cdot 9} + \cdots$;

(4) $\dfrac{a^2}{3} - \dfrac{a^3}{5} + \dfrac{a^4}{7} - \dfrac{a^5}{9} + \cdots$.

3. 根据级数收敛与发散的定义判别下列级数的敛散性:

(1) $\sum_{n=1}^{\infty} (\sqrt{n+1} - \sqrt{n})$;

(2) $\sum_{n=1}^{\infty} \dfrac{1}{4n^2-1}$;

(3) $\dfrac{3}{4} + \dfrac{5}{36} + \cdots + \dfrac{2n+1}{n^2(n+1)^2} + \cdots$;

(4) $\sin \dfrac{\pi}{6} + \sin \dfrac{2\pi}{6} + \cdots + \sin \dfrac{n\pi}{6} + \cdots$.

4. 判别下列级数的敛散性：

(1) $-\dfrac{8}{9}+\dfrac{8^2}{9^2}-\dfrac{8^3}{9^3}+\cdots+(-1)^n\dfrac{8^n}{9^n}+\cdots$;

(2) $0.001+\sqrt{0.001}+\sqrt[3]{0.001}+\cdots$;

(3) $\dfrac{1}{3}+\dfrac{4}{3^2}+\dfrac{7}{3^3}+\cdots+\dfrac{3n-2}{3^n}+\cdots$;

(4) $\dfrac{1}{3}+\dfrac{1}{6}+\dfrac{1}{9}+\cdots+\dfrac{1}{3n}+\cdots$;

(5) $\dfrac{1}{\sqrt{2}}+\dfrac{1}{2\sqrt{3}}+\dfrac{1}{3\sqrt{4}}+\cdots+\dfrac{1}{n\sqrt{n+1}}+\cdots$;

(6) $\left(\dfrac{1}{2}+\dfrac{1}{3}\right)+\left(\dfrac{1}{2^2}+\dfrac{1}{3^2}\right)+\left(\dfrac{1}{2^3}+\dfrac{1}{3^3}\right)+\cdots+\left(\dfrac{1}{2^n}+\dfrac{1}{3^n}\right)+\cdots$.

5*. 利用 Cauchy 收敛准则判别下列级数的敛散性：

(1) $\sum\limits_{n=1}^{\infty}\dfrac{(-1)^{n+1}}{n}$;  (2) $\sum\limits_{n=1}^{\infty}\dfrac{\sin nx}{2^n}$;

(3) $\sum\limits_{n=0}^{\infty}\left(\dfrac{1}{3n+1}+\dfrac{1}{3n+2}-\dfrac{1}{3n+3}\right)$.

## §13.2 数项级数的收敛判别法

### 13.2.1 正项级数的收敛判别法

我们先讨论一类特殊的数项级数，即各项都是正数或零的级数，这种级数称为**正项级数**.

设级数

$$\sum_{n=1}^{\infty}u_n, u_n\geqslant 0, n=1,2,\cdots$$

为正项级数，则它的部分和数列$\{s_n\}$是一个单调增加数列：

$$s_{n+1}=s_n+u_{n+1}\geqslant s_n, n=1,2,\cdots.$$

**定理 13.2.1** 正项级数 $\sum\limits_{n=1}^{\infty}u_n$ 收敛的充分必要条件是其部分和数列$\{s_n\}$有界.

**证明** 必要性是显然的.

假设$\{s_n\}$有界，因为$\{s_n\}$是单调增加的，根据单调有界的数列必有极限的准则，$\{s_n\}$有极限，从而级数 $\sum\limits_{n=1}^{\infty}u_n$ 收敛.

由定理 13.2.1 可知,如果正项级数 $\sum\limits_{n=1}^{\infty} u_n$ 发散,则它的部分和 $s_n \to +\infty (n \to \infty)$,即 $\sum\limits_{n=1}^{\infty} u_n = +\infty$.

**例 13.2.1** 考察级数 $\sum\limits_{n=1}^{\infty} \dfrac{1}{2^n+1}$ 的收敛性.

**解** 由于

$$s_n = \sum_{k=1}^{n} \frac{1}{2^k+1} < \sum_{k=1}^{n} \frac{1}{2^k} = \frac{1}{2} \cdot \frac{1-\dfrac{1}{2^n}}{1-\dfrac{1}{2}} = 1 - \frac{1}{2^n} < 1,$$

$$n = 1, 2, \cdots,$$

所以级数 $\sum\limits_{n=1}^{\infty} \dfrac{1}{2^n+1}$ 收敛.

根据定理 13.2.1,可得正项级数的一个基本判别法.

**定理 13.2.2(比较判别法)** 设 $\sum\limits_{n=1}^{\infty} u_n$ 和 $\sum\limits_{n=1}^{\infty} v_n$ 都是正项级数,且 $u_n \leqslant v_n (n=1, 2, \cdots)$.

(ⅰ) 如果 $\sum\limits_{n=1}^{\infty} v_n$ 收敛,则 $\sum\limits_{n=1}^{\infty} u_n$ 收敛;

(ⅱ) 如果 $\sum\limits_{n=1}^{\infty} u_n$ 发散,则 $\sum\limits_{n=1}^{\infty} v_n$ 发散.

**证明** 设

$$s_n = u_1 + u_2 + \cdots + u_n,$$
$$\sigma_n = v_1 + v_2 + \cdots + v_n,$$

则 $s_n \leqslant \sigma_n, n = 1, 2, \cdots$.

(ⅰ) 如果级数 $\sum\limits_{n=1}^{\infty} v_n$ 收敛,则 $\{\sigma_n\}$ 有界,从而 $\{s_n\}$ 也有界,所以 $\sum\limits_{n=1}^{\infty} u_n$ 收敛.

(ⅱ) 如果级数 $\sum\limits_{n=1}^{\infty} u_n$ 发散,则 $\{s_n\}$ 无界,从而 $\{\sigma_n\}$ 也无界,所以 $\sum\limits_{n=1}^{\infty} v_n$ 发散.

**推论 13.2.1** 如果把定理 13.2.2 中的条件"$u_n \leqslant v_n (n=1,2,\cdots)$"改为"$u_n \leqslant k v_n$(其中,$k>0, n \geqslant N, N$ 为某一个自然数)",则结论仍成立.

**例 13.2.2** 证明级数 $\sum\limits_{n=1}^{\infty} \dfrac{1}{\sqrt{n(n+1)}}$ 是发散的.

**证明** 因为 $n(n+1) < (n+1)^2$,所以
$$\frac{1}{\sqrt{n(n+1)}} > \frac{1}{n+1},$$
而级数 $\sum\limits_{n=1}^{\infty} \dfrac{1}{n+1}$ 是发散的. 根据比较判别法可知所给级数发散.

**例 13.2.3** 讨论 $p^-$ 级数 $\sum\limits_{n=1}^{\infty} \dfrac{1}{n^p}$($p$ 为常数,$p>0$)的敛散性.

**解** 当 $p \leqslant 1$ 时,有
$$\frac{1}{n^p} > \frac{1}{n} \quad (n=1,2,\cdots).$$
由于调和级数 $\sum\limits_{n=1}^{\infty} \dfrac{1}{n}$ 是发散的,根据比较判别法可知级数 $\sum\limits_{n=1}^{\infty} \dfrac{1}{n^p}$ 发散.

设 $p>1$,因为当 $k-1 \leqslant x \leqslant k$ 时,有 $\dfrac{1}{k^p} \leqslant \dfrac{1}{x^p}$,所以
$$s_n = \sum_{k=1}^{n} \frac{1}{k^p} = 1 + \sum_{k=2}^{n} \int_{k-1}^{k} \frac{1}{k^p} \mathrm{d}x \leqslant 1 + \sum_{k=2}^{n} \int_{k-1}^{k} \frac{1}{x^p} \mathrm{d}x =$$
$$1 + \int_{1}^{n} \frac{1}{x^p} \mathrm{d}x \leqslant 1 + \int_{1}^{+\infty} \frac{1}{x^p} \mathrm{d}x < +\infty, \quad n=1,2,\cdots.$$
由定理 13.2.1 知,级数 $\sum\limits_{n=1}^{\infty} \dfrac{1}{n^p}$ 收敛.

因此,我们得到结论:$p^-$ 级数 $\sum\limits_{n=1}^{\infty} \dfrac{1}{n^p}$ 当 $p>1$ 时收敛;当 $p \leqslant 1$ 时发散.

为了考察正项级数的收敛性,我们常将它与 $p^-$ 级数作比较,因此,根据比较判别法有下面的推论.

**推论 13.2.2** 设 $\sum\limits_{n=1}^{\infty} u_n$ 为正项级数,如果存在 $p>1$,使得 $u_n \leqslant \dfrac{1}{n^p}$

$(n=1,2,\cdots)$,则级数 $\sum_{n=1}^{\infty} u_n$ 收敛;如果 $u_n \geqslant \frac{1}{n}$ $(n=1,2,\cdots)$,则级数 $\sum_{n=1}^{\infty} u_n$ 发散.

**例 13.2.4** 判定级数 $\sum_{n=1}^{\infty} \frac{1}{n^2+n+2}$ 的敛散性.

**解** 由于
$$\frac{1}{n^2+n+2} < \frac{1}{n^2},$$
而级数 $\sum_{n=1}^{\infty} \frac{1}{n^2}$ 收敛,所以根据比较判别法,级数 $\sum_{n=1}^{\infty} \frac{1}{n^2+n+2}$ 收敛.

**例 13.2.5** 证明级数 $\sum_{n=2}^{\infty} \frac{1}{\ln n}$ 是发散的.

**证明** 因为当 $n \geqslant 2$ 时,有 $\ln n < n$,所以 $\frac{1}{\ln n} > \frac{1}{n}$,而级数 $\sum_{n=2}^{\infty} \frac{1}{n}$ 是发散的,因此,级数 $\sum_{n=2}^{\infty} \frac{1}{\ln n}$ 是发散的.

为应用上的方便,我们给出下面更为适用的比较判别法的极限形式.

**定理 13.2.3(比较判别法的极限形式)** 设 $\sum_{n=1}^{\infty} u_n$ 和 $\sum_{n=1}^{\infty} v_n$ 都是正项级数,如果
$$\lim_{n \to \infty} \frac{u_n}{v_n} = l \quad (0 < l < +\infty),$$
则级数 $\sum_{n=1}^{\infty} u_n$ 与级数 $\sum_{n=1}^{\infty} v_n$ 具有相同的敛散性.

**证明** 因为 $\lim_{n \to \infty} \frac{u_n}{v_n} = l$,对于 $\varepsilon = \frac{l}{2}$,存在自然数 $N$,当 $n > N$ 时,有不等式
$$l - \frac{l}{2} < \frac{u_n}{v_n} < l + \frac{l}{2},$$
即
$$\frac{l}{2} v_n < u_n < \frac{3}{2} l v_n.$$

再根据判别法的推论 13.2.1 知,级数 $\sum\limits_{n=1}^{\infty}u_n$ 和级数 $\sum\limits_{n=1}^{\infty}v_n$ 具有相同的敛散性.

**例 13.2.6** 判别级数 $\sum\limits_{n=1}^{\infty}\dfrac{1}{\sqrt{n^2+a^2}}$ 的敛散性 $(a>0)$.

**解** 因为
$$\lim_{n\to\infty}\dfrac{\dfrac{1}{\sqrt{n^2+a^2}}}{\dfrac{1}{n}}=1,$$

根据定理 13.2.3 知原级数发散.

**例 13.2.7** 判别级数 $\sum\limits_{n=1}^{\infty}\ln\left(1+\dfrac{1}{n^2}\right)$ 的敛散性.

**解** 考察
$$\lim_{n\to\infty}\dfrac{\ln\left(1+\dfrac{1}{n^2}\right)}{\dfrac{1}{n^2}},$$

用实变量 $x$ 代替 $n$,并应用 L'Hospital 法则,有
$$\lim_{x\to+\infty}\dfrac{\ln\left(1+\dfrac{1}{x^2}\right)}{\dfrac{1}{x^2}}=\lim_{t\to 0}\dfrac{\ln(1+t)}{t}=\lim_{t\to 0}\dfrac{1}{1+t}=1,$$

因此
$$\lim_{n\to\infty}\dfrac{\ln\left(1+\dfrac{1}{n^2}\right)}{\dfrac{1}{n^2}}=1.$$

根据定理 13.2.3 知原级数收敛.

如果将所给级数与等比级数进行比较,那么就能得到在应用时会很方便的比值判别法和根值判别法.

**定理 13.2.4(比值判别法或 D'Alembert 判别法)** 设 $\sum\limits_{n=1}^{\infty}u_n$ 为正项级数,且 $\lim\limits_{n\to\infty}\dfrac{u_{n+1}}{u_n}=\rho$,则

（ⅰ）当 $\rho<1$ 时，级数 $\sum\limits_{n=1}^{\infty}u_n$ 收敛；

（ⅱ）当 $\rho>1$ 时，级数 $\sum\limits_{n=1}^{\infty}u_n$ 发散；

（ⅲ）当 $\rho=1$ 时，级数 $\sum\limits_{n=1}^{\infty}u_n$ 可能收敛，也可能发散.

**证明** （ⅰ）当 $\rho<1$ 时，由极限的定义知，取一个适当小的正数 $\varepsilon$，使得 $\rho+\varepsilon=r<1$，必存在自然数 $N$，当 $n>N$ 时有不等式

$$\frac{u_{n+1}}{u_n}<\rho+\varepsilon=r.$$

因此有

$$u_{N+2}<ru_{N+1}, u_{N+3}<ru_{N+2}<r^2 u_{N+1},\cdots,$$
$$u_{N+p}<ru_{N+p-1}<\cdots<r^{p-1}u_{N+1},\cdots.$$

这样，级数

$$u_{N+2}+u_{N+3}+u_{N+4}+\cdots$$

的各项小于公比为 $r$ 的收敛等比级数

$$ru_{N+1}+r^2 u_{N+1}+r^3 u_{N+1}+\cdots$$

的对应项，所以它也是收敛的.由于级数 $\sum\limits_{n=1}^{\infty}u_n$ 只比它多了前 $N+1$ 项，因此级数 $\sum\limits_{n=1}^{\infty}u_n$ 也收敛.

（ⅱ）当 $\rho>1$ 时，取一个适当小的正数 $\varepsilon$，使得 $\rho-\varepsilon>1$.根据极限定义，存在自然数 $N$，当 $n>N$ 时有不等式

$$\frac{u_{n+1}}{u_n}>\rho-\varepsilon>1.$$

所以当 $n>N$ 时恒有 $u_{n+1}>u_n$，从而 $\lim\limits_{n\to\infty}u_n\neq 0$.根据级数收敛的必要条件可知级数 $\sum\limits_{n=1}^{\infty}u_n$ 发散.

（ⅲ）当 $\rho=1$ 时级数可能收敛，也可能发散.例如，$p$-级数不论 $p$ 为何值都有

$$\lim_{n\to\infty}\frac{u_{n+1}}{u_n}=\lim_{n\to\infty}\frac{\dfrac{1}{(n+1)^p}}{\dfrac{1}{n^p}}=1.$$

但我们知道,当 $p>1$ 时级数收敛,当 $p\leqslant 1$ 时级数发散. 因此只根据 $\rho=1$ 不能判别级数的收敛性.

由以上证明过程可以看出,当 $\lim\limits_{n\to\infty}\dfrac{u_{n+1}}{u_n}=+\infty$ 时,级数 $\sum\limits_{n=1}^{\infty}u_n$ 也发散.

**例 13.2.8** 判别级数
$$\frac{3}{2}+\frac{4}{2^2}+\frac{5}{2^3}+\frac{6}{2^4}+\cdots$$
的敛散性.

**解** 级数的通项为
$$u_n=\frac{n+2}{2^n}.$$
由于
$$\lim_{n\to\infty}\frac{u_{n+1}}{u_n}=\lim_{n\to\infty}\frac{\dfrac{n+3}{2^{n+1}}}{\dfrac{n+2}{2^n}}=\lim_{n\to\infty}\frac{n+3}{2(n+2)}=\frac{1}{2}<1.$$
所以由比值判别法可知所给级数收敛.

**例 13.2.9** 判别级数 $\sum\limits_{n=1}^{\infty}\dfrac{n^n}{n!}$ 的敛散性.

**解** 级数的通项为
$$u_n=\frac{n^n}{n!}.$$
由于
$$\lim_{n\to\infty}\frac{u_{n+1}}{u_n}=\lim_{n\to\infty}\frac{\dfrac{(n+1)^{n+1}}{(n+1)!}}{\dfrac{n^n}{n!}}=\lim_{n\to\infty}(1+\frac{1}{n})^n=\mathrm{e}>1,$$
所以根据比值判别法可知所给级数发散.

**定理 13.2.5(根值判别法或 Cauchy 判别法)** 设 $\sum\limits_{n=1}^{\infty}u_n$ 为正项级数,且 $\lim\limits_{n\to\infty}\sqrt[n]{u_n}=l$,则

(ⅰ)当 $l<1$ 时,级数 $\sum\limits_{n=1}^{\infty}u_n$ 收敛;

（ⅱ）当 $l>1$（或 $l=+\infty$）时，级数 $\sum\limits_{n=1}^{\infty}u_n$ 发散；

（ⅲ）当 $l=1$ 时，级数 $\sum\limits_{n=1}^{\infty}u_n$ 可能收敛，也可能发散。

**证明** （ⅰ）当 $l<1$ 时，对于一个适当小的正数 $\varepsilon$ 满足 $l+\varepsilon=r<1$，根据极限定义，存在自然数 $N$，当 $n\geqslant N$ 时有不等式

$$\sqrt[n]{u_n}<l+\varepsilon=r<1,$$

于是 $u_n<r^n$ $(n\geqslant N)$. 由于等比级数 $\sum\limits_{n=1}^{\infty}r^n$ $(r<1)$ 收敛，所以由比较判别法推论 13.2.1 可知级数 $\sum\limits_{n=1}^{\infty}u_n$ 收敛．

（ⅱ）当 $l>1$ 时，对于一个适当小的正数 $\varepsilon$ 且满足 $l-\varepsilon>1$，根据极限定义，存在自然数 $N$，当 $n\geqslant N$ 时有

$$u_n>l-\varepsilon>1.$$

于是 $\lim\limits_{n\to\infty}u_n\neq 0$，因此级数 $\sum\limits_{n=1}^{\infty}u_n$ 发散．

（ⅲ）当 $l=1$ 时，仍以 $p$-级数为例，不论 $p$ 为何值都有

$$\lim_{n\to\infty}\sqrt[n]{u_n}=\lim_{n\to\infty}\left(\frac{1}{\sqrt[n]{n}}\right)^p=1.$$

这说明当 $l=1$ 时级数可能收敛也可能发散．

**例 13.2.10** 判别级数 $\sum\limits_{n=1}^{\infty}\left(\dfrac{n}{2n+1}\right)^n$ 的敛散性．

**解** 级数的通项为

$$u_n=\left(\frac{n}{2n+1}\right)^n.$$

由于

$$\lim_{n\to\infty}\sqrt[n]{u_n}=\lim_{n\to\infty}\frac{n}{2n+1}=\frac{1}{2}<1,$$

所以根据根值判别法可知所给级数收敛．

**例 13.2.11** 判别级数 $\sum\limits_{n=1}^{\infty}\dfrac{1}{2^n}\left(1+\dfrac{1}{n}\right)^{n^2}$ 的敛散性．

**解** 级数的通项为

$$u_n=\frac{1}{2^n}\left(1+\frac{1}{n}\right)^{n^2}.$$

由于
$$\lim_{n\to\infty}\sqrt[n]{u_n}=\lim_{n\to\infty}\frac{1}{2}\left(1+\frac{1}{n}\right)^n=\frac{\mathrm{e}}{2}>1,$$
所以根据根值判别法可知所给级数发散.

### 13.2.2 交错级数的收敛判别法

正负项相间的级数,即形如 $\sum_{n=1}^{\infty}(-1)^{n-1}u_n$ 或 $\sum_{n=1}^{\infty}(-1)^n u_n$ ($u_n>0, n=1,2,\cdots$) 的级数称为交错级数.

由于 $\sum_{n=1}^{\infty}(-1)^n u_n = -\sum_{n=1}^{\infty}(-1)^{n-1}u_n$,所以我们只讨论 $\sum_{n=1}^{\infty}(-1)^{n-1}u_n$ 的敛散性.下面给出交错级数的一个判别法.

**定理 13.2.6(Leibniz 判别法)** 如果交错级数 $\sum_{n=1}^{\infty}(-1)^{n-1}u_n$ 满足条件:

( ⅰ ) $u_n \geqslant u_{n+1}$ ($n=1,2,\cdots$);

( ⅱ ) $\lim_{n\to\infty} u_n = 0$,

则级数 $\sum_{n=1}^{\infty}(-1)^{n-1}u_n$ 收敛,且其和 $s \leqslant u_1$.

**证明** 设 $\sum_{n=1}^{\infty}(-1)^{n-1}u_n$ 的前 $2n$ 项的和为 $s_{2n}$,则有
$$s_{2n} = (u_1 - u_2) + (u_3 - u_4) + \cdots + (u_{2n-1} - u_{2n}).$$
根据条件( ⅰ ),$s_{2n}>0$,因此 $\{s_{2n}\}$ 是单调增加数列.又因为
$$s_{2n} = u_1 - (u_2 - u_3) - (u_4 - u_5) - \cdots$$
$$- (u_{2n-2} - u_{2n-1}) - u_{2n} \leqslant u_1,$$
所以 $\{s_{2n}\}$ 有界,从而 $\{s_{2n}\}$ 是一个收敛数列,设 $\lim_{n\to\infty} s_{2n} = s$.由极限的保号性便得 $s \leqslant u_1$.又
$$s_{2n+1} = s_{2n} + u_{2n+1},$$
由条件( ⅱ )知 $\lim_{n\to\infty} u_{2n+1} = 0$,因此
$$\lim_{n\to\infty} s_{2n+1} = \lim_{n\to\infty}(s_{2n} + u_{2n+1}) = s.$$

所以 $\lim_{n\to\infty} s_n = s$. 即 $\sum_{n=1}^{\infty}(-1)^{n-1}u_n = s \leqslant u_1$.

不难看出,交错级数 $\sum_{n=1}^{\infty}(-1)^{n-1}u_n$ 的余项

$$r_n = \sum_{k=n+1}^{\infty}(-1)^{k-1}u_k$$

也是一个交错级数,且 $|r_n| \leqslant u_{n+1}$.

**例 13.2.12** 判别级数 $\sum_{n=1}^{\infty}(-1)^{n-1}\dfrac{1}{n}$ 的敛散性.

**解** 因为 $u_n = \dfrac{1}{n}$,所以 $\lim_{n\to\infty} u_n = \lim_{n\to\infty}\dfrac{1}{n} = 0$. 又因为

$$u_n = \frac{1}{n} > \frac{1}{n+1} = u_{n+1} \quad (n=1,2,\cdots),$$

所以根据莱布尼兹判别法可知级数 $\sum_{n=1}^{\infty}(-1)^{n-1}\dfrac{1}{n}$ 收敛.

### 13.2.3 绝对收敛与条件收敛

对于任意项级数 $\sum_{n=1}^{\infty}u_n$,如果其各项的绝对值所构成的正项级数 $\sum_{n=1}^{\infty}|u_n|$ 收敛,则称 $\sum_{n=1}^{\infty}u_n$ **绝对收敛**;如果 $\sum_{n=1}^{\infty}u_n$ 收敛,但级数 $\sum_{n=1}^{\infty}|u_n|$ 发散,则称 $\sum_{n=1}^{\infty}u_n$ **条件收敛**. 显然,收敛的正项级数是绝对收敛的. 容易知道,级数 $\sum_{n=1}^{\infty}(-1)^{n-1}\dfrac{1}{n}$ 是条件收敛的.

级数绝对收敛与级数收敛之间有如下重要关系:

**定理 13.2.7(绝对收敛定理)** 如果级数 $\sum_{n=1}^{\infty}|u_n|$ 收敛,则级数 $\sum_{n=1}^{\infty}u_n$ 收敛.

**证明** 对于任意给定的 $\varepsilon > 0$,由于 $\sum_{n=1}^{\infty}|u_n|$ 收敛,则存在自然数 $N$,当 $n > N$ 时有不等式

$$|u_{n+1}| + |u_{n+2}| + \cdots + |u_{n+p}| < \varepsilon$$

对一切自然数 $p$ 成立. 可是当 $n>N$ 时有
$$|u_{n+1}+u_{n+2}+\cdots+u_{n+p}| \leqslant |u_{n+1}|+|u_{n+2}|+\cdots+|u_{n+p}| < \varepsilon.$$
由 Cauchy 收敛准则知,级数 $\sum_{n=1}^{\infty} u_n$ 收敛.

**注意** 定理 13.2.7 的逆定理不成立,例如,级数 $\sum_{n=1}^{\infty}(-1)^{n-1}\frac{1}{n}$.

**例 13.2.13** 判别级数 $\sum_{n=1}^{\infty}\dfrac{\sin\dfrac{n}{3}\pi}{n^2}$ 的敛散性.

**解** 因为 $\left|\dfrac{\sin\dfrac{n}{3}\pi}{n^2}\right| \leqslant \dfrac{1}{n^2}$,而级数 $\sum_{n=1}^{\infty}\dfrac{1}{n^2}$ 收敛,所以级数 $\sum_{n=1}^{\infty}\left|\dfrac{\sin\dfrac{n}{3}\pi}{n^2}\right|$ 收敛. 由定理 13.2.7 知,级数 $\sum_{n=1}^{\infty}\dfrac{\sin\dfrac{n}{3}\pi}{n^2}$ 绝对收敛.

绝对收敛级数有许多重要的性质是条件收敛级数所没有的,下面给出两个这样的性质(其证明从略).

**定理 13.2.8** 如果级数 $\sum_{n=1}^{\infty} u_n$ 绝对收敛,则任意交换此级数的各项次序后所得的新级数也绝对收敛,且其和不变.

**定理 13.2.9(绝对收敛级数的乘法)** 设级数 $\sum_{n=1}^{\infty} u_n$ 和 $\sum_{n=1}^{\infty} v_n$ 都绝对收敛,其和分别为 $s$ 和 $\sigma$,则级数 $\sum_{n=1}^{\infty} w_n \left(w_n = \sum_{k=1}^{n} u_k v_{n-k+1}\right)$ 也绝对收敛,且其和为 $s\sigma$.

### 13.2.4* 任意项级数的收敛判别法

绝对收敛定理只能判别级数的绝对收敛性,而不能判别级数的条件收敛性. 为了讨论级数的条件收敛性,我们给出两个常用的一般级数判别法,先给出一个引理.

**引理(Abel)** 如果两组实数 $a_1, a_2, \cdots, a_n$ 与 $b_1, b_2, \cdots, b_n$ 满足条件:

(ⅰ) $a_1, a_2, \cdots, a_n$ 是单调的;

(ⅱ) 存在正数 $M$,对于任一自然数 $k$ $(1 \leqslant k \leqslant n)$ 有
$$|B_k| = |b_1+b_2+\cdots+b_k| \leqslant M,$$

则 $\left|\sum_{k=1}^{n} a_k b_k\right| \leqslant M(|a_1| + 2|a_n|)$.

**证明**  由 $b_k = B_k - B_{k-1}$，得

$$\left|\sum_{k=1}^{n} a_k b_k\right| = |a_1 b_1 + a_2 b_2 + \cdots + a_n b_n| =$$
$$|a_1 B_1 + a_2(B_2 - B_1) + \cdots + a_n(B_n - B_{n-1})| =$$
$$|(a_1 - a_2)B_1 + (a_2 - a_3)B_2 + \cdots + (a_{n-1} - a_n)B_{n-1} + a_n B_n|$$
$$\leqslant \sum_{k=1}^{n-1} |a_k - a_{k+1}| M + |a_n| M.$$

由于 $a_1, a_2, \cdots, a_n$ 是单调的，所以 $a_1 - a_2, a_2 - a_3, \cdots, a_{n-1} - a_n$ 是同号的，因此

$$\left|\sum_{k=1}^{n} a_k b_k\right| \leqslant M \left|\sum_{k=1}^{n-1}(a_k - a_{k+1})\right| + M|a_n| \leqslant M(|a_1| + 2|a_n|).$$

特别地，当 $a_1 \geqslant a_2 \geqslant \cdots \geqslant a_n \geqslant 0$ 时，有

$$\left|\sum_{k=1}^{n} a_k b_k\right| \leqslant a_1 M.$$

下面利用 Abel 引理来证明 Dirichlet 判别法.

**定理 13.2.10（Dirichlet 判别法）**  如果级数 $\sum_{n=1}^{\infty} u_n v_n$ 满足条件：

（ⅰ）数列 $\{u_n\}$ 单调减少趋于零；

（ⅱ）存在与 $n$ 无关的正数 $M$，使得

$$|B_n| = |v_1 + v_2 + \cdots + v_n| \leqslant M \quad (n = 1, 2, \cdots),$$

则级数 $\sum_{n=1}^{\infty} u_n v_n$ 收敛.

**证明**  由条件（ⅰ）知，$u_1 \geqslant u_2 \geqslant \cdots \geqslant u_n \geqslant \cdots \geqslant 0$. 由条件（ⅱ）知，对于任意的自然数 $n$ 和 $p$，有

$$|v_{n+1} + v_{n+2} + \cdots + v_{n+p}| = |B_{n+p} - B_n| \leqslant |B_{n+p}| + |B_n| \leqslant 2M.$$

根据 Abel 引理，有

$$|u_{n+1} v_{n+1} + u_{n+2} v_{n+2} + \cdots + u_{n+p} v_{n+p}| \leqslant 2M u_{n+1}.$$

由条件（ⅰ）知，对于任意给定的 $\varepsilon > 0$，存在自然数 $N$，当 $n > N$ 时，有

$$|u_{n+1}| < \frac{\varepsilon}{2M}.$$

因此
$$|u_{n+1}v_{n+1} + u_{n+2}v_{n+2} + \cdots + u_{n+p}v_{n+p}| \leqslant \varepsilon.$$

根据 Cauchy 收敛准则知,级数 $\sum_{n=1}^{\infty} u_n v_n$ 收敛.

在上述级数中,取 $v_n = (-1)^{n+1}$ 时,则 Dirichlet 判别法就是 Leibniz 判别法,因此可以说,Dirichlet 判别法是 Leibniz 判别法的推广.

**例 13.2.14** 判别级数 $\sum_{n=1}^{\infty} \dfrac{\cos \dfrac{n\pi}{4}}{n}$ 的敛散性.

**解** 令 $u_n = \dfrac{1}{n}, v_n = \cos \dfrac{n\pi}{4}$,则 $\{u_n\}$ 单调减少趋于零,且

$$|B_n| = \left|\cos \frac{\pi}{4} + \cos \frac{2\pi}{4} + \cdots + \cos \frac{n\pi}{4}\right| =$$

$$\left|\sum_{k=1}^{n} \cos \frac{k\pi}{4}\right| = \left|\frac{\cos \dfrac{(n+1)\dfrac{\pi}{4}}{2} \sin \dfrac{n\pi}{4}}{\sin \dfrac{\pi}{4}}\right| \leqslant \frac{1}{\sin \dfrac{\pi}{8}}.$$

根据 Dirichlet 判别法可知所给级数收敛.

**定理 13.2.11(Abel 判别法)** 如果级数 $\sum_{n=1}^{\infty} u_n v_n$ 满足条件:

( ⅰ ) 数列 $\{u_n\}$ 单调有界;

( ⅱ ) 级数 $\sum_{n=1}^{\infty} v_n$ 收敛,

则级数 $\sum_{n=1}^{\infty} u_n v_n$ 收敛.

**证明** 因为 $\{u_n\}$ 单调有界,所以存在有限极限 $s$. 不妨设 $\{u_n\}$ 单调减少趋于 $s$,则 $\{u_n - s\}$ 单调减少趋于零. 又因为 $\sum_{n=1}^{\infty} v_n$ 收敛,所以部分和 $B_n = v_1 + v_2 + \cdots + v_n$ 有界,$n = 1, 2, \cdots$. 根据 Dirichlet 判别法,级数 $\sum_{n=1}^{\infty} (u_n - s)v_n$ 收敛,从而级数

$$\sum_{n=1}^{\infty} u_n v_n = \sum_{n=1}^{\infty} (u_n - s)v_n + s\sum_{n=1}^{\infty} v_n$$

也收敛.

**例 13.2.15** 判别级数 $\sum_{n=1}^{\infty} \dfrac{\cos\dfrac{n\pi}{4}}{n}\left(1+\dfrac{1}{n}\right)^{n+1}$ 的敛散性.

**解** 令 $u_n=\left(1+\dfrac{1}{n}\right)^{n+1}, v_n=\dfrac{\cos\dfrac{n\pi}{4}}{n}$，则 $\{u_n\}$ 单调有界. 由例 13.2.14 知，级数 $\sum_{n=1}^{\infty} v_n$ 收敛，因此由 Abel 判别法可知所给级数也收敛.

### 习题 13.2

1. 用比较判别法或其极限形式判别下列级数的敛散性：

   (1) $1+\dfrac{1}{3}+\dfrac{1}{5}+\cdots+\dfrac{1}{2n-1}+\cdots$；

   (2) $1+\dfrac{1+2}{1+2^2}+\dfrac{1+3}{1+3^2}+\cdots+\dfrac{1+n}{1+n^2}+\cdots$；

   (3) $\dfrac{1}{2\cdot 5}+\dfrac{1}{3\cdot 6}+\cdots+\dfrac{1}{(n+1)(n+4)}+\cdots$；

   (4) $\dfrac{1}{\ln 2}+\dfrac{1}{\ln 3}+\cdots+\dfrac{1}{\ln(n+1)}+\cdots$；

   (5) $\sum_{n=1}^{\infty}\dfrac{1}{n\sqrt[n]{n}}$；

   (6) $\sum_{n=1}^{\infty}\dfrac{1}{1+a^n} \quad (a>0)$.

2. 用比值判别法判别下列级数的敛散性：

   (1) $\dfrac{3}{1\cdot 2}+\dfrac{3^2}{2\cdot 2^2}+\dfrac{3^3}{3\cdot 2^3}+\cdots+\dfrac{3^n}{n\cdot 2^n}+\cdots$；

   (2) $\dfrac{1}{3}+\dfrac{1\cdot 3}{3\cdot 6}+\dfrac{1\cdot 3\cdot 5}{3\cdot 6\cdot 9}+\dfrac{1\cdot 3\cdot 5\cdot 7}{3\cdot 6\cdot 9\cdot 12}+\cdots$；

   (3) $\sum_{n=1}^{\infty}\dfrac{2^n n!}{n^n}$； (4) $\sum_{n=1}^{n} n\tan\dfrac{\pi}{2^{n+1}}$； (5) $\sum_{n=1}^{\infty}\dfrac{n^3}{4^n}$.

3. 用根值判别法判别下列级数的敛散性：

   (1) $\sum_{n=1}^{n}\left(\dfrac{n}{2n+1}\right)^n$； (2) $\sum_{n=1}^{\infty}\dfrac{1}{[\ln(n+1)]^n}$；

   (3) $\sum_{n=1}^{\infty}\dfrac{3+(-1)^n}{2^n}$； (4) $\sum_{n=1}^{\infty}\dfrac{2^n}{\left(1+\dfrac{1}{n}\right)^{2n}}$.

4. 判别下列级数的敛散性：

   (1) $\dfrac{3}{4}+2\left(\dfrac{3}{4}\right)^2+3\left(\dfrac{3}{4}\right)^3+\cdots+n\left(\dfrac{3}{4}\right)^n+\cdots$；

(2) $\dfrac{1^4}{1!}+\dfrac{2^4}{2!}+\dfrac{3^4}{3!}+\cdots+\dfrac{n^4}{n!}+\cdots$;

(3) $\sum_{n=1}^{\infty}\dfrac{n+1}{n(n+2)}$;

(4) $\sqrt{2}+\sqrt{\dfrac{3}{2}}+\cdots+\sqrt{\dfrac{n+1}{n}}+\cdots$;

(5) $\sum_{n=1}^{\infty}\dfrac{x\cos^2\dfrac{nx}{3}}{2^n}$.

5. 判别下列级数是否收敛？如果是收敛的，是绝对收敛还是条件收敛？

(1) $\sum_{n=1}^{\infty}(-1)^{n-1}\dfrac{1}{\sqrt{n}}$;

(2) $\sum_{n=1}^{\infty}(-1)^{n-1}\dfrac{1}{(2n-1)^2}$;

(3) $\sum_{n=1}^{\infty}(-1)^{n-1}\dfrac{1}{2n-1}$;

(4) $\sum_{n=1}^{\infty}(-1)^{n-1}\dfrac{1}{\ln(n+1)}$;

(5) $\sum_{n=1}^{\infty}(-1)^{n-1}\dfrac{n}{3^{n-1}}$;

(6) $\sum_{n=2}^{\infty}\dfrac{(-1)^n}{n-\ln n}$;

(7) $\sum_{n=1}^{\infty}(-1)^{n-1}\dfrac{2^{n^2}}{n!}$;

(8) $\sum_{n=1}^{\infty}(-1)^{n-1}\dfrac{\sqrt{n}}{n+100}$.

6. 设级数 $\sum_{n=1}^{\infty}u_n(u_n\geqslant 0)$ 收敛，证明级数 $\sum_{n=1}^{\infty}u_n^2$ 收敛；试举例说明反之不成立.

7. 设级数 $\sum_{n=1}^{\infty}u_n^2$ 和 $\sum_{n=1}^{\infty}v_n^2$ 收敛，证明级数 $\sum_{n=1}^{\infty}|u_nv_n|$ 和 $\sum_{n=1}^{\infty}(u_n+v_n)^2$ 都收敛.

8. 设级数 $\sum_{n=1}^{\infty}(u_n-u_{n-1})$ 收敛，且正项级数 $\sum_{n=1}^{\infty}v_n$ 收敛，证明级数 $\sum_{n=1}^{\infty}u_nv_n$ 绝对收敛.

9. 设 $\{u_n\}$ 单调减少，且 $u_n\geqslant 0$，证明级数 $\sum_{n=1}^{\infty}u_n$ 与级数 $\sum_{n=1}^{\infty}2^nu_{2^n}$ 同时收敛或同时发散.

10. 证明级数 $\sum_{n=2}^{\infty}\dfrac{1}{\ln(n!)}$ 发散.

## §13.3 幂级数

### 13.3.1 函数项级数的概念

前面我们讨论了常数项级数，这些级数的项都是常数. 这节介绍级数的项是某个变量的函数的情况.

设 $u_1(x),u_2(x),\cdots,u_n(x),\cdots$ 都是定义在数集 $I$ 上的函数，则表达式

$$\sum_{n=1}^{\infty}u_n(x)=u_1(x)+u_2(x)+\cdots+u_n(x)+\cdots \quad (13.3.1)$$

的级数称为定义在数集 $I$ 上的**函数项级数**.

对于 $x_0 \in I$,如果级数

$$\sum_{n=1}^{\infty} u_n(x_0) = u_1(x_0) + u_2(x_0) + \cdots + u_n(x_0) + \cdots \tag{13.3.2}$$

收敛,则称级数 $\sum_{n=1}^{\infty} u_n(x)$ 在 $x_0$ 点收敛,否则就说它在 $x_0$ 点发散. $\sum_{n=1}^{\infty} u_n(x)$ 的所有收敛点的全体称为它的**收敛域**. 对于收敛域内的任意一个数 $x$,级数 $\sum_{n=1}^{\infty} u_n(x)$ 成为一个收敛的常数项级数,因而有一个确定的和,记此和为 $s(x)$,通常称 $s(x)$ 为函数项级数 $\sum_{n=1}^{\infty} u_n(x)$ 的**和函数**.

把函数项级数(13.3.1)的前 $n$ 项和记作 $s_n(x)$,则在收敛域上有

$$\lim_{n \to \infty} s_n(x) = s(x).$$

仍将 $r_n(x) = s(x) - s_n(x)$ 称为**函数项级数的余项**(当然,只有 $x$ 在收敛域上 $r_n(x)$ 才有意义).

### 13.3.2 幂级数及其收敛性

在函数项级数中,形如

$$\sum_{n=0}^{\infty} a_n(x-x_0)^n = a_0 + a_1(x-x_0) + \cdots + a_n(x-x_0)^n + \cdots \tag{13.3.3}$$

的函数项级数,称为 $(x-x_0)$ 的幂级数,其中 $x_0, a_0, a_1, \cdots, a_n, \cdots$ 都是常数.

当 $x_0 = 0$ 时,式(13.3.3)为

$$\sum_{n=0}^{\infty} a_n x^n = a_0 + a_1 x + \cdots + a_n x^n + \cdots. \tag{13.3.4}$$

级数(13.3.4)称为 $x$ 的幂级数,我们着重讨论 $x$ 的幂级数.

对于幂级数(13.3.4),我们关心的是它在哪些点收敛,这些点在数轴上如何分布,以及如何求出它的收敛域.

关于幂级数的收敛域,我们有如下定理.

**定理 13.3.1(Abel 定理)** （ⅰ）如果幂级数 $\sum_{n=0}^{\infty} a_n x^n$ 在点 $x_0$ 处收敛,则它在 $|x|<|x_0|$ 中绝对收敛;（ⅱ）如果 $\sum_{n=0}^{\infty} a_n x^n$ 在 $x_0$ 点发散,则它在 $|x|>|x_0|$ 中发散.

**证明** （ⅰ）设 $x_0$ 为 $\sum_{n=0}^{\infty} a_n x^n$ 的收敛点,即级数
$$a_0 + a_1 x_0 + a_2 x_0^2 + \cdots + a_n x_0^n + \cdots$$
收敛,由级数收敛的必要条件,有
$$\lim_{n\to\infty} a_n x_0^n = 0.$$
于是存在一个正常数 $M$,使得
$$|a_n x_0^n| \leqslant M \quad (n=0,1,2,\cdots).$$
所以,当 $|x|<|x_0|$ 时,有
$$|a_n x^n| = |a_n x_0^n| \left|\frac{x}{x_0}\right|^n \leqslant M\left|\frac{x}{x_0}\right|^n.$$

由于级数 $\sum_{n=0}^{\infty} M\left|\frac{x}{x_0}\right|^n$ 收敛,所以级数 $\sum_{n=0}^{\infty} a_n x^n$ 绝对收敛.

（ⅱ）用反证法. 设幂级数 $\sum_{n=0}^{\infty} a_n x^n$ 在 $x_0$ 点发散而存在一点 $x_1$ 适合 $|x_1|>|x_0|$ 使级数收敛,则由本定理的第一部分知,级数 $\sum_{n=0}^{\infty} a_n x_0^n$ 也收敛,这与假定矛盾. 所以结论成立.

定理 13.3.1 告诉我们,幂级数(13.3.4)的收敛域是一个以原点为中心的对称区间(有穷、无穷或单点).

我们知道,对于幂级数 $\sum_{n=1}^{\infty} a_n x^n$,在 $x=0$ 处总是收敛的. 它的收敛情况不外乎下列三种类型:

（ⅰ）仅在 $x=0$ 处收敛,即在任何非零点都发散,如级数 $\sum_{n=1}^{\infty} (nx)^n$;

（ⅱ）在任一点处都收敛,即在区间 $(-\infty, +\infty)$ 上收敛,如级数 $\sum_{n=0}^{\infty} \frac{x^n}{n!}$;

（ⅲ）既有不为零的收敛点,也有发散点.

对于情况(iii)可按 Abel 定理作进一步讨论. 如果级数 $\sum_{n=0}^{\infty} a_n x^n$ 在 $x_0$ 点收敛,则级数必在区间 $(-|x_0|, |x_0|)$ 内收敛. 设想将点 $x=|x_0|$ 沿 $x$ 轴向右移动,则在它遇到使级数发散的点以前,收敛区间是随着 $x$ 的向右移动而关于原点对称地向左右扩大. 这样做下去必然会到达一点 $x=R$ 使级数在当 $|x|<R$ 时收敛,当 $|x|>R$ 时发散,而当 $x=\pm R$ 时级数可能收敛也可能发散. 我们称这样的正数 $R$ 为幂级数 $\sum_{n=0}^{\infty} a_n x^n$ 的**收敛半径**,区间 $(-R, R)$ 称为它的**收敛区间**. 如果在 $x=R$ 处收敛,在 $x=-R$ 处发散,则区间 $(-R, R]$ 为其收敛域. 级数的收敛域也可能是 $[-R, R)$ 或 $[-R, R]$.

为方便起见,把情况(i)(仅在 $x=0$ 处收敛)的级数的收敛半径规定为 $R=0$;把情况(ii)(在任意 $x$ 处都收敛)的级数的收敛半径规定为 $R=+\infty$.

由上面的讨论可知,对于一个幂级数,重要的问题是知道它的收敛半径 $R$,所以下面讨论收敛半径的求法.

**定理 13.3.2** 设有幂级数 $\sum_{n=0}^{\infty} a_n x^n$ $(a_n \neq 0)$, 如果

$$\lim_{n \to \infty} \left| \frac{a_{n+1}}{a_n} \right| = l,$$

则它的收敛半径为

$$R = \begin{cases} \dfrac{1}{l}, & l \neq 0, \\ +\infty, & l = 0, \\ 0, & l = +\infty. \end{cases}$$

**证明** 考察级数 $\sum_{n=0}^{\infty} |a_n x^n|$, 根据比值判别法有

$$\lim_{n \to \infty} \left| \frac{a_{n+1} x^{n+1}}{a_n x^n} \right| = \lim_{n \to \infty} \left| \frac{a_{n+1}}{a_n} \right| |x| = l |x|.$$

如果 $l \neq 0$, 则当 $l|x|<1$, 即 $|x|<\dfrac{1}{l}$ 时, 级数 $\sum_{n=0}^{\infty} a_n x^n$ 绝对收敛; 当

$l|x|>1$,即 $|x|>\dfrac{1}{l}$ 时,级数 $\sum\limits_{n=0}^{\infty}|a_n x^n|$ 发散并且从某一个 $n$ 开始,有
$$|a_{n+1}x^{n+1}|>|a_n x^n|,$$
因此一般项 $|a_n x^n|$ 不能趋于零,所以 $a_n x^n$ 也不能趋于零,从而级数 $\sum\limits_{n=0}^{\infty}a_n x^n$ 发散. 因此收敛半径 $R=\dfrac{1}{l}$.

如果 $l=0$,则对任何 $x\neq 0$,有
$$\lim_{n\to\infty}\left|\dfrac{a_{n+1}x^{n+1}}{a_n x^n}\right|=0,$$
所以级数 $\sum\limits_{n=0}^{\infty}a_n x^n$ 处处绝对收敛,于是 $R=+\infty$.

如果 $l=+\infty$,则对于除 $x=0$ 外的其他一切 $x$,级数 $\sum\limits_{n=0}^{\infty}a_n x^n$ 发散,所以 $R=0$.

**例 13.3.1** 求幂级数 $\sum\limits_{n=1}^{\infty}(-1)^{n-1}\dfrac{x^n}{n\cdot 2^n}$ 的收敛域.

**解** 因为
$$l=\lim_{n\to\infty}\left|\dfrac{a_{n+1}}{a_n}\right|=\lim_{n\to\infty}\left|\dfrac{(-1)^n}{(n+1)\cdot 2^{n+1}}\cdot\dfrac{n\cdot 2^n}{(-1)^{n-1}}\right|=$$
$$\lim_{n\to\infty}\dfrac{n}{2(n+1)}=\dfrac{1}{2},$$
所以收敛半径 $R=2$,收敛区间为 $(-2,2)$.

当 $x=2$ 时,幂级数成为
$$\sum_{n=1}^{\infty}(-1)^{n-1}\dfrac{2^n}{n\cdot 2^n}=\sum_{n=1}^{\infty}(-1)^{n-1}\dfrac{1}{n},$$
级数收敛;

当 $x=-2$ 时,幂级数成为
$$\sum_{n=1}^{\infty}(-1)^{n-1}\dfrac{(-2)^n}{n\cdot 2^n}=\sum_{n=1}^{\infty}\left(-\dfrac{1}{n}\right),$$
级数发散.

因此,所给级数的收敛域为 $(-2,2]$.

**例 13.3.2** 求幂级数 $\sum\limits_{n=1}^{\infty}\dfrac{x^n}{n!}$ 的收敛域.

**解** 因为
$$l=\lim_{n\to\infty}\left|\dfrac{a_{n+1}}{a_n}\right|=\lim_{n\to\infty}\dfrac{\dfrac{1}{(n+1)!}}{\dfrac{1}{n!}}=\lim_{n\to\infty}\dfrac{1}{n+1}=0,$$

所以收敛半径 $R=+\infty$, 收敛域为 $(-\infty,+\infty)$.

**例 13.3.3** 求幂级数 $\sum\limits_{n=0}^{\infty} n! x^n$ 的收敛域.

**解** 因为

$$l = \lim_{n\to\infty}\left|\frac{a_{n+1}}{a_n}\right| = \lim_{n\to\infty}\frac{(n+1)!}{n!} = \lim_{n\to\infty}(n+1) = +\infty,$$

所以收敛半径 $R=0$, 级数仅在 $x=0$ 处收敛.

**例 13.3.4** 求幂级数 $\sum\limits_{n=0}^{\infty} \frac{(2n)!}{(n!)^2} x^{2n}$ 的收敛半径.

**解** 此级数没有奇次项, 定理 13.3.2 不能直接应用. 只有根据比值判别法来求收敛半径. 因为

$$\lim_{n\to\infty}\left|\frac{[2(n+1)]!}{[(n+1)!]^2}x^{2(n+1)} \cdot \frac{(n!)^2}{(2n)!} \cdot \frac{1}{x^{2n}}\right| = 4|x|^2.$$

所以当 $4|x|^2 < 1$, 即 $|x| < \frac{1}{2}$ 时级数收敛; 当 $4|x|^2 > 1$ 时, 即 $|x| > \frac{1}{2}$ 时级数发散. 因此, 收敛半径 $R = \frac{1}{2}$.

**例 13.3.5** 求幂级数 $\sum\limits_{n=1}^{\infty} \frac{(x-1)^n}{\sqrt{n}}$ 的收敛域.

**解** 令 $t=x-1$, 则级数变为

$$\sum_{n=1}^{\infty} \frac{t^n}{\sqrt{n}}.$$

因为

$$l = \lim_{n\to\infty}\left|\frac{a_{n+1}}{a_n}\right| = \lim_{n\to\infty}\frac{\frac{1}{\sqrt{n+1}}}{\frac{1}{\sqrt{n}}} = \lim_{n\to\infty}\frac{\sqrt{n}}{\sqrt{n+1}} = 1,$$

所以收敛半径为 $R=1$.

当 $t=1$ 时, 原级数成为 $\sum\limits_{n=1}^{\infty}\frac{1}{\sqrt{n}}$, 此级数发散; 当 $t=-1$ 时, 原级数成为 $\sum\limits_{n=1}^{\infty}\frac{(-1)^n}{\sqrt{n}}$, 此级数收敛. 因此收敛域为 $-1 \leqslant t < 1$, 即 $-1 \leqslant x-1 < 1$, 或 $0 \leqslant x < 2$, 所以原级数的收敛域为 $[0,2)$.

### 13.3.3 幂级数的运算及其性质

首先讨论幂级数的四则运算.

设幂级数 $\sum_{n=0}^{\infty} a_n x^n$ 与 $\sum_{n=0}^{\infty} b_n x^n$ 的收敛区间分别为 $(-R_1, R_1)$ 与 $(-R_2, R_2)$. 令 $R = \min\{R_1, R_2\}$, 则两级数可以进行下列运算.

加法: $\sum_{n=0}^{\infty} a_n x^n + \sum_{n=0}^{\infty} b_n x^n = \sum_{n=0}^{\infty} (a_n + b_n) x^n \quad (-R < x < R)$,

减法: $\sum_{n=0}^{\infty} a_n x^n - \sum_{n=0}^{\infty} b_n x^n = \sum_{n=0}^{\infty} (a_n - b_n) x^n \quad (-R < x < R)$,

乘法: $\left(\sum_{n=0}^{\infty} a_n x^n\right) \cdot \left(\sum_{n=0}^{\infty} b_n x^n\right) = \sum_{n=0}^{\infty} c_n x^n \quad (-R < x < R)$, 其中 $c_n = a_0 b_n + a_1 b_{n-1} + \cdots + a_n b_0 \quad (n = 0, 1, 2, \cdots)$.

它们都在 $(-R, R)$ 内绝对收敛, 且在公共收敛区间内可以像多项式一样作加、减和乘法运算.

除法: $\dfrac{\sum_{n=0}^{\infty} a_n x^n}{\sum_{n=0}^{\infty} b_n x^n} = \sum_{n=0}^{\infty} d_n x^n$, 这里假设 $b_0 \neq 0$. 为了确定 $d_n (n = 0, 1, 2, \cdots)$, 可以将级数 $\sum_{n=0}^{\infty} b_n x^n$ 与 $\sum_{n=0}^{\infty} d_n x^n$ 相乘, 比较系数即得

$$a_0 = b_0 d_0,$$
$$a_1 = b_1 d_0 + b_0 d_1,$$
$$a_2 = b_2 d_0 + b_1 d_1 + b_0 d_2,$$
$$\cdots$$

由以上式子就可以顺序地求出 $d_0, d_1, d_2, \cdots$.

两级数相除后所得幂级数的收敛区间可能比原来两幂级数的收敛区间小得多.

下面介绍幂级数的几个重要性质(证明从略).

**性质 13.3.1** 设幂级数 $\sum_{n=0}^{\infty} a_n x^n$ 的收敛半径为 $R$ ($R > 0$), 则其和函数 $s(x)$ 在区间 $(-R, R)$ 内连续, 如果级数 $\sum_{n=0}^{\infty} a_n x^n$ 在 $x = R$(或 $x = -R$)处也收敛, 则 $s(x)$ 在 $(-R, R]$(或 $[-R, R)$)上连续.

**性质 13.3.2** 设幂级数 $\sum\limits_{n=0}^{\infty} a_n x^n$ 的收敛半径为 $R$ ($R>0$),则其和函数 $s(x)$ 在区间 $(-R,R)$ 内是可导的,且有逐项求导公式

$$s'(x) = \left(\sum_{n=0}^{\infty} a_n x^n\right)' = \sum_{n=0}^{\infty} (a_n x^n)' = \sum_{n=1}^{\infty} n a_n x^{n-1}.$$

(13.3.5)

幂级数(13.3.5)与原幂级数有相同的收敛半径.

反复使用性质 13.3.2 可得:若 $\sum\limits_{n=0}^{\infty} a_n x^n$ 的收敛半径为 $R$,则它的和函数 $s(x)$ 在区间 $(-R,R)$ 内具有任意阶导数.

**性质 13.3.3** 设幂级数 $\sum\limits_{n=0}^{\infty} a_n x^n$ 的收敛半径为 $R$ ($R>0$),则其和函数 $s(x)$ 在区间 $(-R,R)$ 内是可积的,且对 $(-R,R)$ 内任一点 $x$,有逐项积分公式

$$\int_0^x s(x)\mathrm{d}x = \int_0^x \left(\sum_{n=0}^{\infty} a_n x^n\right)\mathrm{d}x = \sum_{n=0}^{\infty} \int_0^x a_n x^n \mathrm{d}x = \sum_{n=0}^{\infty} \frac{a_n}{n+1} x^{n+1}.$$

(13.3.6)

幂级数(13.3.6)与原幂级数有相同的收敛半径.

**例 13.3.6** 求幂级数 $\sum\limits_{n=0}^{\infty} (n+1) x^n$ 在其收敛区间内的和函数.

**解** 容易求得其收敛区间为 $(-1,1)$. 设其和函数为 $s(x)$,则有

$$s(x) = \sum_{n=0}^{\infty} (n+1) x^n, \ |x|<1.$$

对于 $x \in (-1,1)$,可逐项积分得

$$\int_0^x s(x)\mathrm{d}x = \int_0^x \sum_{n=0}^{\infty} (n+1) x^n \mathrm{d}x = \sum_{n=0}^{\infty} \int_0^x (n+1) x^n \mathrm{d}x = \sum_{n=1}^{\infty} x^n = \frac{x}{1-x}.$$

上式两端对上限变量 $x$ 求导得

$$s(x) = \left(\frac{x}{1-x}\right)' = \frac{1}{(1-x)^2}.$$

所以

$$\sum_{n=0}^{\infty} (n+1) x^n = \frac{1}{(1-x)^2}, \ |x|<1.$$

**例 13.3.7** 求幂级数 $\sum_{n=1}^{\infty} \frac{1}{2n-1} x^{2n-1}$ 的和函数.

**解** 容易求出它的收敛区间为 $(-1,1)$. 设

$$s(x) = \sum_{n=1}^{\infty} \frac{1}{2n-1} x^{2n-1}, \ |x| < 1.$$

则利用性质 13.3.2,有

$$s'(x) = \left( \sum_{n=1}^{\infty} \frac{1}{2n-1} x^{2n-1} \right)' = \sum_{n=1}^{\infty} x^{2n-2} = \frac{1}{1-x^2}, \ |x| < 1.$$

两边积分得

$$\int_0^x s'(x) \mathrm{d}x = \int_0^x \frac{1}{1-x^2} \mathrm{d}x = \frac{1}{2} \ln \left| \frac{1+x}{1-x} \right|, \ |x| < 1,$$

即 $s(x) - s(0) = \frac{1}{2} \ln \left| \frac{1+x}{1-x} \right|$. 由于 $s(0) = 0$,所以

$$s(x) = \frac{1}{2} \ln \left| \frac{1+x}{1-x} \right|, \ |x| < 1.$$

**例 13.3.8** 求数项级数 $\sum_{n=0}^{\infty} \frac{2n+1}{2^n}$ 的和.

**解** 考虑幂级数 $\sum_{n=0}^{\infty} (2n+1) x^{2n}$,它的收敛区间为 $(-1,1)$. 设它的和函数为 $s(x)$,则对于 $x \in (-1,1)$ 有

$$\int_0^x s(x) \mathrm{d}x = \int_0^x \sum_{n=0}^{\infty} (2n+1) x^{2n} \mathrm{d}x = \sum_{n=0}^{\infty} x^{2n+1} = x \sum_{n=0}^{\infty} (x^2)^n = \frac{x}{1-x^2}.$$

将上式两端对 $x$ 求导,得

$$s(x) = \frac{1+x^2}{(1-x^2)^2}, \ |x| < 1.$$

所以

$$\sum_{n=0}^{\infty} \frac{2n+1}{2^n} = s\left(\frac{1}{\sqrt{2}}\right) = \frac{1+\frac{1}{2}}{\left(1-\frac{1}{2}\right)^2} = 6.$$

### 13.3.4 函数的幂级数展开

前面我们讨论了幂级数的概念以及幂级数的收敛区间,并讨论

了幂级数的性质.现在我们讨论,如果事先给定一个函数 $f(x)$,能否在一定条件下将它展开成一个幂级数?为此我们先讨论 Taylor 级数.

(1) Taylor 级数.

设 $f(x)$ 在包含 $x_0$ 的某一区间 $I$ 内有直到 $n+1$ 阶导数,则由 Taylor 公式可知,$f(x)$ 可以表示为

$$f(x) = f(x_0) + f'(x_0)(x-x_0) + \frac{f''(x_0)}{2!}(x-x_0)^2$$
$$+ \cdots + \frac{f^{(n)}(x_0)}{n!}(x-x_0)^n + R_n(x), \quad (13.3.7)$$

其中余项

$$R_n(x) = \frac{f^{(n+1)}(\xi)}{(n+1)!}(x-x_0)^{n+1},$$

$\xi$ 是 $x$ 与 $x_0$ 之间的某个值.这时,在该区间内 $f(x)$ 可以用 $n$ 次多项式

$$p(x) = f(x_0) + f'(x_0)(x-x_0) + \frac{f''(x_0)}{2!}(x-x_0)^2$$
$$+ \cdots + \frac{f^{(n)}(x_0)}{n!}(x-x_0)^n$$

来近似表达,其误差等于 $|R_n(x)|$.

如果函数 $f(x)$ 在包含 $x_0$ 的某个区间 $I$ 内具有任意阶导数,那么形如

$$f(x_0) + f'(x_0)(x-x_0) + \frac{f''(x_0)}{2!}(x-x_0)^2 + \cdots$$
$$+ \frac{f^{(n)}(x_0)}{n!}(x-x_0)^n + \cdots \quad (13.3.8)$$

的级数是一个幂级数,称它为函数 $f(x)$ 在 $x_0$ 处的 **Taylor 级数**.

当 $x_0 = 0$ 时,称级数

$$f(0) + f'(0)x + \frac{f''(0)}{2!}x^2 + \cdots + \frac{f^{(n)}(0)}{n!}x^n + \cdots \quad (13.3.9)$$

为 $f(x)$ 的 **Maclaurin 级数**.

显然,当 $x = x_0$ 时,$f(x)$ 的 Taylor 级数收敛于 $f(x_0)$,但除了 $x = x_0$ 外,它是否一定收敛呢?如果它收敛,是否一定收敛于 $f(x)$ 呢?对此我们有下列定理.

**定理 13.3.3** 设 $f(x)$ 在 $x_0$ 点的某一邻域 $U(x_0)$ 内具有各阶导数,则 $f(x)$ 在该邻域内能展开成 Taylor 级数的充分必要条件是 $f(x)$ 的 Taylor 公式中的余项 $R_n(x)$ 在当 $n \to \infty$ 时极限为零,即
$$\lim_{n\to\infty} R_n(x) = 0 \quad (x \in U(x_0)).$$

**证明** 先证必要性. 设 $f(x)$ 在 $U(x_0)$ 内能展开为 Taylor 级数,即
$$f(x) = f(x_0) + f'(x_0)(x-x_0) + \frac{f''(x_0)}{2!}(x-x_0)^2 + \cdots$$
$$+ \frac{f^{(n)}(x_0)}{n!}(x-x_0)^n + \cdots \tag{13.3.10}$$

对一切 $x \in U(x_0)$ 成立. 我们把 $f(x)$ 的 Taylor 公式(13.3.7)写成
$$f(x) = s_{n+1}(x) + R_n(x),$$
其中 $s_{n+1}(x)$ 是 $f(x)$ 的 Taylor 级数的前 $n+1$ 项之和. 因为由式(13.3.10)有
$$\lim_{n\to\infty} s_{n+1}(x) = f(x),$$
所以
$$\lim_{n\to\infty} R_n(x) = \lim_{n\to\infty} [f(x) - s_{n+1}(x)] = f(x) - f(x) = 0.$$

再证充分性. 设 $\lim_{n\to\infty} R_n(x) = 0$ 对一切 $x \in U(x_0)$ 成立. 由 $f(x)$ 的 $n$ 阶 Taylor 公式
$$f(x) = \sum_{k=0}^{n} \frac{f^{(k)}(x_0)}{k!}(x-x_0)^k + R_n(x) = s_{n+1}(x) + R_n(x)$$
有
$$s_{n+1}(x) = f(x) - R_n(x),$$
于是
$$\lim_{n\to\infty} s_{n+1}(x) = \lim_{n\to\infty} [f(x) - R_n(x)] = f(x),$$
即 $f(x)$ 在 $x_0$ 处的 Taylor 级数(13.3.8)在 $U(x_0)$ 内收敛于 $f(x)$.

下面将讨论把函数 $f(x)$ 展开成幂级数的方法.

(2)函数展开成幂级数.

要把函数 $f(x)$ 展开成幂级数,可以按照下列步骤进行:

第一步 求出 $f(x)$ 的各阶导数 $f'(x), f''(x), \cdots, f^{(n)}(x), \cdots$,并求出函数及各阶导数在 $x_0$ 点的值(如果在 $x_0$ 点某阶导数不存在,

就停止进行,说明 $f(x)$ 在 $x_0$ 处不能展开成幂级数);

第二步 写出幂级数

$$f(x_0) + f'(x_0)(x-x_0) + \frac{f''(x_0)}{2!}(x-x_0)^2$$
$$+ \cdots + \frac{f^{(n)}(x_0)}{n!}(x-x_0)^n + \cdots;$$

第三步 求出上述幂级数的收敛半径 $R$;

第四步 观察当 $x \in (-R, R)$ 时的 $f(x)$ 的 Taylor 公式的余项 $R_n(x)$ 的极限

$$\lim_{n \to \infty} R_n(x) = \lim_{n \to \infty} \frac{f^{(n+1)}(\xi)}{(n+1)!}(x-x_0)^{n+1}$$

是否为零,如果为零,则函数 $f(x)$ 在区间 $(-R, R)$ 内的幂级数展开式为

$$f(x) = f(x_0) + f'(x_0)(x-x_0) + \frac{f''(x_0)}{2!}(x-x_0)^2 + \cdots +$$
$$\frac{f^{(n)}(x_0)}{n!}(x-x_0)^n + \cdots = \sum_{n=0}^{\infty} \frac{f^{(n)}(x_0)}{n!}(x-x_0)^n \quad (-R < x < R).$$

**例 13.3.9** 将函数 $f(x) = e^x$ 展开成 $x$ 的幂级数(Maclaurin 级数).

**解** $f(x)$ 的各阶导数为 $f^{(n)}(x) = e^x$ ($n = 1, 2, \cdots$),因此 $f^{(n)}(0) = e^0 = 1$ ($n = 1, 2, \cdots$). 于是 $f(x) = e^x$ 在 0 点处的幂级数为

$$1 + x + \frac{x^2}{2!} + \cdots + \frac{x^n}{n!} + \cdots,$$

它的收敛半径 $R = +\infty$.

再考虑 $f(x) = e^x$ 在零点处的 Taylor 余项 $R_n(x)$,其绝对值为

$$|R_n(x)| = \left| \frac{e^\xi}{(n+1)!} x^{n+1} \right| \leqslant \frac{|x|^{n+1}}{(n+1)!} e^{|x|} \quad (\xi \text{ 在 } 0 \text{ 与 } x \text{ 之间}).$$

由于级数 $\sum_{n=0}^{\infty} \frac{|x|^{n+1}}{(n+1)!}$ 处处收敛,所以 $\lim_{n \to \infty} \frac{|x|^{n+1}}{(n+1)!} = 0$,而 $e^{|x|}$ 是有限值,因此 $\lim_{n \to \infty} R_n(x) = 0$. 于是 $f(x) = e^x$ 关于 $x$ 的幂级数为

$$e^x = 1 + x + \frac{x^2}{2!} + \cdots + \frac{x^n}{n!} + \cdots \quad (-\infty < x < +\infty).$$

(13.3.11)

**例 13.3.10** 将函数 $f(x)=\sin x$ 展开成 $x$ 的幂级数.

**解** $f(x)$ 的各阶导数为 $f^{(n)}(x)=\sin(x+n\cdot\dfrac{\pi}{2})$ $(n=1,2,\cdots)$, $f^{(n)}(0)$ 顺序循环地取 $0,1,0,-1,\cdots(n=0,1,2,3,\cdots)$. 于是得级数

$$x-\dfrac{x^3}{3!}+\dfrac{x^5}{5!}-\cdots+(-1)^{n-1}\dfrac{x^{2n-1}}{(2n-1)!}+\cdots,$$

它的收敛半径 $R=+\infty$.

考虑 $f(x)=\sin x$ 的 Taylor 余项 $R_n(x)$,其绝对值为

$$|R_n(x)|=\left|\dfrac{\sin\left(\xi+\dfrac{(n+1)\pi}{2}\right)}{(n+1)!}x^{n+1}\right|\leqslant\dfrac{|x|^{n+1}}{(n+1)!}\ (\xi\text{ 在 }0\text{ 与 }x\text{ 之间}),$$

所以 $\lim\limits_{n\to\infty}R_n(x)=0$. 因此得展开式

$$\sin x=x-\dfrac{x^3}{3!}+\dfrac{x^5}{5!}-\cdots+(-1)^{n-1}\dfrac{x^{2n-1}}{(2n-1)!}+\cdots$$

$$(-\infty<x<+\infty). \tag{13.3.12}$$

与例 13.3.10 相仿,可得 $\cos x$ 的展开式

$$\cos x=1-\dfrac{x^2}{2!}+\dfrac{x^4}{4!}-\cdots+(-1)^n\dfrac{x^{2n}}{(2n)!}+\cdots$$

$$(-\infty<x<+\infty). \tag{13.3.13}$$

**例 13.3.11** 将函数 $f(x)=(1+x)^\alpha$ 展开成 $x$ 的幂级数,其中 $\alpha$ 为任意实数.

**解** $f(x)$ 的各阶导数为

$$f'(x)=\alpha(1+x)^{\alpha-1},$$
$$f''(x)=\alpha(\alpha-1)(1+x)^{\alpha-2},$$
$$\cdots$$
$$f^{(n)}(x)=\alpha(\alpha-1)\cdots(\alpha-n+1)(1+x)^{\alpha-n},$$
$$\cdots,$$

所以

$$f^{(n)}(0)=\alpha(\alpha-1)\cdots(\alpha-n+1)\quad(n=1,2,\cdots),$$

于是得级数

$$1+\alpha x+\frac{\alpha(\alpha-1)}{2!}x^2+\cdots+\frac{\alpha(\alpha-1)\cdots(\alpha-n+1)}{n!}x^n+\cdots.$$

该级数相邻两项的系数之比的绝对值的极限为

$$\lim_{n\to\infty}\left|\frac{a_{n+1}}{a_n}\right|=\lim_{n\to\infty}\left|\frac{\alpha-n}{n+1}\right|=1,$$

因此,该级数的收敛区间为$(-1,1)$.

为了避免直接研究其 Taylor 余项,设该级数在区间$(-1,1)$内收敛到函数$F(x)$,即

$$F(x)=1+\alpha x+\frac{\alpha(\alpha-1)}{2!}x^2+\cdots+\frac{\alpha(\alpha-1)\cdots(\alpha-n+1)}{n!}x^n+\cdots$$

$$(-1<x<1).$$

下面证明 $F(x)=(1+x)^\alpha$ $(-1<x<1)$.

逐项求导,得

$$F'(x)=\alpha\left[1+\frac{\alpha-1}{1!}x+\cdots+\frac{(\alpha-1)\cdots(\alpha-n+1)}{(n-1)!}x^{n-1}+\cdots\right],$$

两边同乘以$1+x$,并把含有$x^n(n=1,2,\cdots)$的两项合并起来,根据恒等式

$$\frac{(\alpha-1)\cdots(\alpha-n+1)}{(n-1)!}+\frac{(\alpha-1)\cdots(\alpha-n)}{n!}=\frac{\alpha(\alpha-1)\cdots(\alpha-n+1)}{n!}$$

$$(n=1,2,\cdots),$$

我们有

$$(1+x)F'(x)=$$
$$\alpha\left[1+\alpha x+\frac{\alpha(\alpha-1)}{2!}x^2+\cdots+\frac{\alpha(\alpha-1)\cdots(\alpha-n+1)}{n!}x^n+\cdots\right]=$$
$$\alpha f(x) \quad (-1<x<1).$$

现在令

$$\varphi(x)=\frac{F(x)}{(1+x)^\alpha},$$

于是 $\varphi(0)=F(0)=1$,

$$\varphi'(x)=\frac{(1+x)^\alpha f'(x)-\alpha(1+x)^{\alpha-1}F(x)}{(1+x)^{2\alpha}}=$$

$$\frac{(1+x)^{\alpha-1}[(1+x)F'(x)-\alpha f(x)]}{(1+x)^{2\alpha}}=0,$$

所以 $\varphi(x) = C$（常数）. 但是 $\varphi(0) = 1$, 从而 $\varphi(x) = 1$, 即
$$F(x) = (1+x)^\alpha.$$
因此在区间 $(-1, 1)$ 内, 我们有展开式
$$(1+x)^\alpha = 1 + \alpha x + \frac{\alpha(\alpha-1)}{2!}x^2 + \cdots$$
$$+ \frac{\alpha(\alpha-1)\cdots(\alpha-n+1)}{n!}x^n + \cdots \quad (-1 < x < 1).$$
(13.3.14)

在区间的端点, 展开式是否成立要视 $\alpha$ 的数值而定.

公式 (13.3.14) 叫作**二项展开式**. 特别地, 当 $\alpha$ 为正整数时, 级数为 $x$ 的 $\alpha$ 次多项式, 这就是通常的二项式定理.

令 $\alpha = -1, \frac{1}{2}, -\frac{1}{2}$, 就得到几个常见二项式级数:

$$\frac{1}{1+x} = 1 - x + x^2 - x^3 + \cdots = \sum_{n=0}^{\infty}(-1)^n x^n \quad (-1 < x < 1).$$
(13.3.15)

$$\sqrt{1+x} = 1 + \frac{1}{2}x - \frac{1}{2\cdot 4}x^2 + \frac{1\cdot 3}{2\cdot 4\cdot 6}x^3 - \cdots \quad (-1 \leqslant x \leqslant 1).$$
(13.3.16)

$$\frac{1}{\sqrt{1+x}} = 1 - \frac{1}{2}x + \frac{1\cdot 3}{2\cdot 4}x^2 - \frac{1\cdot 3\cdot 5}{2\cdot 4\cdot 6}x^3 + \cdots \quad (-1 < x \leqslant 1).$$
(13.3.17)

有时对某些函数的 Taylor 级数通过逐项积分也能得到另一些函数的 Taylor 级数, 例如
$$\frac{1}{1+x} = \sum_{n=0}^{\infty}(-1)^n x^n \quad (-1 < x < 1),$$
从 0 到 $x$ 积分, 得到
$$\ln(1+x) = \sum_{n=0}^{\infty}(-1)^n \frac{x^{n+1}}{n+1} \quad (-1 < x \leqslant 1).$$
(13.3.18)

同样, 由
$$\frac{1}{1+x^2} = \sum_{n=0}^{\infty}(-1)^n x^{2n} \quad (-1 < x < 1)$$

逐项积分,得到

$$\arctan x = \sum_{n=0}^{\infty}(-1)^n \frac{x^{2n+1}}{2n+1} \quad (-1 \leqslant x \leqslant 1).$$

(13.3.19)

特别地,令 $x=1$,得到

$$\frac{\pi}{4} = \sum_{n=0}^{\infty}(-1)^n \frac{1}{2n+1} =$$

$$1 - \frac{1}{3} + \frac{1}{5} - \cdots + (-1)^n \frac{1}{2n+1} + \cdots.$$

以上一些初等函数的幂级数展开式以后会经常用到,应该熟练掌握.

**例 13.3.12** 将函数 $\dfrac{1}{(1-x)(2-x)}$ 展开成 $x$ 的幂级数.

**解** 由于

$$\frac{1}{(1-x)(2-x)} = \frac{1}{1-x} - \frac{1}{2-x},$$

而

$$\frac{1}{1-x} = \sum_{n=0}^{\infty} x^n \quad (-1 < x < 1),$$

$$\frac{1}{2-x} = \frac{1}{2} \cdot \frac{1}{1-\frac{x}{2}} = \frac{1}{2}\sum_{n=0}^{\infty}\left(\frac{x}{2}\right)^n \quad (-2 < x < 2).$$

所以当 $-1 < x < 1$ 时,有

$$\frac{1}{(1-x)(2-x)} = \sum_{n=0}^{\infty} x^n - \frac{1}{2}\sum_{n=0}^{\infty}\left(\frac{x}{2}\right)^n = \sum_{n=0}^{\infty}\left(1 - \frac{1}{2^{n+1}}\right)x^n.$$

**例 13.3.13** 将函数 $\sin x$ 展开成 $\left(x - \dfrac{\pi}{4}\right)$ 的幂级数.

**解** 因为

$$\sin x = \sin\left[\frac{\pi}{4} + \left(x - \frac{\pi}{4}\right)\right] =$$

$$\sin\frac{\pi}{4}\cos\left(x - \frac{\pi}{4}\right) + \cos\frac{\pi}{4}\sin\left(x - \frac{\pi}{4}\right) =$$

$$\frac{1}{\sqrt{2}}\left[\cos\left(x - \frac{\pi}{4}\right) + \sin\left(x - \frac{\pi}{4}\right)\right],$$

并且有

$$\cos\left(x-\frac{\pi}{4}\right) = 1 - \frac{\left(x-\frac{\pi}{4}\right)^2}{2!} + \frac{\left(x-\frac{\pi}{4}\right)^4}{4!} + \cdots$$

$$(-\infty < x < +\infty),$$

$$\sin\left(x-\frac{\pi}{4}\right) = \left(x-\frac{\pi}{4}\right) - \frac{\left(x-\frac{\pi}{4}\right)^3}{3!} + \frac{\left(x-\frac{\pi}{4}\right)^5}{5!} - \cdots$$

$$(-\infty < x < +\infty),$$

所以

$$\sin x = \frac{1}{\sqrt{2}}\left[1 + \left(x-\frac{\pi}{4}\right) - \frac{\left(x-\frac{\pi}{4}\right)^2}{2!} - \frac{\left(x-\frac{\pi}{4}\right)^3}{3!} + \cdots\right]$$

$$(-\infty < x < +\infty).$$

**例 13.3.14** 将函数 $\dfrac{1}{3-x}$ 展开成 $(x-1)$ 的幂级数.

**解** 因为

$$\frac{1}{3-x} = \frac{1}{2-(x-1)} = \frac{1}{2} \cdot \frac{1}{1-\frac{x-1}{2}},$$

而 $\dfrac{1}{1-\frac{x-1}{2}} = \sum\limits_{n=0}^{\infty}\left(\dfrac{x-1}{2}\right)^n$ $(-1 < x < 3)$，所以

$$\frac{1}{3-x} = \frac{1}{2}\sum_{n=0}^{\infty}\left(\frac{x-1}{2}\right)^n = \sum_{n=0}^{\infty}\frac{(x-1)^n}{2^{n+1}} \quad (-1 < x < 3).$$

## 习题 13.3

1. 求下列幂级数的收敛域：

(1) $1 + x + \dfrac{x^2}{2^2} + \dfrac{x^3}{3^2} + \dfrac{x^4}{4^2} + \cdots$；

(2) $x + 2x^2 + 3x^3 + 4x^4 + \cdots$；

(3) $\sum\limits_{n=1}^{\infty}\dfrac{2^n}{n^2+1}x^n$；

(4) $\sum\limits_{n=1}^{\infty}\dfrac{2n-1}{2^n}x^{2n-2}$；

(5) $\sum\limits_{n=1}^{\infty}\dfrac{x^n}{n(n+1)}$；

(6) $\sum\limits_{n=1}^{\infty}\dfrac{(x-5)^n}{\sqrt{n}}$；

(7) $\sum\limits_{n=0}^{\infty}(-1)^n\dfrac{x^{2n}}{2n+1}$；

(8) $\sum\limits_{n=1}^{\infty}\dfrac{1}{n^2}\left(\dfrac{1-x}{1+x}\right)^n$.

2. 利用逐项求导或逐项积分,求下列级数的和函数:

(1) $\sum_{n=1}^{\infty} nx^{2n}$ $(|x|<1)$;

(2) $\sum_{n=1}^{\infty} \frac{x^{4n+1}}{4n+1}$ $(|x|<1)$;

(3) $\sum_{n=1}^{\infty} n(n+1)x^n$ $(|x|<1)$;

(4) $\sum_{n=1}^{\infty} \frac{n(n+1)}{2} x^{n-1}$ $(|x|<1)$;

(5) $\sum_{n=1}^{\infty} (-1)^{n-1} \frac{x^{2n-1}}{2n-1}$ $(|x|<1)$,并求级数 $\sum_{n=1}^{\infty} \frac{(-1)^n}{2n-1} \left(\frac{3}{4}\right)^n$ 的和;

(6) $\sum_{n=0}^{\infty} \frac{(2n+1)x^{2n}}{n!}$ $(|x|<1)$,并求级数 $\sum_{n=0}^{\infty} \frac{2n+1}{n! \cdot 2^n}$ 的和.

3. 将下列函数展开成 $x$ 的幂级数,并求展开式成立的区间:

(1) $\operatorname{sh} x = \frac{e^x - e^{-x}}{2}$;      (2) $\ln(a+x)$ $(a>0)$;

(3) $a^x$;      (4) $\sin^2 x$;

(5) $(1+x)\ln(1+x)$;      (6) $\frac{x}{\sqrt{1+x^2}}$.

4. 将下列函数展开成 $(x-1)$ 的幂级数,并求展开式成立的区间:

(1) $\sqrt{x^3}$;      (2) $\lg x$.

5. 将函数 $f(x) = \cos x$ 展开成 $\left(x + \frac{\pi}{3}\right)$ 的幂级数.

6. 将函数 $f(x) = \frac{x}{x^2 - x - 2}$ 展开成 $x$ 的幂级数.

7. 试求级数 $\sum_{n=0}^{\infty} (-1)^n \frac{n(n+1)}{2^n}$ 的和.

## §13.4 Fourier 级数

我们已经知道,如果函数 $f(x)$ 满足一定的条件,则它在某一个区域可以展开成幂级数,从而 $f(x)$ 可以用多项式来逼近它.那么对于一个周期函数 $f(x)$,是否可以用一些简单的周期函数的和来逼近它呢?现在就来讨论这一问题.

### 13.4.1 三角函数系的正交性

设三角函数系

$$1, \cos x, \sin x, \cos 2x, \sin 2x, \cdots, \cos nx, \sin nx, \cdots, \quad (13.4.1)$$

则三角函数系(13.4.1)中任意两个不同函数的乘积在$[-\pi,\pi]$上的积分等于零,即

$$\int_{-\pi}^{\pi} \cos nx \, dx = 0 \quad (n=1,2,3,\cdots),$$

$$\int_{-\pi}^{\pi} \sin nx \, dx = 0 \quad (n=1,2,3,\cdots),$$

$$\int_{-\pi}^{\pi} \sin kx \cos nx \, dx = 0 \quad (k,n=1,2,3,\cdots),$$

$$\int_{-\pi}^{\pi} \cos kx \cos nx \, dx = 0 \quad (k,n=1,2,3,\cdots, k \neq n),$$

$$\int_{-\pi}^{\pi} \sin kx \sin nx \, dx = 0 \quad (k,n=1,2,3,\cdots, k \neq n).$$

则称三角函数系(13.4.1)在$[-\pi,\pi]$上是正交的.

在三角函数系(13.4.1)中,两个相同函数的乘积在区间$[-\pi,\pi]$上的积分不等于零,事实上

$$\int_{-\pi}^{\pi} 1^2 \, dx = 2\pi, \quad \int_{-\pi}^{\pi} \sin^2 nx \, dx = \pi, \quad \int_{-\pi}^{\pi} \cos^2 nx \, dx = \pi.$$

### 13.4.2 Fourier 系数与 Fourier 级数

设$f(x)$是以$2\pi$为周期的周期函数,假设$f(x)$可以展开成三角级数:

$$f(x) = \frac{a_0}{2} + \sum_{k=1}^{\infty} (a_k \cos kx + b_k \sin kx). \quad (13.4.2)$$

那么系数$a_0, a_1, b_1, \cdots$与函数$f(x)$之间存在着怎样的关系?也就是说,怎样利用$f(x)$把$a_0, a_1, b_1, \cdots$表示出来?下面来讨论这一问题.

假设级数(13.4.2)在$[-\pi,\pi]$上可以逐项积分,则有

$$\int_{-\pi}^{\pi} f(x) \, dx = \int_{-\pi}^{\pi} \frac{a_0}{2} \, dx + \sum_{k=1}^{\infty} \left[ a_k \int_{-\pi}^{\pi} \cos kx \, dx + b_k \int_{-\pi}^{\pi} \sin kx \, dx \right].$$

根据三角函数系(13.4.1)的正交性,等式右端除第一项外,其余各

项均为零,所以
$$\int_{-\pi}^{\pi} f(x)\,dx = \frac{a_0}{2} \cdot 2\pi,$$
于是得
$$a_0 = \frac{1}{\pi}\int_{-\pi}^{\pi} f(x)\,dx.$$

用 $\cos nx$ 乘式(13.4.2)的两端,再从 $-\pi$ 到 $\pi$ 积分,我们得到
$$\int_{-\pi}^{\pi} f(x)\cos nx\,dx = \frac{a_0}{2}\int_{-\pi}^{\pi}\cos nx\,dx +$$
$$\sum_{k=1}^{\infty}\left[a_k\int_{-\pi}^{\pi}\cos kx\cos nx\,dx + b_k\int_{-\pi}^{\pi}\sin kx\cos nx\,dx\right].$$

根据三角函数系(13.4.1)的正交性,等式右端除 $k=n$ 的一项外,其余各项均为零,所以
$$\int_{-\pi}^{\pi} f(x)\cos nx\,dx = a_n\int_{-\pi}^{\pi}\cos^2 nx\,dx = a_n\pi,$$
于是得
$$a_n = \frac{1}{\pi}\int_{-\pi}^{\pi} f(x)\cos nx\,dx \quad (n=1,2,3,\cdots).$$

类似地,用 $\sin nx$ 乘式(13.4.2)的两端,再从 $-\pi$ 到 $\pi$ 逐项积分,可得
$$b_n = \frac{1}{\pi}\int_{-\pi}^{\pi} f(x)\sin nx\,dx \quad (n=1,2,3,\cdots).$$

由于当 $n=0$ 时,$a_n$ 的表达式正好给出 $a_0$,因此,$f(x)$ 与系数 $a_0, a_1, b_1, \cdots$ 之间关系式为

$$\left.\begin{aligned} a_n &= \frac{1}{\pi}\int_{-\pi}^{\pi} f(x)\cos nx\,dx \quad (n=0,1,2,3,\cdots), \\ b_n &= \frac{1}{\pi}\int_{-\pi}^{\pi} f(x)\sin nx\,dx \quad (n=1,2,3,\cdots). \end{aligned}\right\} \quad (13.4.3)$$

如果式(13.4.3)的积分都存在,则它们定出的系数 $a_0, a_1, b_1, \cdots$ 称为 $f(x)$ 的 **Fourier 系数**,将这些系数代入式(13.4.2)的右端,所得的三角级数

$$\frac{a_0}{2} + \sum_{n=1}^{\infty}(a_n\cos nx + b_n\sin nx) \qquad (13.4.4)$$

称为 $f(x)$ 的 **Fourier 级数**.

由于 $f(x)$ 是周期为 $2\pi$ 的函数,而周期函数在任何一个周期上的积分都相等,所以 Fourier 系数计算公式(13.4.3)又可表示为

$$a_n = \frac{1}{\pi}\int_0^{2\pi} f(x)\cos nx\,\mathrm{d}x \quad (n=0,1,2,3,\cdots),$$

$$b_n = \frac{1}{\pi}\int_0^{2\pi} f(x)\sin nx\,\mathrm{d}x \quad (n=1,2,3,\cdots).$$

一个定义在 $(-\infty,+\infty)$ 上的周期为 $2\pi$ 的函数 $f(x)$,如果它在一个周期上可积,则一定可以作出 $f(x)$ 的 Fourier 级数(13.4.4). 但这个级数在什么条件下收敛,如果它收敛,是否一定收敛于 $f(x)$? 关于这些问题,我们给出下面的收敛定理(证明略).

**定理 13.4.1(Dirichlet 定理)** 设 $f(x)$ 是周期为 $2\pi$ 的周期函数,如果它满足:

(ⅰ) 在一个周期内连续或只有有限个第一类间断点;

(ⅱ) 在一个周期内至多只有有限个极值点,

则 $f(x)$ 的 Fourier 级数收敛,并且当 $x$ 是 $f(x)$ 的连续点时,级数收敛于 $f(x)$;当 $x$ 是 $f(x)$ 的间断点时,级数收敛于

$$\frac{1}{2}[f(x-0)+f(x+0)].$$

定理 13.4.1 表明,只要函数在 $[-\pi,\pi]$ 上不作无限次振动,也只有有限个第一类间断点,则函数的 Fourier 级数在连续点处收敛于该点的函数值,在间断点处收敛于该点左极限与右极限的算术平均值. 由此可见,函数展开成 Fourier 级数的条件比展开成幂级数的条件宽得多,因而能展成 Fourier 级数的函数就更加广泛.

### 13.4.3 函数的 Fourier 级数展开

有了上述的 Dirichlet 定理,我们可以将一个以 $2\pi$ 为周期的满足定理条件的函数展开成 Fourier 级数.

**例 13.4.1** 设 $f(x)$ 是以 $2\pi$ 为周期的周期函数,它在 $[-\pi,\pi)$ 上的表达式为

$$f(x)=\begin{cases}-1, & -\pi\leqslant x<0,\\ 1, & 0\leqslant x<\pi.\end{cases}$$

将 $f(x)$ 展开成 Fourier 级数.

**解** $f(x)$ 满足 Dirichlet 定理的条件,它在点 $x = k\pi (k = 0, \pm 1, \pm 2, \cdots)$ 处不连续,在其他点处连续,从而由 Dirichlet 定理知道 $f(x)$ 的 Fourier 级数收敛,且当 $x = k\pi$ 时级数收敛于

$$\frac{1}{2}[(-1) + 1] = \frac{1}{2}[1 + (-1)] = 0,$$

当 $x \neq k\pi$ 时级数收敛于 $f(x)$,和函数的图形如图 13.4.1 所示.

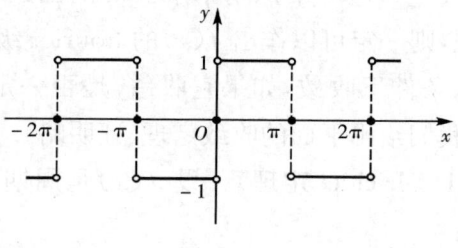

图 13.4.1

Fourier 系数为

$$a_n = \frac{1}{\pi}\int_{-\pi}^{\pi} f(x)\cos nx \, dx = \frac{1}{\pi}\int_{-\pi}^{0}(-1)\cos nx \, dx +$$
$$\frac{1}{\pi}\int_{0}^{\pi} 1 \cdot \cos nx \, dx = 0 \quad (n = 0, 1, 2, 3, \cdots);$$

$$b_n = \frac{1}{\pi}\int_{-\pi}^{\pi} f(x)\sin nx \, dx = \frac{1}{\pi}\int_{-\pi}^{0}(-1)\sin nx \, dx +$$
$$\frac{1}{\pi}\int_{0}^{\pi} 1 \cdot \sin nx \, dx = \frac{1}{\pi}\frac{\cos nx}{n}\Big|_{-\pi}^{0} + \frac{1}{\pi}\left[-\frac{\cos nx}{n}\right]_{0}^{\pi} =$$
$$\frac{2}{n\pi}(1 - (-1)^n) = \begin{cases} \dfrac{4}{n\pi}, & n = 1, 3, 5, \cdots, \\ 0, & n = 2, 4, 6, \cdots. \end{cases}$$

所以 $f(x)$ 的 Fourier 级数为

$$f(x) = \frac{4}{\pi}\left[\sin x + \frac{1}{3}\sin 3x + \cdots + \frac{1}{2k-1}\sin(2k-1)x + \cdots\right]$$
$$(-\infty < x < +\infty; x \neq 0, \pm\pi, \pm 2\pi, \cdots).$$

**例 13.4.2** 设 $f(x)$ 是以 $2\pi$ 为周期的周期函数,它在 $(-\pi, \pi]$ 上的表达式为

$$f(x) = \begin{cases} -\pi, & -\pi < x \leq 0, \\ x, & 0 < x \leq \pi. \end{cases}$$

将 $f(x)$ 展开成 Fourier 级数.

**解** $f(x)$ 满足 Dirichlet 定理的条件，它在点 $x=k\pi$ ($k=0,\pm 1,\pm 2,\cdots$) 处不连续，在其他点处连续. 因此，$f(x)$ 的 Fourier 级数在 $x=k\pi$ 处收敛于

$$\frac{1}{2}[f(x-0)+f(x+0)] = \begin{cases} -\dfrac{\pi}{2}, & x=2m\pi, \\ 0, & x=(2m-1)\pi. \end{cases}$$

当 $x \neq k\pi$ 时，级数收敛于 $f(x)$. 和函数的图形如图 13.4.2 所示.

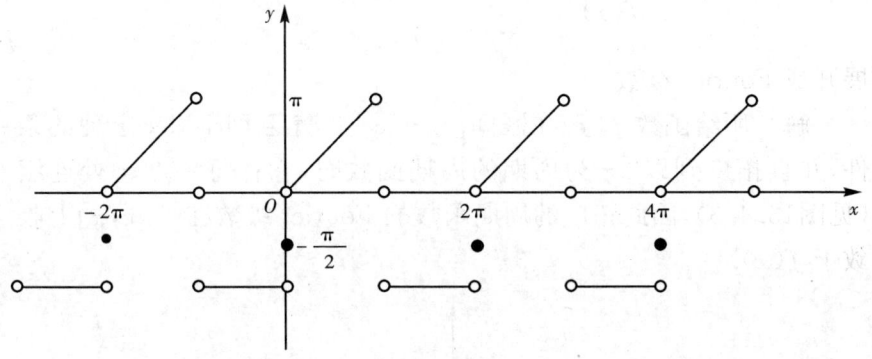

图 13.4.2

Fourier 系数为

$$a_n = \frac{1}{\pi}\int_{-\pi}^{\pi} f(x)\cos nx\,dx = \frac{1}{\pi}\left[\int_{-\pi}^{0}(-\pi)\cos nx\,dx + \int_{0}^{\pi} x\cos nx\,dx\right] =$$

$$-\frac{1}{n}\sin nx\bigg|_{-\pi}^{0} + \frac{1}{\pi}\left[\frac{1}{n^2}\cos nx + \frac{x}{n}\sin nx\right]_{0}^{\pi} =$$

$$\frac{1}{\pi}\cdot\frac{(-1)^n-1}{n^2} = \begin{cases} -\dfrac{2}{\pi n^2}, & n=1,3,5,\cdots, \\ 0, & n=2,4,6,\cdots; \end{cases}$$

$$a_0 = \frac{1}{\pi}\int_{-\pi}^{\pi} f(x)\,dx = \frac{1}{\pi}\int_{-\pi}^{0}(-\pi)\,dx + \frac{1}{\pi}\int_{0}^{\pi} x\,dx = -\frac{\pi}{2};$$

$$b_n = \frac{1}{\pi}\int_{-\pi}^{\pi} f(x)\sin nx\,dx = \frac{1}{\pi}\left[\int_{-\pi}^{0}(-\pi)\sin nx\,dx + \int_{0}^{\pi} x\sin nx\,dx\right] =$$

$$\frac{1}{n}\cos nx\bigg|_{-\pi}^{0} + \frac{1}{\pi}\left[\frac{1}{n^2}\sin nx - \frac{1}{n}x\cos nx\right]_{0}^{\pi} =$$

$$\frac{1-2\cos n\pi}{n} = \frac{1-2\cdot(-1)^n}{n} =$$

$$\begin{cases} \dfrac{3}{2k-1}, & n=2k-1, \\ -\dfrac{1}{2k}, & n=2k. \end{cases} \quad (k=1,2,3,\cdots)$$

所以 $f(x)$ 的 Fourier 级数为

$$f(x) = -\frac{\pi}{4} - \frac{2}{\pi}\cos x + 3\sin x - \frac{\sin 2x}{2} - \frac{2\cos 3x}{\pi \cdot 3^2} + \frac{3\sin 3x}{3}$$

$$-\frac{\sin 4x}{4} - \frac{2\cos 5x}{\pi \cdot 5^2} + \frac{3\sin 5x}{5} + \cdots$$

$$(-\infty < x < +\infty, x \neq k\pi, k = 0, \pm 1, \pm 2, \cdots).$$

**例 13.4.3**  将函数

$$f(x) = \begin{cases} -x, & -\pi \leqslant x < 0, \\ x, & 0 \leqslant x \leqslant \pi \end{cases}$$

展开成 Fourier 级数.

**解**  所给函数 $f(x)$ 在区间 $[-\pi, \pi]$ 上满足 Dirichlet 定理的条件,并且拓广到以 $2\pi$ 为周期的周期函数时,它在每一点 $x$ 处连续(见图 13.4.3),因此拓广的周期函数的 Fourier 级数在 $[-\pi, \pi]$ 上收敛于 $f(x)$.

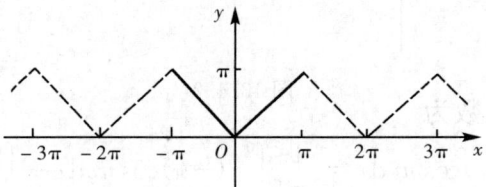

图 13.4.3

$f(x)$ 的 Fourier 系数为

$$a_n = \frac{1}{\pi}\int_{-\pi}^{\pi} f(x)\cos nx\,dx = \frac{1}{\pi}\int_{-\pi}^{0}(-x)\cos nx\,dx + \frac{1}{\pi}\int_{0}^{\pi} x\cos nx\,dx =$$

$$-\frac{1}{\pi}\left[\frac{x\sin x}{n} + \frac{\cos nx}{n^2}\right]_{-\pi}^{0} + \frac{1}{\pi}\left[\frac{x\sin x}{n} + \frac{\cos nx}{n^2}\right]_{0}^{\pi} =$$

$$\frac{2}{n^2\pi}(\cos n\pi - 1) = \begin{cases} -\dfrac{4}{n^2\pi}, & n = 1,3,5,\cdots, \\ 0, & n = 2,4,6,\cdots; \end{cases}$$

$$a_0 = \frac{1}{\pi}\int_{-\pi}^{\pi} f(x)\,dx = \frac{1}{\pi}\int_{-\pi}^{0}(-x)\,dx + \frac{1}{\pi}\int_{0}^{\pi} x\,dx = \pi;$$

$$b_n = \frac{1}{\pi}\int_{-\pi}^{\pi} f(x)\sin nx\,dx = \frac{1}{\pi}\int_{-\pi}^{0}(-x)\sin nx\,dx + \frac{1}{\pi}\int_{0}^{\pi} x\sin nx\,dx =$$

$$-\frac{1}{\pi}\left[-\frac{x\cos nx}{n} + \frac{\sin nx}{n^2}\right]_{-\pi}^{0} + \frac{1}{\pi}\left[-\frac{x\cos nx}{n} + \frac{\sin nx}{n^2}\right]_{0}^{\pi} = 0$$

$$(n = 1, 2, 3, \cdots).$$

所以 $f(x)$ 的 Fourier 级数为
$$f(x) = \frac{\pi}{2} - \frac{4}{\pi}\left(\cos x + \frac{1}{3^2}\cos 3x + \frac{1}{5^2}\cos 5x + \cdots\right) \quad (-\pi \leqslant x \leqslant \pi).$$

应用这个展开式容易得到几个特殊级数的和. 在展开式中，令 $x=0$, 由 $f(0)=0$, 得
$$\frac{\pi^2}{8} = 1 + \frac{1}{3^2} + \frac{1}{5^2} + \cdots = \sum_{n=1}^{\infty} \frac{1}{(2n-1)^2}.$$

又因为
$$\sum_{n=1}^{\infty} \frac{1}{n^2} = \sum_{n=1}^{\infty} \frac{1}{(2n-1)^2} + \sum_{n=1}^{\infty} \frac{1}{(2n)^2} = \frac{\pi^2}{8} + \frac{1}{4}\sum_{n=1}^{\infty} \frac{1}{n^2},$$
所以
$$\sum_{n=1}^{\infty} \frac{1}{n^2} = 1 + \frac{1}{2^2} + \frac{1}{3^2} + \cdots + \frac{1}{n^2} + \cdots = \frac{\pi^2}{6},$$
且
$$\sum_{n=1}^{\infty} \frac{(-1)^{n-1}}{n^2} = \sum_{n=1}^{\infty} \frac{1}{(2n-1)^2} - \sum_{n=1}^{\infty} \frac{1}{(2n)^2} = \frac{\pi^2}{8} - \frac{1}{4} \cdot \frac{\pi^2}{6} = \frac{\pi^2}{12}.$$

### 13.4.4 奇函数和偶函数的 Fourier 级数

在实际中，我们常会遇到奇函数与偶函数，它们的 Fourier 级数都具有比较简单的形式.

设 $f(x)$ 是以 $2\pi$ 为周期的周期函数，且满足 Dirichlet 定理的条件. 如果 $f(x)$ 是奇函数，则 $f(x)\cos nx$ 也是奇函数，且 $f(x)\sin nx$ 是偶函数. 于是 $f(x)$ 的 Fourier 系数
$$a_n = \frac{1}{\pi}\int_{-\pi}^{\pi} f(x)\cos nx \, dx = 0 \quad (n=0,1,2,\cdots),$$
$$b_n = \frac{1}{\pi}\int_{-\pi}^{\pi} f(x)\sin nx \, dx = \frac{2}{\pi}\int_{0}^{\pi} f(x)\sin nx \, dx \quad (n=1,2,3,\cdots).$$
其 Fourier 级数只含有正弦函数的项
$$\sum_{n=1}^{\infty} b_n \sin nx. \tag{13.4.5}$$
这种只含有正弦函数的 Fourier 级数称为**正弦级数**.

同理，如果 $f(x)$ 为偶函数，则它的 Fourier 系数
$$a_n = \frac{2}{\pi}\int_{0}^{\pi} f(x)\cos nx \, dx \quad (n=0,1,2,\cdots),$$
$$b_n = 0 \quad (n=1,2,\cdots).$$

其 Fourier 级数只含有余弦函数的项

$$\frac{a_0}{2} + \sum_{n=1}^{\infty} a_n \cos nx. \tag{13.4.6}$$

这种只含有余弦函数的 Fourier 级数(13.4.6)称为**余弦级数**.

**例 13.4.4** 设 $f(x)$ 是周期为 $2\pi$ 的周期函数,它在 $[-\pi,\pi)$ 上的表达式为 $f(x)=x$. 将 $f(x)$ 展开成 Fourier 级数.

**解** $f(x)$ 满足 Dirichlet 定理的条件,它在点

$$x = (2k+1)\pi \quad (k=0, \pm 1, \pm 2, \cdots)$$

处不连续,因此 $f(x)$ 的 Fourier 级数在点 $x=(2k+1)\pi$ 处收敛于

$$\frac{f(\pi-0)+f(-\pi+0)}{2} = \frac{\pi+(-\pi)}{2} = 0,$$

在连续点 $x$ ($x \neq (2k+1)\pi$) 处收敛于 $f(x)$. 和函数的图形如图 13.4.4 所示.

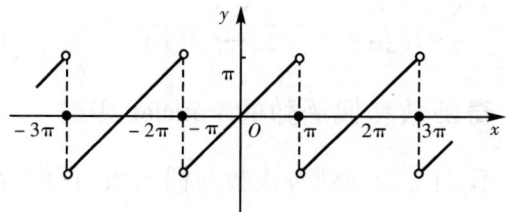

图 13.4.4

如果不计 $x=(2k+1)\pi$ ($k=0, \pm 1, \pm 2, \cdots$),则 $f(x)$ 是周期为 $2\pi$ 的奇函数,因此有 $a_n=0$ ($n=0,1,2,\cdots$),而

$$b_n = \frac{2}{\pi} \int_0^\pi f(x) \sin nx \, dx = \frac{2}{\pi} \int_0^\pi x \sin nx \, dx =$$

$$\frac{2}{\pi} \left[ -\frac{x \cos nx}{n} + \frac{\sin nx}{n^2} \right]_0^\pi =$$

$$-\frac{2}{n} \cos n\pi = \frac{2}{n}(-1)^{n+1} \quad (n=1,2,\cdots).$$

于是 $f(x)$ 的 Fourier 级数为

$$f(x) = 2 \left[ \sin x - \frac{1}{2} \sin 2x + \frac{1}{3} \sin 3x - \cdots + \frac{(-1)^{n+1}}{n} \sin nx + \cdots \right]$$

$$(-\infty < x < +\infty; x \neq \pm \pi, \pm 3\pi, \cdots),$$

此为正弦级数.

**例 13.4.5** 设 $f(x)$ 是以 $2\pi$ 为周期的周期函数,它在 $(-\pi,\pi]$ 上的表达式为

$$f(x) = \begin{cases} \dfrac{\pi}{2} + x, & -\pi < x < 0, \\ \dfrac{\pi}{2} - x, & 0 \leqslant x \leqslant \pi. \end{cases}$$

将 $f(x)$ 展开成 Fourier 级数.

**解** 因为 $f(x)$ 在区间 $(-\pi,\pi)$ 内为偶函数,所以有 $b_n = 0$ ($n=1,2,\cdots$),而

$$a_0 = \frac{2}{\pi}\int_0^\pi f(x)\mathrm{d}x = \frac{2}{\pi}\int_0^\pi \left(\frac{\pi}{2} - x\right)\mathrm{d}x = 0;$$

$$a_n = \frac{2}{\pi}\int_0^\pi f(x)\cos nx\,\mathrm{d}x = \frac{2}{\pi}\int_0^\pi \left(\frac{\pi}{2} - x\right)\cos nx\,\mathrm{d}x =$$

$$\int_0^\pi \cos nx\,\mathrm{d}x - \frac{2}{\pi}\int_0^\pi x\cos nx\,\mathrm{d}x =$$

$$0 - \frac{2}{\pi}\left[\frac{x\sin nx}{n} + \frac{\cos nx}{n^2}\right]_0^\pi =$$

$$\frac{2}{n^2\pi}(1 - \cos n\pi) = \begin{cases} \dfrac{4}{n^2\pi}, & n = 1,3,5,\cdots, \\ 0, & n = 2,4,6,\cdots. \end{cases}$$

于是 $f(x)$ 的 Fourier 级数为余弦级数:

$$f(x) = \frac{4}{\pi}\left(\cos x + \frac{\cos 3x}{3^2} + \frac{\cos 5x}{5^2} + \cdots\right) \quad (-\pi < x \leqslant \pi).$$

如果函数 $f(x)$ 在区间 $[0,\pi]$ 上有定义且满足 Dirichlet 定理的条件,那么我们在 $[0,\pi]$ 上能否将 $f(x)$ 展开成正弦级数或余弦级数呢? 结论是肯定的. 这是因为在 $(-\pi,0)$ 内补充函数 $f(x)$ 的定义,得到定义在 $(-\pi,\pi]$ 上的函数 $F(x)$,使它在 $(-\pi,\pi)$ 上成为奇函数(若 $f(0)\neq 0$,规定 $F(0)=0$)或偶函数,这种方法称为函数的奇延拓或偶延拓. 然后再把延拓后的函数拓广成以 $2\pi$ 为周期的周期函数,从而由前面的讨论知道,$F(x)$ 可以展开成正弦级数或余弦级数. 再限制 $x$ 在 $(0,\pi]$ 上,此时 $F(x)\equiv f(x)$,这样就得到 $f(x)$ 的正弦级数或余弦级数展开式.

**例 13.4.6** 将函数 $f(x)=\pi-x$ $(0\leqslant x<\pi)$ 分别展开成正弦级数和余弦级数.

**解** 先求正弦级数. 为此对函数 $f(x)$ 进行奇延拓(图 13.4.5). 然后拓广到整个数轴上, 且以 $2\pi$ 为周期. 这时 $a_n=0$ $(n=0,1,2,\cdots)$, 而

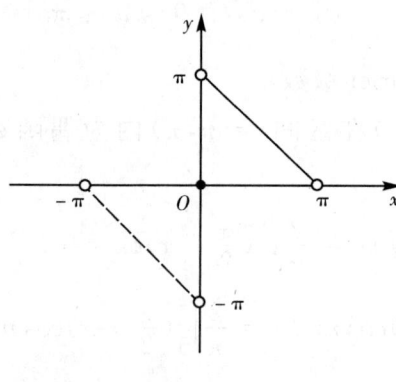

图 13.4.5

$$b_n=\frac{2}{\pi}\int_0^\pi (\pi-x)\sin nx\,dx = \frac{2}{\pi}\int_0^\pi \pi\sin nx\,dx + \frac{2}{\pi}\int_0^\pi (-x)\sin nx\,dx =$$

$$\frac{-2\cos nx}{n}\bigg|_0^\pi + \frac{-2}{\pi}\left[-\frac{x\cos nx}{n}+\frac{\sin nx}{n^2}\right]_0^\pi = \frac{2}{n} \quad (n=1,2,\cdots).$$

所以

$$f(x)=\pi-x=2\sum_{n=1}^\infty \frac{1}{n}\sin nx =$$

$$2\left(\sin x+\frac{1}{2}\sin 2x+\frac{1}{3}\sin 3x+\cdots\right) \quad (0<x<\pi).$$

在端点 $x=0$ 及 $x=\pi$ 处, 级数的和为零, 它不代表原来函数 $f(x)$ 的值.

再求余弦级数. 为此对 $f(x)$ 进行偶延拓(图 13.4.6). 然后拓广到整个数轴上, 且以 $2\pi$ 为周期. 这时 $b_n=0$ $(n=1,2,\cdots)$, 而

$$a_0=\frac{2}{\pi}\int_0^\pi (\pi-x)\,dx=\pi;$$

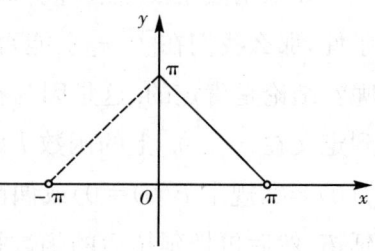

图 13.4.6

$$a_n = \frac{2}{\pi}\int_0^\pi (\pi - x)\cos nx\,dx = \frac{2}{n^2\pi}[1-(-1)^n] =$$

$$\begin{cases} \dfrac{4}{n^2\pi}, & n=1,3,5,\cdots, \\ 0, & n=2,4,6,\cdots. \end{cases}$$

所以

$$\pi - x = \frac{\pi}{2} + \frac{4}{\pi}\left(\cos x + \frac{1}{3^2}\cos 3x + \frac{1}{5^2}\cos 5x + \cdots\right) \quad (0 \leqslant x < \pi).$$

### 13.4.5 周期为 $2l$ 的周期函数的 Fourier 级数

以上讨论的都是以 $2\pi$ 为周期的周期函数,而一般的周期函数的周期不一定都是 $2\pi$,因此需要讨论一般的情况. 根据前面讨论的结果,经过自变量代换,有下面的定理.

**定理 13.4.2** 设 $f(x)$ 是周期为 $2l$ 的周期函数,且满足 Dirichlet 定理的条件,则其 Fourier 级数展开式为

（ⅰ） $f(x) = \dfrac{a_0}{2} + \sum\limits_{n=1}^{\infty}\left(a_n\cos\dfrac{n\pi}{l}x + b_n\sin\dfrac{n\pi}{l}x\right)$ （$x$ 为连续点）；

（ⅱ） $\dfrac{f(x-0)+f(x+0)}{2} = \dfrac{a_0}{2} + \sum\limits_{n=1}^{\infty}\left(a_n\cos\dfrac{n\pi}{l}x + b_n\sin\dfrac{n\pi}{l}x\right)$

（$x$ 为间断点），

其中系数

$$\left.\begin{aligned} a_n &= \frac{1}{l}\int_{-l}^{l} f(x)\cos\frac{n\pi}{l}x\,dx \quad (n=0,1,2,\cdots), \\ b_n &= \frac{1}{l}\int_{-l}^{l} f(x)\sin\frac{n\pi}{l}x\,dx \quad (n=1,2,\cdots). \end{aligned}\right\} \quad (13.4.7)$$

如果 $f(x)$ 为奇函数,则有

$$f(x) = \sum_{n=1}^{\infty} b_n \sin\frac{n\pi}{l}x, \qquad (13.4.8)$$

其中系数

$$b_n = \frac{2}{l}\int_0^l f(x)\sin\frac{n\pi}{l}x\,dx \quad (n=1,2,\cdots). \quad (13.4.9)$$

如果 $f(x)$ 为偶函数,则有

$$f(x) = \frac{a_0}{2} + \sum_{n=1}^{\infty} a_n\cos\frac{n\pi}{l}x, \qquad (13.4.10)$$

其中系数

$$a_n = \frac{2}{l}\int_0^l f(x)\cos\frac{n\pi}{l}x\,\mathrm{d}x \quad (n=0,1,2,\cdots). \quad (13.4.11)$$

**证明** 作变量代换 $z = \frac{\pi}{l}x$,于是区间 $-l \leqslant x \leqslant l$ 就变成 $-\pi \leqslant z \leqslant \pi$. 设函数

$$f(x) = f\left(\frac{l}{\pi}z\right) = F(z),$$

那么由 $f(x+2l) = f(x)$ 可得 $f\left(\frac{l}{\pi}z + 2l\right) = f\left(\frac{l}{\pi}z\right)$, 即

$$F(z+2\pi) = F(z),$$

从而 $F(z)$ 是以 $2\pi$ 为周期的周期函数,且它满足 Dirichlet 定理的条件. 将 $F(z)$ 展开成 Fourier 级数:

$$F(z) = \frac{a_0}{2} + \sum_{n=1}^{\infty}(a_n\cos nz + b_n\sin nz),$$

其中

$$a_n = \frac{1}{\pi}\int_{-\pi}^{\pi}F(z)\cos nz\,\mathrm{d}z, \quad b_n = \frac{1}{\pi}\int_{-\pi}^{\pi}F(z)\sin nz\,\mathrm{d}z.$$

在以上式子中令 $z = \frac{\pi}{l}x$,并注意到 $F(z) = f(x)$,于是有

$$f(x) = \frac{a_0}{2} + \sum_{n=1}^{\infty}\left(a_n\cos\frac{n\pi}{l}x + b_n\sin\frac{n\pi}{l}x\right),$$

而且

$$a_n = \frac{1}{l}\int_{-l}^{l}f(x)\cos\frac{n\pi}{l}x\,\mathrm{d}x, \quad b_n = \frac{1}{l}\int_{-l}^{l}f(x)\sin\frac{n\pi}{l}x\,\mathrm{d}x.$$

类似地,可以证明定理的其余部分.

**例 13.4.7** 设 $f(x)$ 是周期为 4 的周期函数,它在 $[-2,2)$ 上的表达式为

$$f(x) = \begin{cases} 0, & -2 \leqslant x < 0, \\ k, & 0 \leqslant x < 2, \end{cases} \quad (\text{常数 } k \neq 0).$$

将 $f(x)$ 展开成 Fourier 级数.

**解** $f(x)$ 满足 Dirichlet 定理的条件,它在 $x = 0, \pm 2, \pm 4, \cdots$ 处不连续,在其他点连续. 因此,对应的 Fourier 级数在 $x = 0, \pm 2$,

$\pm 4, \cdots$ 处收敛于 $\dfrac{0+k}{2} = \dfrac{k}{2}$，在连续点 $x$ 处收敛于 $f(x)$．级数的和函数的图形如图 13.4.7 所示.

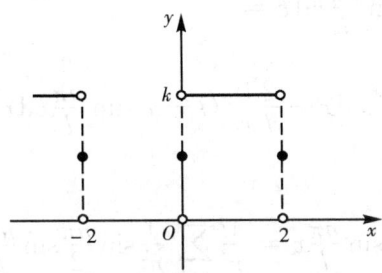

图 13.4.7

因 $l=2$，按公式 (13.4.7) 有

$$a_0 = \frac{1}{2}\int_{-2}^{0} 0 \mathrm{d}x + \frac{1}{2}\int_{0}^{2} k \mathrm{d}x = k,$$

$$a_n = \frac{1}{2}\int_{0}^{2} k\cos\frac{n\pi}{2}x \mathrm{d}x = \left[\frac{k}{n\pi}\sin\frac{n\pi}{2}x\right]_0^2 = 0 \quad (n=1,2,\cdots);$$

$$b_n = \frac{1}{2}\int_{0}^{2} k\sin\frac{n\pi}{2}x \mathrm{d}x = \left[-\frac{k}{n\pi}\cos\frac{n\pi}{2}x\right]_0^2 = \frac{k}{n\pi}(1-\cos n\pi) =$$

$$\begin{cases} \dfrac{2k}{n\pi}, & n=1,3,5,\cdots, \\ 0, & n=2,4,6,\cdots. \end{cases}$$

于是

$$f(x) = \frac{k}{2} + \frac{2k}{\pi}\left(\sin\frac{\pi}{2}x + \frac{1}{3}\sin\frac{3\pi}{2}x + \frac{1}{5}\sin\frac{5\pi}{2}x + \cdots\right)$$

$$(-\infty < x < \infty; x \neq 0, \pm 2, \pm 4, \cdots).$$

如果 $f(x)$ 是定义在 $[0, l]$ 上且满足 Dirichlet 定理条件的函数，我们可类似于定义在 $[0, \pi]$ 上的函数一样，对它进行奇延拓或偶延拓，把延拓后的以 $2l$ 为周期的周期函数展开成 Fourier 级数.

**例 13.4.8** 将函数

$$f(x) = \begin{cases} x, & 0 \leqslant x < \dfrac{l}{2}, \\ l-x, & \dfrac{l}{2} \leqslant x \leqslant l \end{cases}$$

分别展开成以 $2l$ 为周期的正弦级数和余弦级数.

**解** 先求正弦级数. 对 $f(x)$ 在 $(-l,0)$ 上作奇延拓,按公式 (13.4.9)计算 Fourier 系数: $a_n=0$,而

$$b_n = \frac{2}{l}\int_0^l f(x)\sin\frac{n\pi}{l}x\,dx =$$

$$\frac{2}{l}\int_0^{\frac{l}{2}} x\sin\frac{n\pi}{l}x\,dx + \frac{2}{l}\int_{\frac{l}{2}}^l (l-x)\sin\frac{n\pi}{l}x\,dx = \frac{4l}{n^2\pi^2}\sin\frac{n\pi}{2}.$$

所以

$$f(x) = \sum_{n=1}^\infty b_n \sin\frac{n\pi}{l}x = \frac{4l}{\pi^2}\sum_{n=1}^\infty \frac{1}{n^2}\sin\frac{n\pi}{2}\sin\frac{n\pi}{l}x =$$

$$\frac{4l}{\pi^2}\left(\sin\frac{\pi}{l}x - \frac{1}{3^2}\sin\frac{3\pi}{l}x + \frac{1}{5^2}\sin\frac{5\pi}{l}x - \cdots\right) \quad (0 \leqslant x \leqslant l).$$

再求余弦级数. 对 $f(x)$ 在 $(-l,0)$ 上作偶延拓,按公式 (13.4.10) 计算 Fourier 系数: $b_n=0$,而

$$a_0 = \frac{2}{l}\int_0^l f(x)\,dx = \frac{2}{l}\int_0^{\frac{l}{2}} x\,dx + \frac{2}{l}\int_{\frac{l}{2}}^l (l-x)\,dx = \frac{l}{2};$$

$$a_n = \frac{2}{l}\int_0^{\frac{l}{2}} x\cos\frac{n\pi}{l}x\,dx + \frac{2}{l}\int_{\frac{l}{2}}^l (l-x)\cos\frac{n\pi}{l}x\,dx =$$

$$\frac{2l}{n^2\pi^2}\left\{2\cos\frac{n\pi}{2} - [1+(-1)^n]\right\}.$$

所以

$$f(x) = \frac{l}{4} + \frac{2l}{\pi^2}\sum_{n=1}^\infty \frac{1}{n^2}\left\{2\cos\frac{n\pi}{2} - [1+(-1)^n]\right\}\cos\frac{n\pi}{l}x =$$

$$\frac{l}{4} + \frac{2l}{\pi^2}\sum_{k=1}^\infty \frac{2}{4k^2}\{(-1)^k-1\}\cos\frac{2k\pi}{l}x =$$

$$\frac{l}{4} + \frac{l}{\pi^2}\sum_{m=1}^\infty \frac{-2}{(2m-1)^2}\cos\frac{2(2m-1)\pi}{l}x =$$

$$\frac{l}{4} - \frac{2l}{\pi^2}\sum_{n=1}^\infty \frac{1}{(2n-1)^2}\cos\frac{2(2n-1)\pi}{l}x \quad (0 \leqslant x \leqslant l).$$

## 习题 13.4

1. 将下列以 $2\pi$ 为周期的周期函数 $f(x)$ 展开成 Fourier 级数，它们在 $[-\pi,\pi)$ 上的表达式为：

(1) $f(x)=\begin{cases}2\pi+x, & -\pi\leqslant x\leqslant 0,\\ x, & 0<x<\pi;\end{cases}$

(2) $f(x)=3x^2+1\ (-\pi\leqslant x<\pi)$；

(3) $f(x)=\begin{cases}ax, & -\pi\leqslant x\leqslant 0,\\ bx, & 0<x<\pi\end{cases}$ ($a,b$ 为常数).

2. 将下列函数 $f(x)$ 展开成 Fourier 级数：

(1) $f(x)=\begin{cases}\mathrm{e}^x, & -\pi\leqslant x<0,\\ 1, & 0\leqslant x\leqslant\pi;\end{cases}$

(2) $f(x)=\pi^2-x^2\ (-\pi\leqslant x\leqslant\pi)$；

(3) $f(x)=\begin{cases}-\dfrac{\pi}{2}, & -\pi\leqslant x<-\dfrac{\pi}{2},\\ x, & -\dfrac{\pi}{2}\leqslant x<\dfrac{\pi}{2},\\ \dfrac{\pi}{2}, & \dfrac{\pi}{2}\leqslant x<\pi.\end{cases}$

3. 将下列函数展开成正弦级数或余弦级数：

(1) $f(x)=2x^2\ (0\leqslant x\leqslant\pi)$ 展开成正弦级数；

(2) $f(x)=2x+3\ (0\leqslant x\leqslant\pi)$ 展开成余弦级数；

(3) $f(x)=\dfrac{\pi-x}{2}\ (0\leqslant x\leqslant\pi)$ 展开成正弦级数.

4. 设 $f(x)=x(\pi-x)\ (0\leqslant x\leqslant\pi)$：

(1) 将 $f(x)$ 展开成以 $2\pi$ 为周期的正弦级数；

(2) 将 $f(x)$ 展开成以 $2\pi$ 为周期的余弦级数.

5. 将下列各周期函数展开成 Fourier 级数，它们在一个周期内的表达式为：

(1) $f(x)=1-x^2\ (-\dfrac{1}{2}\leqslant x<\dfrac{1}{2})$；

(2) $f(x)=\begin{cases}x, & -1\leqslant x<0,\\ 1, & 0\leqslant x<\dfrac{1}{2},\\ -1, & \dfrac{1}{2}\leqslant x<1;\end{cases}$

(3) $f(x)=\cos\dfrac{\pi}{l}x\ (-\dfrac{l}{2}\leqslant x\leqslant\dfrac{l}{2})$.

6. 将函数 $f(x)=ax-x^2\ (0\leqslant x\leqslant a)$ 展开成余弦级数，并利用其结果求级数 $\sum\limits_{n=1}^{\infty}\dfrac{(-1)^{n-1}}{n^2}$ 的和.

扫一扫，课外学习网站

# 第 13 章习题

1. 证明级数 $\sum\limits_{n=1}^{\infty} \sin n$ 发散.

2. 证明如果 $u_n(\geqslant 0)$ 单调减少, 且 $\sum\limits_{n=1}^{\infty} u_n$ 收敛, 则 $\lim\limits_{n\to\infty} n u_n = 0$.

3. 设 $u_n > 0$, 证明 $\sum\limits_{n=1}^{\infty} \dfrac{u_n}{(1+u_1)(1+u_2)\cdots(1+u_n)}$ 收敛.

4. 判别下列级数的敛散性:

(1) $\sum\limits_{n=1}^{\infty} \dfrac{1}{(2n-1)(2n+1)}$;

(2) $\sum\limits_{n=1}^{\infty} \arcsin \dfrac{1}{\sqrt{n}}$;

(3) $\sum\limits_{n=1}^{\infty} \dfrac{1}{\ln(n+2)} \sin \dfrac{1}{n}$;

(4) $\sum\limits_{n=1}^{\infty} \dfrac{n^{n-1}}{(2n^2+\ln n+1)^{\frac{n+1}{2}}}$;

(5) $\sum\limits_{n=2}^{\infty} \dfrac{1}{\ln^{10} n}$;

(6) $\sum\limits_{n=1}^{\infty} \dfrac{a^n}{n^s} \ (a>0, s>0)$.

5. 证明级数 $\sum\limits_{n=1}^{\infty} u_n$ 发散, 其中 $u_1 = 1, u_{n+1} = \cos u_n$.

6. 给定级数 $\sum\limits_{n=1}^{\infty} u_n (u_n > 0)$, 设
$$\lim_{n\to\infty} \dfrac{\ln \dfrac{1}{u_n}}{\ln n} = q.$$
证明当 $q > 1$ 时, 级数收敛; 当 $q < 1$ 时, 级数发散.

7. 设级数 $\sum\limits_{n=1}^{\infty} u_n$ 收敛, 证明
$$\lim_{n\to\infty} \dfrac{u_1 + 2u_n + \cdots + n u_n}{n} = 0.$$

8. 设级数 $\sum\limits_{n=1}^{\infty} u_n$ 收敛, 且 $\lim\limits_{n\to\infty} \dfrac{v_n}{u_n} = 1$. 问级数 $\sum\limits_{n=1}^{\infty} v_n$ 是否也收敛? 试说明理由.

9. 设数列 $\{u_n\}$ 单调减少, 且 $\lim\limits_{n\to\infty} u_n = 0$, 证明级数
$$\sum_{n=1}^{\infty} (-1)^{n-1} \dfrac{u_1 + u_2 + \cdots + u_n}{n}$$
收敛.

10. 讨论下列级数的绝对收敛性与条件收敛性:

(1) $\sum\limits_{n=1}^{\infty} (-1)^n \dfrac{1}{n^p}$;

(2) $\sum\limits_{n=1}^{\infty} (-1)^{n+1} \dfrac{\sin \dfrac{\pi}{n+1}}{\pi^{n+1}}$;

(3) $\sum\limits_{n=1}^{\infty} (-1)^n \ln \dfrac{n+1}{n}$;

(4) $\sum\limits_{n=1}^{\infty} \dfrac{\beta^n}{n^\alpha} (\alpha, \beta$ 为常数, $\alpha > 0)$.

11. 设 $u_1 = 2, u_{n+1} = \frac{1}{2}(u_n + \frac{1}{u_n}), n = 2, 3, \cdots$,证明:

(1) $\lim\limits_{n \to \infty} u_n$ 存在;

(2) 级数 $\sum\limits_{n=1}^{\infty} \left( \frac{u_n}{u_{n+1}} - 1 \right)$ 收敛.

12. 求下列级数的收敛域:

(1) $\sum\limits_{n=1}^{\infty} \frac{3^n + 5^n}{n} x^n$;

(2) $\sum\limits_{n=1}^{\infty} (1 + \frac{1}{n})^{n^2} x^n$;

(3) $\sum\limits_{n=1}^{\infty} \frac{(x-1)^{2n}}{n \cdot 9^n}$;

(4) $\sum\limits_{n=1}^{\infty} \frac{(x^2+x+1)n}{n(n+1)}$.

13. 求幂级数 $\sum\limits_{n=1}^{\infty} \frac{1}{n 2^n} x^{n-1}$ 的收敛域,并求其和函数.

14. 设 $a_0, a_1, a_2, \cdots$ 为等差数列,公差为 $d, a_0 \neq 0$,求 $\sum\limits_{n=0}^{\infty} \frac{a_n}{2^n}$.

15. 将函数 $f(x) = \ln(4 - 3x - x^2)$ 展开成 $x$ 的幂级数.

16. 将 $f(x) = \frac{1}{4} \ln \frac{1+x}{1-x} + \frac{1}{2} \arctan x - x$ 展成 $x$ 的幂级数.

17. 将 $f(x) = \frac{1}{x^2 + 3x + 2}$ 展开成 $x+4$ 的幂级数,并求此级数的收敛域.

18. 设周期函数 $f(x)$ 的周期为 $2\pi$,证明:

(1) 如果 $f(x - \pi) = -f(x)$,则 $f(x)$ 的 Fourier 系数 $a_0 = 0, a_{2k} = 0, b_{2k} = 0$ $(k = 1, 2, \cdots)$;

(2) 如果 $f(x - \pi) = f(x)$,则 $f(x)$ 的 Fourier 系数 $a_{2k+1} = 0, b_{2k+1} = 0$ $(k = 0, 1, 2, \cdots)$.

19. 将函数 $f(x) = 2 + |x| (-1 \leqslant x \leqslant 1)$ 展开成以 2 为周期的 Fourier 级数,并由此求级数 $\sum\limits_{n=1}^{\infty} \frac{1}{n^2}$ 的和.

20. 将函数 $f(x) = x + 2$ 在区间 $[2, 6]$ 上展开成正弦级数.

扫一扫,获取参考答案

# 附 录

# 二阶和三阶行列式简介

## 1. 二阶行列式

考虑二元线性方程组

$$\begin{cases} a_{11}x_1 + a_{12}x_2 = b_1, & (1) \\ a_{21}x_1 + a_{22}x_2 = b_2. & (2) \end{cases}$$

用消元法解方程组(1),(2)时,将方程(1)两边乘以 $a_{22}$,方程(2)两边乘以 $a_{12}$,再两式相减得到

$$(a_{11}a_{22} - a_{12}a_{21})x_1 = b_1 a_{22} - b_2 a_{12}. \tag{3}$$

或者,将方程(2)两边乘以 $a_{11}$,方程(1)两边乘以 $a_{21}$,再两式相减得到

$$(a_{11}a_{22} - a_{12}a_{21})x_2 = b_2 a_{11} - b_1 a_{21}. \tag{4}$$

如果

$$a_{11}a_{22} - a_{12}a_{21} \neq 0, \text{即} \frac{a_{11}}{a_{21}} \neq \frac{a_{12}}{a_{22}},$$

那么可从(3),(4)两式中解出唯一的一组解 $x_1, x_2$。

下面引入二阶行列式的概念,然后利用二阶行列式来进一步讨论上述问题。

**定义 1** 设已知四个数排成正方形表

$$\begin{pmatrix} a_{11} & a_{12} \\ a_{21} & a_{22} \end{pmatrix},$$

则数 $(a_{11}a_{22}-a_{12}a_{21})$ 称为对应于这个表的二阶行列式,记作

$$\begin{vmatrix} a_{11} & a_{12} \\ a_{21} & a_{22} \end{vmatrix}, \tag{5}$$

亦即

$$\begin{vmatrix} a_{11} & a_{12} \\ a_{21} & a_{22} \end{vmatrix} = a_{11}a_{22}-a_{12}a_{21}. \tag{6}$$

数 $a_{11},a_{12},a_{21},a_{22}$ 称为行列式(5)的元素,表中的横排称为行列式的行,竖排称为行列式的列.

行列式(5)共有两行、两列、四个元素.元素 $a_{ij}$ 中的第一个指标 $i$ 和第二个指标 $j$ 分别表示该元素所在位置的行数和列数.例如,元素 $a_{12}$ 位于第一行、第二列.

现在我们用行列式记号来表示方程组(1),(2)的解.记

$$D = \begin{vmatrix} a_{11} & a_{12} \\ a_{21} & a_{22} \end{vmatrix} = a_{11}a_{22}-a_{12}a_{21},$$

$$D_1 = \begin{vmatrix} b_1 & a_{12} \\ b_2 & a_{22} \end{vmatrix} = b_1 a_{22}-b_2 a_{12},$$

$$D_2 = \begin{vmatrix} a_{11} & b_1 \\ a_{21} & b_2 \end{vmatrix} = b_2 a_{11}-b_1 a_{21},$$

那么方程(3)和(4)可写成

$$Dx_1 = D_1, \tag{3'}$$

$$Dx_2 = D_2, \tag{4'}$$

注意到 $D$ 就是方程(1),(2)中 $x_1$ 及 $x_2$ 的系数构成的行列式,因此称 $D$ 为系数行列式,而 $D_1$ 和 $D_2$ 分别是用方程组(1),(2)右端的常数项代替 $D$ 的第一列、第二列所得到的.

当 $D\neq 0$ 时,可得到方程组(3'),(4')的唯一解为

$$x_1 = \frac{D_1}{D}, \quad x_2 = \frac{D_2}{D}. \tag{7}$$

这和前面消元法得到的结果是一样的.

**例1** 求解方程组

$$\begin{cases} x_1 + x_2 = 2, \\ x_1 - x_2 = 4. \end{cases}$$

**解**

$$D = \begin{vmatrix} 1 & 1 \\ 1 & -1 \end{vmatrix} = 1\times(-1) - 1 \times 1 = -2 \neq 0,$$

$$D_1 = \begin{vmatrix} 2 & 1 \\ 4 & -1 \end{vmatrix} = 2\times(-1) - 1 \times 4 = -6,$$

$$D_2 = \begin{vmatrix} 1 & 2 \\ 1 & 4 \end{vmatrix} = 1 \times 4 - 2 \times 1 = 2,$$

所以

$$x_1 = \frac{D_1}{D} = 3, \quad x_2 = \frac{D_2}{D} = -1.$$

### 2. 三阶行列式

下面我们引进三阶行列式的概念．

**定义 2**　设已知九个数排列成正方形表

$$\begin{pmatrix} a_{11} & a_{12} & a_{13} \\ a_{21} & a_{22} & a_{23} \\ a_{31} & a_{32} & a_{33} \end{pmatrix},$$

则数

$$a_{11}\begin{vmatrix} a_{22} & a_{23} \\ a_{32} & a_{33} \end{vmatrix} - a_{12}\begin{vmatrix} a_{21} & a_{23} \\ a_{31} & a_{33} \end{vmatrix} + a_{13}\begin{vmatrix} a_{21} & a_{22} \\ a_{31} & a_{32} \end{vmatrix}$$

称为对应于这个表的三阶行列式，记作

$$\begin{vmatrix} a_{11} & a_{12} & a_{13} \\ a_{21} & a_{22} & a_{23} \\ a_{31} & a_{32} & a_{33} \end{vmatrix}. \tag{8}$$

亦即

$$\begin{vmatrix} a_{11} & a_{12} & a_{13} \\ a_{21} & a_{22} & a_{23} \\ a_{31} & a_{32} & a_{33} \end{vmatrix} = a_{11}\begin{vmatrix} a_{22} & a_{23} \\ a_{32} & a_{33} \end{vmatrix} - a_{12}\begin{vmatrix} a_{21} & a_{23} \\ a_{31} & a_{33} \end{vmatrix} + a_{13}\begin{vmatrix} a_{21} & a_{22} \\ a_{31} & a_{32} \end{vmatrix}.$$

(9)

三阶行列式的元素、行、列等概念和二阶行列式的相应概念类似．

三阶行列式的定义式(9)可以这样来记忆,它相当于按第一行的三个元素 $a_{11}, a_{12}, a_{13}$ 来展开,与元素 $a_{ij}$ 匹配的因子是一个二阶行列式,该二阶行列式是由原三阶行列式划去第一行和第 $j$ 列后剩下的四个元素按原来的排法所构成($j=1,2,3$)的,并注意 $a_{12}$ 所在的项前要加一个负号.

二阶、三阶行列式具有下列基本性质.

( i )互换行列式的两行(列),行列式的值改变符号.例如,

$$\begin{vmatrix} a_{11} & a_{13} & a_{12} \\ a_{21} & a_{23} & a_{22} \\ a_{31} & a_{33} & a_{32} \end{vmatrix} = - \begin{vmatrix} a_{11} & a_{12} & a_{13} \\ a_{21} & a_{22} & a_{23} \\ a_{31} & a_{32} & a_{33} \end{vmatrix}.$$

( ii )如果行列式有两行(列)相同,则行列式的值为 0.例如,直接验算知

$$\begin{vmatrix} 1 & 2 & 3 \\ 1 & 2 & 3 \\ 4 & 5 & 6 \end{vmatrix} = 0.$$

( iii )如果行列式某行(列)的元素有一个公因子,则可把它提到行列式的记号之外,例如,

$$\begin{vmatrix} a_{11} & ka_{12} & a_{13} \\ a_{21} & ka_{22} & a_{23} \\ a_{31} & ka_{32} & a_{33} \end{vmatrix} = k \begin{vmatrix} a_{11} & a_{12} & a_{13} \\ a_{21} & a_{22} & a_{23} \\ a_{31} & a_{32} & a_{33} \end{vmatrix}.$$

( iv )把行列式某行(列)的元素乘以一个因子后加到另一行(列)对应的元素上去,所得的行列式与原行列式值相等.例如,

$$\begin{vmatrix} a_{11} & a_{12}+\lambda a_{11} & a_{13} \\ a_{21} & a_{22}+\lambda a_{21} & a_{23} \\ a_{31} & a_{32}+\lambda a_{31} & a_{33} \end{vmatrix} = \begin{vmatrix} a_{11} & a_{12} & a_{13} \\ a_{21} & a_{22} & a_{23} \\ a_{31} & a_{32} & a_{33} \end{vmatrix}.$$

对三元一次线性方程组

$$\begin{cases} a_{11}x_1 + a_{12}x_2 + a_{13}x_3 = b_1, \\ a_{21}x_1 + a_{22}x_2 + a_{23}x_3 = b_2, \\ a_{31}x_1 + a_{32}x_2 + a_{33}x_3 = b_3, \end{cases} \tag{10}$$

引入下列记号(与二阶行列式类似)

$$D = \begin{vmatrix} a_{11} & a_{12} & a_{13} \\ a_{21} & a_{22} & a_{23} \\ a_{31} & a_{32} & a_{33} \end{vmatrix} \text{(系数行列式)},$$

$$D_1 = \begin{vmatrix} b_1 & a_{12} & a_{13} \\ b_2 & a_{22} & a_{23} \\ b_3 & a_{32} & a_{33} \end{vmatrix}, D_2 = \begin{vmatrix} a_{11} & b_1 & a_{13} \\ a_{21} & b_2 & a_{23} \\ a_{31} & b_3 & a_{33} \end{vmatrix}, D_3 = \begin{vmatrix} a_{11} & a_{12} & b_1 \\ a_{21} & a_{22} & b_2 \\ a_{31} & a_{32} & b_3 \end{vmatrix},$$

那么方程组(10)经过适当变换后可以化为

$$\begin{cases} Dx_1 = D_1, \\ Dx_2 = D_2, \\ Dx_3 = D_3. \end{cases}$$

由此知,当 $D \neq 0$ 时,方程组(10)的唯一解为

$$x_1 = \frac{D_1}{D}, x_2 = \frac{D_2}{D}, x_3 = \frac{D_3}{D}.$$

**例2** 求解方程组

$$\begin{cases} 2x_1 - x_2 + x_3 = 9, \\ x_1 + 2x_2 + 3x_3 = 12, \\ x_1 - 2x_3 = -6. \end{cases}$$

**解** $D = \begin{vmatrix} 2 & -1 & 1 \\ 1 & 2 & 3 \\ 1 & 0 & -2 \end{vmatrix} =$

$$2 \times \begin{vmatrix} 2 & 3 \\ 0 & -2 \end{vmatrix} - (-1) \times \begin{vmatrix} 1 & 3 \\ 1 & -2 \end{vmatrix} + 1 \times \begin{vmatrix} 1 & 2 \\ 1 & 0 \end{vmatrix} = -15 \neq 0,$$

$$D_1 = \begin{vmatrix} 9 & -1 & 1 \\ 12 & 2 & 3 \\ -6 & 0 & -2 \end{vmatrix} =$$

$$9 \times \begin{vmatrix} 2 & 3 \\ 0 & -2 \end{vmatrix} - (-1) \times \begin{vmatrix} 12 & 3 \\ -6 & -2 \end{vmatrix} + 1 \times \begin{vmatrix} 12 & 2 \\ -6 & 0 \end{vmatrix} = -30,$$

$$D_2 = \begin{vmatrix} 2 & 9 & 1 \\ 1 & 12 & 3 \\ 1 & -6 & -2 \end{vmatrix} =$$

$$2\times\begin{vmatrix}12&3\\-6&-2\end{vmatrix}-9\times\begin{vmatrix}1&3\\1&-2\end{vmatrix}+1\times\begin{vmatrix}1&12\\1&-6\end{vmatrix}=15,$$

$$D_3=\begin{vmatrix}2&-1&9\\1&2&12\\1&0&-6\end{vmatrix}=$$

$$2\times\begin{vmatrix}2&12\\0&-6\end{vmatrix}-(-1)\times\begin{vmatrix}1&12\\1&-6\end{vmatrix}+9\times\begin{vmatrix}1&2\\1&0\end{vmatrix}=-60,$$

所以 $x_1=\dfrac{D_1}{D}=2$, $x_2=\dfrac{D_1}{D}=-1$, $x_3=\dfrac{D_3}{D}=4$.

**例 3** 计算形式行列式

$$D=\begin{vmatrix}\mathrm{d}y\mathrm{d}z&\mathrm{d}z\mathrm{d}x&\mathrm{d}x\mathrm{d}y\\\dfrac{\partial}{\partial x}&\dfrac{\partial}{\partial y}&\dfrac{\partial}{\partial z}\\P&Q&R\end{vmatrix},$$

其中 $P,Q,R$ 均为 $x,y,z$ 的三元函数, 具有一阶连续偏导导数.

**解** 视 $\mathrm{d}y\mathrm{d}z,\mathrm{d}z\mathrm{d}x,\mathrm{d}x\mathrm{d}y$ 为三个元素, $\dfrac{\partial}{\partial x},\dfrac{\partial}{\partial y},\dfrac{\partial}{\partial z}$ 为偏导运算符, 也视为元素来计算. 在此假定下, 按三阶行列式之定义便有:

$$D=\mathrm{d}y\mathrm{d}z\begin{vmatrix}\dfrac{\partial}{\partial y}&\dfrac{\partial}{\partial z}\\Q&R\end{vmatrix}-\mathrm{d}z\mathrm{d}y\begin{vmatrix}\dfrac{\partial}{\partial x}&\dfrac{\partial}{\partial z}\\P&R\end{vmatrix}+\mathrm{d}x\mathrm{d}y\begin{vmatrix}\dfrac{\partial}{\partial x}&\dfrac{\partial}{\partial y}\\P&Q\end{vmatrix}=$$

$$\left(\dfrac{\partial R}{\partial y}-\dfrac{\partial Q}{\partial z}\right)\mathrm{d}y\mathrm{d}z+\left(\dfrac{\partial P}{\partial z}-\dfrac{\partial R}{\partial x}\right)\mathrm{d}z\mathrm{d}x+\left(\dfrac{\partial Q}{\partial x}-\dfrac{\partial P}{\partial y}\right)\mathrm{d}x\mathrm{d}y,$$

这个行列式正是 Stokes 公式中的被积表达式.